Ubiquitous 시대를 향한

핵심 데이터 통신

Essential Data Communications toward Ubiquitous Era

북스홀릭
Publishing

국립중앙도서관 출판예정도서목록(CIP)

(Ubiquitous 시대를 향한) 핵심 데이터 통신 = Essential data communications toward Ubiquitous era / 지은이: 조현준.
-- 서울 : 북스홀릭 퍼블리싱, 2018
380p. ; 19×23.5cm

ISBN 979-11-85123-98-1 93000 : ₩22000

데이터 통신[--通信]

004.5-KDC6
004.6-DDC23 CIP2018004438

Ubiquitous 시대를 향한 **핵심 데이터 통신**

Essential Data Communications toward Ubiquitous Era

초판 1쇄 발행일_ 2018년 2월 26일
초판 2쇄 발행일_ 2019년 2월 26일

지 은 이_ 조현준
펴 낸 이_ 조완용, 고영진
표지디자인_ 블루기획

주소_ 서울시 금천구 시흥1동 992-12 영광빌딩 203호
문의전화_ 02-896-7846 / 02-3142-3600 **팩스_** 02-896-7852
홈페이지_ http://www.booksholic.co.kr

발행처_ 북스홀릭 퍼블리싱 **출판등록번호_** 제2012-000063호

ISBN_ 979-11-85123-98-1 [93000]

머리말

오늘날 컴퓨터나 스마트 폰을 이용하여 인터넷을 사용하지 않는 사람은 없다고 해도 과언이 아닐 정도로 데이터 통신은 정보화 사회의 핵심적인 도구로 널리 사용되고 있다. 이에 반해 데이터 통신을 가능하게 하는 원리나 기능을 이해하려는 노력은 상대적으로 적은 것이 현실이다. 따라서 데이터 통신의 원리를 소개하고, 이를 이해하기 위한 노력의 일환으로 관련 도서를 개발하는 것도 의미 있는 작업일 것이라고 생각하여 이 책을 집필하게 되었다.

이십년이 넘는 기간 동안 대학에서 데이터 통신에 대하여 강의를 하면서 항상 교재 선정에 어려움이 있었다. 데이터 통신에 관련된 원서를 변역한 교재들은 내용이 충실하여 참고서로는 훌륭하나, 너무 방대한 분야에 대한 소개로 인해 처음 배우는 학생들을 대상으로 한 학기 동안에 다루기에는 부담스러운 면이 있다. 부피가 적당한 국내 교재들은 핵심적인 내용에 대한 설명이 간략하여 독자들이 이해하기가 쉽지 않은 면이 있었다. 이와 같은 점을 고려하여 필수적으로 알아야 하는 내용을 엄선하고 충실한 설명을 붙인 교재를 만든다는 생각으로 본 책의 내용을 구성하였다.

데이터통신 분야라고 하면, 관점에 따라 터미널의 종류에 관계없이 공통적으로 필요한 통신 기능인 데이터 전달에 관련된 분야를 의미할 수 있고, 크게 보면 컴퓨터의 데이터 처리에 관련된 분야까지 포함할 수도 있다. 본서는 협의의 관점에서 모든 통신 터미널들이 공통적으로 요구하는 데이터 전달에 관련된 분야에 국한하여 구성되었다. 따라서 OSI 7 계층 모델로 보면 물리 계층, 데이터 링크 계층, 네트워크 계층, 전송 계층에 대하여 상세히 다룬다.

독자들의 이해를 돕기 위해서 가급적 많은 그림을 사용하였고, 핵심적이지 않은 내용은 간략하게 소개하거나 배제하였다. 기본적이고도 핵심적인 내용들을 중심으로 작성하였고, 최근 들어 점점 중요성이 커지고 있는 무선 이동 통신망에 대한 소개도 함께 다루었다. 또한 공부하는 학생들에게 도움을 주기 위하여 풍부한 예제와 연습문제를 포함시키려 노력하였다. 아무쪼록 이 책이 대학에서 컴퓨터공학이나 전기전자공학, 정보통신공학 및 관련 전공자들에게 조금이나마 도움이 되기를 기원한다. 또한 독자들의 본서에 대한 충고나 지적 사항은 참고하여 향후 이 책을 개선하는데 노력할 것임을 약속드린다.

끝으로 이 책이 나오기까지 많은 도움과 조언을 해주신 조완용 북스홀릭퍼블리싱 사장님과 관계자 여러분께 감사드린다. 그리고 항상 옆에서 도와주고 본서의 교열에도 도움을 준 사랑하는 아내와 아이들에게도 고마운 마음을 전하면서 이 글을 마친다.

2018년 2월　저자씀

목 차

Chapter 01

데이터 통신 개요

1.1 데이터 통신이란
1.2 데이터 통신의 기능
1.3 데이터 통신망
1.4 데이터 통신망의 출현과 발달
1.5 표준화

Chapter 01

데이터 통신 개요

1.1 데이터 통신이란

데이터(data)는 오늘날 우리가 흔히 사용하는 용어 중 하나지만 그 의미를 명료하게 설명하기란 쉽지 않다. 우리말로는 자료라고 해석되며 컴퓨터분야에서는 컴퓨터에 의해서 처리될 사실이나 명령으로 이해된다. 그러므로 데이터란 컴퓨터에 의해서 처리가능 하도록 형식화되어 있는 사실이나 명령이 될 것이다. 흔히 **정보**(information)란 용어와 함께 혼용되기도 하는데, 데이터는 세상에 존재하는 모든 자료들을 나타내며, 이를 목적에 따라 컴퓨터로 처리하여 생성된 가치 있는 데이터를 정보라고 한다. 어떤 데이터가 정보인지 아닌지는 사용자에게 가치가 있는 것인지 아닌지에 의해서 결정되며, 그 판단은 주관적인 것이다. 그러나 일상생활에서는 데이터와 정보를 명확히 구별하지 않고 사용하고 있는 것이 현실이다. 따라서 문맥에 따라 데이터와 정보를 구별하여 이해해야 한다.

통신(Communication)이란 사용자 사이에 상호작용을 하기 위해서 신호를 주고받는 것을 의미한다. 이때 신호란 사용자가 그 의미를 알 수 있는 형태를 띠어야만 서로 신호의 의미를 이해할 수 있을 것이다. 신호에 포함되어 있는 의미를 우리는 간단히 **메시지**(message)라 칭한다. 그러므로 단어의 의미를 고려할 때 데이터 통신이란 사용자 간에 필요에 따라 데이터를 서로 주고받는 행위를 의미한다고 볼 수 있다. 데이터가 사용자에게 가치 있는 것이라면 이는 정보로 이해할 수 있고, 따라서 정보통신이란 용어로 바꾸어 사용할 수도 있겠다.

데이터 통신의 예로는 전화망을 이용한 음성 통신, 인터넷을 통한 전자 우편, 인터넷을 통신 원격 시스템 이용, 인터넷 TV, 스마트 폰을 이용한 뱅킹(banking), 위성 통신을 이용한 TV 중계 등 수많은 경우가 존재한다. 그만큼 오늘날 우리는 데이터 통신을 활용하면서 생활하고 있으며, 데이터 통신 시스템이 없는 세상이란 상상하기 어려운 시대에 살고 있다.

01 | 프로토콜(protocol)

통신 개체 간에 서로 의미를 주고받기 위해서는 약속된 방법으로 신호를 주고받아야 한다. 만약 내가 상대방이 이해할 수 있는 방식으로 신호를 표현하여 보낸다면, 상대방은 수신된 신호를 이해하고 결과적으로 통신은 이루어진다. 그러므로 통신이 가능하려면 우선 송신 측과 수신 측 사이에 미리 약속한 통신규약이 있어야 하는데 이를 **프로토콜(protocol)**이라 한다. 우리가 일상생활에서 다른 사람과 의사소통하기 위해서 우리말을 사용하는 것도 프로토콜 이용의 예라 할 수 있다. 우리말이라는 규칙에 따라 대화를 해야만 의사소통이 된다는 뜻이다. 만약 우리말을 모르는 외국인에게 우리말로 대화를 시도한다면 통신은 실패할 수밖에 없다.

다음 그림 1.1은 프로토콜과 메시지를 기준으로 데이터 통신 환경을 단순화시켜 나타낸 것이다.

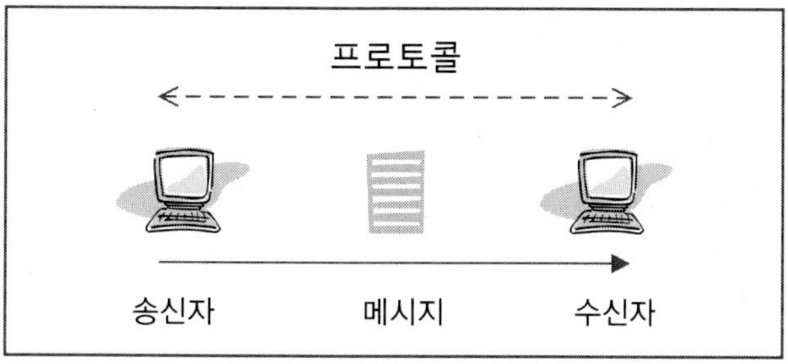

그림 1.1 데이터 통신 모델

통신 프로토콜을 규정함에 있어 신택스, 시멘틱, 타이밍 등의 3가지 요소가 있다.

1) 신택스

신택스(syntax)는 메시지를 나타내는 형식을 의미한다. 비트의 열로 메시지를 구성한다면 몇 개가 비트로 메시지를 구성할 것인가, 또 첫 번째 8비트는 무엇을 나타내는 것인가 등을 정하는 것이다. 문자를 나타내는 코드 형식도 이에 해당한다.

2) 시멘틱(semantic)

시멘틱(semantic)은 메시지 형식에 포함된 값의 의미를 말한다. 값의 의미에 따라 후속 처리절차가 결정될 수 있다. 예를 들면 응답을 나타내는 한 개의 비트 값이 0이면 긍정 응답, 1이면 부정 응답을 의미하는 것으로 정하고, 각 응답에 따른 후속 처리절차를 어떻게 할 것인가에 대한 규정 등이 이에 해당한다.

3) 타이밍

타이밍(timing)은 송신 메시지의 전송 속도나 순서를 의미한다. 예를 들어 송신 측에서는 초당 100비트 속도로 메시지를 전달하고, 수신 측에서는 초당 50비트를 받도록 설계되었다면 정상적인 수신이 이루어질 수 없을 것이다.

> 프로토콜의 3요소는 신택스, 시멘틱, 타이밍 등이다.

02 | 데이터 통신 시스템 모델

오늘날 우리가 사용하는 데이터 통신 시스템은 전자기적(electro-magnetic) 신호를 기반으로 하는 통신 시스템들로 이루어져 있다. 신호를 멀리까지 효율적으로 전달하기 위해서는 이에 적합한 전송매체를 사용해야 하는데 전자기 신호 전달에는 주로 구리선과 같은 도체를 사용한다. 통신의 목적지가 멀수록 통신 시스템의 효용성은 더 높아지지만 신호를 멀리까지 전달해야 하는 어려움이 있다. 신호가 전파됨에 따라 도체 내의 저항 성분에 의하여 신호의 세기는 점점 약해지게 되므로 전달 도중에 신호를 증폭하거나 재생하는 장치가 필요하다. 이러한 필요에 따라 중계기를 거쳐서 목적지까지 전달되는 통신망이 구축되어 사용된다. 다음 그림은 데이터 통신 시스템 모델이다.

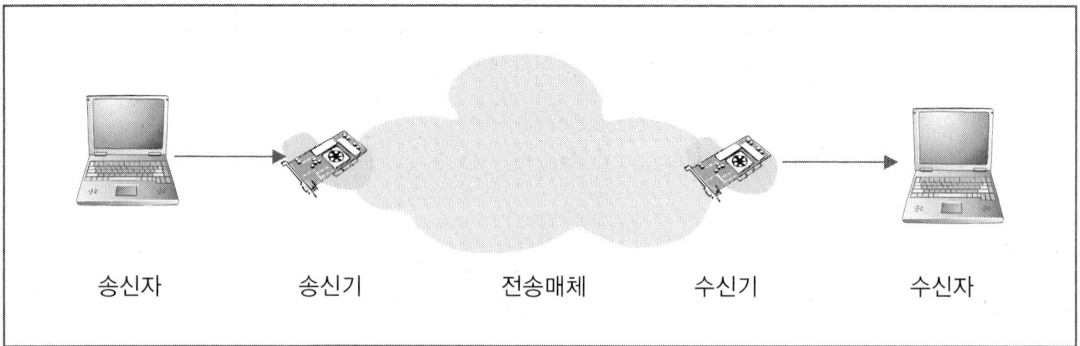

그림 1.2 데이터 통신 시스템 모델

송신자는 메시지를 전달하는 사용자를 의미하고 수신자는 메시지를 받는 사용자를 말한다. 송신자나 수신자는 통신 서비스를 사용하는 개체를 의미하는 것으로 굳이 사람일 필요는 없다. 전화기나 컴퓨터와 같은 통신단말기들은 모두 이에 해당한다. 송신기는 신호를 발생시키고 이를 전파시키는 장치로 전송매체에 적합한 형태의 신호를 발생시켜야 한다. 수신기는 송신기가 전파시킨 신호를 수신하여 이를 이해할 수 있어야 한다. 만약 전송매체가 전화망이라면 송신기와 수신기는 전화망에서 사용하는 신호 방식에 맞추어 동작해야 한다.

송신자와 송신기 사이의 신호전달은 전송매체와는 별개의 방식을 사용할 수 있다. 컴퓨터가 전화망을 이용하여 통신하는 경우에는 모뎀(modem)이 송신기와 수신기에 해당된다. 컴퓨터와 모뎀 사이에는 컴퓨터에서 사용하는 디지털 신호가 사용되며 그 거리는 매우 짧다. 모뎀에서는 컴퓨터가 전송한 디지털 신호를 전화망에 맞게 아날로그 신호로 변환하여 전화망으로 전파시키게 되며, 아날로그 신호는 수신 측 모뎀에 도착하면 다시 디지털 신호로 복원되어 수신 컴퓨터에 전달된다.

사람이 전화 서비스를 사용하는 예를 위의 모델에 대응시키면 사용자는 송신자와 수신자가 되며, 송신기와 수신기는 사용자가 이용하는 전화기가 되고 전송매체는 전화망이 대응된다.

예제 1.1 두 사람이 대화하는 것을 데이터 통신 시스템 모델에 대응시켜서 살펴보자.

풀이 송신자는 말하는 사람의 두뇌로 이해할 수 있고, 송신기는 말하는 사람의 목청이 대응되며 전송매체는 음성 신호를 전달하는 공기가 될 것이다. 수신기는 듣고 있는 사람의 청각기관이 이에 해당된다. 그리고 수신자는 청각기관으로부터 전달된 신호를 듣고 이해하는 사람의 두뇌가 될 것이다.

1.2 데이터 통신의 기능

데이터 통신의 목표는 송신자가 수신자에게 데이터를 원하는 시간에 오류 없이 정확하게 전달하는 것이다. 이 목표를 달성하기 위해서는 많은 기능들이 요구되는데 그중에서 중요한 것들을 나열하면 다음과 같다.

- **메시지 동기화** : 수신자는 전송매체로부터 수신되는 신호에서 송신자가 전달한 메시지의 시작과 끝을 정확하게 인식할 수 있어야 한다.
- **주소 지정** : 네트워크 내에는 통신 서비스를 사용하는 다수의 **호스트(host)**가 존재한다. 따라서 메시지를 전달하고자하는 수신자를 식별할 수 있는 정확한 주소 체계가 필요하다.

- **오류 제어** : 전송매체를 통해서 전달되는 메시지는 신호 전송 도중에 여러 가지 원인에 의하여 신호의 왜곡이 발생한다. 이에 따라 수신자는 오류가 발생한 메시지를 수신할 수 있기 때문에 오류를 검출하고 수정할 수 있는 방법이 요구된다.
- **흐름 제어** : 메시지를 보내는 송신자의 송신처리 속도와 메시지를 받는 수신자의 수신처리 속도가 적절하게 맞아야 한다. 만약 수신자가 처리할 수 있는 능력 이상으로 송신자가 메시지를 전달하면 수신자는 이를 다 처리하지 못하고 결과적으로 수신에 문제가 발생할 수 있다.
- **순서 제어** : 전송되는 데이터의 순서를 지키기 위한 기능을 의미한다. 패킷 교환 방식에서는 데이터가 다수의 패킷으로 분리되어 전달되는데, 이 경우 송신측에서 보낸 패킷의 순서가 지켜지면서 수신되어야 한다.
- **다중화** : 데이터를 전달할 수 있는 회선의 능력에 비해 사용자의 전송률 요구가 낮을 때, 다수의 사용자 요구를 한 회선으로 전달 할 수 있게 하는 기능을 의미한다. 예를 들어 초당 1000비트를 전달할 수 있는 회선을 초당 100비트씩 전달하는 서비스에게 모두 할당하기 보다는 초당 100비트씩 전달하는 서비스 10개가 회선을 공유하도록 할 수 있다. 이와 같은 방법으로 네트워크의 자원을 효율적으로 이용하기 위한 기법이 다중화이다.
- **경로배정** : 네트워크를 통해 송신자로부터 수신자에게로 메시지를 전달하기 위해서 송신자에서부터 수신자까지의 가장 효과적인 경로를 결정해야 한다. 이와 같은 기능을 경로배정 또는 라우팅(routing)이라고 한다.
- **보안** : 통신 서비스가 날로 확대됨에 따라 더 많은 사용자들이 네트워크에 접근 가능하게 되었고, 이에 따라 사용자가 데이터를 불법적으로 접근하여 내용을 도청하거나 수정할 가능성이 있다. 따라서 통신망을 통해 전달되는 데이터에 대한 불법적인 도청이나 수정을 막을 수 있는 보안 기능이 요구된다.

예제 1.2 만약 흐름 제어를 하지 않는다면 어떤 문제가 발생할 수 있는지를 예를 들어 설명하라.

풀이 수신자는 초당 10개의 메시지를 수신할 수 있고 송신자는 초당 20 개의 메시지를 송신한다고 가정하자. 이 경우 송신자가 계속 메시지를 전송하게 되면 수신자는 초당 10개의 메시지를 처리하지만 10개의 메시지는 미처 수신하지 못한다. 수신버퍼가 크다고 하더라도 이와 같은 상황이 계속된다면, 초당 10개의 메시지는 계속 수신버퍼에 쌓여갈 것이고 얼마 지나지 않아서 오버플로우(overflow)가 발생하면서 메시지는 유실될 것이다.

예제 1.3 메시지가 패킷으로 나뉘어 전달되는 경우 패킷의 순서가 바뀌는 경우를 설명하라.

풀이 각 패킷들이 독립적으로 목적지로 전달되는 경우는 각 패킷이 통과하는 경로가 각기 다를 수 있다. 그러면 뒤에 출발한 패킷이 전송지연이 더 적은 경로로 전달되어 순서가 바뀌는 경우가 발생할 수 있다.

1.3 데이터 통신망

데이터 통신 모델에서 신호를 전달하는 역할을 하는 전송매체의 가치는 전달 거리가 멀수록 더 크다고 할 수 있다. 즉 더 먼 거리를 전달함으로써 통신의 가치가 더 커진다는 의미이다. 물리적인 전송회선을 통해서 전달되는 신호는 전달되는 도중에 물리적인 저항과 신호에너지의 유실에 기인하여 점차적으로 에너지가 줄어들게 된다. 따라서 수신이 가능한 정도의 신호세기를 갖는 상태에게 전달될 수 있는 거리는 제한적일 수밖에 없다. 이러한 이유로 목적하는 먼 거리를 전달하기 위해서는 중간에 약해진 신호를 원 신호의 세기로 재생하는 리피터나 신호의 강도를 증폭시켜주는 증폭기 등의 중계 기능을 이용해야만 한다. 결과적으로 하나의 회선을 통해서 목적지까지 연결되는 것이 아니라 다수의 중계기를 거쳐서 여러 개의 회선들이 연결되는 망 형식을 갖게 된다.

일반적으로 네트워크(network)는 노드(node)와 링크(link)를 포함하는 단순화된 모델로 나타낸다. 다음 그림 1.3은 네트워크 모델의 한 예이다. 여기에서 노드는 통신망에 연결되어 있는 통신 장치들이며 링크는 통신장치들 간에 물리적인 연결을 나타낸다. 통신 장치는 통신 서비스를 이용하는 데이터 처리장치나 통신 터미널이 될 수 있으며, 중간에서 데이터를 전달해주는 중계 장치일 수도 있다. 물리적인 연결은 유선일 수도 있고 무선일 수도 있다.

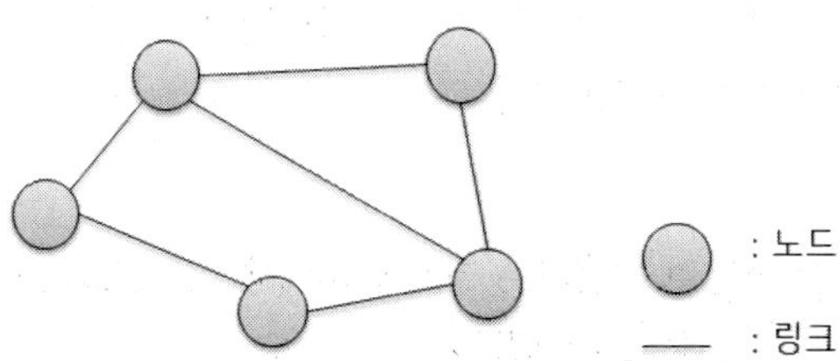

그림 1.3 유선 네트워크 모델

유선 연결은 물리적인 회선 내에서 전기 신호가 전파되는데 비해서 무선에 의한 연결은 물리적인 회선이 없이 전자기파의 전파를 통해서 신호를 송수신한다. 신호가 3차원 공간에서 퍼져감으로 신호에너지의 감쇠가 더 심하고 외부 전자기파의 간섭에 의해 나빠진다.

예제 1.4 유선 링크에 비해 무선 링크의 장점과 단점은 무엇인지 설명하시오.

풀이 무선 링크의 장점은 물리적인 회선이 필요 없기 때문에 회선 설치와 관리가 필요하지 않다. 이에 따라 터미널은 고정될 필요 없이 이동하면서 통신이 가능하다. 단점으로는 링크가 유선인 경우에는 신호가 유선에 의하여 유도되므로 신호에너지가 멀리까지 전달될 수 있지만, 무선일 경우에는 신호가 3차원 공간으로 퍼져가기 때문에 신호에너지가 급격히 약해지고 멀리까지 전달되기 어렵다. 또한 가까운 공간에 위치한 터미널들도 신호를 수신할 수 있기 때문에 보안상에 문제점이 있다.

통신망은 그 규모와 서비스 유형에 따라서 다양한 형태를 갖는다. 망의 크기에 따라서 PAN(Personal Area Network), LAN(Local Area Network), MAN(Metropolitan Area Network), WAN(Wide Area Network) 등으로 분류될 수 있다. PAN은 개인 주변의 장치들을 연결하여 만들어지는 망을 의미하는 것으로 그 범위가 직경 10m 정도이다. 블루투스 스피커나 마우스, 헤드셋 등으로 이루어지는 네트워크가 그 예이다. LAN은 회사나 학교 범위를 포함하는 네트워크로 직경 수 Km 정도이다. MAN은 한 도시를 포함할 수 있는 정도의 범위로 직경 수십 km 정도의 규모를 갖는 네트워크이다. WAN은 한 국가를 포함하는 정도의 규모를 의미한다.

사용목적에 따라서는 전화망, 데이터망, 멀티미디어망 등으로 분류되기도 한다. 전화망은 오늘날 흔히 사용되는 전화 서비스를 위한 네트워크를 의미한다. 데이터망은 음성 서비스 이외의 데이터들을 전달하는 네트워크를 말하는 것으로 전자우편이나 인터넷 서비스를 위한 네트워크가 여기에 포함된다. 멀티미디어망은 음성, 데이터, 영상 등이 결합된 멀티미디어 정보를 전달하기 위한 네트워크로 원격회의나 원격교육, 원격진료 등의 서비스를 위한 네트워크가 그 예이다.

예제 1.5 한 연구실 내에서 개인이 사용하는 장치들 사이에 네트워크를 구성하였다. 규모를 기준으로 어떤 네트워크로 분류할 수 있는가?

풀이 약 10m 범위 내로 판단되므로 PAN이라 볼 수 있다.

1.4 데이터 통신망의 출현과 발달

데이터 통신망이 처음 상업적으로 사용되기 시작한 것은 미국의 새뮤얼 모르스(Samuel Morse)가 19세기 중반에 발명한 전신 시스템부터이다. 전신 시스템은 모르스 부호를 이용하여 메시지를 전기 신호로 전달하는 방식이다. 그 후 19세기 종반에 미국의 벨(Bell)이 전화를 발명하면서 본격적인 전화 통신망의 시대를 열었다. 이 후 전화망 기술을 기반으로 오랫동안 음성 통신 서비스 위주의 통신망이 발전하였다.

1960년대에 미국방성(Department of Defense) 내에서 비밀리에 수행된 ARPANET(Advanced Research Project Agency NETwork) 개발이 성공적으로 이루어지면서 최초의 컴퓨터 네트워크가 등장하게 되었다. ARPANET은 전화망을 기반으로 구현한 컴퓨터 네트워크이다. 1970년대에 들어서면서 ARPANET 기술이 민간에 공개되고, 이를 통하여 정보처리를 목적으로 하는 컴퓨터를 연결하여 정보를 교환하는 컴퓨터 통신 기술이 크게 발달하게 되었다. 당시 ARPANET 멤버인 서프(Vint Cerf)와 칸(Bob Kahn)은 상호 연결 프로젝트(Internetting Project)에서 **게이트웨이(gateway)**를 고안하여 큰 기여를 하였다.

당시엔 디지털 회로를 작은 크기로 구현할 수 있는 반도체 기술이 빠른 속도로 발전하고 있었고, 마이크로프로세서의 출현이 작은 크기의 저렴한 컴퓨터가 생산될 수 있는 기반이 되었다. 미니 컴퓨터와 워크스테이션, 개인용 컴퓨터 등의 출현이 바로 그것이다. 그리고 작은 크기의 컴퓨터들이 널리 사용됨에 따라 컴퓨터 사이의 정보 교환에 관심이 커지게 되었고, 유닉스 운영체제를 탑재한 컴퓨터들은 초기 인터넷 기능을 갖추게 되었다. 이에 따라 컴퓨터 기술과 통신 기술의 결합을 낳으면서 비약적인 데이터 통신의 발전을 가져왔다.

그러나 초기에는 인터넷 기술이 컴퓨터나 통신 기술 관련 전문가들 사이에서 주로 알려지고 사용되었다. 일반 사용자들이 인터넷 기술을 널리 사용하게 된 것은 1990년대 들어서 그래픽 유저 인터페이스(Graphical User Interface : GUI)를 이용한 윈도우 시스템 상에서 **웹(WWW)** 서비스가 구현되면서부터라 할 수 있다. 그 후 웹 서비스가 폭발적인 인기를 얻으면서 근간이 되는 인터넷은 전 세계적으로 널리 퍼졌고, 오늘날에는 대다수의 컴퓨터가 인터넷에 연결되어 사용되고 있다. 고전적인 데이터처리 목적으로 컴퓨터를 사용하는 경우보다 전자우편이나 웹 서비스와 같은 통신 서비스를 위해서 컴퓨터를 사용하는 경우가 더 흔한 상황이 되었다.

한편, 데이터 통신이 발전함에 따라서 유선 분야의 광통신 기술과 함께 무선 통신도 비약적인 발전이 이루어졌다. 그 결과 현재에는 대부분의 사람들이 무선전화기를 휴대하는 시대에 살고 있다. 특히 최근에 많이 사용되는 무선 통신기기인 스마트 폰(smart phone)의 경우는 소프트웨어로 구현되는 다양한 앱(App)을 이용하여 컴퓨터에서 할 수 있었던 작업들을 수행해가고 있다. 컴퓨터 네트워크도 유선 네트워크뿐만 아니라 와이파이(WiFi)를 기반으로 하여 점점 무선 네트워크 기술이 확대되어 가고 있다. 이러한 추세를 고려할 때 미래에는 무선 기술을 활용한 이동 통신 환경에서 보다 다양한 통신기기를 활용할 수 있는 **유비쿼터스(ubiquitous)** 시대가 도래할 것으로 예측된다.

유비쿼터스는 "언제 어디에나 존재 한다"는 의미의 라틴어로부터 유래한 단어로 언제 어디서나 통신 시스템을 의식하지 않고 통신 서비스를 활용할 수 있는 환경을 말한다. 유비쿼터스와 함께 최근에 많이 언급되는 용어로 **사물인터넷(Internet of Things : IoT)**이 있다. 이는 모든 사물들을 인터넷을 통하여 연결한다는 의미를 갖는다. 즉 현재 사용되고 있는 통신기기나 컴퓨터뿐만 아니라 가전제품이나 자동차 등과 같은 다양한 사물들이 모두 인터넷에 연결되어 활용되는 환경을 나타낸다. 이를 활용하면 상상하기 어려울 정도의 다양한 응용 서비스가 출현할 것으로 예견되며, 4차 산업혁명도 이와 같은 환경에서 현실화될 수 있을 것이다. 다음 그림 1.4는 사물인터넷 환경을 나타낸 것이다.

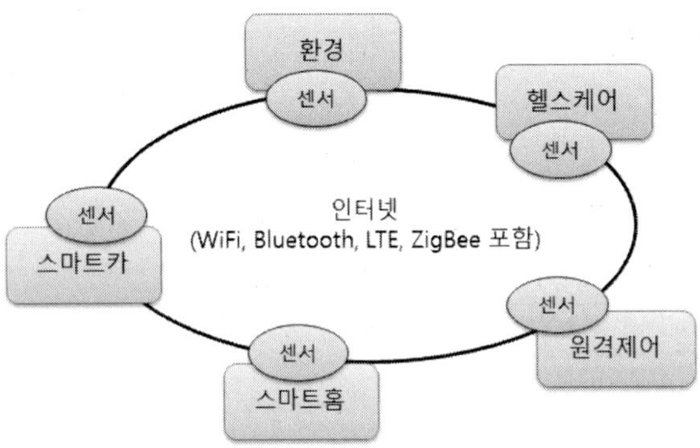

그림 1.4 사물인터넷 환경

앞의 그림에서와 같은 사물들을 연결하는 **이동 센서 망(mobile sensor network)**을 기반으로 하며, 인공지능과 빅 데이터를 활용한 지능화가 가능해지면, 사람이 개입하지 않더라도 사물들 간에 상호작용에 의하여 다양한 서비스가 제공되는 사물인터넷 시대가 본격화 할 것이다.

다음 표 1.1은 지금까지 언급한 데이터 통신의 역사를 간략하게 나타낸 것이다.

표 1.1 데이터 통신 역사

년도	사건
1837	모르스 전신 발명
1844	상업적 전신 시스템 개발
1876	벨 전화 시스템 발명
1885	AT&T 설립
1969	최초의 컴퓨터 네트워크 ARPANET 구현
1972	게이트웨이 개발
1973	이더넷 출현
1977	TCP, IP 분리
1983	TCP/IP가 ARPANET 공식 프로토콜로 인정
1989	WWW(World Wide Web) 출현
1993	웹 브라우저 Mosaic 등장
1995	고속 이더넷 표준 제정
1996	IPv6 표준 출현
1997	기가비트 이더넷 표준 / 802.11b 무선LAN 표준(11Mbps)
2000	10G비트 이터넷 등장
2003	Wibro, 3G LTE
2009	802.11n 무선LAN 표준(600Mbps)
2012	4G 이동 통신 등장
2014	무선 LAN 802.11ac(6.9Gbps)
2020	5G 이동 통신 등장 예상

1.5 표준화

통신은 두 개체 간에 이루어지기 때문에 프로토콜이라는 약속에 따라야 한다. 그러므로 프로토콜이 다르면 아무리 좋은 프로토콜을 사용하더라도 다른 개체와 통신이 불가능하다. 전 세계적으로 데이터 통신이 이루어지기 위해서는 전 세계가 동의하는 프로토콜이 필요하고, 그 결과 국제 표준화 기구가 설립되어서 표준 프로토콜에 대한 연구, 제정, 관리를 하고 있다.

그러나 국제표준은 각 국가들이 표준을 위해서 협력하지만 어떤 방식이 표준으로 결정되는가에 따라 국가적인 이권이 달려있기 때문에 자신들의 통신 방식을 표준으로 채택하기 위해서 경쟁하는 장이기도 하다. 이러한 문제 때문에 표준화는 상당한 시간이 소요되기도 한다. 전 세계가 모두 동의하는 하나의 표준이 존재하기 보다는 경우에 따라서는 미국을 중심으로 하는 북미 방식, 유럽 중심의 방식 등 두 가지 이상의 국제 표준이 존재하는 것이 현실이다. 데이터 통신에 관련된 대표적인 국제 표준화 기구는 다음과 같다.

01 | ISO(International Standards Organization)

ISO는 1946년 설립된 국제 표준화 기구이며, 데이터 통신 분야뿐만 아니라 상품과 서비스의 국제교환, 과학 기술 및 경제활동 협력을 목적으로 하는 표준화에 앞장서고 있다. 특히 데이터 통신 분야에서는 다른 기종 간에 상호접속을 목적으로 하는 **OSI 7 계층**(Open System Interconnection 7 layer) 프로토콜을 제정하였다.

02 | ITU(International Telecommunications Union)

전기통신관련 국제협약 및 표준제정을 목적으로 활동하고 있다. 우리나라도 회원국이며 2008년에는 서울에서 총회가 개최되기도 하였다. 유선 통신 분야를 담당하는 ITU-T(ITU - Telecommunication Standardization Sector) 뿐만 아니라 무선 통신 분야를 담당하는 ITU-R(ITU - Radio Standardization Sector)에서 관련표준을 권고하고 있다. 우리나라의 전화망 기술, ISDN, 무선 통신 등에서 많이 사용되고 있다. ITU-T의 주요 권고안은 다음 표 1.2와 같다.

표 1.2 ITU-T의 주요권고안

권고안	내용
ASN.1	데이터표현 규격
I	IDSN
JPEG	정지화상 표준
MPEG2, H.264, MPEG4	동영상 코딩 규격
M, N	선로 유지 보수
Q	전화 교환과 신호
R, S, T, U	전신 기술
V	전화망에서 아날로그 신호 전송
X	공중 데이터 통신망

03 | IEEE(Institute of Electrical and Electronics Engineers)

전 세계 학자와 전문가들이 활동하는 미국전기공학회로 전기, 전자, 컴퓨터 분야의 학술활동을 전개하고 있다. 데이터 통신 분야에서는 IEEE 802 위원회에서 LAN과 WPAN 등의 표준을 제정하였다. 이 표준은 미국표준인 ANSI(American National Standards Institute)에서 표준으로 받아들여지고, 나아가 국제표준인 ISO 표준이 된다. 대표적인 IEEE 표준이 다음 표 1.3에 나타나 있다.

표 1.3 IEEE 표준의 예

표준명	내용
IEEE 801.1	Higher Layer LAN protocols
IEEE 802.2	LLC(Logical Link Control)
IEEE 802.3	CSMA/CD(Carrier Sense Multiple Access/Collision Detection)
IEEE 802.4	Token Bus
IEEE 802.5	Token Ring
IEEE 802.6	MAN(Metropolitan Area Networks: DQDB)
IEEE 802.8	Fiber Optic TAG(Technical Assistant Group)
IEEE 802.10	LAN Security
IEEE 802.11	Wireless LAN(IEEE 802.11a, b, g, n, ac)
IEEE 802.15	WPAN(Wireless Personal Area Network)
IEEE 802.15.1	Bluetooth
IEEE 802.15.4	ZigBee
IEEE 802.16	WiMAX

04 | ISOC(Internet Society)

인터넷 표준제정을 지원하기 위하여 1992년에 설립된 비영리 단체이다. 이 단체는 인터넷관련 다른 단체의 관리와 지원을 하며, 인터넷관련 학술활동과 연구를 담당한다. 관련단체로는 IAB, IETF, IRTF 등이 있다.

1) IAB(Internet Architecture Board)

ISOC를 위한 기술자문위원회로 인터넷 운영 관리 및 기술 문제를 해결하기 위해서 설립된 기구이다. 산하 조직으로는 IETF(Internet Engineering Task Force)와 IRTF(Internet Research Task Force)가 있다.

2) IETF

인터넷의 기술적 표준을 제정하기 위해 워킹그룹(working group)별로 활동하고 있으며, 인터넷 표준인 **RFC(Request For Comments)** 문서를 제정한다. RFC 표준은 제안단계 표준안(proposed standard), 표준안 전단계(draft standard), 인터넷표준안(Internet standard) 등 3단계 표준화 과정을 거쳐서 제정된다. 다음 표 1.4는 RFC 문서의 예를 보여준다.

표 1.4 RFC 표준의 예

RFC 문서 번호	내용
RFC 791	Internet Protocol
FRC 793	Transmission Control Protocol
RFC 822	전자우편 메시지 형식
RFC 854	Telnet
RFC 959	FTP
RFC 1661	PPP(Point-to-Point Protocol)

인터넷 표준은 처음 제안한 기관이 만든 문서인 인터넷 초안(Internet draft)로부터 시작하여 6개의 완성 단계를 거치는데, 제안 표준(proposed standard), 드레프트 표준(draft standard), 인터넷 표준(Internet standard), 기록 단계(historic), 실험 단계(experimental), 정보 제공(informational) 등이다. 초안은 RFC로 발간되어 그 정보가 공유된다.

- 제안 표준 : 충분한 논의를 거친 안정된 규격으로 시험을 거쳐서 구현된다.
- 드래프트 표준 : 인터넷 표준 전단계로 제안 표준에서 적어도 2회 이상 성공과 상호운용이 이루어지면 드래프트 표준이 된다.
- 인터넷 표준 : 완전한 구현 후 인터넷 표준이 된다.
- 기록 단계 : 다른 규격으로 대치되거나 필요한 단계를 통과하지 못한 문서이다.
- 실험 단계 : 실험적인 단계의 작업을 나타내며, 인터넷 서비스로 구현되지 않을 수 있다.
- 정보 제공 : 인터넷 관련기관이 아닌 제조업체에서 작성한 일반적인 튜토리얼 정보가 포함된다.

3) IRTF

이 기관에서는 인터넷 프로토콜과 기술에 대한 장기 연구주제를 담당한다.

05 | 국내표준기관

한국정보통신 표준(Korean Information and Communication Standard : KICS)의 TTA (Telecommunication and Information Technology Association)와 한국 산업 표준(Korean Standard : KS)의 정보 기술 부분인 X 시리즈를 축으로 정보통신 분야의 표준화를 수행하고 있다.

01 연습문제

1. 약속된 형식에 따라 사실, 명령 등을 표현한 것을 무엇이라 하나?

① 신택스 ② 프로토콜
③ 데이터 ④ 코맨트

2. 프로토콜의 3 요소가 아닌 것은 무엇인가?

① 신택스 ② 프로시져
③ 시멘틱 ④ 타이밍

3. 프로토콜에서 사용하는 메시지 형식은 다음 중 어느 요소에 해당하는가?

① 신택스 ② 프로시져
③ 시멘틱 ④ 타이밍

4. 프로토콜에서 특정 메시지를 수신했을 때 따라야 할 처리절차는 다음 중 어느 요소에 해당하는가?

① 신택스 ② 함수
③ 시멘틱 ④ 타이밍

5. 데이터 통신 시스템 모델에 따르면 전화망을 이용한 컴퓨터 통신에서 모뎀은 다음 중 어디에 해당하는가?

① 송신자 ② 전송매체
③ 송수신기 ④ 증폭기

6. 데이터 통신 시스템 모델에서 멀리까지 신호를 나르는 역할을 하는 것은 무엇인가?

① 송신자 ② 전송매체
③ 송수신기 ④ 증폭기

7. 한 사설기관이나 학교 정도의 범위를 포함하는 통신망을 무엇이라 하나?

① LAN ② MAN
③ WAN ④ PAN

8. 다음 중에서 포함하는 범위가 가장 큰 통신 네트워크는 무엇인가?

① LAN ② MAN
③ WAN ④ PAN

9. 데이터 통신 시스템 모델의 5가지 요소에 포함되지 않는 것은 무엇인가?

① 송신자 ② 전송매체
③ 수신기 ④ 증폭기

10. 표준화에 대한 설명 중에서 맞지 않는 것은 무엇인가?

① 국제 표준화를 통해서 전 세계가 통신에 사용할 수 있는 프로토콜이 제정된다.
② 표준화를 통해서 통신 기술이 더 빨리 발달한다.
③ 국제 표준도 2가지 이상일 수 있다.
④ 국제 표준화는 각국의 이해가 상충하기 때문에 우리나라도 국제 표준화기구에서 적극적으로 활동하고 있다.

11. 다음 중 인터넷 표준을 연구하는 기관은 무엇인가?

① ISO ② IETF
③ ITU-T ④ ANSI

12. 다음 국제 표준화 기구 중에서 OSI 7 계층구조에 대한 표준을 제정한 곳은 어디인가?

① ISO ② IETF
③ ITU-T ④ ANSI

13. 다음 중 인터넷표준 문서는 무엇인가?

① RFC ② IEEE
③ ITU-T ④ X.25

14. 언제 어디서나 통신 시스템을 의식하지 않고 통신 서비스를 활용할 수 있는 환경을 무엇이라고 하는가?

① 사물 인터넷 ② 유비쿼터스
③ 고속 통신망 ④ 모바일 센서 네트워크

15. 우리가 일상생활에서 사용하고 있는 우리말도 프로토콜이라 할 수 있는지에 대해 설명하라.

16. 데이터와 정보의 차이점에 대하여 간단히 설명하라.

17. 일상생활에서 활용되는 데이터 통신 시스템을 5가지 이상 나열하라.

18. 프로토콜의 요소 중에서 시멘틱(Semantic)이란 무엇인가?

19. 와이파이(WiFi)에 대한 프로토콜 표준은 무엇인가 조사해 보자.

20. 데이터 통신 기능 중에서 동기화(synchronization)란 무엇인가?

Chapter 02

데이터 통신망 구조

Chapter 02

데이터 통신망 구조

2.1 회선 연결

유선 통신 서비스를 이용하는 호스트는 물리적인 회선(circuit)으로 연결되고, 이 회선을 통해서 신호를 주고받는다. 한 호스트를 다른 호스트에 회선으로 직접 연결한 형태를 **점대점**(point-to-point) 연결이라 한다. 한 회선에 다수의 호스트가 연결될 경우에는 **다중점**(multi-point **또는** multi-drop) 연결이라 부른다. 이와 같은 회선 연결을 그림으로 나타내면 다음 그림 2.1과 같다.

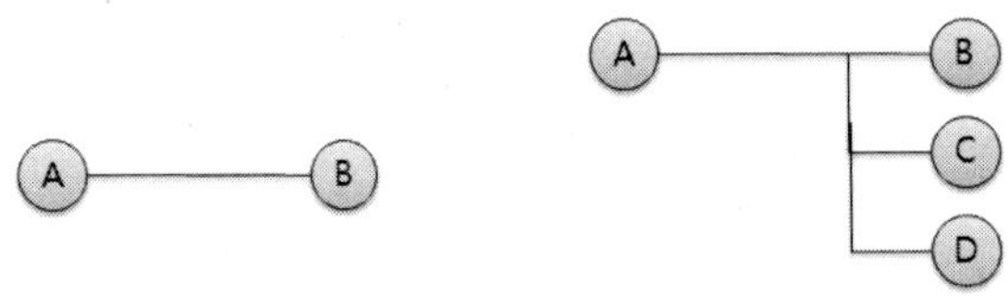

a) 점대점 연결　　b) 점대다중점 연결

그림 2.1 회선 연결

점대점 연결은 1:1 대응이므로 두 호스트 간에 회선이 전용된다. 그러나 다중점 연결에서는 다수의 호스트가 한 회선을 공유해야 한다. 따라서 둘 이상의 호스트가 동시에 전송을 시도하면 신호충돌이 불가피하다. 신호충돌이 발생하면 전송은 실패하게 된다. 따라서 동시에 둘 이상의 호스트가 전송하는 것을 피할 수 있는 방안이 요구된다.

일반적으로 한 서버장치에 터미널이 다수 연결될 때 점대다중점 연결이 사용가능하다. 이 경우 서버는 다수의 터미널에게 돌아가면서 한 터미널씩 전송 권한을 주고 전송할 메시지가 없는 경우에는 다음 터미널에게 전송 권한을 넘겨주는 **폴링**(polling) 방식을 흔히 사용한다. 또한 다수의 터미널을 구분하기 위한 주소가 요구된다. 그림 2.1 b)에서 만약 서버인 A가 C에게 메시지를 전달하는 경우에는 메시지 앞(헤더 부분)에 주소를 명기하여 전달한다. B, D는 이 메시지를 수신한 후 주소를 확인하여 자신의 것이 아니므로 메시지를 버리며, C 만이 자신에게 온 메시지임을 확인하여 수신한다. 그림 2.2는 폴링 과정을 나타낸 것이다.

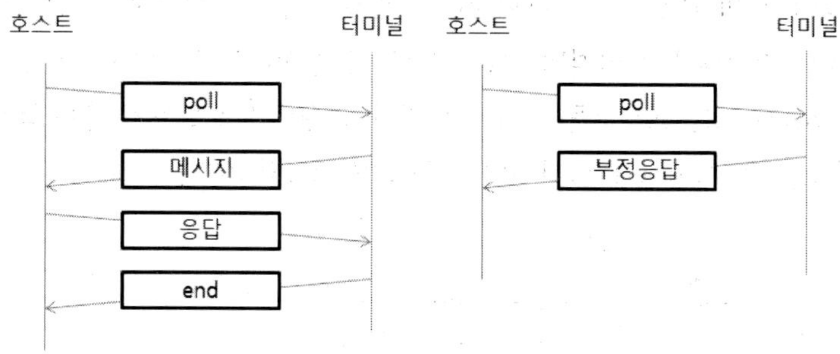

a) 전송 메시지가 있는 경우 b) 전송 메시지가 없는 경우

그림 2.2 폴링 과정

예제 2.1 앞의 그림 2.1 b) 점대 다중점 연결에서 A가 C에게 메시지를 전달하려고 할 때는 어떤 절차를 가질 수 있는지 알아보시오.

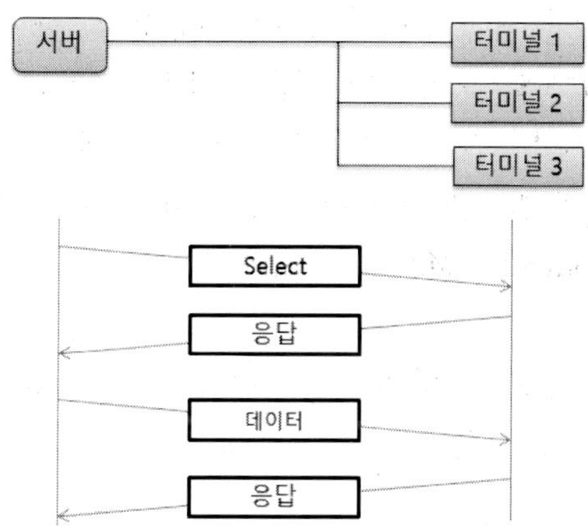

그림 2.3 셀렉션 과정

풀이 다중점 연결에서 한 서버가 다수의 터미널과 연결될 경우, 서버 측에서 메시지를 전달하려고 할 때는 **셀렉트**(select) 메시지를 보낸다. 셀렉트 메시지에는 수신자 주소 정보가 있기 때문에 해당되는 수신자는 자신이 수신준비가 되어 있는 경우에 긍정 응답을 보낸다. 서버는 이 응답을 받고난 후, 메시지를 전달하고 해당되는 수신자만이 이를 수신한다.

일반적으로 동등한 권한을 갖는 다수의 호스트를 연결한 망의 경우에는 **방송망**(broadcasting network) 구성과 **교환망**(switching network) 구성이 가능하다. 방송망은 멀티포인트 연결로 구성되는 망에서와 같이 다수의 호스트가 하나의 전송매체를 공유하는 경우에 해당된다. 한 호스트가 전송을 하면 그 신호를 전송매체에 연결된 모든 호스트가 수신하므로 방송이 된다. 일반적으로 좁은 영역을 연결하는 LAN은 모든 호스트들이 가까운 거리에 존재하므로 이와 같은 특성을 갖는다. 예를 들어 버스 구조의 LAN을 그림으로 나타내면 다음 그림 2.4와 같다.

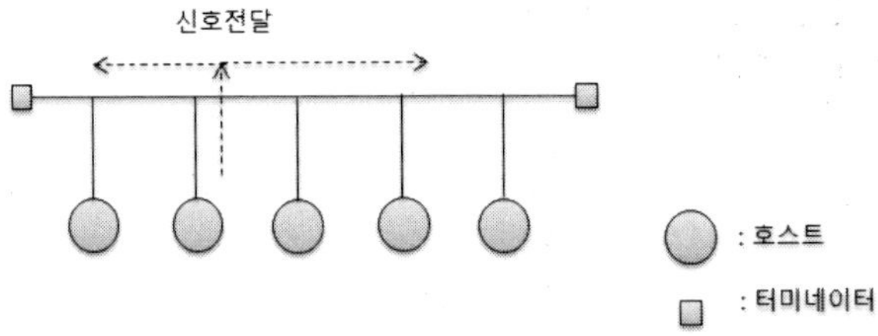

그림 2.4 버스 LAN

그림 2.4에서 한 버스에 다수의 호스트가 연결되어 있기 때문에 한 호스트가 신호를 전송하면 그 신호를 다른 모든 호스트가 수신하게 되는 방송의 특성을 갖는다. LAN은 범위가 좁기 때문에 신호를 재생하거나 증폭할 필요가 없으므로 이와 같은 연결을 사용하는 경우가 많다. 다만 한 순간에 두 호스트 이상이 동시에 데이터 전달을 시도할 경우에는 전송매체를 공유하기 때문에 신호 충돌이 불가피하다. 따라서 신호 충돌 발생을 회피하거나 충돌 발생 후 적절한 처리를 할 수 있는 **매체 접근 제어**(Medium Access Control : MAC)가 요구된다.

방송망과는 달리 교환망은 호스트와 호스트 사이에 중계 노드를 갖는 네트워크다. 한 예를 그림으로 나타내면 다음 그림 2.5와 같다.

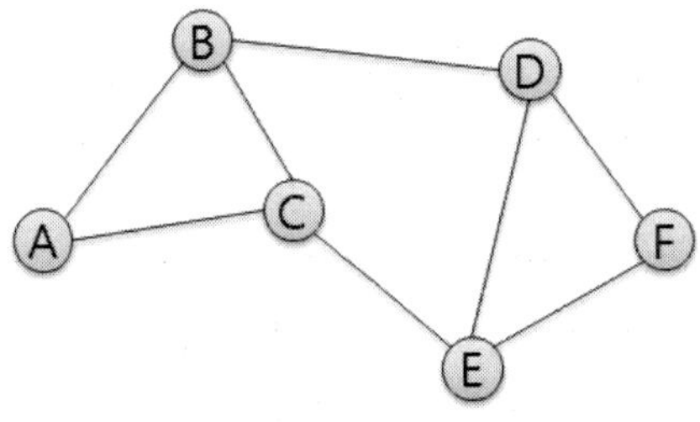

그림 2.5 교환망의 예

그림 2.5에 나타난 교환망은 여러 개의 점대점 연결로 이루어진 망으로 볼 수 있다. 직접 연결되지 않은 두 호스트 사이에 통신이 이루어지기 위해서는 중계 노드를 거쳐서 신호가 전달되어야 한다. 예를 들어 A 호스트에서 F 호스트로 메시지를 전달하기 위해서는 B와 D 중계 노드를 통과해서 전달되어야 한다. 이와 같이 중계 역할을 하는 노드를 **교환기**(switch)라 하고, 교환기를 포함하는 네트워크를 **교환망**(switching network)이라 한다. 방송망과 교환망의 가장 큰 차이점은 교환 노드가 있다는 점이다. 그리고 교환 노드의 교환 기능을 이용하여 정해지는 경로를 따라 한 호스트에서 목적지 호스트까지의 데이터 전달이 이루어진다는 점이다. 따라서 교환망에서는 전달되는 메시지가 모든 호스트에게 전달되는 것이 아니고, 정해진 목적지에만 전달된다.

예제 2.2 방송망과 교환망의 근본적인 차이점은 무엇인가?

풀이 방송망은 한 노드가 데이터를 전송하면 망 내의 모든 수신자가 그 데이터를 수신하지만, 교환망에서는 교환기라 불리는 교환 노드에 의하여 목적지까지 경로가 설정되고, 이 경로를 통해서 수신자에게만 데이터를 전달한다.

2.2 교환 기술

교환망에서 사용하는 기술로는 크게 **회선 교환**(circuit switching)과 **패킷 교환**(packet switching)이 있다. 그리고 초기에 사용되었지만 지금은 사용되지 않는 **메시지 교환**(message switching)이라는 초기 패킷 교환 방식도 있다.

01 | 회선 교환

회선 교환은 전화망에서 사용하는 교환 기술로 데이터 전송 이전에 데이터가 전달될 경로를 구성한다. 이를 위해 물리적인 회선을 연결하여 송수신자 사이에 통화 채널(channel)을 설정한 후, 설정된 통화 채널을 이용하여 데이터 전송이 이루어지는 교환 방식이다. 이를 그림으로 나타내면 다음 그림 2.6과 같다.

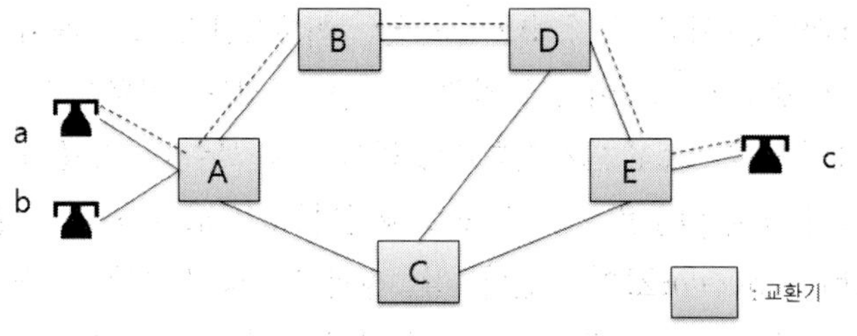

그림 2.6 회선 교환 예

가입자 회선(subscriber line)을 통해서 전화는 교환기(switch)에 연결된다. 교환기들이 회선으로 서로 연결됨으로써 회선 교환망을 형성하고 있다. 그림에서 a 전화기에서 c 전화기로 통화 회선을 연결하기 위해서는 교환기 A, B, D, E 사이에 회선을 연결하여 음성 채널을 미리 설정해야 한다. 이렇게 한 음성 서비스를 위해서 설정된 채널은 다른 사용자들이 접근할 수 없으며, 오직 a, c 사용자만이 전용하게 된다. 그러므로 전용되는 음성 채널은 사용자에게 그 서비스 품질을 보장할 수 있다. 그러나 전용된 음성 채널은 사용자가 잠시 대화를 하지 않는 경우에도 다른 사용자가 그 채널을 공유할 수 없기 때문에 채널이 낭비될 가능성이 있다.

1) 전화 연결 과정

① 사용 중이 아닐 때 전화기는 훅온(hook-on) 상태이다. 이 상태에서는 가입자 선로가 끊어져 있다.

② 사용자가 통화를 하기 위해서 수화기를 들어 올리면 훅오프(hook-off) 상태가 된다. 훅(hook)이 올려 지면 가입자 선로에 루프가 형성되면서 교환기에서부터 오는 발신음 신호가 들어온다.

③ 송신자가 다이얼링(dialing)하면 목적지 주소가 결정된다. 다이얼링에 따라 전화기가 신호를 생성하여 전달하면 교환기에서는 어떤 번호가 입력되었는지 알게 된다.

④ 목적지 주소에 따라 교환이 이루어지며 음성 채널 경로를 결정한다. 이때 전화망 내의 교환기 사이에는 신호(signaling)에 의하여 상호작용이 이루어지며 음성 채널을 위한 적절한 경로가 선택된다.

⑤ 교환이 완료된 후에 수신측 전화기가 연결되어 있는 교환기에서 수신 전화로 벨이 울리도록 신호를 전달한다. 동시에 발신자의 전화로는 링잉 톤(ringing tone)이 울리도록 신호를 전달한다. 이때 수신자가 통화중이면 이를 알리는 신호 음을 전달한다.

⑥ 수신자가 전화기를 드는 순간 가입자 회선의 루프 회로가 연결되고 음성 채널은 설정이 완료되며 두 사용자 사이에 통화가 이루어진다.

⑦ 한쪽에서 수화기를 내려놓으면 통화는 끝나고 음성 채널은 전화망으로 반환된다.

이상의 과정을 그림으로 나타내면 다음 그림 2.7과 같다.

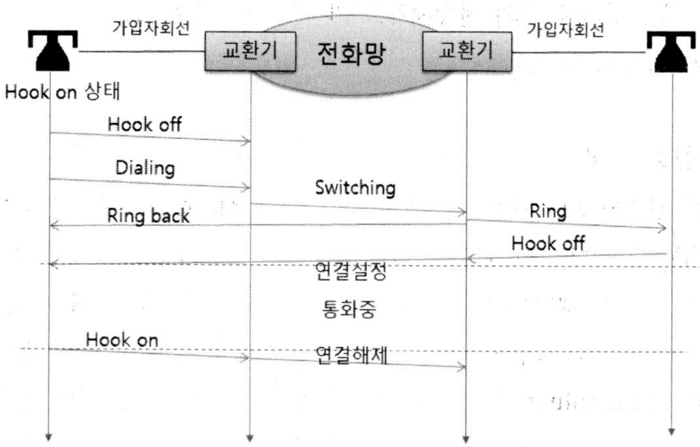

그림 2.7 전화 연결절차

2) 전화망의 계층구조

교환기들을 연결하여 구성되는 전화망은 계층구조를 갖는다. 다음 그림 2.8은 3 계층으로 교환기들이 연결되는 전화망의 경우를 그림으로 나타낸 것이다.

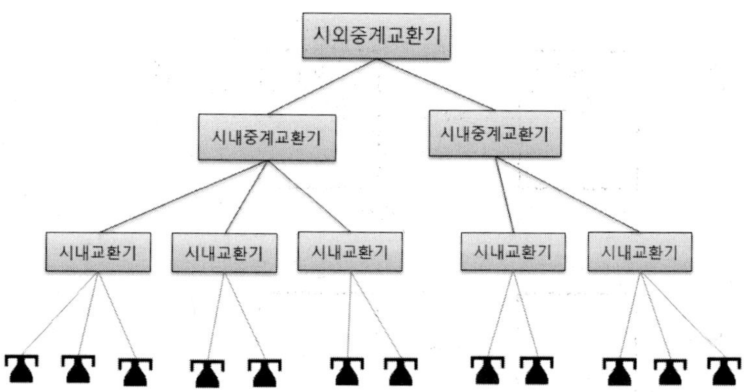

그림 2.8 전화망의 계층구조

앞의 그림 2.8에서 시외 중계 교환기(regional tandem exchange)는 시내 중계 교환기(local tandem exchange) 사이에서 중계 역할을 하며, 시내 중계 교환기는 시내 교환기(local exchange)들 사이에서 중계 역할을 한다. 시내 교환기는 가입자 선로를 통해서 가입자와 연결된다. 한편 교환기와 교환기 사이의 연결은 다수의 회선이 다중화(multiplexing)된 트렁크(trunk)에 의하여 이루어진다. 가입자 선로는 구리선 한 쌍으로 이루어지지만 트렁크는 많은 수의 구리선이나 고도의 다중화가 가능한 동축 케이블, 광섬유 등의 전송매체로 만들어진다. 상위 교환기로 갈수록 다중화의 정도가 높아지고 교환기 성능도 더 높다.

3) 전화망에서의 신호 방식

전화망 교환기 간의 상호작용은 신호(signaling)에 의하여 이루어지는데, 이는 교환기들 사이의 제어 프로토콜로 이해할 수 있다. 교환기는 신호에 의하여 이웃한 교환기들과 정보를 주고받으면서 전화 서비스 요구에 대한 음성 채널을 설정, 관리, 해제한다. 이 과정을 **호 처리(call processing)**라고 하는데 교환기 내의 프로그램 로직(logic)으로 이루어진다. 그러나 제어 신호 체계인 **공통선 신호 방식(Common Channel Signaling System) No.7**과 같은 독립적인 신호 방식을 이용하는 경우에는 교환기 망과는 독립적으로 신호 방식을 위한 네트워크를 구축할 수 있고, 호 처리와 같은 프로그램 로직은 독립된 컴퓨터 시스템 등에 의하여 처리될 수 있다. 공통선이라는 명칭은 음성 네트워크뿐만 아니라 다른 서비스 네트워크를 위한 신호를 공통으로 처리하는 채널이라는 의미이다. 이렇게 함으로써 다양한 통신 서비스를 함께 제공할 수 있는 ISDN(Integrated Service Digital Network)을 제어할 수 있게 된다. 교환기들은 컴퓨터와 같은 제어장치의 명령에 따라 교환 기능을 수행하게 된다. 이를 그림으로 나타내면 다음 그림 2.9와 같다.

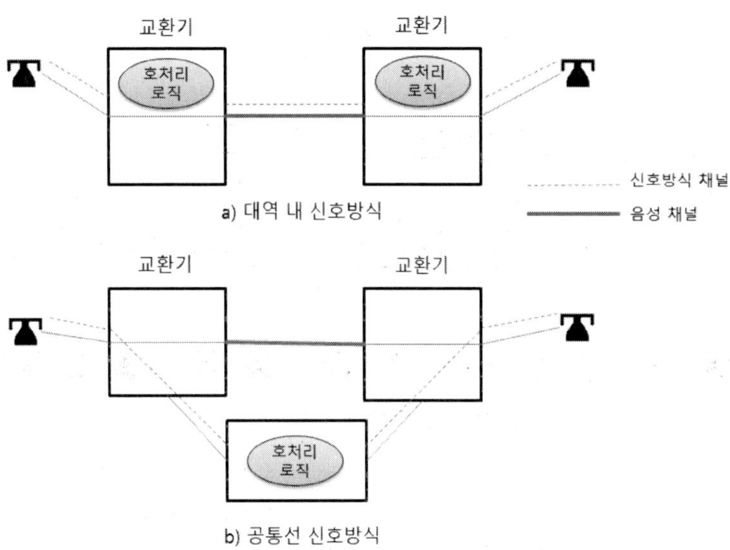

그림 2.9 공통선 신호 방식을 위한 망구조

위의 그림 2.9에서 a)는 신호 채널이 음성 채널 대역 내에 존재하기 때문에 대역 내 신호 방식이라고 한다. 그에 비해 b)의 공통선 신호를 위한 채널은 음성 채널 대역과는 다른 별도의 채널을 이용하기 때문에 대역 외 신호 방식이라 한다.

02 | 패킷 교환

패킷 교환은 회선 교환과는 달리 물리적인 회선을 전용하지 않고, 다수의 사용자가 공유하도록 하는 특징을 갖는다. 패킷 교환은 전달될 메시지를 다수의 **패킷**(packet)으로 나누어 전송하는 방식을 취한다. 패킷은 조각난 메시지의 일부분이라고 이해할 수 있다. 이렇게 함으로써 한 사용자가 회선을 전용하지 않고, 다수의 사용자들이 회선 공유가 가능하게 된다. 다음 그림 2.10은 패킷 교환에서 다수의 사용자들이 물리적인 링크를 공유하는 예를 보여주고 있다.

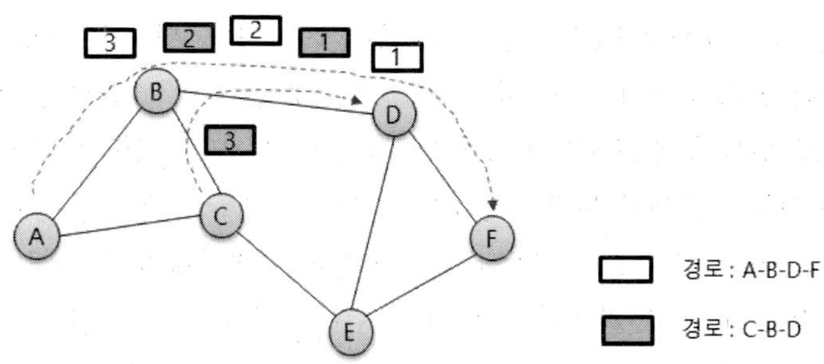

그림 2.10 패킷 교환에서의 링크 공유

A-B-D-F 경로를 이용하는 사용자는 A 노드에서 F 노드로 메시지를 다수의 패킷들을 통해서 전송한다. 마찬가지로 C-B-D 경로를 이용하는 사용자는 C 노드에서 D 노드로 메시지를 패킷으로 전달한다. 이와 같은 경우에 B-D 링크 상에서 패킷들이 물리적인 채널을 공유하는 상황이 발생한다. 패킷 교환은 필요에 따라 얼마든지 한 링크 상에서 다수의 서비스를 위한 공유가 가능하다. 이러한 이유로 회선 교환과는 달리 패킷 교환 방식은 제한 없이 많은 서비스 요구를 수용할 수 있고 결과적으로 링크의 사용률을 높인다. 다만 공유가 심해지면 각 서비스가 사용할 수 있는 용량이 줄어들기 때문에 서비스의 품질이 나빠질 수밖에 없다. 반대로 회선 교환은 할당된 채널을 사용자가 독점적으로 사용하기 때문에 서비스 품질을 보장할 수 있다는 장점이 있다.

패킷들이 전송될 경로를 미리 결정하고 난 후에 패킷을 전달하는 방식을 **가상 회선**(virtual circuit) 방식이라 하고, 미리 정해진 경로 없이 각 패킷을 교환기가 독립적으로 판단하여 전달하는 방식을 **데**

이터그램(datagram) 방식이라 한다. 이를 그림으로 나타내면 다음 그림 2.11과 같다.

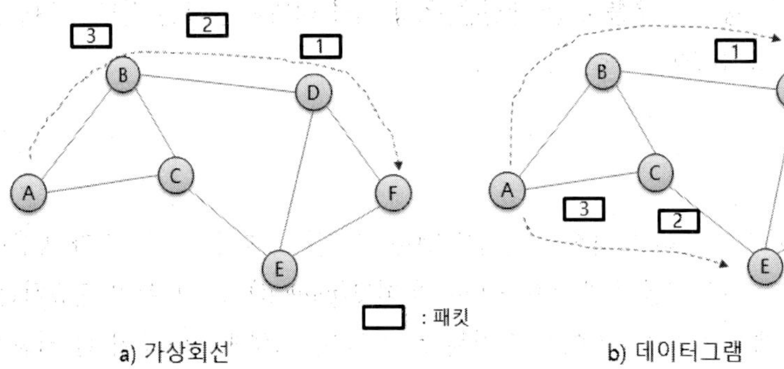

그림 2.11 가상 회선과 데이터그램

그림 2.11에서는 A를 송신 노드로 F를 수신 노드로 한 패킷 교환을 나타낸 것이다. 가상 회선에서는 패킷전달 이전에 미리 경로 A-B-D-F를 결정하고, 이 경로를 따라서 패킷들을 전달하기 때문에 송신된 패킷의 순서대로 수신 측에 도착한다. 그러나 데이터그램에서는 정해진 경로가 없기 때문에 각 패킷에 대하여 거쳐 가는 노드에서 목적지 주소를 고려하여 그 순간에 가장 좋은 경로를 찾아서 다음 노드로 전진(forwarding)시킨다. 따라서 네트워크 상황이 변함에 따라 서로 다른 경로를 통해서 목적지까지 전달될 수 있다. 그 결과 먼저 출발한 패킷이 다음에 출발한 패킷보다 먼저 수신 노드에 도착한다는 보장이 없기 때문에 수신 노드 F에서는 수신되는 순서가 바뀔 가능성이 있다. 일반적으로 큰 메시지가 여러 개의 패킷으로 나누어져서 전달되는 경우에는 각 패킷들 간에 순서의 의미가 있기 때문에 가상 회선 서비스를 이용하여 전달되어야 한다. 반면 각 패킷의 데이터가 서로 관련이 없는 경우에는 데이터그램을 사용할 수 있다.

만약 데이터그램 서비스를 이용하는 경우에 패킷을 순서대로 받고 싶다면 사용자가 순서보장을 위한 처리를 해야 한다. 이를 위해서 송신자는 패킷에 순서 번호를 붙여서 전송해야 하고, 수신 측 사용자는 들어오는 패킷들의 순서 번호를 고려해서 잘못된 순서를 바로잡은 후에 메시지를 사용해야 한다. 전송 도중 패킷이 유실되어 순서 번호가 비는 경우에는 이를 송신자에게 알리고 다시 재전송을 받는 처리도 요구된다. 이와 같은 순서보장을 위한 부가적 처리를 네트워크 서비스 제공자가 해준다면 사용자는 이 서비스를 가상 회선 서비스와 동일하게 인식하게 될 것이다.

다음 표 2.1은 기능에 대한 교환 방식의 특성을 서로 비교한 것이다.

표 2.1 교환 방식 비교

기능	회선 교환	가상 회선	데이터그램
경로 설정	있음	있음	없음
메시지 전송 시 중계 노드에서의 지연	없음	메시지 수신과 전달 처리를 위해 약간 있음	다음 노드를 결정하기 위한 처리와 메시지 수신과 전달 처리를 위하여 있음
패킷 순서보장	보장됨	보장됨	보장 안됨
통신품질 보장	보장됨	보장 안됨	보장 안됨
서비스 요구에 대한 거절 가능성	거절될 수 있음	거절될 수 없음	거절될 수 없음
메시지 헤더 오버헤드	없음	있음	있음

예제 2.3 송신자가 작은 메시지를 수신자에게 보내어 빠른 응답을 받고 싶을 때 어떠한 교환 방식을 이용하는 것이 적절한지 설명하라.

풀이 교환 방식 중에서 가장 빠른 응답이 가능한 방식은 데이터그램 방식이다. 회선 교환과 가상 회선 교환은 호 설정이나 경로 설정 과정이 있기 때문에 메시지 전송이전에 상대적으로 긴 시간지연이 필연적으로 발생한다.

예제 2.4 큰 메시지를 신뢰성 있게 전달하고 싶을 때 적절한 패킷 교환 방식은 무엇인지 설명하라.

풀이 메시지의 크기가 큰 경우에는 한 패킷으로 전달 할 수 없고, 다수의 패킷으로 나누어 전달해야 한다. 따라서 각 패킷의 순서가 보장되고 신뢰성이 높은 가상 회선 패킷 교환이 적절하다.

03 | 메시지 교환

이 방식은 패킷 교환 방식과 매우 흡사하지만 메시지를 패킷으로 나누지 않고, 메시지를 하나의 큰 패킷처럼 전달하는 방식을 의미한다. 메시지가 패킷보다 훨씬 큰 경우에는 전달 도중에 각 중간 노드에서 수신이 완료되고 난 후에 전달되기 때문에, 수신 저장과 전달(store and forward) 과정에 큰 지연이 발생한다. 또한 메시지의 크기가 클수록 전송 도중 오류가 발생할 확률이 높아지고, 오류가 발생하는 경우 재전송해야 하는 메시지 크기 또한 크다는 단점이 있다. 이와 같은 문제점 때문에 오늘날에서는 사용되지 않는 초기 교환 방식이다.

예제 2.5 N개의 비트로 이루어진 메시지가 전달된다. 이때 각 비트에서 오류가 발생할 확률이 P이고, 각 비트에서 오류 발생 확률은 서로 독립적이라고 한다면 메시지가 오류 없이 전달될 확률은 얼마인지 계산하라.

풀이 각 비트에서 오류가 없을 확률은 1-P이고 비트의 개수가 N개이므로 모든 비트가 오류가 없을 확률은 $(1-P)^N$이다.

04 | 경로배정

경로배정(routing) 기능은 네트워크 내에서 근원지로부터 목적지로의 전송을 위한 경로를 찾는 기능을 말한다. 교환망에서 교환기의 역할이나 인터넷에서 라우터의 역할이 경로배정이다. 교환기나 라우터들은 자신들이 관리하는 경로배정 테이블(routing table)의 정보를 기반으로 경로배정한다. 다음 그림 2.12는 노드 A의 경로배정 테이블을 보여준다.

목적지	다음 노드
A	–
B	B
C	C
D	B
E	C
F	B

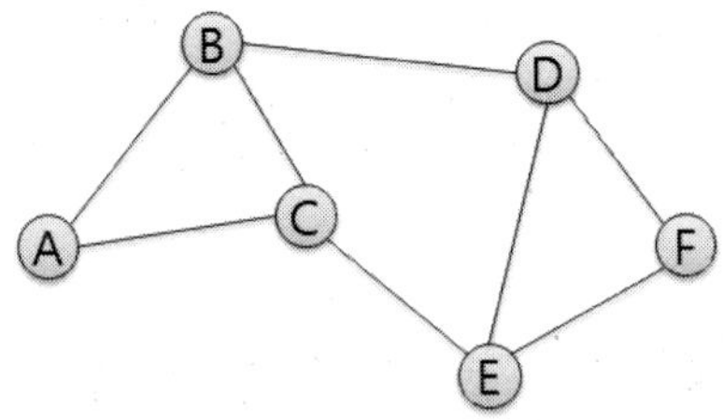

그림 2.12 교환망에서 경로배정 테이블의 예

예제 2.6 앞의 그림에 있는 교환망에서 노드 E가 가지고 있는 경로배정 테이블을 작성하시오.

풀이

목적지	다음 노드
A	C
B	C
C	C
D	D
E	-
F	F

경로배정 방식에는 고정경로배정과 적응경로배정이 있다. 고정경로배정은 한번 정해진 경로배정이 변경 없이 계속적으로 사용되는 방식으로 처음 네트워크가 초기화 될 때 경로의 링크 수나 지연 값 등을 고려해서 결정된다. 한번 정해진 경로는 변경되지 않기 때문에 네트워크 상태에 따라 특정 노드에 고장이나 혼잡이 발생하더라도 다른 경로로 우회해서 전송될 수 없다. 이러한 문제를 해결하기 위해서 차선의 경로를 준비하였다가 경로에 문제가 발생하면 차선의 경로를 이용하기도 한다. 고정경로배정은 단순하고 빠른 방식이며, 주로 전화망의 경로배정으로 사용된다.

네트워크의 상태는 트래픽의 변화에 따라 시시각각으로 변화한다. 그러므로 변화하는 네트워크 상태를 고려한 경로배정이 요구되고, 적응 경로배정은 이러한 필요성에 의해 나타난 방법이다. 이를 위해 변화하는 상태에 대한 정보를 주기적으로 모아서 경로배정 알고리즘으로 처리해야 한다. 정보를 주기적으로 주고받기 위해서는 상당한 트래픽이 요구되며, 경로배정을 위한 알고리즘 처리도 필요하다. 인터넷 프로토콜에서 경로배정은 적응 경로배정 방식을 이용하고 있다. OSPF(Open Shortest Path First), BGP(Border Gateway Protocol) 같은 경로배정 정보교환을 위한 프로토콜들이 사용되고 있으며, 경로배정 알고리즘으로는 **다익스트라**(Dijkstra) 알고리즘이나 **벨만포드**(Bellman-Ford) 알고리즘이 이용된다. 경로배정 프로토콜이나 경로배정 알고리즘에 대해서는 인터넷 프로토콜(IP)에서 상세히 다룬다.

2.3 인터네트워킹

서로 독립적으로 설치, 운영되는 네트워크를 상호 연결하는 기술을 인터네트워킹(inter-networking)이라 한다. 서로 독립적인 망들을 상호 연결하여 구성된 **인터넷**(Internet)의 명칭은 이 용어로부터 나온 것이다. 인터네트워킹을 위해서 사용하는 장비는 **리피터**(repeater), **브리지**(bridge), **라우터**(router) 등이 있다. 또한 서로 다른 프로토콜을 이용하는 두 네트워크가 상호작용하기 위해서는 프로토콜 변환 역할을 하는 **게이트웨이**(gateway)가 필요하다.

01 | 리피터

물리 계층 수준에서 두 네트워크가 상호작용하도록 하는 기능을 제공하는 장비가 리피터이다. 리피터라는 용어는 한 네트워크로부터 수신된 신호를 재생하여 다른 네트워크로 전달하는 역할을 의미한다. 다음 그림 2.13은 두 LAN을 연결하고 있는 리피터를 나타내었다.

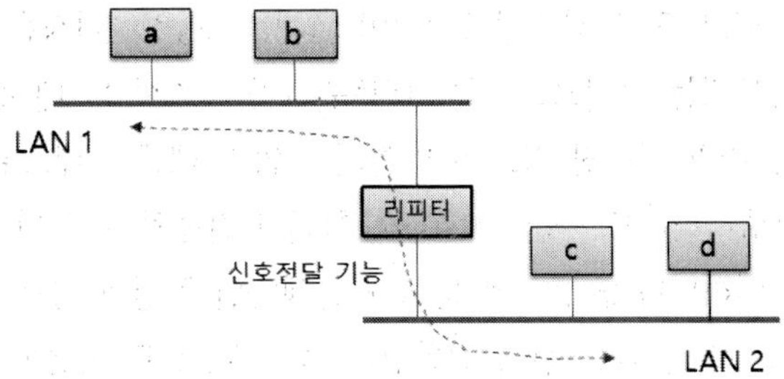

그림 2.13 리피터 기능

한 LAN에서 전달된 신호는 리피터에 의하여 신호가 재생되고 다음 LAN으로 무조건 전달된다. 따라서 한 LAN에서 접속할 수 있는 호스트의 개수보다도 더 많은 호스트에 신호를 전달할 수 있게 함으로써 LAN을 확장하게 한다. 위의 그림에서 a를 출발한 메시지가 최종 목적지가 c나 d인 경우에는 물론이고 b인 경우에도 LAN2로 전달된다. 이에 따라 네트워크 확장의 이점이 있을 뿐만 아니라 두 호스트 이상이 동시에 메시지를 전달하면 발생하는 충돌가능성이 더 높아진다. 메시지를 전달하는 도중에 충돌이 발생하면 전송은 실패하게 되고, 다시 전송시도를 하게 된다. 결과적으로 네트워크의 전송성능이 낮아지게 된다.

예제 2.7 위의 그림에서 각 LAN 1, LAN 2의 전송 용량이 100Mbps라고 가정할 때 리피터를 이용하여 연결하기 이전의 경우는 LAN1에서 100Mbps이므로 충돌 가능성을 무시할 때 2개의 호스트는 각각 100/2 Mbps 용량을 사용할 수 있다. 그러나 리피터를 이용하여 네트워크를 확장하게 되면 얼마의 전송 용량을 각 호스트가 사용할 수 있는지 계산하시오.

풀이 전체 호스트의 수는 4가 된다. 충돌의 가능성을 무시할 때 각 호스트가 사용할 수 있는 전송 용량은 평균적으로 100Mbps/4이므로 25Mbps이다.

02 | 브리지

1) 브리지 동작

데이터 링크 계층 수준에서 두 네트워크가 상호작용하도록 하는 기능을 제공하는 장비를 브리지(bridge)라 한다. 브리지는 한 네트워크로부터 전달된 프레임을 수신한 후에 목적지 주소를 기반으로 다음 네트워크로 전달할 것인지 아니면 버릴 것인지를 결정한다. 이를 프레임 필터링(filtering)이라 한다. 목적지 주소가 다음 네트워크에 있는 호스트라면 전달하지만, 송신자와 동일한 네트워크에 있는 호스트일 경우에는 전달하지 않고 버린다. 브리지 동작은 프레임 주소를 기반으로 필터링을 처리하기 때문에 데이터 링크 계층에서 처리된다. 다음 그림 2.14는 브리지의 동작을 나타낸 것이다.

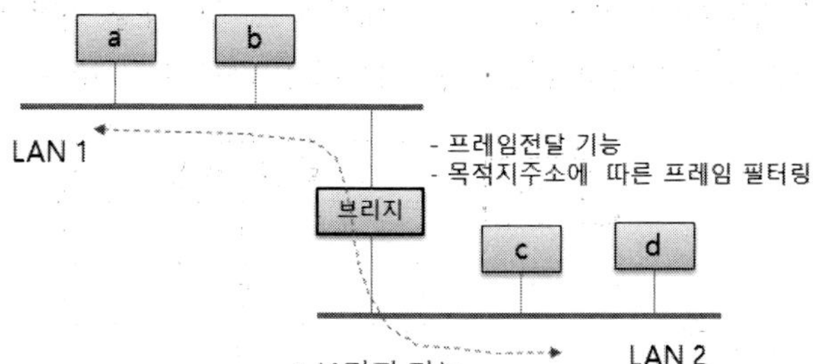

a) 브리지 기능

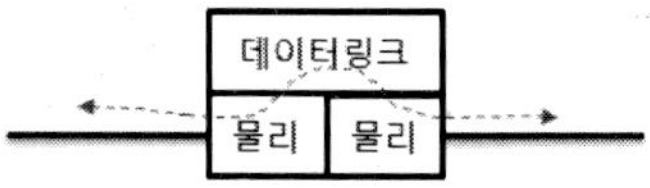

b) 브리지 계층구조

그림 2.14 브리지의 동작

리피터와 달리 a를 출발한 프레임이 목적지 주소가 c일 경우에는 LAN2로 전달되지만 목적지 주소가 b인 프레임은 브리지에서 수신하여 주소를 판단한 후 전달이 필요 없는 경우에는 제거한다. 결과적으로 서로 다른 LAN에 위치한 a와 c가 동시에 프레임을 전달하더라도 중간에서 충돌이 발생하지 않는다. 이와 같은 브리지의 특징은 충돌 영역을 분리하여 충돌 가능성이 있는 호스트의 개수를 줄여주는 역할을 한다. 그 결과 충돌의 가능성을 낮추어 네트워크의 성능을 향상시킨다.

예제 2.8 버스형의 LAN1, LAN2 각각 5개의 호스트를 포함하고 각 LAN의 전송률은 100Mbps라 한다. 이때 리피터에 의하여 두 LAN이 연결될 경우와 브리지에 의하여 연결될 경우 각 호스트가 사용할 수 있는 전송률은 얼마인가 계산하라. 단 계산을 단순화하기 위해서 각 LAN에서 전송률을 호스트의 수로 나눈 값을 각 호스트의 가용 전송률이라 가정한다.

풀이 리피터에 의하여 연결될 경우에는 총 100Mbps를 10개의 호스트가 공유하므로 각 호스트는 100Mbps / 10 = 10Mbps 이지만, 브리지에 의하여 연결될 경우에는 충돌 영역이 분리되므로 각 LAN에서 100Mbps/5 = 20Mbps가 된다.

2) 브리지의 경로배정

브리지는 목적지의 물리 주소(MAC 주소)를 기반으로 수신된 프레임을 전진시킬 것인가를 결정한다. 이를 브리지의 경로배정 기능이라 한다. 브리지는 내부에 경로배정을 위한 테이블을 생성, 관리한다. 다음 그림 2.15는 단순화된 브리지 경로배정 테이블을 나타낸 것이다.

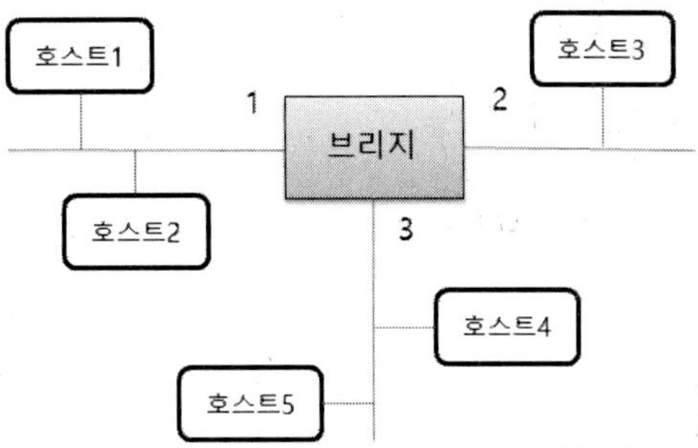

목적지 주소	포트 번호
1	1
2	1
3	2
4	3
5	3

그림 2.15 브리지의 경로배정 테이블

브리지는 연결되어 있는 호스트들이 위치한 LAN 정보를 이용하여 경로배정 테이블을 구성한다. 앞의 그림에서 호스트1과 호스트2는 모두 1번 포트에 연결된 LAN에 위치하므로 경로배정테이블의 포트 번호 값이 1이다. 다른 호스트들도 동일한 방법으로 해당되는 포트 번호를 결정한다. 만약에 브리지가 수신한 프레임의 목적지가 호스트4라면 경로배정 테이블로부터 3번 포트로 전진시키면 된다. 경로배정 테이블은 브리지 관리자가 수동으로 설정할 수도 있지만, 일반적으로 자동으로 브리지의 **주소 학습**(address learning)에 의하여 경로배정 정보가 완성된다.

브리지 주소 학습은 브리지가 수신하는 프레임의 송신자 주소를 기반으로 한다. 초기에 브리지의 경로배정 테이블이 비어 있을 경우에 프레임이 도착하면, 송신자의 주소를 보고 경로배정테이블에서 송신자 주소에 프레임이 들어온 포트 번호를 대응시킨다. 수신자 주소에 대한 포트 번호 정보가 없기 때문에 나갈 포트를 결정할 수 없다. 이와 같은 경우에는 들어온(incoming) 포트를 제외한 모든 나가는(outgoing) 포트로 프레임을 방송한다. 차후에 이 프레임에 대한 응답이 수신자로부터 온다고 가정하면, 수신자가 응답으로 보낸 프레임이 브리지에 도착할 것이고, 이 프레임의 송신자 주소와 수신된 포트 번호를 경로배정 테이블에 기입하면 새로운 경로 정보가 추가된다. 이와 같은 방법으로 프레임이 도착함에 따라 새로운 경로 정보가 계속적으로 추가된다. 테이블 내에 저장된 경로 정보는 수명 정보를 함께 가질 수 있는데, 시간이 지남에 따라 수명은 점점 줄어들고 수명이 다한 경로 정보는 테이블로부터 삭제된다. 수명을 이용하는 이유는 호스트가 전원이 꺼지거나 위치가 변경되어서 다른 LAN으로 이동했을 때를 대비한 것이다. 이와 같이 자동으로 경로배정 테이블을 관리하는 브리지를 **트랜스페어런트 브리지**(transparent bridge)라 한다.

브리지로 구성된 망이 루프(loop)를 가질 때 주소 학습에 문제점이 발생한다. 다음 그림 2.16은 단순한 루프를 갖는 브리지 망을 나타낸 것이다.

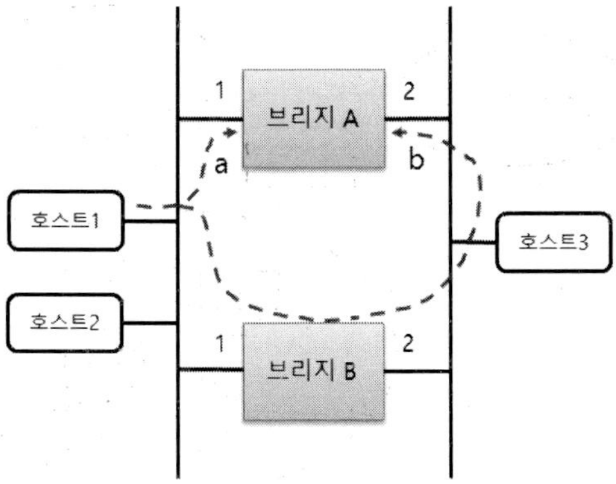

그림 2.16 루프를 갖는 브리지 망

브리지 망이 루프를 가지면 그림 2.16처럼 한 프레임이 호스트1로부터 출발하여 전달될 때 브리지 A의 입장에서 보면 a 전송에 의하여 호스트1은 포트 번호 1번으로 경로배정 테이블에 저장될 것이다. 그러나 동시에 b 전송에 의하여 동일한 프레임이 루프를 돌아서 반대쪽 포트인 2번 포트로 다시 수신됨으로써 주소 학습에 모순이 생긴다. 이와 같은 문제를 해결하기 위해서는 브리지 망에 루프를 없애야 한다. 이를 위해서 물리적으로 루프를 포함하는 망에서도 브리지 사이에 정보 공유를 통해서 망 구성에서 논리적으로 루프가 형성되지 않도록 한다. 루트(root) 브리지를 시작으로 하여 최소 스패닝 트리를 구성함으로써 루프를 제거하는 방식을 **스패닝 트리**(spanning tree) 알고리즘이라 한다. 논리적인 스패닝 트리 네트워크를 구성한 후, 스패닝 트리에 포함되지 않는 링크는 프레임을 전달하지 않음으로써 루프를 제거한다.

03 | 라우터

네트워크 계층에서 인터네트워킹 기능을 제공하는 장비를 라우터라 한다. 한 네트워크로부터 수신된 패킷에 대하여 목적지 주소를 기반으로 하여 다음 전달해야 할 라우터를 결정하여 전달하는 역할을 한다. 이때 목적지 주소는 네트워크 계층에서의 주소를 의미하며, 기능적으로는 브리지와 유사하지만 동작하는 계층이 다르다. 브리지는 데이터 링크 계층에서 동작하기 때문에 브리지 경로배정을 위한 정보를 교환하기 위해서 발생하는 브로드캐스팅 트래픽이 브리지를 통과하여 전 네트워크로 전파된다. 라우터에서는 라우터에 연결된 서브 네트워크 내에서만 브로드캐스팅이 발생하기 때문에 브리지에 비해 브로드캐스팅 트래픽 발생에 따른 오버헤드가 적다. 라우터 입장에서 보면 브리지로 연결된 네트워크는 한 네트워크 주소에 의하여 식별되는 서브 네트워크에 해당한다. 이를 그림으로 나타내면 다음 그림 2.17과 같다.

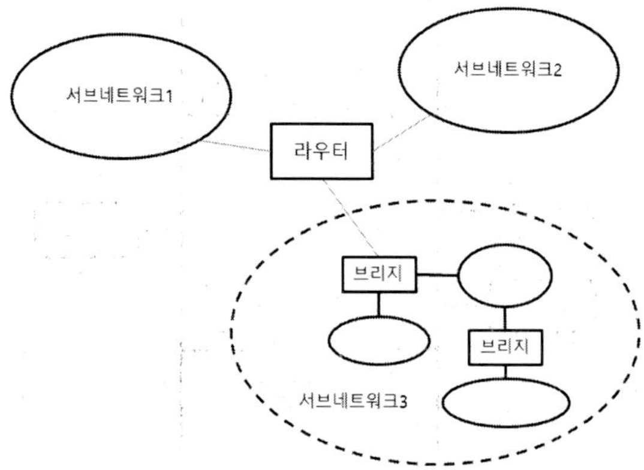

그림 2.17 라우터 네트워크와 브리지 네트워크

예제 2.9 경로배정에서 사용하는 주소 측면에서 브리지와 라우터를 비교하라.

풀이 브리지는 데이터 링크 계층에서 경로배정을 수행하기 때문에 MAC 주소를 이용하지만 라우터의 경우는 네트워크 계층에서 IP 주소를 이용하여 경로를 배정한다. 라우터 관점에서 보면 브리지로 이루어진 망은 전체가 하나의 서브 망(sub network)으로 인식된다.

04 | 게이트웨이

게이트웨이(gateway)는 출입구나 관문을 나타내는 단어로 한 네트워크의 관문 역할을 하는 장치를 의미한다. 한 네트워크에서 다른 네트워크로 들어갈 때 게이트웨이를 거쳐 가는데, 두 네트워크가 서로 다른 프로토콜을 사용하는 경우에 통신이 가능하기 위해서는 중간에 프로토콜을 변환하는 역할이 요구된다. 이와 같은 기능을 하는 장치를 게이트웨이라 한다. 프로토콜 변환 동작은 모든 프로토콜 계층에서 일어날 수 있다. 가장 흔히 볼 수 있는 게이트웨이의 예는 인터넷에서 사용하는 라우터이다. 라우터가 서로 다른 프로토콜을 사용하는 네트워크 사이에 위치할 때 프로토콜 계층을 그림으로 나타내면 다음 그림 2.18과 같다.

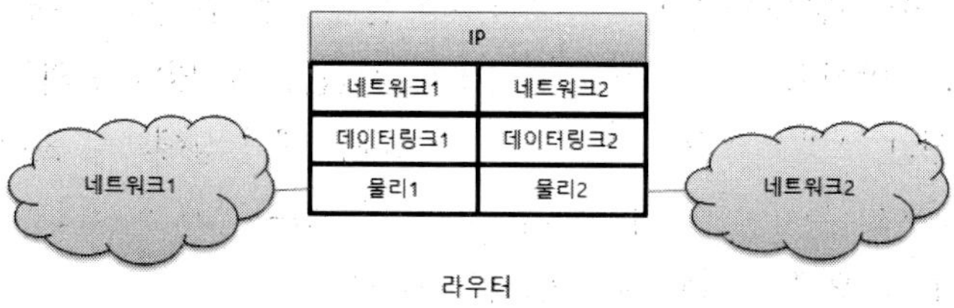

그림 2.18 라우터의 프로토콜 계층구조

위의 그림 2.18에서 라우터는 네트워크1과 네트워크2의 프로토콜 계층, 즉 물리 계층, 데이터 링크 계층, 네트워크 계층 기능을 모두 가지고 있다. IP 계층은 네트워크 1 계층으로부터 전달된 IP 데이터그램을 수신한 후 주소를 고려해서 다음 라우터가 있는 네트워크2 쪽으로 전달하게 된다. 이때 사용하는 프로토콜이 네트워크2의 네트워크2, 데이터 링크2, 물리2 프로토콜로 바뀌게 되므로 서로 다른 네트워크 사이에서 게이트웨이 역할을 수행하게 된다. 흔히 라우터를 게이트웨이라고 부르기도 하는 이유가 여기에 있다.

2.4 전송 모드

01 | 메시지 전송방향에 따른 분류

통신 메시지가 전달되는 방향에 따라 **단방향**(simplex), **반이중**(half-duplex), **전이중**(full-duplex) 방식 등이 있다. 단방향 방식은 항상 한 방향으로만 메시지가 전달되는 것이다. 반이중 방식은 양방향 모두 전달 가능하지만 동시에 양방향은 불가능하며, 한 방향이 통신가능 상태이면 반대방향은 통신이 불가능하다. 다음 그림 2.19는 방향성에 따른 전송 방식을 나타낸 것이다.

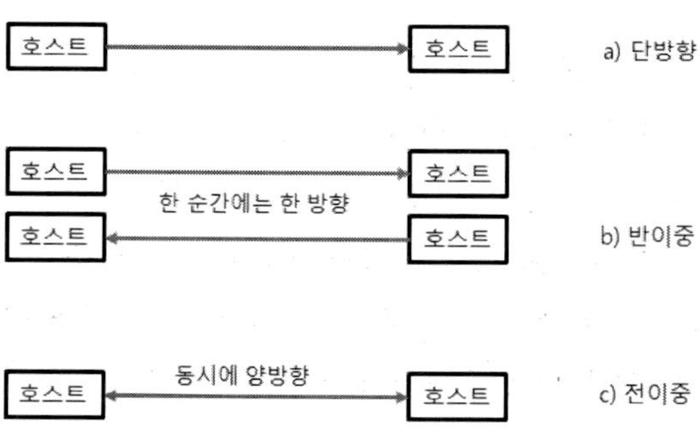

그림 2.19 방향성에 따른 전송 방식 분류

반이중 방식의 예로는 한 채널을 양방향이 공유하는 무전기가 될 수 있다. 무전기는 한 채널을 두 호스트 A와 B가 공유하는 방식으로 A가 전달할 때 B는 수신만할 수 있다. A의 전송이 끝나면 B 쪽에서 A에게 전송할 수 있다. A와 B가 동시에 전송을 시도하면 채널 상에서 충돌이 불가피하다. 전이중 방식은 동시에 양방향 메시지 전달이 가능한데 대표적인 예는 전화 서비스가 된다. 전이중 방식이 가능하기 위해서는 양방향으로 독립된 채널이 각각 필요하다.

02 | 직렬 통신과 병렬 통신

직렬(serial) 통신은 한 데이터 회선을 이용하여 한순간에 한 비트씩 전달되는 방식을 의미한다. 그러므로 한 메시지가 전달되면 메시지를 이루고 있는 비트열들이 순차적으로 전달되게 된다. 일반적으로 장거리 통신의 경우에는 대부분 직렬 통신 방식을 이용한다. 이에 반해서 병렬(parallel) 통신은 2개 이상의 회선을 이용하여 동시에 2개 이상의 비트들이 전달되는 방식을 의미한다. 각 회선들은 비트열을 직렬 방식으로 전달하지만 그와 같은 회선이 2개 이상 존재하는 형태가 된다. 병렬 통신은 동시에 여러 개의 비트가 전송되기 때문에 고속 전송에 더 적합하다. n개의 비트가 동시에 전송 가능하다면 전송 속도는 직렬 통신에 비해 n배 빨라진다. 이것을 그림으로 나타내면 다음 그림 2.20과 같다.

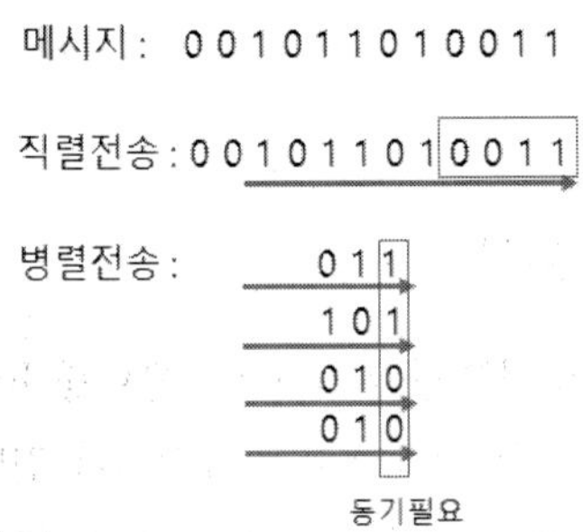

그림 2.20 직렬 전송과 병렬 전송의 예

직렬 전송에서 오른쪽 1 1 0 0 비트는 4비트 병렬 전송에서 4개의 회선에 할당되어 전달되는데 수신측에서 이 비트를 동일한 시간에 수신해야 하기 때문에 비트 동기 제어가 중요해진다. 가까운 거리에서는 비트 전달 도중에 지연 변화가 거의 없기 때문에 동기에 문제가 없지만, 거리가 멀어짐에 따라 지연 변화 때문에 두 비트가 정확히 같은 시점에 수신되지 않을 수 있다. 이와 같은 이유로 병렬 전송은 근거리에서 고속 전송이 요구될 때 사용된다. 최근 들어서 USB(Universal Serial Bus)와 같이 직렬 통신 기술이 발달함에 따라 근거리에서 직렬 통신이 매우 높은 전송률을 얻을 수 있게 되었고, 이에 따라 병렬 전송은 점차 직렬 통신으로 대체되고 있다.

예제 2.10 직렬 전송을 8비트 병렬 전송으로 바꾼다고 가정하면 전송 속도 측면에서 어느 정도 속도 향상이 발생하는가?

풀이 동시에 8비트가 전달되므로 전체적으로 8배의 전송 속도 향상이 가능하다.

03 | 동기 전송과 비동기 전송

데이터를 전송할 때, 수신측에서 수신되는 데이터의 모든 비트에 대한 시점(timing)을 계속적으로 맞추어 비트를 수신하는 방식을 동기 전송(synchronous transmission)이라 한다. 동기 전송 방법은 데이터신호 회선 외에 별도의 클록(clock)신호 회선을 이용하여 클록신호의 레벨 천이(level transition) 시점에 맞추어 데이터신호의 비트를 수신하도록 할 수 있다. 다른 방법으로는 클록 신호 회선 없이 데이터 신호를 인코딩할 때 각 비트마다 신호 레벨 천이가 발생하도록 하여, 수신측이 레벨 천이 시점에서 동기화를 이루는 자기클록킹(self-clocking)방식이 있다. 대표적인 예로는 5장에서 소개되는 맨체스터코딩이 있다.

동기 전송과는 달리 수신측에서 데이터의 시작시점을 한번 인식한 후 데이터의 비트 값은 송신측과 약속한 비트 율(rate)로 수신하는 방식을 비동기 전송(asynchronous transmission)이라 한다. 비동기 전송은 모든 비트에 대한 시점을 맞추지 않기 때문에 단순하다. 그러나 데이터의 크기가 크면 전송 지연 변화로 인한 비트의 시점오류가 누적되는 문제가 있다. 따라서 보통 5~8 비트 정도의 작은 데이터 전송에 사용된다. 수신측에서 시작시점을 알아내기 위해서는 레벨 천이가 필요하다. 이를 위해 휴지상태의 신호레벨과 반대되는 레벨의 시작비트(start bit)를 데이터 앞에 붙이고, 데이터 뒤에는 시작비트와 반대의 신호레벨을 갖는 정지비트(stop bit)를 붙인다. 다음 그림 2.21은 비동기 전송의 신호형식이다.

그림 2.21 비동기 전송의 신호형식

02 연습문제

1. 다음 중 다수의 호스트가 한 회선을 공유할 때 연결 방식은 무엇인가?

① 점대점 연결 ② 다중점 연결
③ 유선 연결 ④ 일대일 연결

2. 한 호스트가 전달한 메시지를 모든 호스트들이 수신하는 네트워크는 무엇인가?

① 교환망 ② 방송망
③ 패킷망 ④ 데이터망

3. 다음 중 회선 교환 방식을 이용하는 네트워크는 무엇인가?

① 데이터망 ② 근거리 통신망
③ 전화망 ④ 패킷망

4. 패킷 교환 방식이지만 순서 보장이 이루어지는 방식은 무엇인가?

① 회선 교환 ② 가상 회선
③ 데이터그램 ④ 데이터 링크

5. 교환망에 대한 설명 중 잘못된 것은 무엇인가?

① 교환 노드에 의하여 메시지 전달이 이루어지는 네트워크이다.
② 전송된 메시지를 가까운 호스트들이 모두 수신한다.
③ 송신 노드에서 수신 노드로 연결을 설정한 후 메시지가 전달될 수도 있다.
④ 전화망도 교환망에 속한다.

6. 데이터그램 방식의 특징이 아닌 것은 무엇인가?

① 교환 노드에서 메시지의 목적지 주소를 고려하여 다음 교환 노드를 결정한다.
② 메시지 전달 이전에 미리 경로를 결정하지 않는다.
③ 전달되는 메시지의 순서는 보장된다.
④ 패킷 교환 방식의 한 형태이다.

7. 가상 회선 방식의 특징이 아닌 것은 무엇인가?

① 목적지로부터의 빠른 응답을 받을 수 있다.
② 메시지 전달 이전에 미리 전송 경로를 결정한다.
③ 전달되는 메시지의 순서는 보장된다.
④ 신뢰성이 있는 패킷 교환 방식이다.

8. 다음 중 인터네트워킹 장비가 아닌 것은 무엇인가?

① 리피터 ② 브리지
③ 라우터 ④ 교환기

9. 서로 다른 프로토콜을 사용하는 네트워크를 연결하기 위해서 필요한 것은 무엇인가?

① 리피터 ② 증폭기
③ 허브 ④ 게이트웨이

10. 데이터 링크 계층에서 프레임 필터링을 수행하는 장치는 다음 중 무엇인가?

① 리피터 ② 브리지
③ 라우터 ④ 게이트웨이

11. 리피터에 비해 브리지의 장점이 아닌 것은 다음 중 무엇인가?

① 리피터에 비해 메시지 전달 시도에서 충돌 가능성이 낮아진다.
② 리피터에 비해 메시지 전달에 따른 시간 지연이 적다.
③ 프레임 필터링으로 리피터에 비해 보안에 강점이 있다.
④ 한 쪽 LAN에 이상이 발생해도 다른 부분의 LAN은 계속 동작할 수 있다.

12. 네트워크 계층에서 동작하는 인터네트워킹 장비는 다음 중 무엇인가?

① 리피터 ② 브리지
③ 라우터 ④ 게이트웨이

13. 다음 중에서 동시에 양방향 전송이 되는 전송 방식을 무엇이라고 하는가?

① 심플렉스 ② 반이중 방식
③ 전이중 방식 ④ 회선 방식

14. 점대 다중점 연결에서 신호 충돌을 회피하기 위한 방안에 대하여 설명하라.

15. 라우터를 게이트웨이라고도 하는 이유에 대하여 설명하라.

16. 초당 100비트를 전달하는 직렬 통신 방식을 각 초당 100비트를 전달하는 8 회선 병렬 통신으로 바꿀 경우 전송률은 얼마인가?

17. 최근 들어 병렬 통신 방식이 직렬 통신 방식으로 대체되고 있는 이유에 대하여 설명하라.

18. 데이터그램 방식의 패킷 교환망에서 순서를 보장하기 위한 방안을 제안하라.

19. 전화망을 이용하여 음성이 아닌 일반 데이터 전송을 하려고 할 때 어떠한 기능이 요구되는지 조사하라.

20. 가상 회선 패킷 교환과 회선 교환의 유사점과 차이점을 비교하라.

21. 가상회선 교환방식에 비해 데이터그램 교환방식의 장점은 무엇인가?

Chapter 03

프로토콜의 계층구조

Chapter 03

프로토콜의 계층구조

3.1 계층구조

01 | 계층구조의 필요성

통신 기능은 상당히 복잡한 요구사항들을 만족해야 하기 때문에 단일 기능 모듈로 설계하기는 너무 복잡하다. 일반적인 공학설계에서 복잡한 시스템을 설계할 때 다수의 작은 기능으로 나누어서 설계하는 것이 복잡도를 낮추고, 설계와 구현, 오류 수정, 유지 보수 등을 용이하게 한다. 이와 동일한 원리로 컴퓨터 하드웨어나 소프트웨어의 설계에서도 복잡한 시스템을 보다 단순한 독립적인 기능 모듈(module)로 나누어 설계 및 구현한다. 프로토콜의 기능도 동일한 원리로 다수의 기능 모듈로 나누어 설계되었다.

분리된 각 기능 모듈은 독립적인 고유 기능을 가지면서 다른 기능 모듈과 상호작용을 한다. 프로토콜 모델에서는 각 계층(layer)이 독립적인 기능 모듈에 대응된다. 각 계층은 독립적으로 설계될 뿐만 아니라, 구현 및 수정도 다른 모듈과는 별개로 독립적으로 진행될 수 있다. 다른 기능 모듈과의 상호작용을 **인터페이스**(interface)라고 한다. 모듈 간 인터페이스는 다른 모듈에게 서비스를 요구하고 그 결과를 받는 동작을 의미한다.

계층구조의 장점을 요약하면 다음과 같다.

- 다수의 계층으로 모듈화 함으로써 모듈의 복잡도가 낮아지고, 결과적으로 시스템 설계 및 구현이 용이해진다.
- 각 계층의 기능은 정해진 인터페이스에 대한 규칙만 따르면 다른 계층과는 독립적으로 수정되거나 버전 변경이 가능해진다.
- 송신 측과 수신 측에서 프로토콜은 대칭이므로 동일 계층에서 프로토콜이 단순화된다.

다음 그림 3.1은 계층구조로 모듈화 되었을 때 인터페이스를 나타낸 것이다.

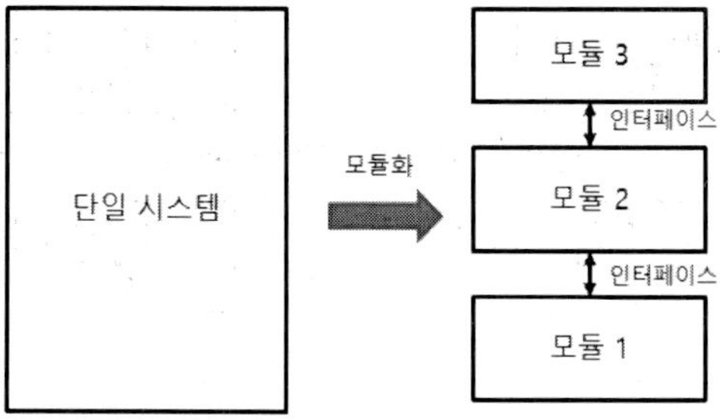

그림 3.1 모듈화에 따른 계층구조

송신측과 수신측 통신 시스템을 계층구조로 구성했을 때 동일 계층 사이에는 프로토콜에 의하여 통신 규칙이 정해진다. 또 계층과 계층 사이에는 상호작용의 방법을 추상적으로 규정한 인터페이스가 존재한다.

02 | 서비스 프리미티브

서비스 프리미티브(service primitive)는 인터페이스를 통해서 이루어지는 계층 사이의 상호작용을 추상화하여 단순한 모습으로 제공하기 위한 서비스 단위이다. 상위 계층은 하위 계층에게 서비스를 요구하고 하위 계층은 상위 계층에게 서비스를 제공하는 계층이다. 인터페이스가 추상적(abstract)이라는 것의 의미는 시스템의 서비스를 사용자에게 나타낼 때 내부의 복잡한 모습은 감추고 단순화시켜서 나타냄을 말한다. 추상화를 이용하여 단순화된 모습으로 서비스를 표현함으로써, 사용자가 기능을 이해하기 쉽고, 사용하기에 더 용이하다는 장점이 있다.

서비스 프리미티브에는 request, indication, response, confirm 등의 4가지가 있다. 두 A, B 호스트 사이에서 A 호스트 사용자가 B 호스트 사용자에게 서비스를 요청하는 것이 request이고, 이 요청이 하위 계층에 의하여 B 호스트까지 전달되어 사용자에게 요청을 알리는 것이 indication이다. B 호스트 사용자가 요청을 처리하여 응답을 보내는 것을 response라 하고, 이것이 하위 계층에 의하여 A 호스트로 전달되어 서비스를 요청했던 사용자에게 알리는 것을 confirm이라 한다. 이 과정을 그림으로 나타내면 다음 그림 3.2와 같다.

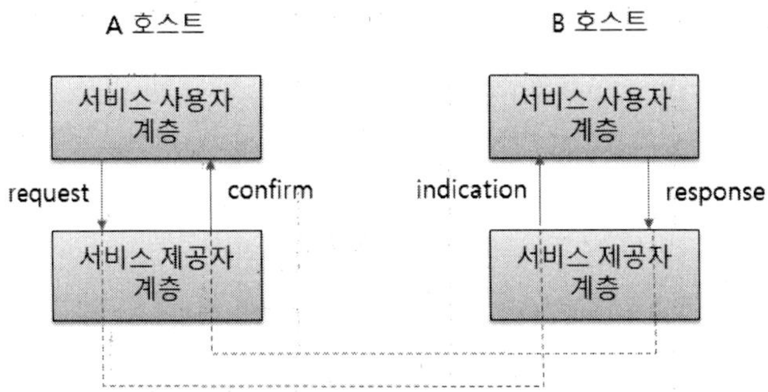

그림 3.2 서비스 프리미티브

호스트 A에서 호스트 B에게 데이터를 전달하고, B가 이에 대한 응답을 A에게 전달하는 서비스일 경우에는 위 그림처럼 request, indication, response, confirm 등 4가지 서비스 프리미티브 기능을 모두 이용한다. 그러나 서비스 요청만 있고 응답이 없는 서비스 경우에는 요청 데이터만 전달하기 때문에 request, indication 등 2가지 기능만을 이용한다.

오늘날 컴퓨터 네트워크에서 구현되어 사용되고 있는 인터넷의 프로토콜 계층구조는 TCP/IP 계층구조이며, 실제 구현되어 사용되지는 않지만 참조모델로 사용되는 ISO의 OSI 7 계층 모델이 있다. 참고로 IBM 컴퓨터 시스템들 사이에서 사용되는 IBM 네트워크 프로토콜인 **SNA(System Network Architecture)**가 있다. 본 장에서는 OSI 7 계층모델과 TCP/IP 모델에 대해서 기술한다.

3.2 OSI 참조모델

국제표준화기구인 ISO(International Standards Organization)에서는 서로 다른 기종간의 데이터 통신을 위해서 **OSI(Open System Interconnection) 7 계층 모델**을 제안하였다. 이 모델은 표준화 과정이 늦어짐에 따라 1980년대 중반에 표준화가 이루어졌을 때, 이미 산업계에서는 ARPANET으로부터 시작되어 발전된 TCP/IP 프로토콜이 주로 사용되고 있는 상황이었다. 그 결과 OSI 계층 모델은 구조측면에서 매우 논리적이지만 산업계에서는 사용되지 않았고, 통신 네트워크나 프로토콜 연구자들에 의해서 참조되어지는 모델로 남게 되었다. 이 모델은 프로토콜 기능을 7 계층으로 나누어 정의하였다. 이를 간단히 요약하면 다음 표 3.1과 같다.

표 3.1 OSI 7 계층 명칭과 기능

계층	명칭	기능
7 계층	응용(Application) 계층	다양한 응용 특성에 관련된 통신 기능으로 몇 가지 기능으로 제한할 수 없음
6 계층	표현(Presentation) 계층	데이터 표현 방법에 관련된 기능으로 문자 코딩 규칙, 보안 암호화, 데이터 압축 등 포함
5 계층	세션(Session) 계층	통신 서비스 내에서 논리적인 단위 관리, 대화 관리, 동기점을 이용한 회복 기능
4 계층	전송(Transport) 계층	송신 노드의 프로세스에서 수신 노드의 프로세스까지 신뢰성 있는 데이터 세그먼트(segment) 전달
3 계층	네트워크(Network) 계층	송신 노드에서 수신 노드까지 경로 설정(routing)과 패킷(packet) 전달
2 계층	데이터 링크(Data link) 계층	이웃한 노드 간에 비트 열로 이루어진 프레임(frame) 전송
1 계층	물리(Physical) 계층	물리적인 회선 상에서 신호 전달을 통한 비트(bit) 전송

01 | 프로토콜과 인터페이스

각 계층 프로토콜은 동일 계층 사이(peer-to-peer)에 존재하게 된다. 즉 송신 측 프로토콜 개체는 수신 측 동등(peer) 프로토콜 개체와 약속된 프로토콜에 따라 동작한다. 네트워크 계층, 데이터 링크 계층, 물리 계층에 대한 프로토콜 관계를 그림으로 나타내면 다음 그림 3.3과 같다.

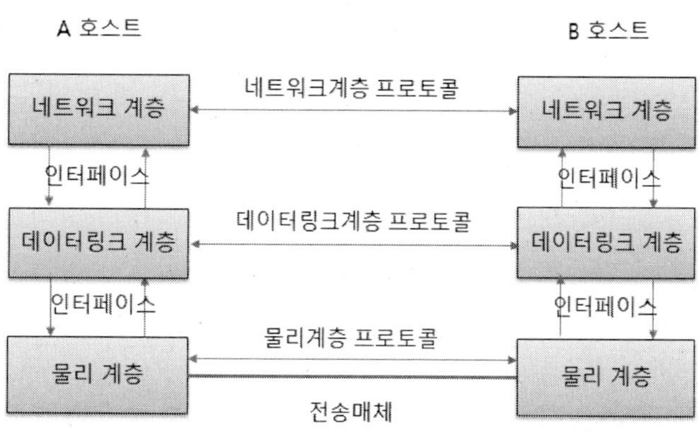

그림 3.3 계층구조에서의 프로토콜과 인터페이스 예

네트워크 계층에서는 네트워크 프로토콜에 의하여 송신 개체(entity)와 수신 개체 사이에 통신이 이루어지고, 데이터 링크 계층에서는 데이터 링크 프로토콜이 기준이 되어 송신 측과 수신 측의 데이터 링크 프로토콜 개체 사이에 통신이 이루어지며, 동일한 원리로 물리 계층에서는 물리 계층 프로토콜이 존재한다. 이를 **동등 계층 간(peer-to-peer) 프로토콜**이라 한다.

예제 3.1 두 사람이 전화 서비스를 이용해서 서로 대화를 한다고 가정하자. 이때 사람과 전화 시스템을 각 프로토콜 계층구조로 생각해 보자.

풀이 전화 시스템을 통해서 대화하는 두 사람 사이에는 우리말이라는 동일한 프로토콜이 존재한다. 즉, 두 사람이 대화에 사용하는 언어체계가 동일하다는 의미이다. 두 사람이 원거리까지 신호를 전달하기 위해서 전화 서비스를 이용하는데 전화 송수신기를 이용한다. 이때 사람이 전화 송수신기를 이용하는 방식이 인터페이스가 되며, 송수화기에서 신호를 전달하고 받는 방식이 전화 시스템 계층에서의 프로토콜이라 할 수 있다. 이것을 그림으로 나타내면 다음 그림 3.4와 같다.

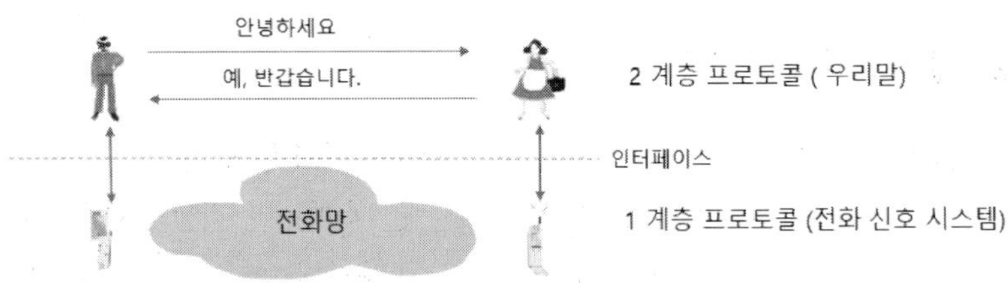

그림 3.4 프로토콜 계층모델 적용 예

한편 계층 간의 상호작용은 인터페이스(interface)라 부르는데 두 계층 간의 상호 관계를 추상적으로 나타낸다. 인터페이스를 통한 두 계층 간의 관계는 상위 계층은 하위 계층에게 서비스를 요청하는 입장이며 하위 계층은 요구에 맞는 서비스를 제공한다. 예를 들어서 데이터 링크 계층은 네트워크 계층으로부터의 패킷전달 요구를 받아서 데이터 링크 프로토콜에 따라 자신의 계층에서 해야 할 처리를 한 후 물리 계층에게 프레임을 전달해주기를 요구한다. 물리 계층은 데이터 링크로부터 전달 요구된 프레임을 물리 계층 프로토콜에 따라 일련의 비트 열(bit stream) 신호로 바꾸어서 물리적인 전송매체를 통해 수신 측 물리 계층에게 전달한다. 수신 측 물리 계층은 수신된 비트 열들을 자신의 상위 계층인 데이터 링크 계층에게 넘겨준다. 수신 데이터 링크에서는 물리 계층에서 넘겨준 비트 열을 이용하여 프레임을 완성하고 데이터 링크 프로토콜에 따라 수신된 프레임에 오류가 있는가를 살펴본 후 문제가 없으면 네트워크 계층에게 패킷 수신을 알린다.

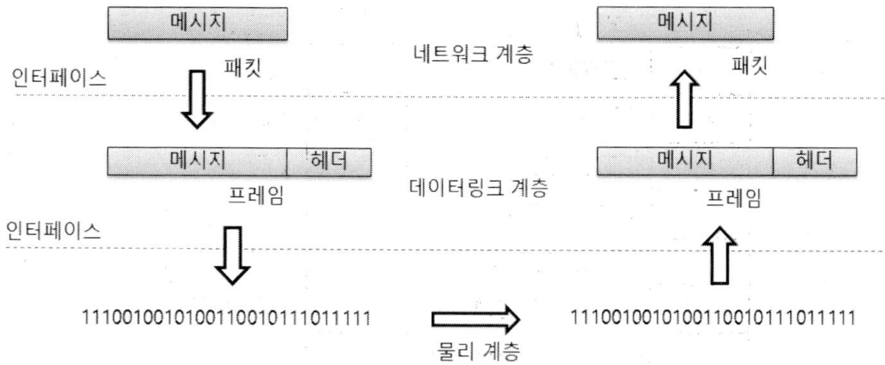

그림 3.5 인터페이스의 예

통신 프로토콜 사용자는 프로토콜을 이용하여 목적지까지 정보를 전달하기 위해서 응용 계층에게 사용자 데이터를 인가하면서 서비스를 요청하게 된다. 응용 계층에서는 목적지 응용 계층과 약속된 프로토콜을 이용하여 필요한 통신 기능을 수행한 후 아래 계층인 표현 계층에게 정보전달을 위한 서비스를 요청하게 된다. 이때 데이터 앞에 응용 계층 프로토콜이 필요한 정보를 헤더에 저장하여 함께 다음 계층에게 전달한다. 이 헤더 정보는 수신 측 응용 계층에서 프로토콜 처리를 위해서 사용될 정보들이다. 응용 계층으로부터 서비스 요구를 받은 표현 계층에서도 목적지 표현 계층과 약속된 프로토콜을 이용하여 필요한 통신 기능을 수행한 후, 자신의 계층에서 필요한 헤더를 붙여서 다음 아래 계층인 세션 계층에게 정보전달 서비스를 요청한다. 이와 같은 방식으로 각 계층은 아래 계층에게 서비스를 요구하게 되고, 서비스 요구가 최하계층인 물리계층에 도달하게 되면 전송매체를 통해서 물리적인 신호전달이 발생한다. 물리 계층에서는 유일하게 프로토콜 헤더를 붙이지 않는다. 전송매체를 통한 신호전달은 다수의 물리적인 링크를 통해서 이루어질 수 있고, 네트워크를 거쳐서 목적지에 전달됨으로써 목적지에서 신호를 수신하게 된다. 목적지 호스트에 신호가 도달하면 송신 측에서 처리한 방식의 역 순서로 프로토콜 처리가 이루어진다. 물리 계층으로부터 수신된 프레임을 받은 데이터 링크는 약속된 형식의 헤더를 살펴서 처리하고 오류가 없을 경우에 헤더를 삭제한 후 네트워크 계층의 메시지만 네트워크 계층에게 전달한다. 네트워크 계층에서는 유사한 방식으로 네트워크 계층 프로토콜에 따라 헤더 정보를 살펴서 잘못된 점이 없을 경우에 헤더를 삭제하고 데이터 부분을 전송 계층에게 전달한다. 이와 같은 과정을 그림으로 나타내면 다음 그림 3.6과 같다.

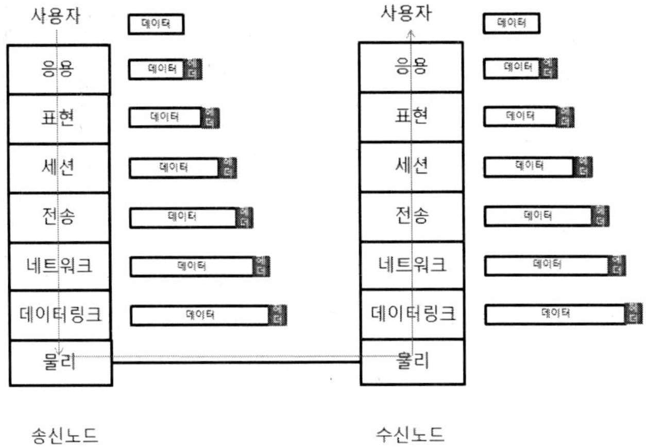

그림 3.6 계층구조에서 데이터 전달 순서와 헤더추가 및 삭제

한편 전송매체를 통과할 때 중계 노드에서는 하위 3 계층 프로토콜만을 이용해서 정보가 중계됨에 유의해야 한다. 중계 노드는 최종 목적지가 아니기 때문에 4 계층 이상의 상위 계층으로의 정보전달은 이루어지지 않는다. 중계 노드에서 처리되는 작업은 현재 노드가 최종 목적지가 아닐 경우, 경로배정에 의하여 다음 전달되어야 할 노드를 결정하는 것이다. 현재 노드가 최종 목적지인가를 결정하는 작업은 경로(route)를 결정하는 네트워크 계층에서 이루어지기 때문에 네트워크 계층에서 이를 판별하여 수신 노드가 아닐 경우에는 목적지로 가는 경로 상에서 다음 노드로 전진(forwarding)을 수행한다. 따라서 다시 데이터 링크 계층에게 다음 노드로의 전달을 요구하게 된다. 만약 현재 노드가 최종 목적지이면 메시지는 상위 계층으로 전달되어야 하므로 4 계층부터 7 계층을 거쳐서 프로토콜 처리가 완료되면 사용자에게 전달된다. 다음 그림 3.7은 계층을 통과하여 전달되는 과정을 나타낸 것이다.

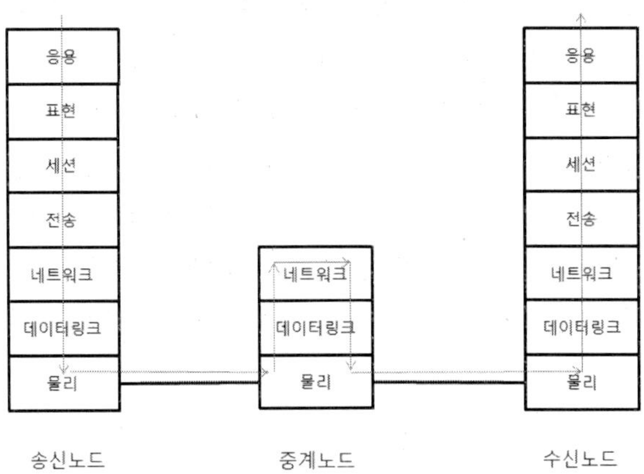

그림 3.7 중계 노드에서의 계층구조

02 | 계층 메시지 형식

각 계층에서는 계층 프로토콜에서 규정한 데이터 형식을 이용하여 상대측 동일 계층과 메시지를 서로 주고받는다. 이와 같이 약속된 데이터 형식을 **프로토콜 데이터 유닛**(Protocol Data Unit : PDU)이라 한다. PDU의 형식은 각 계층마다 다르지만 일반적으로 헤더(header)와 사용자 데이터(user data)가 합쳐서 이루어진다. 경우에 따라서는 트레일러(trailer)가 사용자 정보 뒤에 붙는 경우도 있다. 이를 그림으로 나타내면 다음 그림 3.8과 같다.

헤더	사용자데이터	트레일러

그림 3.8 PDU 형식

헤더와 트레일러는 계층 프로토콜에서 사용하는 정보를 포함하는 부분이다. 송신 측에서는 프로토콜의 필요에 따라 헤더와 트레일러를 사용자 정보에 붙이게 된다. 트레일러는 데이터 링크 계층에서 데이터 오류 검출을 위한 코드를 포함하기 위해 주로 사용된다. 그 외의 계층에서는 트레일러를 사용하지 않는다. 헤더는 해당 계층 프로토콜에서만 필요로 하는 정보이므로 수신 측에서 프로토콜 처리가 완료되면 헤더를 제거하고 사용자 데이터만 상위 계층에게 넘겨준다. 사용자 데이터 부분은 송신 측에서 상위 계층으로부터의 서비스 요구에 따라 함께 하위 계층에게 건네진 메시지 부분이다. 상위 계층의 헤더와 사용자 데이터가 이 부분에 포함되어 있지만 하위 계층에서는 이 내용에 대해서는 관심을 갖지 않으며, 자신의 계층 프로토콜에 따라 처리되는 헤더와 트레일러 부분만 처리하게 된다.

예제 3.2 트레일러에 포함되는 프로토콜 정보는 어떤 것이 있는지 알아보자.

풀이 트레일러를 주로 사용하는 계층은 데이터 링크 계층이고, 그 정보는 오류 검출을 위해서 사용하는 코드이다. 이 부분을 헤더에 포함시킬 수도 있지만, 일반적으로 오류 검출은 메시지의 처음부터 마지막까지 모든 부분에 대해서 순서대로 읽어가며 처리해야 하기 때문에 마지막에 붙이는 것이 처리에 용이하다.

예제 3.3 네트워크 계층에서는 경로배정 기능을 처리한다. 이와 관련된 정보 중에 헤더에 포함될 수 있는 정보는 무엇이 있는지 생각해보자.

풀이 경로배정을 하기 위해서 중계 노드에서 필요한 정보는 목적지 주소 정보라 할 수 있다. 중계 노드는 패킷의 목적지 주소를 고려하여 다음 전달해야 할 노드를 결정하기 때문이다. 한편 수신 측에서 응답을 보내기 위해서는 근원지 주소도 필요하므로 근원지 주소와 목적지 주소가 모두 헤더에 포함된다.

03 | 물리 계층

데이터 링크 계층으로부터 전달된 프레임을 물리적인 비트열(bit stream) 신호로 바꾸어서 목적지로 전달하는 역할을 한다. 이 기능을 구현하기 위해서는 송신자와 수신자간에 전달되는 물리적인 신호에 대하여 서로 약속해야 한다. 예를 들어서 전기 디지털 신호로 나타낸다면 0과 1비트에 대한 신호의 전압과 한 비트가 차지하는 시간적 간격 등에 대한 약속이 필요하다. 또한 전기 신호를 전달하기 위해서 사용하는 회선(circuit) 규격 즉 회선의 굵기와 회선 연결을 위한 물리적인 포트의 규격 등의 기계적인 명세도 이에 포함된다.

04 | 데이터 링크 계층

네트워크 내에서 이웃한 두 노드 사이에 **프레임(frame)**을 전달하는 기능을 담당한다. 프레임이란 데이터 링크 계층에서 약속된 프로토콜 데이터 유닛(PDU)을 의미한다. 여기서 이웃한 노드의 의미는 중계노드를 거치지 않고 노드가 직접 연결되어 있다는 의미이다. 정상적인 프레임 전달을 위해서 데이터 링크 관리, 프레임 동기화, 오류 제어와 흐름 제어 등을 수행한다. 데이터 링크 계층의 사용자는 상위 계층인 네트워크 계층이며 하위 계층은 물리 계층이 된다.

예제 3.4 데이터 링크 계층에서 프레임은 이웃 노드로 전달된다. 그렇다면 목적지 주소가 필요 없는가?

풀이 데이터 링크를 이용하는 송신 모듈과 수신 모듈이 노드에 각각 하나씩이면 주소가 없어도 통신할 수 있다. 그러나 데이터 링크를 사용하는 모듈이 한 노드에 여러 개가 있는 경우 또는 멀티포인트 연결인 경우 다수의 수신 개체 중에 하나를 식별하기 위한 주소가 필요하다.

05 | 네트워크 계층

네트워크 내에서 한 근원지 노드로부터 목적지 노드까지 패킷(packet)이 전달될 경로를 결정하는 경로배정(routing) 기능을 수행한다. 패킷은 메시지 조각을 의미하며 네트워크 계층에서 이용하는 프로토콜 데이터 유닛(PDU)을 나타낸다. 경로결정은 정적(static)일 수도 있고 동적(dynamic)일 수도 있다. 정적인 경로배정은 네트워크가 처음 전개될 때 모든 노드 사이에 최선의 경로를 결정하여 도중에 변경 없이 그 경로를 이용하는 것을 의미한다. 이에 반해서 동적인 경로배정은 변화하는 네트워크의 상태를 고려해서 그때그때 최선의 경로를 결정하여 전송하는 것을 말한다. 네트워크 계층의 사용자는 전송 계층이 되며, 데이터 링크 계층에게 전달을 요구하게 된다. 다음 그림 3.9는 네트워크 기능과 데이터 링크 기능의 관계를 보여준다.

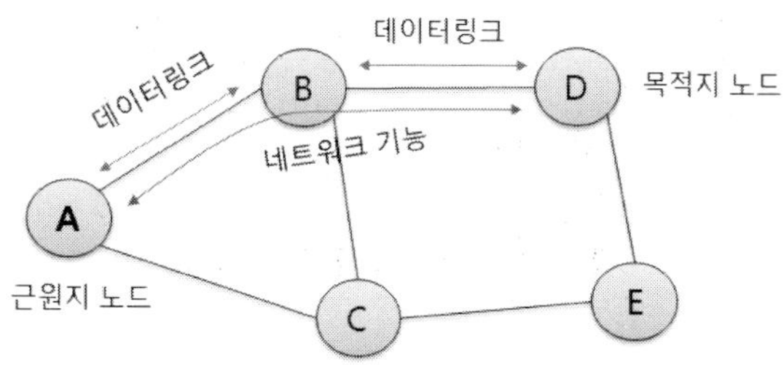

그림 3.9 데이터 링크 기능과 네트워크 기능

데이터 링크 기능은 한 노드에서 다음 노드까지의 단일 링크에서의 프레임 전달을 담당한다. 반면에 네트워크 기능은 송신 노드로부터 수신 노드까지의 경로를 찾고 패킷을 전달하는 역할을 한다. 그림 3.9에서 노드 A에서 노드 B까지의 프레임 전달과 노드 B에서 노드 D까지의 프레임 전달은 데이터 링크 기능에 의해서 각각 처리된다. 그리고 네트워크 기능은 데이터 링크 기능을 이용하여 패킷을 노드A에서 노드 B를 거쳐 노드 D까지 전달하는 기능을 한다. 패킷이 근원지 노드 A를 출발할 때 목적지 노드 D를 고려하여 다음 노드가 B인지 C인지를 결정하는 것이 경로배정이며 네트워크 기능이다. 또 노드 B에서 다음 노드가 C인지 D인지를 결정하는 것도 역시 네트워크 기능이다.

06 | 전송 계층

네트워크 내에서 한 근원지 노드의 프로세스(process)로부터 최종 목적지 노드의 프로세스까지 신뢰성 있는 메시지 전달을 담당하는 계층이다. 전송 계층에서 사용하는 메시지는 **세그먼트(segment)**라고 불리는데, 이는 상위 계층인 세션 계층으로부터 전달 요구된 메시지를 전송 계층에서 편리한 크기로 나눈 메시지 조각을 의미한다. 전송 계층은 하위 계층인 네트워크 계층에게 세그먼트를 목적지 노드까지 전달하도록 요구한다. 신뢰성을 확보하기 위해서 데이터 전송 도중 발생하는 오류에 대한 오류 제어와 전달되는 데이터의 송신처리 속도와 수신처리 속도를 적절하게 조절해주는 흐름 제어를 수행한다. 이 계층은 7 계층 중에서 중간에 해당하기 때문에 중간 계층이라 부르기도 한다. 다음 그림 3.10은 전송 계층 서비스를 이용하는 프로세스들의 관계를 그림으로 나타낸 것이다.

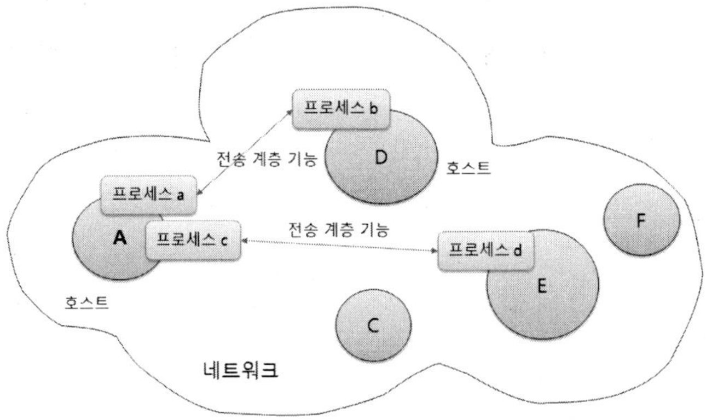

그림 3.10 호스트와 전송 계층 기능

전송 계층 기능을 사용하는 사용자는 프로세스이다. 그림 3.10에서 호스트 A에서 실행 중인 프로세스 a와 호스트 D에서 실행 중인 프로세스 b 사이에 데이터를 전송하는 기능이나 프로세스 c와 프로세스 d 사이에 데이터를 전송하는 기능이 전송 계층 기능이다. 프로세스가 실행 중인 호스트 사이에서 패킷을 전달하는 기능은 네트워크 기능이므로, 전송 계층 기능은 네트워크 계층 기능을 이용하고 덧붙여서 임의의 데이터를 패킷으로 나누어 각각을 네트워크 계층에게 전달할 것을 요구하고, 전송 도중에 오류가 발생하면 이것을 검출하여 정정하는 역할, 수신 측에서의 데이터 수신 처리 속도를 고려한 송신 측 데이터 전송 처리 속도 조절 기능인 흐름 제어 등을 더 해야 한다.

예제 3.5 전송 계층 프로토콜에서 네트워크 내에 존재하는 두 프로세스 사이에 메시지를 전달한다. 그렇다면 전송 계층은 메시지가 전달되는 경로나 중계 노드 정보가 필요한가?

풀이 전달되는 패킷의 경로나 다음 노드 정보 등은 네트워크 계층에서 처리한다. 전송 계층에서는 인터페이스를 통해 네트워크 계층에게 기능을 요구하면 되기 때문에 경로 관련 정보는 처리하지 않는다.

07 | 세션 계층

세션(session)이라는 용어는 통신 서비스의 한 단위를 의미하는데, 이 계층에서는 전달되는 메시지들을 논리적인 단위로 나누어서 논리적 단위 전송을 관리하는 역할을 담당한다. 반이중(half-duplex) 전송을 제어하는 **대화 관리(dialogue control)**나 전송 도중에 시스템이 다운되어서 다시 전송을 재개할 때 요구되는 재전송 시작시점을 관리하는 **회복(recovery)** 기능 등이 세션 기능이다. 세션 계층은 표현 계층으로부터 서비스 요구를 받아서 자신의 기능을 수행하며, 전송 계층에게 신뢰성 있는 메시지 전달 서비스를 요구하게 된다. TCP/IP에서는 세션 계층, 표현 계층 등은 독립된 계층으로 존재하지 않으며 응용 계층에 포함된다.

08 | 표현 계층

표현(presentation)이라는 이름에서 알 수 있듯이 메시지를 나타내는 방법에 관련된 기능들을 모두 포함한다. 단순한 예로는 문자를 나타내기 위해서 아스키(ASCII) 코드를 사용할 것인가 아니면 유니코드(Unicode)를 사용할 것인가를 송수신자 사이에 결정해야 하는데 이를 제어하는 기능이 여기에 포함된다. 보다 추상적인 표현 계층 프로토콜의 예로는 송수신할 데이터에 대한 모델링을 어떻게 할 것인가를 결정하기 위해서 송신 측과 수신 측이 주고받는 메시지 형식과 절차 등이 있다. 또한 보안을 위해서 메시지를 암호화하거나 인증 기능을 이용할 때, 또는 메시지를 압축해서 전달할 때 이를 위해 송수신자 사이에 사용하는 메시지 형식이나 절차 등에 대한 규약도 표현 계층의 한 부분이 될 수 있다.

09 | 응용 계층

물리 계층에서부터 표현 계층까지 규정된 기능 이외의 응용 관련 통신 기능들은 모두 응용 계층 프로토콜에 포함된다. 이 프로토콜 계층은 다른 계층과는 달리 그 기능이 특정한 것으로 제한되지 않으며, 새로운 통신 응용 프로토콜들이 필요에 의해서 생겨나면 계속적으로 추가될 수 있는 계층이다. 대표적인 예로는 전자우편, 파일 전송, 원격 로그인, 웹 서비스 등을 위한 프로토콜이 있다.

다음 표 3.2는 7 계층구조에서 각 계층에서 전달하는 메시지의 명칭을 나타낸 것이다.

표 3.2 각 계층에서 전달하는 메시지

계층	메시지 명칭	비고
5	메시지(message)	6,7 계층에서도 동일
4	세그먼트(segment)	메시지를 분해한 것임
3	패킷(packet)	세그먼트에 네트워크 계층 헤더를 더한 것임
2	프레임(frame)	
1	비트(bit)	

예제 3.6 전송 계층의 메시지인 세그먼트와 네트워크 계층의 메시지 패킷 사이의 관계에 대하여 설명하시오.

풀이 전송 계층에서 세그먼트 전송을 네트워크 계층에게 요구하면 네트워크 계층에서는 세그먼트에 네트워크 프로토콜 헤더를 앞에 붙여서 패킷으로 완성한다.

3.3 TCP/IP 계층구조

오늘날 산업계의 표준 프로토콜로 사용되고 있는 프로토콜은 TCP/IP이다. 인터넷(Internet)에서 사용되는 프로토콜로서 전송 계층에 대응되는 TCP(Transmission Control Protocol)과 네트워크 계층의 상위 부분에 해당하는 IP(Internet Protocol) 프로토콜을 근간으로 하여 계층구조를 이룬다. OSI 7 계층 참조모델의 1, 2, 3 계층에 대응되는 네트워크 액세스 계층, 3 계층의 상위 부분에 해당하는 IP 계층, 4 계층에 해당하는 TCP 계층, 그리고 그 위에 응용 계층이 존재한다. 이를 그림으로 나타내면 다음 그림 3.11과 같다.

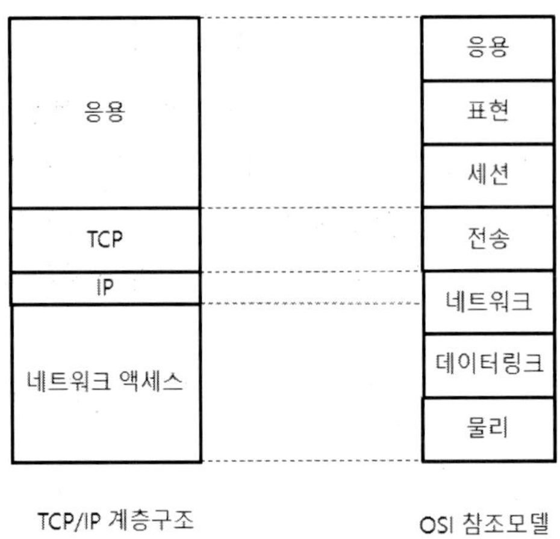

그림 3.11 TCP/IP 계층구조와 OSI 참조모델 비교

01 | 네트워크 액세스(network access) 계층

인터넷에 연결된 단일 네트워크 내에서 제공하는 네트워크 기능, 즉 네트워크 내의 한 노드에서 다른 노드로의 메시지 전달 서비스를 담당하는 계층으로 다양한 프로토콜이 대응될 수 있다. 한 예로

는 LAN에 연결된 컴퓨터에서 인터넷을 이용하는 경우에는 네트워크 액세스 계층에 LAN 프로토콜이 대응된다. LAN 프로토콜은 OSI 7 계층구조와 비교하면 물리 계층과 데이터 링크 계층이 해당된다. 만약 X.25 패킷 교환망을 이용하는 경우에는 물리 계층, 데이터 링크 계층 그리고 네트워크 계층까지 네트워크 액세스 계층에 포함된다.

02 | IP

IP(Internet Protocol) 계층은 다수의 네트워크들로 이루어진 인터넷에서 한 네트워크에 포함된 송신 노드에서 패킷을 다른 네트워크에 포함된 수신 노드로 전달하는 역할을 한다. 미리 경로를 설정하지 않고, 라우터에 의한 목적지로의 전달(forwarding) 기능을 이용하여 데이터그램 방식으로 패킷을 전달한다. 이를 위해서 네트워크와 네트워크 사이에 연결을 담당하는 라우터(router)에서 IP 주소를 기반으로 다음 방문할 라우터를 결정해야 한다. 또한 전달 도중에 패킷에 오류가 발생하면 그 패킷을 버린다. 송신 측에 재전송을 요구하는 방식의 오류 제어를 하지 않는다. 결과적으로 신뢰성을 보장하지 않는다.

OSI 7 계층구조와 비교하면 IP는 네트워크 계층에 포함되지만, 3 계층으로 구성된 네트워크 서비스를 이용할 경우에는 네트워크 계층의 상위 부 계층(sublayer)으로 이해해도 무방하다.

03 | TCP

TCP 계층은 사용자인 응용 계층에게 연결지향 서비스를 제공한다. 응용 계층으로부터 전달 요구를 받으면 우선 송신 프로세스와 수신프로세스 사이에 논리적인 연결을 설정한다. 그 후 연결 상에서 응용 계층으로부터 전송 요청된 메시지를 필요에 따라 전달하기에 용이한 크기의 세그먼트(segment)로 나누어서 IP 계층에게 전달을 요구한다. TCP가 이용하는 IP 계층은 데이터그램 서비스를 제공하는데 이는 오류 제어나 흐름 제어를 하지 않기 때문에 신뢰성 있는 서비스를 제공하지 않는다. 따라서 TCP는 IP가 전달해준 세그먼트에 대하여 메시지 순서화, 흐름 제어와 오류 제어 등을 수행하고, 세그먼트들을 다시 재결합하여 원 메시지를 재생한 후 응용 계층에게 전달함으로써 신뢰성 있는 메시지 전달을 응용 계층에 제공하게 된다. 이때 응용 계층과의 대응 관계를 위한 주소로 16비트의 포트 번호를 이용한다. 응용 계층의 메시지와 TCP 계층의 세그먼트, 그리고 IP 계층의 패킷을 그림으로 나타내면 다음 그림 3.12와 같다.

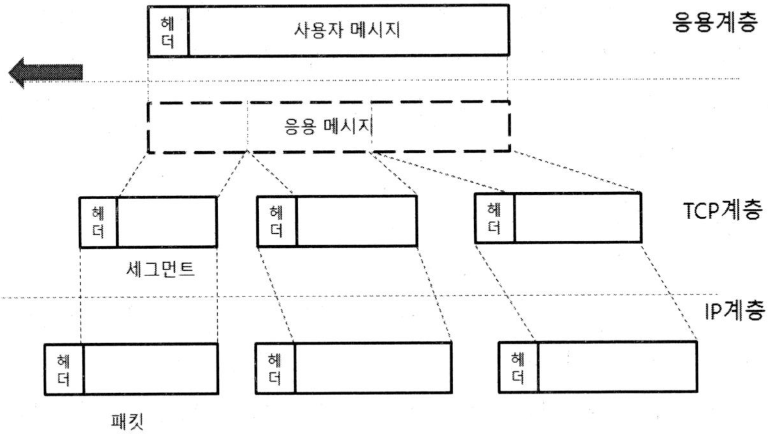

그림 3.12 메시지, 세그먼트 그리고 패킷의 대응 관계

예제 3.7 TCP가 HTTP, FTP, telnet, SMTP 등의 서버 측 응용 프로토콜과의 대응 관계를 위해서 사용하는 포트 번호에 대해서 조사해보라.

풀이 웹 서비스와 같이 클라이언트가 서버에게 서비스를 요청하는 경우 접속 요청 메시지에 포트 번호가 있어야 한다. 이 번호를 이용해서 TCP는 수신한 메시지를 전달할 응용 프로토콜을 결정한다. 서버 측 응용 프로토콜의 포트 번호는 정해진 포트 번호(well-known port number)를 사용한다. 웹 서버는 80, FTP 서버는 21, telnet 서버는 23, SMTP 서버는 25 등이다.

04 | UDP

TCP와 동일한 계층에 위치하는 프로토콜로 응용 계층에게 비연결 서비스를 제공한다. 비연결 서비스이기 때문에 전달하는 메시지들은 각각 독립적으로 처리되며 메시지들의 순서를 보장하지 않는다. 그리고 오류가 발생하면 오류 처리를 하지 않고 메시지를 버린다. 즉 오류 검출에 따른 재전송이나 오류 수정이 없다. 결과적으로 IP가 제공하는 데이터그램 서비스 이외에 부가적인 기능이 거의 없이 유사한 서비스를 제공한다. 이 서비스를 이용하는 응용 프로토콜로는 **SNMP(Simple Network Management Protocol)**, **NFS(Network File System)** 등이 있다. 응용 프로토콜과의 대응 관계는 TCP와 동일한 방식인 16비트 포트 번호를 이용한다.

TCP에 비해서 신뢰성 측면에서 약점이 있지만, 메시지 전송을 위해서 TCP 연결과 같은 논리적인 연결이 필요 없기 때문에 빠른 메시지 전송이 가능하고, 논리적 연결을 만들고 유지하기 위한 시스템의 부하가 없다.

예제 3.8 신뢰성을 보장하는 않는 UDP 서비스를 이용할 수 있는 응용은 무엇이 있는가?

풀이 간헐적인 메시지 유실이 문제가 되지 않는 응용의 경우가 이에 해당한다. 일반적으로 영상 데이터나 음성 데이터들은 간헐적으로 유실이 있어도 영상을 보거나 음성을 이해하는데 어려움이 없기 때문에 UDP를 사용할 수 있다.

05 | 응용 계층

TCP 서비스를 이용하는 HTTP, SMTP, POP3, FTP, telnet 등의 응용 프로토콜들은 모두 이 계층에 해당한다. 즉 TCP를 이용하는 모든 응용 프로토콜들이 위치하는 계층이다. 다음 그림 3.13은 TCP/IP 계층구조에서의 프로토콜 간의 관계를 나타내고 있다.

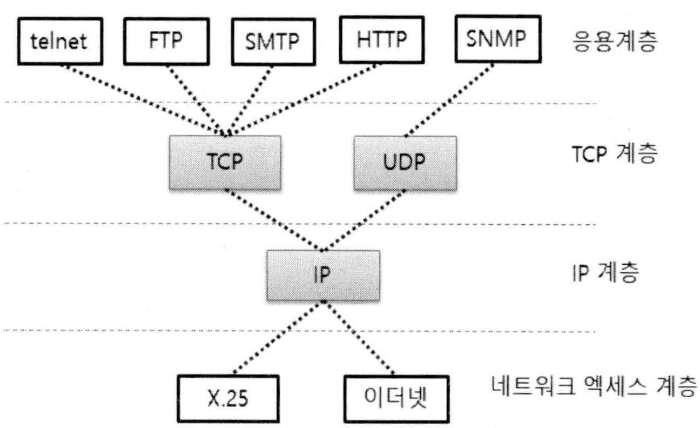

그림 3.13 TCP/IP 프로토콜 관계

06 | 구현 기술

프로토콜은 명확하고 세밀하게 규정되지만 어떻게 구현될 것인가를 규정하지는 않는다. 그러므로 어떠한 기술을 이용해서 구현할 것인가는 그 프로토콜을 구현할 시스템 환경에 전적으로 관련이 있다. 일반적으로 네트워크 액세스 계층의 기능은 하드웨어 기술에 의하여 주로 만들어지고, 이를 제어하는 펌웨어(firmware)나 소프트웨어가 함께 포함된다. TCP/IP 기능은 운영체제의 내부 기능(OS kernel)에 포함된다. 그러므로 TCP/IP 기능을 일반사용자들이 구현할 필요는 없다. 사용자들은 자신들이 필요한 응용 프로토콜을 구현하면 되고, 응용 프로토콜에서 TCP/IP 기능이 필요할 때에 운영체제가 제공하는 **시스템 호출**(system call)을 이용하면 된다. 현재 많은 운영체제에서 제공하는 socket 시스템 호출이나 java socket 등이 이에 해당한다. 이와 같은 관계를 운영체제 계층과 비교하여 그림으로 나타내면 다음 그림 3.14와 같다.

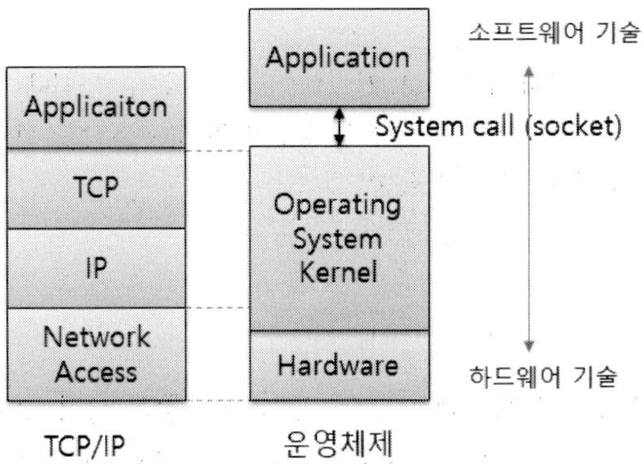

그림 3.14 계층구조와 운영체제

03 연습문제

1. 인터넷에서 사용하는 프로토콜 계층구조는 무엇인가?

① OSI 7 ② TCP/IP ③ SNA ④ X.25

2. 이웃한 두 노드 사이에 신뢰성 있는 프레임 전송을 수행하는 계층은 무엇인가?

① 물리 계층 ② 데이터 링크 계층
③ 네트워크 계층 ④ 트랜스포트 계층

3. 프로토콜 계층구조에서 각 계층에서 약속한 메시지 형식을 무엇이라고 하는가?

① segment ② packet ③ frame ④ PDU

4. 물리 계층에서 전달하는 데이터 단위는 무엇인가?

① bit ② packet ③ frame ④ segment

5. 피어투피어(peer-to-peer) 프로토콜이라는 용어의 의미는 무엇인가?

① 이웃 노드와 통신을 위한 프로토콜
② 같은 계층 간의 프로토콜
③ 위 계층과 아래 계층의 상호작용 규약
④ 프로토콜과 인터페이스의 약속

6. 다음 중 근원지에서 목적지까지 경로배정을 담당하는 계층은 무엇인가?

① 물리 계층 ② 데이터 링크 계층
③ 네트워크 계층 ④ 트랜스포트 계층

7. 네트워크 내에서 두 호스트에 위치한 프로세스 사이에 신뢰성 있는 메시지 전달을 담당하는 계층은 무엇인가?

① 세션 계층 ② 데이터 링크 계층
③ 네트워크 계층 ④ 트랜스포트 계층

8. 라우터에 존재하지 않는 계층은 다음 중 무엇인가?

① 물리 계층　② 데이터 링크 계층
③ 네트워크 계층　④ 트랜스포트 계층

9. 계층구조에서 두 계층 사이의 상호작용을 무엇이라고 하는가?

① 인터페이스　② 프로토콜
③ 프로토콜변환　④ 다중화

10. 다음 중 네트워크 인터페이스 카드(Network Interface Card)에 존재하는 기능은 무엇인가?

① 세션 계층　② 데이터 링크 계층
③ 네트워크 계층　④ 트랜스포트 계층

11. 다음 중 세션 계층에서 수행하는 기능은 무엇인가?

① 대화 관리　② 오류 제어
③ 흐름 제어　④ 암호화

12. 암호화에 의하여 데이터 표현 방식이 변화할 때 관련된 계층 기능은 무엇인가?

① 세션 계층　② 표현 계층
③ 응용 계층　④ 트랜스포트 계층

13. 다음 중에서 TCP/IP 계층구조에서 응용 프로토콜에 포함되지 않는 것은 무엇인가?

① HTTP　② SMTP
③ FTP　④ UDP

14. 다음 중에서 TCP 계층에서 응용 계층과의 대응 관계를 위해서 사용하는 주소는 무엇인가?

① MAC 주소　② 포트 번호
③ IP 주소　④ 메일 주소

15. TCP/IP 계층구조에서 OSI 7 계층 참조모델의 네트워크 계층에 해당하는 것은 무엇인가?

① 네트워크 액세스 계층 ② IP 계층
③ TCP 계층 ④ UDP 계층

16. TCP/IP 계층구조에서 데이터그램 서비스를 제공하는 전달 계층 기능은 다음 중 무엇인가?

① NIC ② IP
③ TCP ④ UDP

17. 다음 중에서 프로토콜 계층구조의 장점이 아닌 것은 무엇인가?

① 모듈화를 통해서 설계의 복잡도를 낮춘다.
② 다른 계층과는 독립적으로 기능수정이 가능하다.
③ 기능에 대한 오류 수정이나 유지 보수가 용이하다.
④ 계층구조를 통해서 처리 속도가 빨라진다.

18. 서비스 프리미티브의 4가지 기능에 해당하지 않는 것은 다음 중 무엇인가?

① request ② indication
③ response ④ cancel

19. 다음 중 사용자 데이터를 세그먼트로 분할하는 계층은 무엇인가?

① 네트워크 액세스 계층 ② IP 계층
③ TCP 계층 ④ UDP 계층

20. 다음 중 프로토콜 데이터 유닛(PDU)을 이루는 부분이 아닌 것은 무엇인가?

① 헤더 ② 사용자 데이터
③ 트레일러 ④ 경계 구분자

21. 데이터 링크 계층에서 전달되는 메시지는 ( )이라 하고, 네트워크 계층에서 전달되는 메시지는 패킷이라 한다. 그리고 전송 계층에서 전달되는 메시지는 ( ) 라고 한다.

22. TCP와 UDP의 장점을 비교 설명하시오.

23. IP에서는 신뢰성을 보장하지 않는다. 그렇다면 인터넷에서 신뢰성을 확보하기 위해서 어떠한 방안을 제공하고 있는가?

24. OSI 7 계층구조에 있는 세션 계층, 표현 계층 등은 TCP/IP 계층구조에서는 나타나지 않는다. 만약 세션 계층이나 표현 계층의 기능이 필요할 때는 어떻게 해야 하는가?

25. 자바 프로그래밍에서 TCP, UDP 서비스를 이용하는 방법에 대하여 조사하라.

26. LAN 프로토콜에서 사용하는 MAC 주소와 IP 계층에서 사용하는 IP 주소가 모두 필요한 이유를 설명하라.

27. 프로토콜 구현 기술을 결정하는 요인은 무엇인지 생각해보자.

28. 응용 계층 프로토콜의 기능은 무엇인지 설명하라.

Chapter 04

신호

Chapter 04

신호

통신이 이루어지기 위해서는 물리적인 신호(signal)의 전달이 있어야 한다. 전파되는 신호에 송신자와 수신자 사이에서 약속한 물리적인 형태로 이진 값을 대응시킴으로써 데이터를 전달하게 된다. 오늘날 가장 흔히 사용되는 방식은 전자기파를 유선 또는 무선 전송매체를 이용하여 전파시키는 것이다. 신호는 크게 아날로그(analog)와 디지털(digital)로 나눌 수 있다. 이 장에서는 아날로그와 디지털 신호의 특성과 이에 관련된 기술을 소개한다.

4.1 아날로그 신호

아날로그 신호는 연속적인 값을 갖는 신호로 자연의 소리나 음성, 음파, 전자기파 그리고 광파 등과 같이 실세계에서 관찰되는 신호들이 그 예가 될 수 있다. 전기 통신에서 흔히 사용되는 기본적인 아날로그 신호는 **정현파**(sinusoidal wave)로 사인파 sin(t)라고도 한다. 정현파 신호의 3가지 요소는 **진폭**(amplitude), **주파수**(frequency), **위상**(phase) 등이 있다. 사인파 sin(2πt)의 형태를 그림으로 나타내면 다음 그림 4.1과 같다.

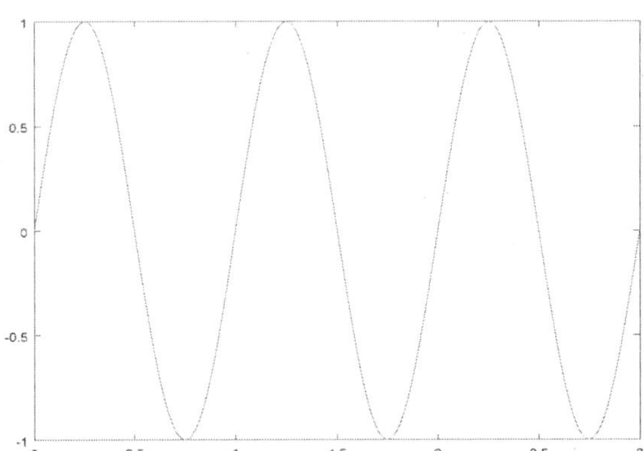

그림 4.1 정현파(사인파)

01 | 주기

사인파는 위의 그림 4.1에서와 같이 동일한 형태가 반복해서 나타남을 알 수 있는데, 이와 같은 함수를 주기함수라 하고 그 성질을 식으로 나타내면 아래와 같다.

$$f(x) = f(x+T)\ (T\text{는 상수})$$

즉, 함수 f(x)는 T 만큼 떨어진 위치에 동일한 값이 나타남을 의미하며, 동일한 형태의 함수 값들이 T 만큼의 거리를 두고 반복적으로 나타나는 주기함수가 된다. 이때 T가 이 함수의 주기이다. 그림 4.1에서 나타낸 사인파에서는 그림으로부터 T=1임을 알 수 있다. 즉 t=0일 때 사인파의 값과 t=1일 때 사인파의 값이 동일하고, 그 다음부터 파형이 동일하게 반복됨을 알 수 있다.

예제 4.1 사인파 3sin(4π t)의 주기는 얼마인지 계산하라.

풀이 sin(t)의 주기는 2π 이다. 주기성질로부터 3sin(4π t) = 3sin(4π (t+T)) = 3sin(4π t+4π T)에서 만족하는 가장 작은 값 T는 1/2이다. 따라서 주기는 1/2이다.

02 | 진폭, 주파수, 위상

일반적으로 사인파는 다음의 식으로 나타낸다.

$$s(t) = A sin(2\pi f t + \phi)$$

앞의 사인파 식에서 A는 파형의 진폭, f는 주파수, ϕ는 위상을 나타낸다. f=1이고 ϕ=0이라고 가정할 때, 진폭 A가 1일 때와 2일 때의 파형을 나타내면 다음 그림과 같다.

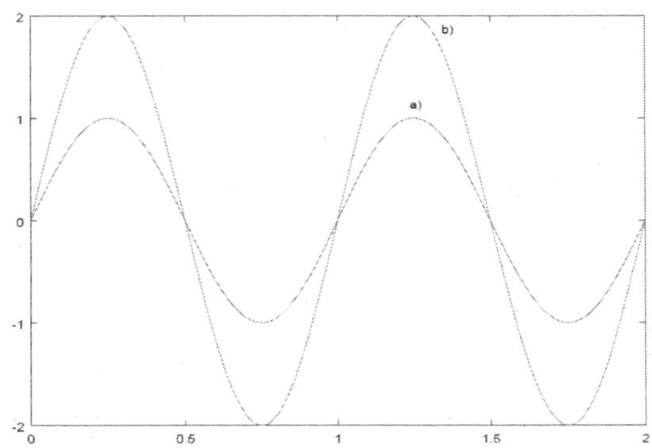

a) sin(2π t) b) 2sin(2π t)

그림 4.2 사인파의 진폭

그림에서 알 수 있는 것처럼 진폭은 사인파에서 파형의 높이를 나타내며, 물리적으로 진폭은 신호의 세기를 의미한다. 만약 신호가 전압을 나타낸다면 진폭은 그 전압의 크기를 나타낸다.

사인파에서 진폭 A=1이고 위상 ϕ=0일 때 주파수가 1일 때와 2일 때 그림을 나타내면 다음과 같다.

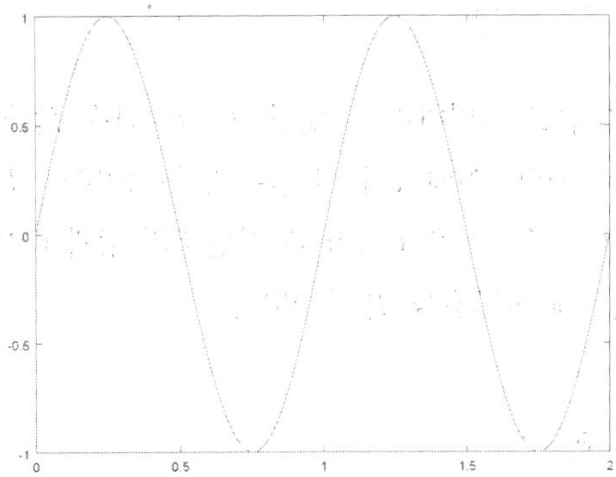

a) sin(2π ft), f=1

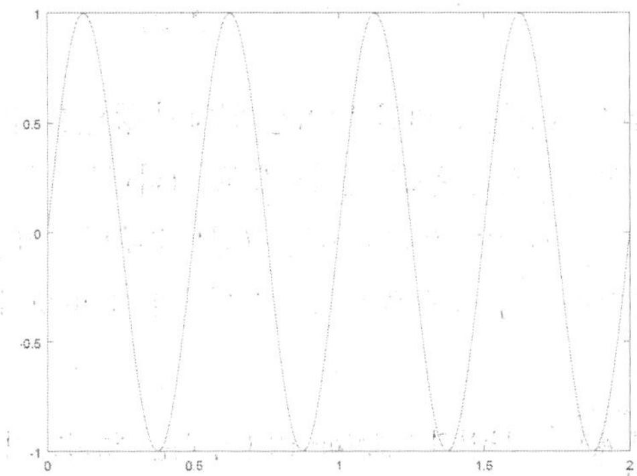

b) sin(2π ft), f=2

그림 4.3 사인파의 주파수

앞의 그림에서 주파수 f가 1에서 2로 바뀜에 따라 동일한 파형 반복 정도가 2배가 됨을 확인할 수 있다. 주기 T는 주파수 f와 반비례 관계를 갖는다. 즉 주파수가 2배인 b) 신호의 주기는 a) 신호 주기의 1/2가 됨을 알 수 있다. 식으로 나타내면 T = 1/f이다.

예제 4.2 다음의 식으로 나타나는 정현파의 진폭, 주파수, 위상은 각각 얼마인가?

$$3\sin(10\pi t+\pi)$$

풀이 진폭은 3, 주파수는 5, 위상은 π, 주기는 1/5이다.

예제 4.3 주기가 3인 사인파의 주파수는 얼마인가?

풀이 주파수 = 1/주기 = 1/3 Hz

한편 위상에 따른 파형의 변화를 살펴보기 위해서 진폭 A=1, 주파수 f=1이고 위상 ϕ가 0일 때와 π/2일 때 파형을 그림으로 나타내면 다음 그림 4.4와 같다.

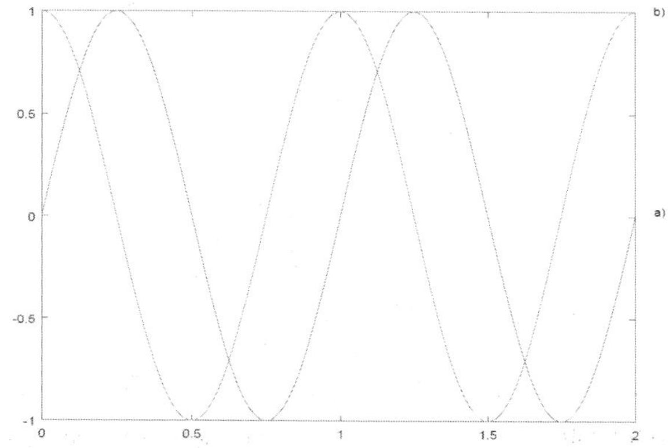

a) sin(2π t)　　　　　b) sin(2π t+π /2)

그림 4.4 신호 위상차의 예

앞의 그림 4.4에서 알 수 있는 것처럼 위상은 두 신호파형의 상대적인 위치 값을 나타낸다. 즉 위상이 0인 a)에 비해 b) 신호는 위상이 π/2 만큼 왼쪽으로 이동했음을 알 수 있다. 앞의 그림에서 b) 파형은 cos(2πt)와 동일함을 알 수 있다.

03 | 주파수 특성

정현파는 앞에서 본 바와 같이 주파수 성분을 갖는데, 아날로그 신호가 하나의 주파수 성분만을 가질 수도 있지만 다수의 주파수 성분이 합쳐서 만들어진 신호일 수도 있다. 예를 들어서 sin(2π t)+1/3*sin(2π*3t)+1/5*sin(2π*5t) 와 같이 f=1, f=3, f=5 등 3가지 주파수 성분이 합쳐진 신호를 생각할 수 있다. 이 신호를 시간 t에 대한 그림으로 나타내면 다음 그림 4.5와 같다.

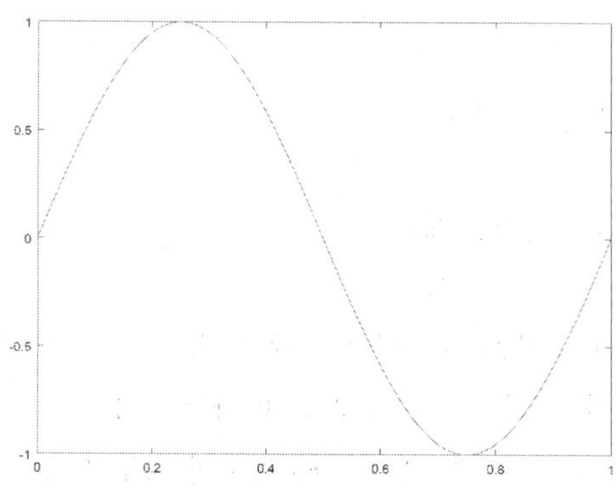

a) sin(2π t)

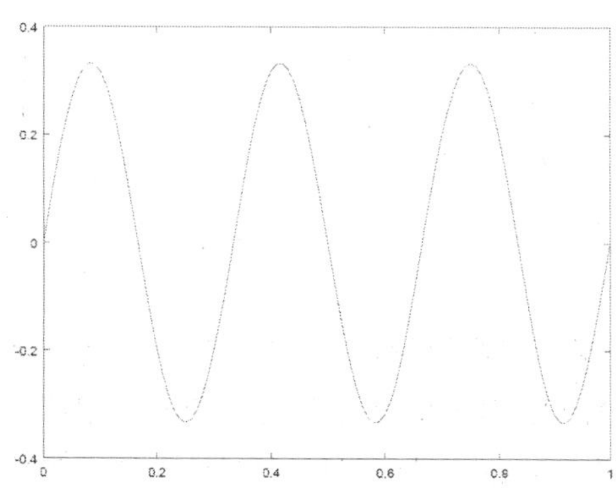

b) 1/3sin(2π *3t)

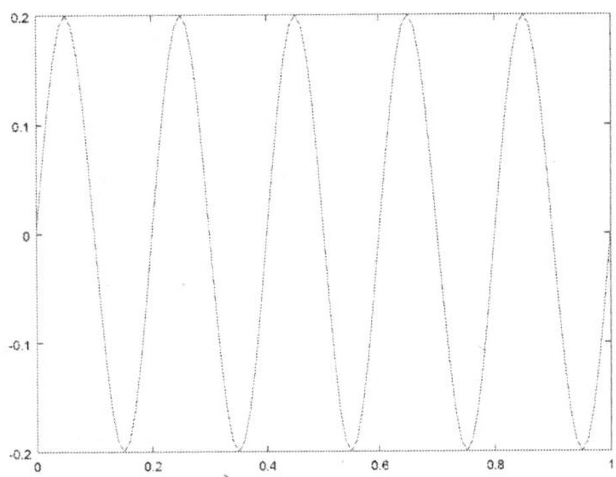

c) 1/5*sin(2π *5t)

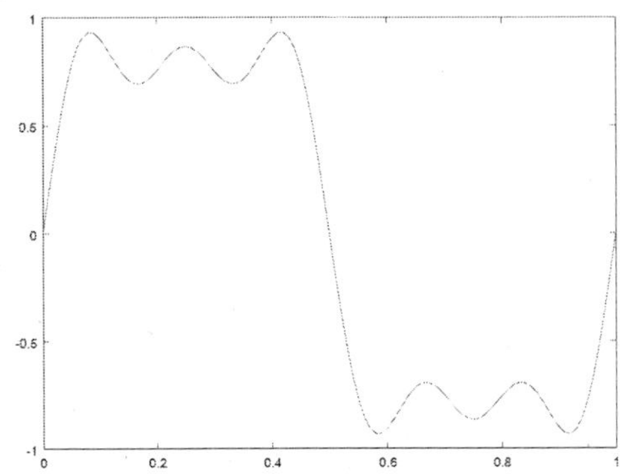

d) sin(2π t)+1/3*sin(2π *3t)+1/5*sin(2π *5t)

그림 4.5 시간 영역에서의 신호 파형

1) 주파수 영역

앞의 그림 4.5에서 d) 파형은 a), b), c) 신호를 합하여 만들어진 신호파형이다. 따라서 3가지 주파수 성분이 합해진 신호인데, 시간 영역으로 표현된 것이기 때문에 이 그림을 보고 주파수 성분의 특성을 이해하긴 어렵다. 신호의 주파수 성분을 나타내기 위해서는 주파수 영역의 그래프를 이용한다. 다음 그림 4.6의 그래프가 d) 신호에 대한 주파수 영역 그래프이다.

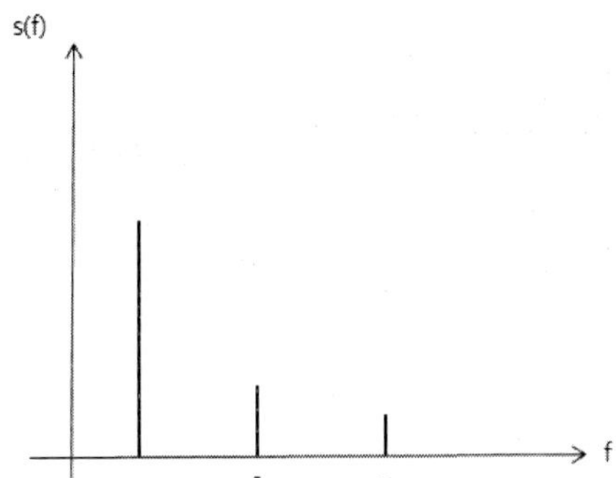

그림 4.6 신호에 대한 주파수 영역 그래프

시간 영역 그래프에서는 시간 변화에 따른 신호 세기의 변화를 나타내는 것에 비해 주파수 영역 그래프에서는 신호가 가지고 있는 주파수 성분에 대한 신호 세기를 나타낸다. 따라서 신호에 포함된 주파수 성분을 한 눈에 알 수 있다. 신호가 직류 성분을 갖는 경우에는 주파수가 0인 성분을 갖게 되는 것이다. 앞에서 나타낸 신호에 직류 성분을 1 만큼 더하게 되면 신호는 s(t) = 1 + sin(2πt) +

1/3*sin(2π*3*t) + 1/5*sin(2π*5*t)이고 이를 신호 영역과 주파수 영역으로 나타내면 다음 그림 4.7과 같다.

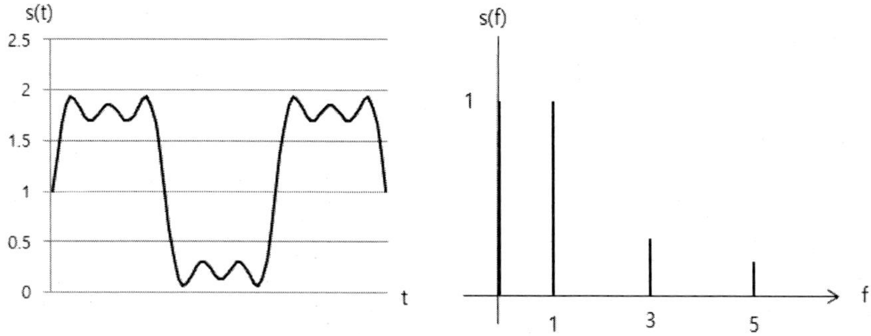

a) 시간 영역 b) 주파수 영역

그림 4.7 시간 영역과 주파수 영역 그래프

예제 4.4 앞의 그림 4.7을 고려할 때 다음과 같이 많은 주파수 성분들의 합으로 이루어지는 파형은 어떠한 모양일지 추측하시오.

$$1+\sum_{n=1}^{10} 1/(2n-1)*\sin(2\pi(2n-1)t)$$

풀이 점점 더 구형파(square wave)의 형태에 가까워질 것으로 예상된다. 실제로 이 파형을 그래프로 그려보면 다음 그림 4.8과 같다.

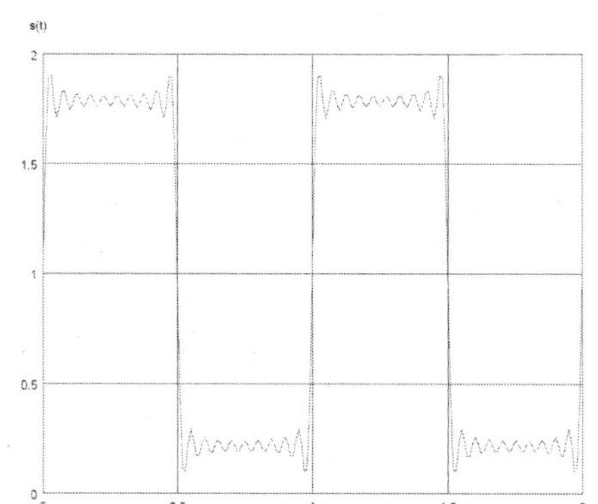

그림 4.8 $1+\sum_{n=1}^{10} 1/(2n-1)*\sin(2\pi(2n-1)t)$ 파형

2) 대역폭

신호가 가지고 있는 주파수 성분들의 범위를 신호 **대역폭**(bandwidth)이라 한다. 즉 대역폭은 신호의 주파수 성분 중에서 가장 큰 주파수 성분과 가장 작은 주파수 성분의 차이를 구하여 얻는다. 앞의 그림의 경우에는 신호의 주파수 성분이 0에서 5까지이므로 대역폭은 5 - 0 = 5가 된다. 주파수의 단위는 Hz (Hertz, 헤르쯔)이다.

예제 4.5 사람의 음성은 주파수 성분이 300Hz에서 3300Hz 범위에 주로 분포한다. 만약 그 이외에 범위에서 주파수 성분이 없다고 가정한다면 음성의 대역폭은 얼마인가?

풀이 3300 - 300 = 3000 Hz가 된다.

예제 4.6 다음 그림과 같은 주파수 영역 특성을 갖는 신호의 대역폭은 무엇인가?

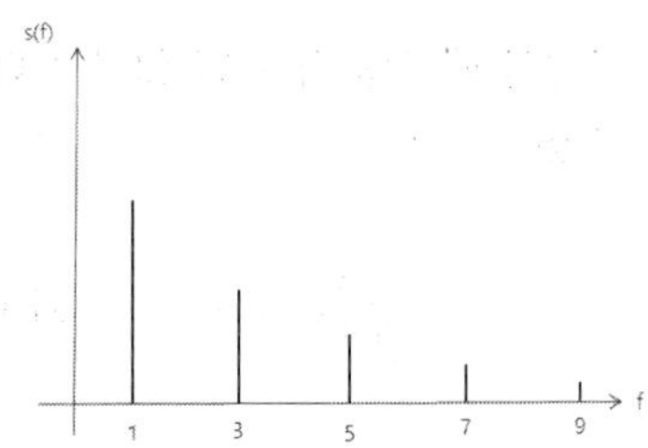

풀이 대역폭 = 최대주파수 - 최소주파수 = 9 - 1 = 8 Hz

앞의 예제 4.5에서 주파수 성분이 주로 분포한다고 표현했는데, 이와 같이 신호의 주된 성분이 분포하는 대역폭은 **유효대역폭**(effective bandwidth)이라 한다. 그 외의 범위에도 약간의 신호 성분이 존재하나 무시해도 무방할 경우에 유효대역폭을 이용하는 것이 편리하다. 대역폭은 하나의 자원이기 때문에 가능한 한 적은 범위를 이용하여 시스템을 구현하는 것이 더 효과적이다. 이진 데이터를 표현할 때 5V, 0V 값이 왜곡현상에 의하여 4.3V, -0.2V로 바뀐다고 해도 수신 측에서 이 값이 5V, 0V 임을 추측할 수 있으면 되기 때문에 약간의 오류가 있어도 통신목적을 달성하는데 문제가 없다. 같은 이유로 신호의 모든 대역폭은 아니지만 유효대역폭을 사용해도 발생하는 오차가 응용에서 요구하는 정도 이하일 경우에 그 방법은 유효하다.

3) 주파수 스펙트럼

주파수 스펙트럼(frequency spectrum)은 신호 성분을 주파수 영역에서 나타낸 것을 말한다. 즉 신호를 구성하고 있는 모든 주파수 성분들을 주파수 영역에 펼쳐놓은 것이다. 다음 표는 스펙트럼의 예로 라디오 주파수를 중심으로 한 전자기 스펙트럼을 표로 나타낸 것이다.

표 4.1 전자기 스펙트럼

주파수 대역	명칭	응용
3KHz ~ 30KHz	초장파(VLF)	무선항해용 전파
30KHz ~ 300KHz	장파(LF)	항로 안내용 전파
300KHz ~ 3MHz	중파(MF)	AM 라디오
3MHz ~ 30MHz	단파(HF)	단파장 라디오
30MHz ~ 300MHz	초단파(VHF)	FM 라디오, TV
300MHz ~ 3GHz	극초단파(UHF)	TV
3GHz ~ 30GHz	초고주파(SHF)	지상 마이크로파, 위성 통신
30G ~ 300GHz	극고주파(EHF)	밀리파

극고주파(EHF) 주파수 보다 더 높은 주파수 대역으로는 적외선, 가시광선, 자외선, X-ray 등이 분포한다.

4.2 디지털 신호

아날로그 신호와 달리 신호가 이산적인(discrete) 값을 가질 때 디지털 신호라고 한다. 2진수를 표현하기 위해서 0과 5 V 전압을 이용한다고 가정하면, 다음 그림 4.9와 같은 디지털 신호를 생각할 수 있다.

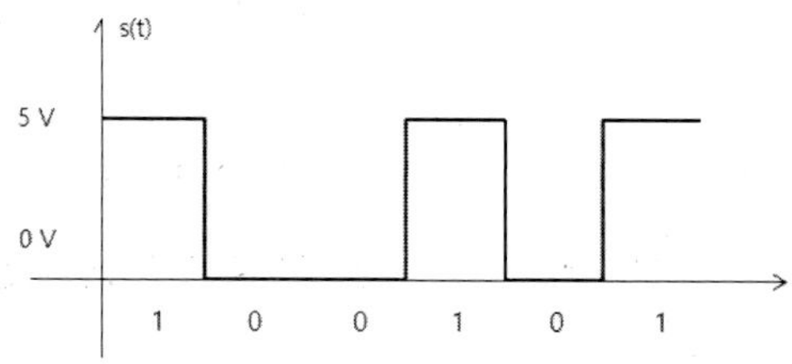

그림 4.9 디지털 신호의 예

디지털 신호는 자연계에서는 흔히 관찰될 수 없는 신호로 사람들이 필요에 따라 인위적으로 만들어 낸 신호이다. 디지털 신호는 가질 수 있는 값이 이산 값이며 유한개이기 때문에 신호가 외부 간섭에 의하여 약간의 왜곡이 발생하더라도 원 신호를 유추할 수 있다는 큰 장점이 있다. 예를 들어서 2진 값을 0과 5 V로 표현한다고 할 경우 신호가 왜곡이 발생하여 4.3V가 되더라도 이는 5V에 가깝기 때문에 왜곡 이전에 5V이었을 것으로 판단할 수 있다. 따라서 5V로 재생하여 신호를 처리하거나 전달할 수 있다. 이를 그림을 나타내면 다음 그림 4.10과 같다.

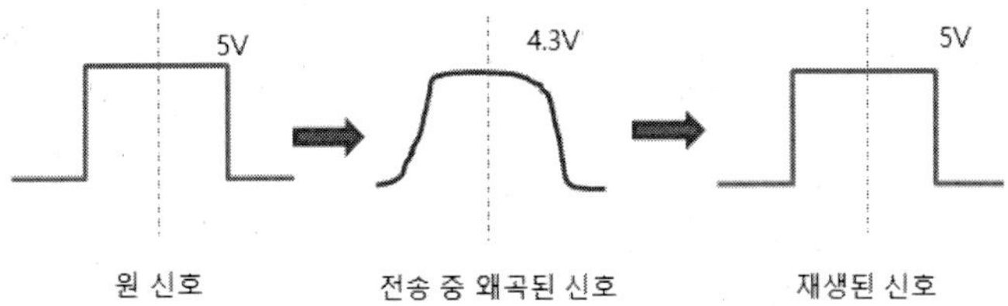

그림 4.10 디지털 신호 재생

디지털 신호의 파형은 주기 신호 형태가 되는 경우는 드물기 때문에 일반적으로 비주기 신호로 간주할 수 있고, **푸리에 변환(Fourier Transform)**에 따르면 비주기 신호는 주파수 영역에서 무한개의 주파수 성분이 합성되어야 생성될 수 있는 신호이다. 다만 조파(harmonic)의 차수가 높은 주파수 성분의 세기가 갈수록 작아지기 때문에 1차 조파, 3차 조파, 5차 조파, 7차 조파 등의 낮은 조파 주파수 성분을 합하면 디지털 파형과 유사한 신호를 얻을 수 있다. 실제 응용 시스템에서는 이와 같이 대부분의 신호세기가 존재하는 주파수 대역의 성분들을 이용하여 신호를 표현한다. 이 주파수 범위가 곧 이 디지털 신호에 대한 유효대역폭이 된다. 다음 그림 4.11은 구형파 디지털 신호에 대한 주파수 영역 그래프를 나타낸 것이다. 주파수 성분은 이론적으로는 무한대로 성분이 분포하지만 이 그림에서는 대부분의 에너지가 분포하는 부분만 그린 것이다.

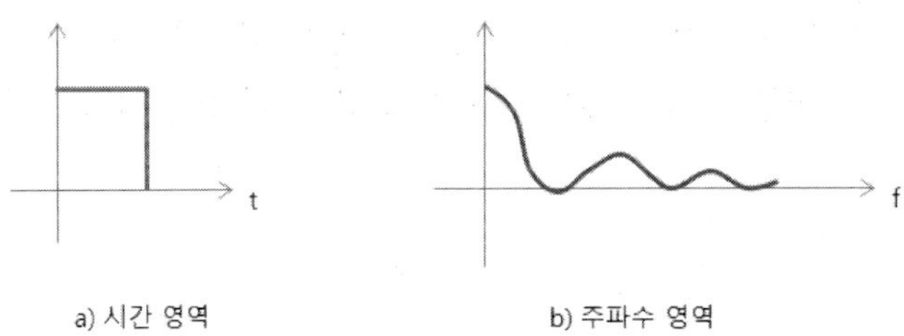

그림 4.11 디지털 신호에 대한 주파수 영역 신호 성분

4.3 전송 손상

신호가 목적지로 전송되는 과정에서 여러 가지 이유로 신호에 손상이 발생하는데, 이를 **전송 손상**(transmission impairments)이라 한다. 일반적으로 전송매체의 저항 성분에 의하여 신호의 세기가 점점 약해지는 현상을 **감쇠**(attenuation)라 한다. 또한 신호가 목적지까지 전파되는 동안 발생하는 시간적인 지연이 있다. 이와 같은 손상 이외에 외부로부터 간섭에 의하여 들어오는 신호 성분이 있는데 이를 잡음(noise)이라 한다.

01 | 감쇠 왜곡

신호가 목적지로 전송되는 과정에서 전송매체의 저항 성분에 의하여 신호가 약해지게 되는데 이를 감쇠라 한다. 신호의 감쇠가 너무 심해지면 수신측에서 정상적인 신호 인식이 불가능해지므로 신호가 수신에 적절할 정도로 유지되어야 한다. 따라서 신호의 감쇠가 발생하면, 감쇠를 보상하기 위하여 증폭기(amplifier)를 통한 증폭이 요구된다. 아날로그 신호의 경우는 증폭기를 이용하며, 디지털 신호의 경우는 리피터(repeater)를 이용하여 신호의 감쇠를 보상한다.

신호가 약해지는 정도가 일정하면 수신 측에서 약해진 정도만큼 다시 증폭시켜 감쇠문제를 해결할 수 있다. 그러나 신호감쇠는 주파수에 따라 서로 다르게 나타난다. 따라서 이러한 문제를 해결하기 위해서는 주파수 성분별로 감쇠정도를 알아내어 이에 따라 서로 다른 증폭을 해주어야 한다. 이와 같이 주파수 대역별로 다른 증폭을 해주는 장치를 **등화기**(equalizer)라고 한다.

02 | 지연 왜곡

신호가 전송 도중 발생하는 지연은 시간적으로 지연만큼을 보상하도록 함으로써 해결할 수 있다. 그러나 신호의 지연 정도는 주파수에 따라 다르게 나타나는데 이를 지연 왜곡이라 한다. 일반적으로 대역 제한 신호의 경우에는 중간 주파수 대역이 지연이 가장 적고 양 끝 단으로 갈수록 지연이 커지는 특성이 있다. 이를 해결하기 위해서는 주파수 별로 지연 정도를 알아내어 이를 보정할 수 있도록 등화기를 이용해야 한다.

03 | 잡음

1) 백색 잡음

백색 잡음(white noise)는 열 잡음(thermal noise)이라고도 하는데 전송매체 내부의 저항 성분에 의하여 전력을 인가하면 열이 발생하고, 열에 비례하여 발생하는 잡음이다. 통신 시스템에 전력을 넣어서 전자 부품들이 동작을 할 때면 항상 발생하고 제거할 수 없다. 이 잡음은 모든 주파수 대역에 걸쳐 고루 분포한다. 열 잡음 N은 다음과 같은 식으로 특성을 표현한다.

N = KTW (여기서 K는 볼쯔만 상수, T는 절대 온도, W는 대역폭)

전송 중에 신호 전력은 잡음 전력에 비해 상대적으로 강할수록 좋은데, 보통 30 데시벨 이상 되는 것이 바람직하다.

예제 4.7 동일 온도에서 주파수 대역폭이 B인 신호 S1의 백색 잡음에 비해 주파수 대역폭이 3B인 신호 S2의 백색 잡음은 몇 배인가?

풀이 N = KTW 식으로부터 백색 잡음은 대역폭에 비례함으로 S1에 비해 3배의 백색 잡음을 갖는다.

2) 상호 변조 잡음

상호 변조 잡음(inter-modulation noise)은 신호의 서로 다른 성분들이 주파수의 합과 차에 의하여 생성되는 새로운 주파수 성분의 잡음을 의미한다. 이러한 현상의 원인은 통신 시스템의 선형성이 불완전하기 때문인 것으로 알려져 있다. 예를 들어서 주파수 성분 f1, f2, f3을 갖는 신호가 통신 시스템을 통과한 후, 이전에 없었던 새로운 주파수 성분인 f1+f2, f1+f3, f2−f1, f3−f2 등의 신호 성분이 생성되는 현상을 의미한다.

3) 혼선

혼선(crosstalk)은 서로 다른 신호 채널의 전자기파가 서로 영향을 주어서 발생하는 현상이다. 흔히 전화통화 중에서 이웃 채널의 대화내용이 약하게 들리는 경우가 있는데 이와 같은 현상을 혼선이라 한다. 이는 이웃 채널의 신호가 전자기 유도현상에 의하여 다른 채널에 영향을 주는 현상이다. 다수의 음성 채널이 다중화 되어 회선이 가까이 위치할 때 발생할 수 있다.

4) 충격 잡음

신호가 전송 도중에 순간적으로 외부의 강한 신호에 의하여 간섭을 받을 수 있는데, 이를 **충격 잡음** (impulse noise)이라 한다. 예를 들면 비가 오는 날에 번개가 발생하면 대기 상에서 매우 강한 전자기파가 발생하게 되고 이것이 통신 선로에 간섭을 일으킨다. 또한 기계식 교환기에서 기계적인 교환 때문에 접점에서 붙거나 떨어질 때 발생하는 충격 잡음이 있을 수 있다. 디지털 신호를 전송할 경우 충격 잡음에 의하여 다수의 비트가 집단적으로(bursty) 오류가 발생할 가능성이 있다.

4.4 전송 용량

통신 채널의 전송 용량(capacity)을 나타내는 방법으로 아날로그 신호를 전달하는 채널에서는 단위가 Hz인 대역폭으로 나타내지만, 디지털 채널에서는 단위 시간에 전달되는 비트의 수인 bps(bits per sec)를 이용한다.

01 | 나이퀴스트 공식

나이퀴스트(Nyquist)는 bps 단위의 전송 용량(C)과 Hz 단위의 대역폭(B)과의 관계에 대한 성질을 알아내었다. 이를 식으로 나타내면 다음과 같다.

$$C = 2B * \log_2 L \text{ (L은 신호 요소의 레벨 개수)}$$

이 식은 잡음에 대한 고려 없이 순수하게 대역폭과 전송 용량 사이의 관계를 나타낸 것으로 잡음을 포함하는 실제 상황에서는 동일한 대역폭에 대한 전송 용량이 더 줄어들 수밖에 없다. 한편 L의 의미는 신호 요소가 표현할 수 있는 가지 수를 말하는 것으로 예를 들어서 한 신호 요소의 전압의 값이 0, 5, 10, 15V 등으로 4가지 중 하나의 값을 갖는다고 가정하면(L=4), 수신된 한 전압 값은 2비트($\log_2 4$)에 대응될 수 있다. 즉 0V : 00, 5V : 01, 10V : 10, 15V : 11 등으로 대응하면 수신된 신호의 전압이 10V이면 10으로 인식한다.

예제 4.8 신호 요소의 레벨 개수 L=8이고 신호 대역폭이 100Hz일 때 이론적인 전송률은 얼마인지 계산하라.

풀이 $C = 2B * \log_2 L = 2 * 100 * \log_2 8 = 600$ bps

예제 4.9 대역폭이 200Hz이고 원하는 전송률이 1600bps일 때 요구되는 신호 요소의 레벨 개수는 몇 개인지 계산하라. 단 잡음은 무시한다.

풀이 $1600 = 2B*\log_2 L = 2*200*\log_2 L$에서 $4 = \log_2 L$이므로 $L=16$이다.

02 | 셰넌의 공식

셰넌(Shannon)은 나이퀴스트의 공식에서 한 걸음 더 나아가 잡음의 영향까지 고려한 성질을 알아내었다. 일반적으로 신호 전력이 크더라도 잡음 전력이 상대적으로 더 크면 전송 속도에 부정적인 영향을 줄 것으로 생각된다. 셰넌의 연결 결과를 식으로 나타내면 다음과 같다.

$$C = B * \log_2(1+SNR)$$ (여기서 SNR = 신호 전력/잡음 전력)

즉 신호대잡음비(SNR : Signal to Noise Ratio)를 고려한 대역폭과 전송용량의 관계식이다.

예제 4.10 대역폭이 1000Hz이고 신호대잡음비(SNR)가 63일 때 전송 용량은 얼마인가?

풀이 $C = 1000 * \log_2(1+63) = 1000 * 6 = 6KHz$

03 | 데시벨

데시벨(dB :Decibel)은 그림 4.12에서와 같은 통신 시스템에서 입력 전력 대 출력 전력의 비를 나타내는 방법으로 단순한 비가 아니고, 입력 전력 대 출력 전력의 비에 상용로그를 취한 다음, 다시 10을 곱하는 방식으로 구한다. 이와 같은 방식을 이용하는 이유는 로그함수로 표현되는 특성을 사람이 이해하기 쉬운 선형적인 방식으로 나타낼 수 있기 때문이다. 데시벨을 식으로 나타내면 다음과 같다.

그림 4.12 통신 시스템의 전력

$$데시벨 = 10\log_{10}(P_{out}/P_{in})$$ (P_{out} : 출력 전력 /P_{in} : 입력 전력)

예를 들어서 입력 전력이 10W이고 출력 전력이 100W이면 데시벨 값은 $10\log_{10}(100/10)$ = 10dB이다. 그러면 그 통신 시스템 특성은 10dB 만큼 이득이라고 한다. 반대로 입력 전력이 100W이고 출력 전력이 10W이면 다수의 통신 시스템들이 직렬로 연결되어 있을 경우 데시벨 값은 $10\log_{10}(10/100)$ = −10dB가 되고, 이 경우 10dB 만큼의 손실이라고 한다.

예제 4.11 입력 전력이 100W이고 출력 전력이 100W인 통신 시스템의 데시벨 특성을 계산하라.

풀이 $10\log_{10}(100/100) = 0$ dB

데시벨을 이용하여 시스템 특성을 나타내면 다수의 시스템들이 직렬로 연결될 경우에 전체 시스템 특성을 쉽게 구할 수 있다. 다음 그림 4.13과 같이 통신 시스템이 직렬로 연결되어 있다고 가정하자.

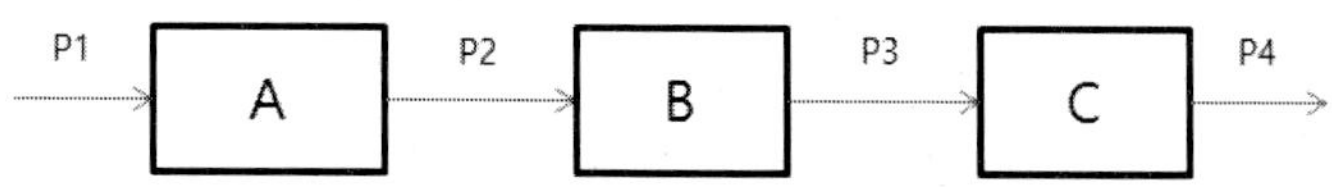

그림 4.13 통신 시스템의 직렬 연결

직렬 연결된 전체 시스템의 데시벨 특성은 $10\log_{10}(P4/P1) = 10\log_{10}(P2/P1 * P3/P2 * P4/P3)$이다. 여기서 로그성질 $\log(A * B) = \log A + \text{Log}B$을 이용하여 변형하면 $10\log10(P2/P1) + 10\log_{10}(P3/P2) + 10\log_{10}(P4/P3)$이 된다. 즉 각 시스템 A, B, C의 데시벨 값을 모두 합한 결과와 동일함을 알 수 있다.

예제 4.12 신호가 −3 dB인 회선을 통과한 다음 10dB 증폭기를 거친 후에 다시 −2 dB 회선을 통과하여 최종 목적지에 도달한다. 이때 입력 신호와 최종 출력 신호 사이의 전력비를 데시벨로 계산하라.

풀이 $-3 + 10 - 2 = 5$ dB

예제 4.13 전력이 10W인 신호가 데시벨 특성이 10dB인 통신 시스템을 통과하였다. 출력 신호 전력은 몇 W인가?

풀이 $10\log_{10}(x/10) = 10$ dB, $\log_{10}(x/10) = 1$, $10 = x/10$, $x = 100W$

경우에 따라서는 전력 대신 전압의 비를 데시벨로 나타내는데, 전력 = 전압 * 전류이므로 전력(W) = 전압(V)^2/저항(R)이 된다. 따라서 전력의 비는 전압 제곱의 비로 나타낼 수 있고, 데시벨 식은 $20\log_{10}(V_{out}/V_{in})$가 된다.

예제 4.14 입력 전압이 10V, 출력 전압이 100V인 통신 시스템이 있다고 가정한다. 이때 전력비를 데시벨(dB)로 계산하라.

풀이 전력비(dB) = $20\log_{10}(V_{out}/V_{in}) = 20\log_{10}(100/10) = 20$ dB

04 연습문제

1. 다음 중 변조에 사용되는 정현파 신호의 3가지 요소가 아닌 것은 무엇인가?

① 진폭　② 주파수　③ 위상　④ 파장

2. 신호의 세기와 관계 있는 신호 성분은 다음 중 무엇인가?

① 진폭　② 주파수　③ 위상　④ 파장

3. 신호가 동일한 패턴이 반복되는 주기 신호일 때 반복되는 정도를 나타내는 신호 성분은 다음 중 무엇인가?

① 진폭　② 주파수　③ 위상　④ 파장

4. 신호가 포함하고 있는 주파수 성분의 범위를 무엇이라고 하는가?

① 진폭　② 주파수　③ 위상　④ 대역폭

5. 어떤 신호의 주파수 성분이 100Hz에서 1600Hz 사이에 분포하였다. 이 신호의 대역폭은 얼마인가?

① 100Hz　② 1600Hz　③ 1500Hz　④ 1700Hz

6. 주파수가 1000Hz인 신호의 주기는 얼마인가?

① 1/10 초　② 1/100 초

③ 1/1000 초　④ 1/10000 초

7. 한 통신 시스템의 입력 신호의 전력이 100W이고 출력 신호의 전력이 1000W였다. 이 통신 시스템의 데시벨(dB) 특성은 얼마인가?

① 1 dB　② 10 dB

③ 100 dB　④ 1000 dB

8. 다음 중에서 잡음이 아닌 것은 무엇인가?

① 감쇠　　② 백색 잡음
③ 상호 편이 변조　　④ 누화

9. 통신 시스템에 전력을 인가하면 저항 성분에 의해서 항상 발생하는 잡음은 무엇인가?

① 충격 잡음　　② 백색 잡음
③ 상호 편이 변조　　④ 누화

10. 다음 설명 중 잘못된 것은 무엇인가?

① 감쇠 왜곡을 해결하기 위해서는 등화기를 이용해야 한다.
② 백색 잡음은 절대온도에 비례하여 커진다.
③ 지연 왜곡을 해결하기 위해서 리피터를 사용한다.
④ 누화는 음성 채널 사이에서 전자기 유도현상으로 생성된다.

11. 다음 중에서 통신 시스템의 비선형성으로 인하여 신호의 주파수 성분에 없었던 성분이 생겨하는 현상을 무엇이라고 하는가?

① 충격 잡음　　② 백색 잡음
③ 상호 편이 변조　　④ 누화

12. 감쇠왜곡 현상을 감소시키기 위해서 사용하는 장치는 다음 중 무엇인가?

① 등화기　② 증폭기　③ 변압기　④ 정류기

13. 입력 회선은 -5dB 특성을 갖고, 증폭기는 20dB 특성을 갖는다. 그리고 출력 회선은 -5 dB 특성을 갖는다. 입력 회선과 증폭기, 그리고 출력 회선을 모두 통과할 경우 10W 신호는 전력이 어떻게 변할지 계산하라.

① 1 W　② 10 W　③ 100 W　④ 1000 W

14. 나이퀴스트의 전송 용량 공식에 따르면 대역폭이 10kHz이고 신호 요소의 레벨 개수가 8개이면 전송률은 얼마인가?

① 20Kbps　② 40Kbps　③ 60Kbps　④ 80Kbps

15. 섀넌의 전송 용량 공식에 따르면 신호대잡음비가 63이고 대역폭이 20kHz이면 전송률은 얼마인가?

① 80Kbps ② 100Kbps ③ 120Kbps ④ 140Kbps

16. 신호율이 100보오(baud)이고 한 신호에 3비트가 대응된다고 가정하면 전송률은 다음 중 무엇인가?

① 200 bps ② 300 bps ③ 400 bps ④ 500bps

17. 전력이 100W인 신호가 데시벨 특성이 10dB인 통신 시스템을 통과하였다. 출력 신호 전력은 몇 W인가?

18. 대역폭이 100Hz이고 원하는 전송률이 1600bps일 때 요구되는 신호 요소의 레벨 개수는 몇 개인지 계산하라. 단 잡음은 무시한다.

M·E·M·O

Chapter 05 신호 변환

Chapter 05

신호 변환

신호를 전달할 때에는 신호가 통과하는 네트워크에서 사용하는 신호 형태로의 변환이 필요한데, 이를 신호 변환이라 한다. 신호 변환에서 원 신호가 네트워크에서 사용되는 신호로 변환하는 것을 **부호화**(encoding)라고 하고, 네트워크의 수신 측 종단에서 다시 원 신호로 변환이 이루어지는데 이를 **복호화**(decoding)라고 한다. 신호에는 아날로그 신호와 디지털 신호가 존재하므로 신호 변환에는 디지털 신호-디지털 신호, 디지털 신호-아날로그 신호, 아날로그 신호-디지털 신호, 아날로그 신호-아날로그 신호로 변환하는 4가지 조합이 존재한다. 본 장에서는 4가지 신호 변환에 대하여 각각 알아본다.

5.1 디지털 - 디지털 신호 변환

컴퓨터 네트워크에서 컴퓨터 시스템의 신호는 디지털 방식을 이용한다. 만약 컴퓨터에서 사용하는 신호를 LAN을 이용하여 전송하게 되면, LAN에서 사용하는 디지털 신호로의 변환이 요구된다. 같은 디지털 신호라 하더라도 물리적인 신호 형태가 다르기 때문에 변환이 없이 신호를 전달할 수는 없다. 네트워크에서 컴퓨터 시스템의 신호와 다른 디지털 신호를 이용하여 전달하는 이유는 대역폭, 동기 문제, 오류 검출 등의 통신 기능 측면에서 유리한 방식을 사용하기 때문이다. 디지털 신호를 디지털 신호로 변환하는 방법에는 여러 가지가 있다. 디지털 신호 형태에 따라서 단극형, 극형, 양극형, 블록 코드형으로 나눌 수 있다.

01 | 단극형

단극형(unipolar)은 디지털 신호의 2진 부호 0, 1을 나타내는데, 양(+), 음(-) 전압 중에 한가지만을 이용하여 신호를 나타내는 방법을 의미한다. 예를 들어서 2진수 0은 0V 전압에 대응시키고, 이진수 1은 양(+) 전압에 대응시킬 수 있다. 다음 그림 5.1은 단극형 신호의 예를 나타낸 것이다.

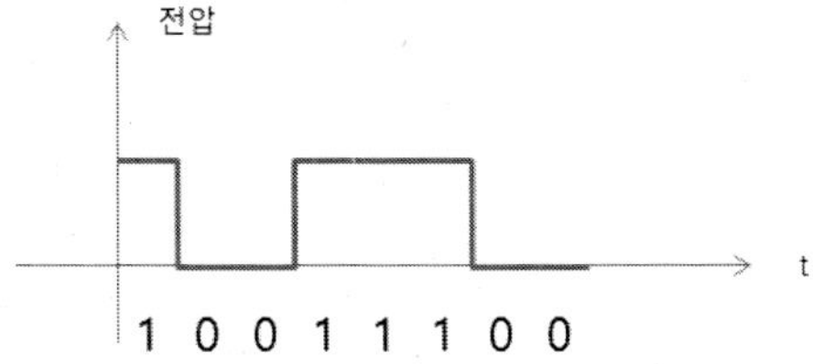

그림 5.1 단극형의 예

예제 5.1 그림 5.1의 디지털 신호에서 양의 전압이 5V라고 하면 평균 전압은 얼마인가?

풀이 그림에서 1과 0의 개수가 각각 4개씩 동일하게 존재하므로 평균 전압은 2.5V이다. 물론 그 개수가 달라지면 그때마다 평균값은 변한다. 확률적으로 0과 1이 균형 있게 분포한다고 보면 전체적으로는 2.5V로 볼 수 있다.

앞의 그림에서 1을 위하여 양의 전압을 이용했지만, 반대로 음의 극성만을 이용할 수도 있다. 이와 같은 단극형 방법은 간단하지만, 신호의 평균 전압이 양이든 음이든 임의의 상수 값을 갖게 되고 결과적으로 직류 성분이 생기게 된다. 직류 성분은 변압기(transformer)를 통과하지 못하기 때문에 회로 시스템 설계에서 제약 조건이 된다. 교류 성분은 전자기 유도 성질에 의하여 변압기를 통과할 수 있고, 결과적으로 유선에 의한 연결이 필요 없기 때문에 회로설계 측면에서 장점이 된다.

또한 0이나 1이 연속적으로 많이 발생할 경우에 신호의 전압 천이(transition)가 발생하지 않고, 그 결과 수신 측에서 신호의 동기 타이밍(timing)을 정확하기 알아낼 수 없게 된다. 수신 측에서 신호의 타이밍은 수신되는 신호 전압 레벨(level)의 변화 시점을 살피는 방법으로 알아내기 때문이다. 또 신호가 전달되면서 지연의 변화에 의하여 각 비트의 타이밍이 미세하게 변화하기 때문에 한번 설정한 신호타이밍을 계속 사용할 수 없고, 새로운 타이밍이 필요하다. 따라서 신호의 전압천이를 계속 발생시키도록 부호화하는 것이 필요하다. 동기문제를 하드웨어적으로 해결하기 위해서는 독립된 클럭(clock) 신호 회선을 연결해야 하는데, 그만큼 비용이 발생하기 때문에 잘 사용하지 않는다.

02 | 극형

극형(polar) 부호화는 이진 부호 0, 1을 위하여 양(+), 음(−) 전압 두 가지를 사용하기 때문에 평균 전압의 값이 단극 형에 비해 매우 작아지며, 0와 1이 동일 비율로 발생하면 0이 된다. 따라서 직류 성분 문제가 완화되는 장점이 있다. 이 방식에는 NRZ(Non-Return to Zero), RZ(Return to Zero),

Biphase 등이 있다.

1) NRZ

신호의 2진 부호 0, 1에 대하여 +, - 전압을 각각 대응시켜서 사용하는 방법이다. NRZ-L(Level)과 NRZ-I(Invert) 등 2가지가 있다. 이들을 그림으로 나타내면 다음 그림 5.2와 같다.

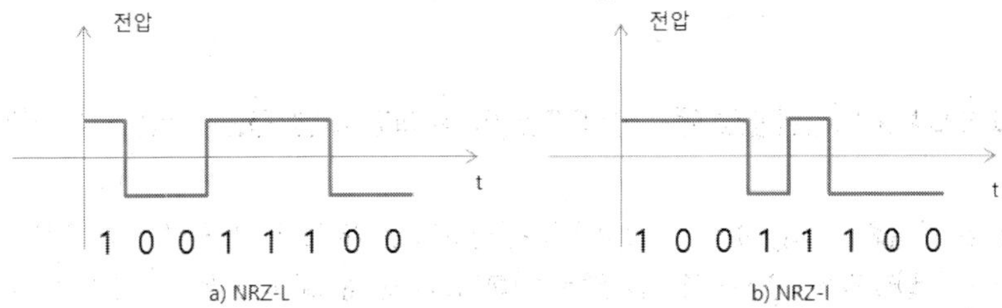

그림 5.2 NRZ 부호화 예

예제 5.2 그림 5.2 a)에서 양의 전압이 5V이고 음의 전압이 -5V이면 평균전압은 얼마인가?

풀이 0과 1의 개수가 4개씩 동일하므로 전체 전압의 합은 0이 되고, 평균 전압도 0이 된다.

앞의 그림 a) NRZ-L에서는 1에 대해서 양의 전압을 대응시키고 0에 대해서는 음의 전압을 대응시켜서 나타낸 것이다. 반면에 b) NRZ-I에서는 1에 대해서는 이전 비트 전압 레벨을 반대로 천이시키고, 0일 경우에는 이전 비트 전압 레벨을 유지하는 방법으로 부호화하였다.
NRZ 부호화는 신호 레벨 변화가 비교적 적기 때문에 사용 대역폭이 작다는 장점이 있지만, 0이나 1이 계속되는 경우 동일한 신호 레벨이 유지되기 때문에 직류 성분의 발생문제를 해결할 수 없고, 또 신호 동기를 위한 타이밍을 얻을 수 없다는 단점이 있다.

2) RZ

이 부호화 방식은 양(+), 음(-), 0 전압을 모두 사용하는 것으로 1일 경우에는 양(+) 전압 레벨에서 0 전압 레벨로 천이시켜서 부호화하고 0일 경우에는 음(-) 전압 레벨에서 0 전압 레벨로 천이시켜서 부호화하는 방법이다. 따라서 모든 비트에서 중간에 0으로 천이하는 동작이 발생하기 때문에 신호 레벨 천이가 모든 비트에 존재하게 되고, 결과적으로 신호 동기 타이밍 문제를 해결할 수 있다. RZ 부호화를 그림으로 나타내면 다음 그림 5.3과 같다.

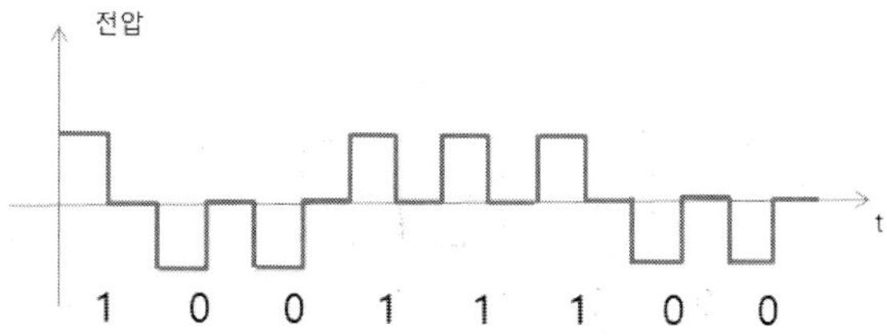

그림 5.3 RZ 부호화의 예

RZ 부호화는 모든 비트에서 2 신호 레벨을 이용하기 때문에 신호 레벨 변화가 빈번하여, 신호가 요구하는 대역폭이 NRZ 보다 큰 단점이 있다. 그러나 신호 동기화가 용이하고, 전달되는 데이터의 0비트와 1비트의 개수가 비슷하다고 가정할 때 +, - 신호가 균등하게 분포하기 때문에 평균 전압이 0에 가깝다는 장점이 있다.

3) Biphase

Biphase 부호화는 비트 값이 양(+)과 음(-) 두 신호 레벨을 갖도록 부호화된다. 이 부호화에는 맨체스터 부호화(manchester coding)와 차등 맨체스터 부호화(differential manchester coding)가 있다.

우선 맨체스터 부호화 방식은 다음과 같다. 0비트의 경우는 비트의 중간에서 양(+) 신호 레벨에서 음(-) 신호 레벨로 천이가 일어나며, 1비트의 경우는 반대로 음(-) 신호 레벨에서 양(+) 신호 레벨로 비트 중간에서 레벨 천이가 발생한다. 그림으로 나타내면 다음 그림 5.4와 같다.

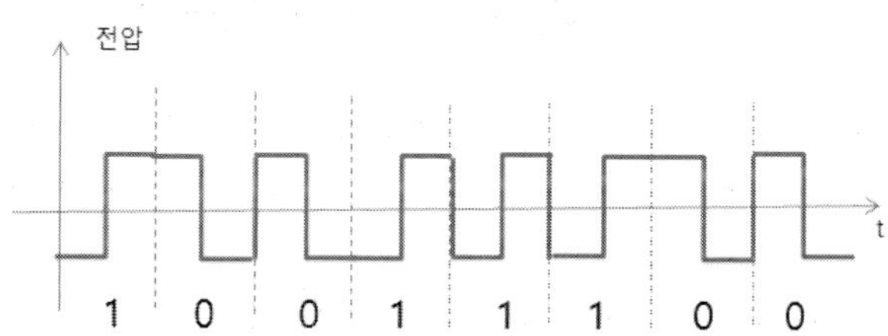

그림 5.4 맨체스터 부호화의 예

차등 맨체스터 부호화 방식도 각 비트의 중간에서 신호 레벨이 천이하는 것은 맨체스터 부호화와 동일하다. 다만 0과 1비트에 정해진 레벨 천이를 이용하지 않고, 1비트일 경우에는 이전 비트의 천이 방식을 반대로 하며, 0비트일 경우에는 이전 비트의 천이와 동일한 방식으로 신호 레벨 천이를 발생시킨다. 다음 그림 5.5가 차등맨체스터 부호화를 나타낸 것이다.

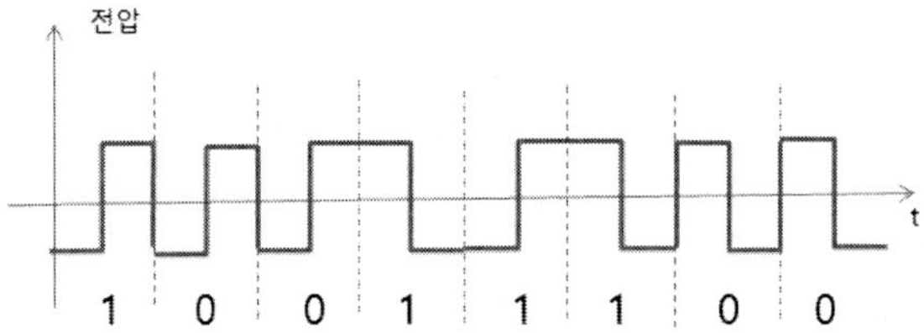

그림 5.5 차등 맨체스터 부호화의 예

예제 5.3 데이터의 비트열이 11010110일 경우 맨체스터 부호화와 차등 맨체스터 부호화를 그림으로 나타내어라.

풀이

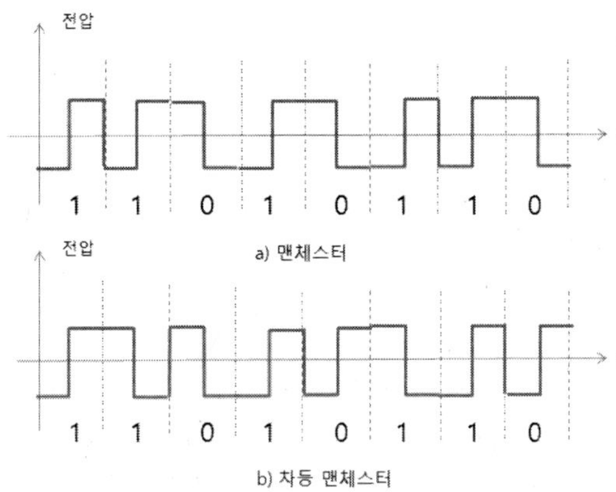

그림 5.6 예제 5.3 해답 신호 형태

첫 번째 1비트에 대해 음(-)에서 양(+) 신호 레벨로 천이를 한 것은 이전 비트가 존재하지 않기 때문에 임의의 천이 방식을 사용한 것이다. 두 번째 비트인 0은 첫 번째 비트의 신호 형태와 동일한 방식으로 부호화를 하였다. 이후 0비트는 이전 비트와 동일한 방식으로 1비트는 이전 방식과 반대로 부호화 한 것을 알 수 있다.

맨체스터 부호화는 모든 비트에서 신호 레벨 천이가 발생하므로 직류 성분이 0이고 비트 동기화를 할 수 있으며, 각 비트에서 신호 레벨 천이가 발생하기 않으면 오류로 간주할 수 있기 때문에 오류 검출 능력 등의 장점을 갖는다. 단점은 신호 레벨 천이가 자주 발생하기 때문에 신호가 요구하는 대역폭이 넓다는 점이다. 하지만 전체적으로 동기화와 오류 검출 등의 장점을 갖기 때문에 LAN의 신호 부호화 방식으로 많이 사용되고 있다.

차등 맨체스터 부호화도 맨체스터 부호화와 유사한 장점을 갖는다. 차등 부호화(differential coding)는 이전 비트의 신호 형태를 그대로 사용할 것인가 아니면 반대의 신호 형태를 사용할 것인가를 0과 1비트 값으로 결정하는 방식이다. 그렇기 때문에 회로의 극성이 반대로 되더라도 수신하는데 문제가 없다는 장점을 갖는다. NRZ-I 부호화도 차등 부호화 방식이며 극성에 관계없이 수신이 가능하다. 다음 그림 5.7이 극성이 반대가 되었을 때 차등 맨체스터 부호화의 성질을 보여준다.

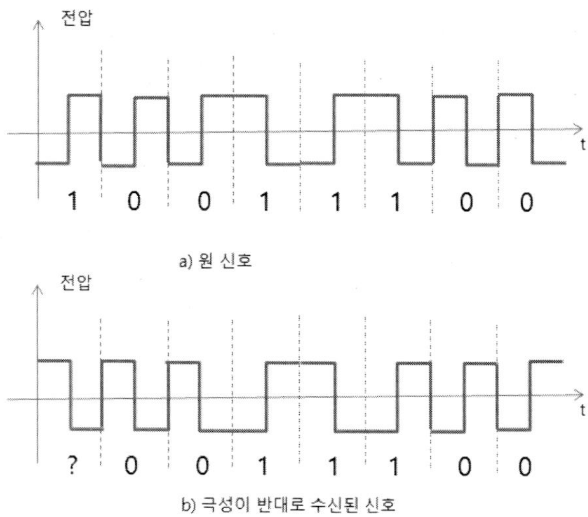

그림 5.7 차등 부호화에서 반대 극성

앞의 그림 5.7에서 송신된 원 신호가 전송 도중에 회로의 극성이 반대로 바뀌어서 수신이 된다 해도 그림 b)에서처럼 첫 번째 비트의 값을 제외한 모든 비트의 값을 알 수 있다. 그 이유는 두 번째 비트의 값부터는 이전 비트 신호 형태와 비교하여 같으면 0, 다르면 1로 인식할 수 있는 차등 부호화의 특징 때문이다.

예제 5.4 맨체스터 부호화에서 신호 레벨이 가장 자주 천이하는 경우와 가장 적게 천이하는 경우의 이진 데이터는 무엇인가?

풀이 동일한 천이가 반복될 때 가장 빈번한 신호 레벨 변화가 발생한다. 즉 1111111이나 0000000 데이터의 경우다. 가장 신호 레벨 변화가 적을 때에는 10101010과 같이 0과 1이 교대로 발생할 때이다.

03 | 양극형

양극형(bipolar)는 양(+), 0, 음(-) 신호 레벨을 모두 사용하는데 1비트를 나타내기 위해서 양(+), 음(-) 신호 레벨을 번갈아가며 사용하고, 0비트를 나타내기 위해서 0 신호 레벨을 사용한다. AMI(Alternate Mark Inversion), B8ZS(Bipolar 8-Zero Substitution), HDB3(High Density Bipolar 3) 등의 부호화가 여기에 포함된다.

1) AMI

AMI 부호화에서 1비트는 양(+) 또는 음(-) 신호 레벨을 번갈아가며 사용하고, 0비트는 0 신호 레벨을 사용하여 부호화한다. 1비트일 경우 신호 레벨이 양(+)과 음(-) 신호 레벨이 바뀌면서 사용되므로 평균전압은 0이 된다. 다음 그림 5.8은 AMI 부호화를 나타낸 것이다.

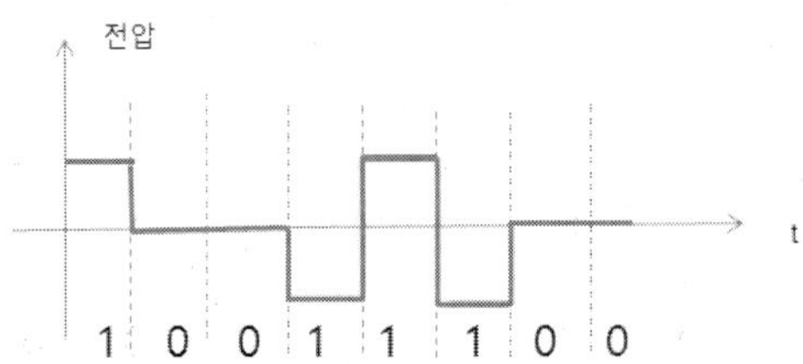

그림 5.8 AMI 부호화의 예

그러나 0비트가 연속적으로 발생할 경우에는 신호 레벨이 계속적으로 0이 되므로 신호 레벨 천이가 발생하지 않고, 결과적으로 신호 동기를 위한 타이밍 맞추기가 어려워진다. 이러한 단점을 극복하기 위해서 0이 연속적으로 나올 경우에는 의도적으로 신호 레벨 천이를 만들어서 부호화하는데, 이와 같은 처리를 스크램블링(scrambling)이라 한다. B8ZS 나 HDB3 등이 AMI 부호화에 스크램블링을 적용하여 만들어진 방법이다.

예제 5.5 AMI에서 동기를 잃어버리는 경우는 언제 발생하는가?

풀이 동일 신호 레벨이 계속될 때 동기 문제가 발생하는데, 1이 있으면 신호 레벨 천이가 발생하기 때문에 동기 문제가 발생하지 않으나 0이 반복적으로 발생하는 경우에 신호 레벨 천이가 없어서 동기를 잃어버리는 경우가 발생한다.

2) B8ZS

AMI 부호화 방식에 동기 문제를 해결하기 위하여 0이 연속 8번 발생하는 부분을 스크램블링하여 다음 그림 5.9와 같이 변환하는 방식을 B8ZS라고 한다.

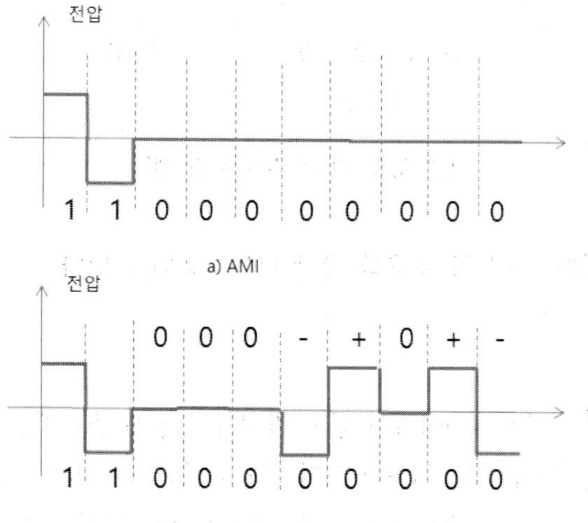

b) B8ZS

그림 5.9 B8ZS 부호화의 예

그림 5.9에서와 같이 B8ZS 부호화 방식은 AMI 부호화에서 0이 연속 8번 발생하는 부분을 000−+0+−로 변환하는 것을 말한다. 이 경우는 0이 연속적으로 8번 발생하기 이전에 마지막 1비트의 신호 레벨이 -일 때인데, 만약에 이전 마지막 1비트의 신호 레벨이 +이면 000+−0−+로 치환된다. 그런데 AMI에서는 1비트의 경우에는 +, − 레벨이 교차하면서 부호화되는 규칙을 사용한다. 따라서 스크램블링 된 부분의 부호화는 이러한 규칙을 위반하여 부호화되었음을 알 수 있다. 이는 이 부분이 원 데이터와는 달리 스크램블링 된 부분임을 나타내기 위해서 규칙 위반(violation)을 이용한 것이다. 예를 들어 앞의 그림과 동일한 1100000000 이지만 1비트의 신호 레벨이 다를 경우는 다음 그림 5.10과 같이 변환된다.

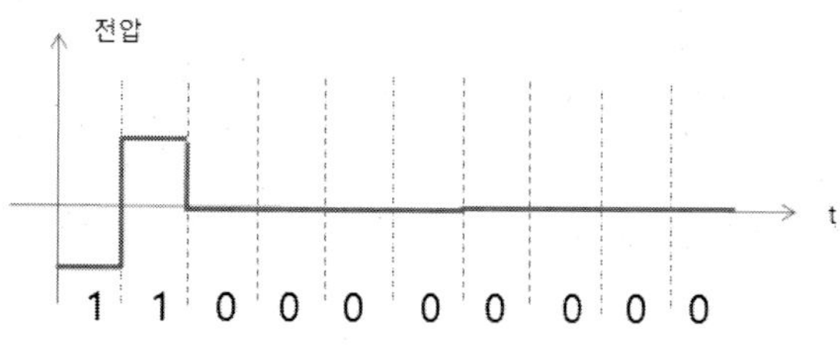

a) AMI

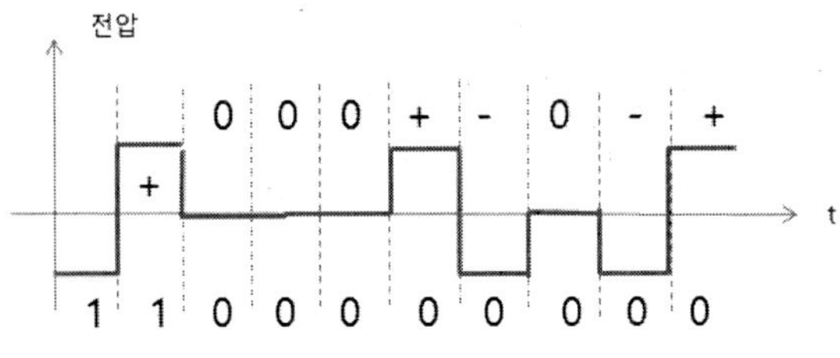

b) B8ZS

그림 5.10 B8ZS 부호화의 예2

B8ZS는 북미의 T1 인터페이스에서의 부호화 방안으로 사용되고 있다.

3) HDB3

B8ZS 방식과 비슷하게 AMI 방식에 0이 4번 연속 발생할 경우에 스크램블링을 하는 부호화 방법으로 유럽에서 주로 사용되고 있다. 0이 연속 4번 발생하면 이전에 변환한 지점부터 1이 홀수 번 발생했을 때는 +0000은 +000+로 -0000은 -000-로 부호화한다. 만약 1의 발생 회수가 짝수 개라면 +0000은 +-00-로 -0000은 -+00+로 변환된다. 이를 그림으로 나타내면 다음 그림 5.11, 그림 5.12와 같다.

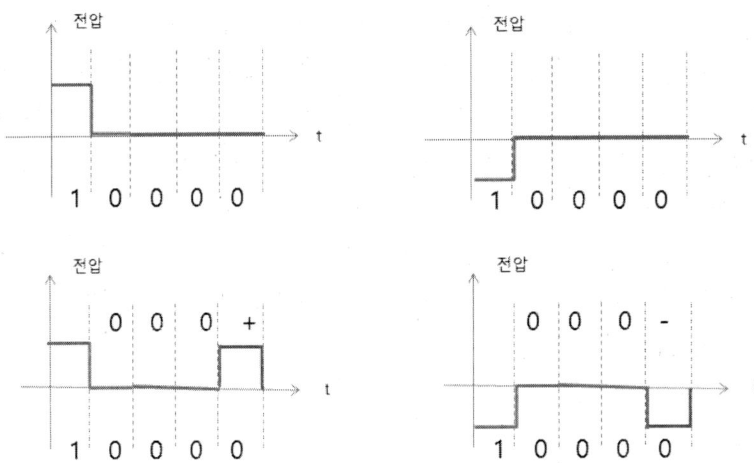

a) HDB3(앞에 1이 + 레벨일 때) b) HDB3(앞에 1이 -레벨일 때)

그림 5.11 이전 스크램블링 이후 1의 개수가 홀수일 때 HDB3

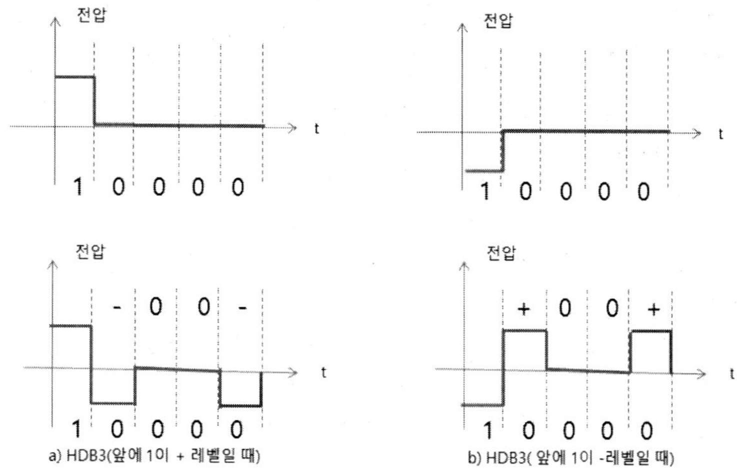

그림 5.12 이전 스크램블링 이후 1의 개수가 짝수일 때 HDB3

HDB3 부호화 방법은 유럽에서 사용되는 디지털 네트워크 인터페이스인 E1에서 사용되고 있다.

04 | mB/nB 블록 코드형

m개의 비트로 이루어진 원(original) 블록을 n개의 비트로 구성된 다른 블록으로 부호화하는 방식으로 4B/5B, 8B/10B, 64B/66B, 1024B/1027B 등이 이에 속한다. 이때 직류 성분을 없애기 위해서 0비트와 1비트의 개수를 비슷하게 블록에 포함시키며, 비트의 동기를 잃지 않도록 하기 위해서 가급적이면 동일한 비트가 연속적으로 배치되는 것을 최소화 하도록 블록을 만든다. 4B/5B는 4비트 데이터블록을 5비트 코드블록으로 부호화하는 것으로, 코드변환 표는 다음 표 5.1과 같다.

표 5.1 4B/5B 코드변환

데이터 블록(4비트)	코드 블록(5비트)	데이터 블록(4비트)	코드 블록(5비트)
0000	11110	1000	10010
0001	01001	1001	10011
0010	10100	1010	10110
0011	10101	1011	10111
0100	01010	1100	11010
0101	01011	1101	11011
0110	01110	1110	11100
0111	01111	1111	11101

4B/5B 부호화는 FDDI, 100BASE-FX 등의 LAN 프로토콜에서 사용되고 있다. 이와 유사한 방법으로 8B/10B도 8비트의 블록을 10비트의 코드 블록으로 나타낸다. 이 방식은 기가비트 이더넷, USB3.0 등에서 사용된다. 한편 64B/66B 부호화는 10G 이더넷 프로토콜에서, 1024B/1027B는 100G 이더넷 프로토콜에서 사용된다.

예제 5.6 4B/5B 블록 코드 부호화에서 더 큰 블록으로 바꾸는 이유는 무엇인가?

풀이 원 4비트 신호는 동일한 레벨이 연속되는 경우가 있다. 그렇게 되면 직류 성분이 생길 수 있고, 신호 레벨의 천이가 없어서 동기 문제가 발생할 수 있다. 따라서 0과 1을 적절히 섞어서 약간 더 큰 새로운 블록으로 부호화하는 것이다.

05 | CSU/DSU

디지털 신호를 디지털 네트워크로 전달할 때 회선종단장치(Data Circuit- terminating Equipment : DCE)를 사용한다. 컴퓨터를 전화망에 접속할 때는 디지털 신호를 아날로그 신호로 변환하는 장치인 모뎀을 이용하는 것처럼, 라우터와 같은 DTE 장비를 디지털 광역 통신망에 접속하기 위해서는 신호 변환 장비인 CSU나 DSU를 사용해야 한다. DSU(Data Service Unit)는 DS0와 같은 단일 채널에 대한 신호 변환 장비인데 반해, CSU(Channel Serive Unit)는 다수의 채널을 다중화하여 전송하는 장치이다. 그러므로 CSU는 다수의 채널이 다중화되는 회선에 접속할 때 사용되며, 전송 용량이 DSU보다 다중화된 만큼 크며, 결과적으로 다수의 채널을 동시에 전송할 수 있다는 장점이 있다.

예제 5.7 컴퓨터를 T1 인터페이스를 이용하여 디지털망에 접속하려고 한다. 이때 어떤 신호 변환 장치를 이용해야 하나?

풀이 T1은 64kbps 채널 24개를 다중화하는 인터페이스이므로 CSU 장치를 이용해야 한다.

5.2 디지털 - 아날로그 신호 변환

신호를 디지털 신호로 변환하는 것을 부호화(encoding)라 하는데 비해, 아날로그 신호로 변환하는 것은 일반적으로 **변조**(modulation)한다고 한다. 네트워크가 아날로그 신호를 전파하는 경우, 이 네트워크를 이용하는 터미널이 디지털 방식일 때에 디지털 신호를 아날로그 신호로 변조하는 장치가 요구된다. 수신 측에서는 이와 반대로 아날로그 신호를 원 디지털 신호로 **복조(demodulation)**해야 한다. 변조와 복조를 하는 장비를 변조기(modulator)와 복조기(demodulator) 명칭으로부터 만들어진 용어인 **모뎀(modem)**이라 한다. 변조 방식은 신호의 3요소인 진폭, 주파수, 위상 등을 이용한다. 변조 방식에 따라 **진폭 편이 변조(Amplitude Shift Keying : ASK)**, **주파수 편이 변조(Frequency Shift Keying : FSK)**, **위상 편이 변조(Phase Shift Keying : PSK)**, **구상 진폭 변조(Quadrature Amplitude Modulation : QAM)** 등으로 나뉜다.

01 | 진폭 편이 변조(ASK)

진폭 편이 변조 방식은 이진 데이터의 0과 1비트에 대하여 **반송파(carrier wave)**의 진폭 크기를 대응시키는 방식을 이용한다. 반송파의 주파수나 위상 요소는 동일한 값을 갖는다. 2개의 서로 다른 진폭에 0과 1을 대응시키면 파형은 다음 그림 5.13과 같다.

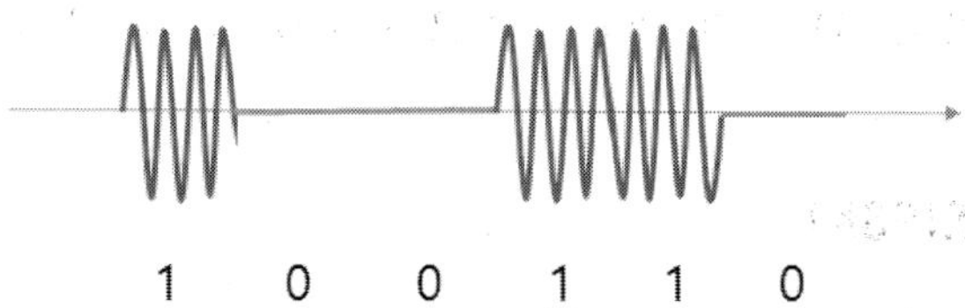

그림 5.13 진폭 편이 변조(ASK) 신호 파형

수신 측에서는 수신된 신호의 진폭을 감지함으로써 0과 1 이진 데이터를 인식할 수 있다. 이와 같이 2가지 진폭을 비트 값에 대응시키는 방식을 **2진(binary) ASK**라 한다. 만약 4가지의 서로 다른 진폭을 대응시킬 수 있다면 각 진폭 값에 00, 01, 10, 11 등의 비트 값을 대응시킬 수 있으므로 한 진폭 값으로 두 비트가 표현될 수 있다.

2진 ASK의 신호율와 대역폭의 관계는 다음 식으로 표현된다.

$$B = (1+d)*S,\ B\text{는 대역폭},\ S\text{는 신호율},\ 0 \le d \le 1$$

식으로부터 대역폭은 신호율에 비례하며, 값은 S와 2S 사이의 값임을 알 수 있다.

예제 5.8 ASK 신호가 100kHz에서 300kHz 사이의 200kHz 대역폭을 사용할 때 중심 주파수는 얼마인가?

풀이 아날로그 신호는 가운데에 중심 주파수가 위치하고 그 주변에 분포함으로 중심주파수는 대역폭의 중심인 200kHz이다.

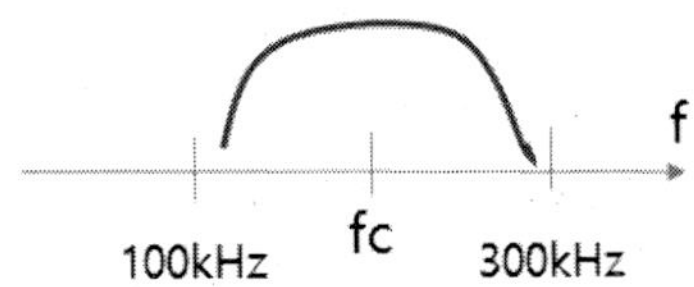

그림 5.14 예제 5.8 중심주파수

예제 5.9 앞의 예제에서 전이중 방식으로 2진 ASK로 전송한다고 하면 양 방향에 대한 ASK 신호의 중심주파수는 얼마인가? 또 각 방향에 대한 최고 전송률은 얼마인가?

풀이 200kHz 대역폭은 각 방향마다 대역폭이 100kHz가 되고, 중심주파수는 가운데 위치하므로, 각각 150Hz, 250kHz가 된다. 또 최고 전송률은 d=0일 때 B=S이므로 100kbps이다.

02 | 주파수 편이 변조(FSK)

이진 데이터의 0과 1을 아날로그 신호의 주파수에 대응하여 변조하는 방식을 주파수 편이 변조라고 한다. 다음 그림 5.15는 1과 0을 각기 다른 주파수 값에 대응시켜서 나타낸 신호파형이다.

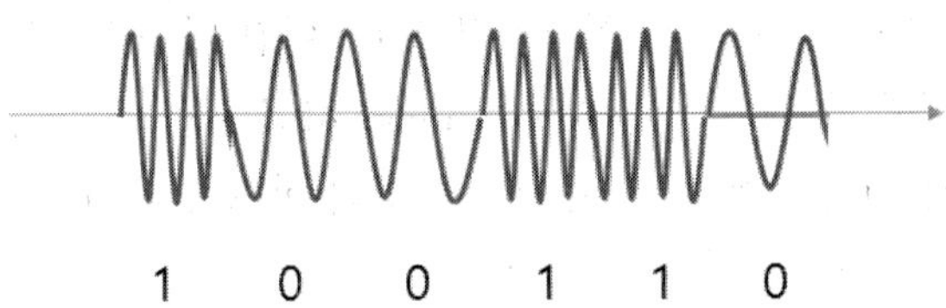

그림 5.15 주파수 편이 변조(FSK) 신호 파형

수신 측에서는 수신된 신호의 주파수 값을 알아냄으로써 0과 1 이진 데이터를 인식한다. 신호의 진폭과 위상에는 변화가 없다.

0과 1에 대응되는 중심 주파수가 f_1, f_2라고 하면, f_1과 f_2의 차이를 $\triangle_f$라 한다.
주파수 편이 변조 방식에서 대역폭과 신호율의 관계는 다음 식과 같다.

$$B = (1+d) * S + 2\triangle_f$$, B는 대역폭, S는 신호율, $0 \le d \le 1$

$2\Delta_f$의 최소 값은 S이다. 그리고 d = 0이면 B = 2S이고 주어진 대역폭에 최고 신호율을 얻을 수 있다. 2진 FSK에서는 신호율이 전송률과 동일하므로 이때가 최고 전송률을 얻는 경우이다.

03 | 위상 편이 변조(PSK)

이진 데이터의 0과 1을 사인 신호의 위상에 대응하여 변조하는 방식을 위상 편이 변조라고 한다. 1은 위상이 0인 사인파를 0은 위상이 π인 사인파를 이용한 예를 그림으로 나타내면 다음 그림 5.16과 같다.

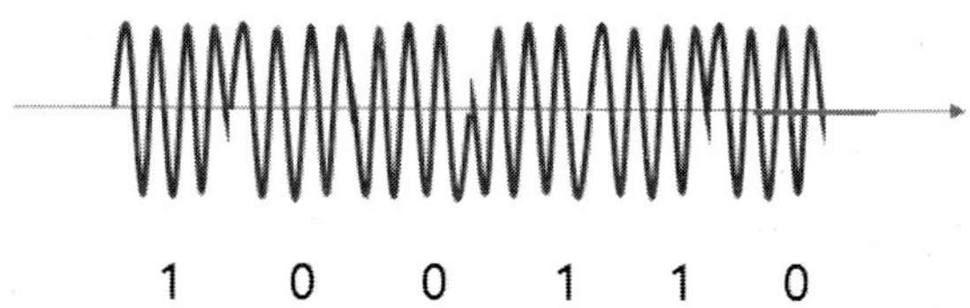

그림 5.16 위상 편이 변조(PSK) 신호 파형

이진 비트에 대응되는 신호를 식으로 나타내면 다음과 같다.

1 : $A\sin(2\pi ft)$

0 : $A\sin(2\pi ft + \pi)$

2진 PSK 대역폭과 신호율 사이의 관계는 2진 ASK와 같이 B=(1+d)*S이다. 그림 5.16에서 서로 다른 두 위상을 이용하여 이진 데이터를 변조하는 그림을 살펴보았다. 위상 편이 변조에서 위상의 개수를 늘려서 보다 많은 이진 데이터를 전달하는 방식을 생각해 볼 수 있다. 예를 들어 0, π/2, π, 3π/2 등의 4개의 위상을 이용하게 되면 한 위상 값에 두 비트를 대응할 수 있다. 이를 **QPSK(Quadrature PSK)**라 한다. 이를 표로 나타내면 다음 표 5.2와 같다.

표 5.2 QPSK의 4가지 위상과 대응 코드

위상	대응 코드
π /4	00
3π /4	01
5π /4	10
7π /4	11

QPSK는 한 신호 요소에 한 비트가 대응되는 2가지 위상을 이용하는 방식에 비해서 한 신호 요소에 두 비트가 대응됨으로써 전송률이 2배가 되는 것을 알 수 있다. 즉 동일한 신호율에 대하여 전송률이 2배가 된다.

예제 5.10 10Mbps 전송률을 갖는 QPSK 신호의 최소 대역폭을 구하시오.

풀이 B=(1+d)*S에서 동일한 신호율 S에 대한 최소 대역폭은 d=0일 때 B=S이다. QPSK에서는 한 신호에 2비트가 대응되므로 전송률 = 2S이다. 따라서 전송률 = 2B이므로 B = 전송률/2 이고, B = 10M/2 = 5MHz이다.

04 | 구상 편이 변조(QAM)

구상 편이 변조는 진폭 변조와 위상 변조가 혼합된 형태의 변조 방식이다. 4가지 서로 다른 위상을 이용하는 PSK의 신호 요소에 두 가지 서로 다른 진폭 값을 대응시키면 8가지의 서로 다른 형태의 신호 요소가 가능하다. 즉, 한 신호 요소에 3비트 값을 대응할 수 있다. 이를 표로 나타내면 다음 표 5.3과 같다.

표 5.3 8-QAM 예

진폭, 위상	대응 코드	진폭, 위상	대응 코드
1, 0	000	2, $\pi/4$	001
1, $\pi/2$	010	2, $\pi/2$	011
1, π	100	2, π	101
1, $3\pi/2$	110	2, $3\pi/2$	111

구상 편이 변조를 이용하면 ASK나 PSK 보다 더 많은 신호 요소를 나타낼 수 있기 때문에 효과적이다. 그러나 진폭, 위상의 가지 수가 많아지면 그들 간의 간격이 줄어들고 결과적으로 오류 발생 가능성이 높아진다. 따라서 높은 전송률을 얻기 위해서는 보다 정교한 송수신 회로가 요구되며, 전송매체의 특성에 따라 최고 전송률이 제한된다. 다음 그림 5.17은 2개의 진폭과 8개의 위상을 조합하여 구성한 16-QAM 방식의 위상각과 진폭 특성을 2차원 평면에 나타낸 것이다.

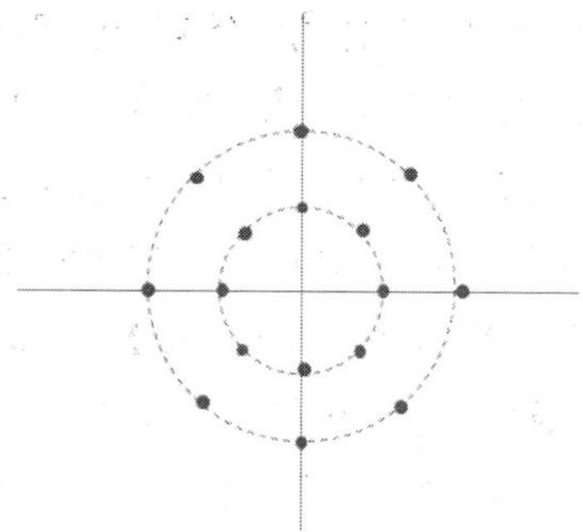

그림 5.17 16-QAM의 진폭과 위상

신호율에 대한 전송률을 고려해 보면 8-QAM은 앞의 표에서 알 수 있듯이 한 신호 요소에 대하여 3비트가 대응되므로 신호율에 비해 3배의 전송률을 얻을 수 있다. 동일한 이유로 16-QAM에서는 한 신호 요소에 4비트가 대응되므로 신호율이 N이라면 전송률은 4N이다.

예제 5.11 8가지의 서로 다른 위상각을 이용하고 4가지 서로 다른 진폭을 이용하는 QAM 변조에서 전송률/신호율 비는 얼마인가?

풀이 8 위상각과 4 진폭을 조합하면 총 32가지의 신호 요소가 가능하다. 따라서 대응시킬 수 있는 비트의 개수는 $\log_2(8*4)$ = 5이다. 그러므로 전송률/신호율(보오율) = 5이다.

5.3 아날로그 - 디지털 신호 변환

사람의 음성은 아날로그 신호인데 이를 디지털 네트워크를 통해서 전달한다면 음성은 디지털 신호로 변환되어야 한다. 대표적으로 사용하는 방식은 **펄스 코드 변조**(PCM : Pulse Code Modulation)와 **델타 변조**(DM : Delta Modulation)가 있다.

01 | 펄스 코드 변조(PCM)

PCM 방식에서는 원래 아날로그 신호의 진폭 값을 주기적으로 **표본화**(sampling)하고 이 값에 가까운 근사 값으로 **양자화**(quantization)한 후 약속된 코드 값으로 **부호화**(coding)시키는 처리 과정을 거친다.

표본화를 할 때 표본화율을 적절히 해야만 수신 측에서 디지털 신호를 다시 아날로그 신호로 변환할 수 있다. 만약 너무 간헐적으로 표본화 한다면 아날로그 신호의 진폭 정보가 충실히 전달될 수 없을 것이며, 너무 자주 표본화 한다면 필요 이상으로 디지털 데이터 양이 많아지고 구현도 어려워진다. 아날로그 신호의 최고 주파수의 2배로 표본화하면 신호 복원을 위해서 충분하다는 것이 나이퀴스트의 연구로 알려져 있다. 이를 **나이퀴스트 율(Nyquist rate)**이라고 한다. 예를 들어서 사람의 음성을 샘플링 한다고 가정하면 사람의 음성은 주파수범위가 대략 300에서 3300Hz 정도이다. 보통은 약간의 여유분을 두어서 약 4KHz 이하라고 생각하기 때문에 초당 8000번의 샘플링이 고려된다.

샘플링된 값에 대응된 펄스 신호를 PAM(Pulse Amplitude Modulation) 신호라고 한다. PCM 방식의 표본화와 PAM 신호의 형태를 그림으로 나타내면 다음 그림 5.18과 같다.

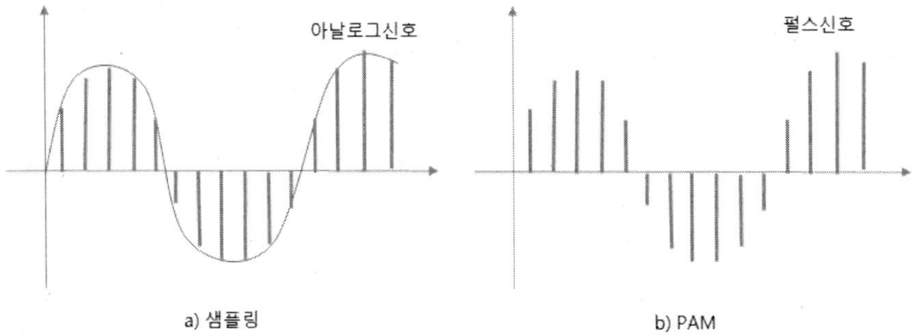

그림 5.18 샘플링과 PAM

PAM 신호는 다음 단계에서 미리 정해진 개수의 신호 등급 값에 양자화 된다. 다음 그림 5.19는 양자화를 통해서 펄스 열이 생성되는 것을 보여준다.

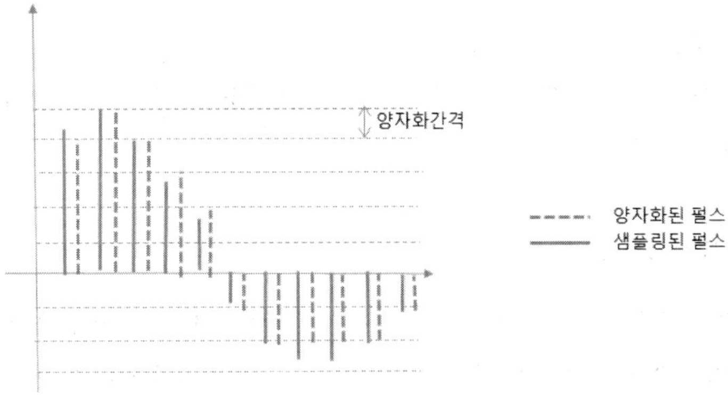

그림 5.19 양자화 신호 생성

등급의 개수가 많을수록 등급 간의 간격이 좁아지고 따라서 양자화에 따른 오차는 줄어들 것이다. 또한 등급의 개수가 많으면 이를 2진수로 부호화하기 위해서는 더 많은 비트가 요구된다. 아날로그 신호가 갖는 실수 값을 디지털을 표현하는 이산 값으로 바꾸는 과정에서 나타내는 **양자화 오류**(quantization error)는 불가피한 것이다. 양자화 오류를 줄이기 위해서 **비선형 양자화**(non-liner quantization)를 이용하기도 한다. 비선형 양자화에서는 신호의 진폭 값이 자주 샘플링 되는 범위에서는 등급 간격을 좁히고 간헐적으로 샘플링되는 진폭 범위에서는 등급간격을 넓히는 방식을 이용한다.

전체적으로 신호가 낮은 진폭 성분이 많고 높은 진폭 성분이 적다면, 다음 그림 5.20과 같은 비선형 진폭을 이용하는 것이 양자화 등급의 개수를 줄이고 결과적으로 이진 데이터의 양을 줄이는 방법이다. 양자화 간격을 크게 하면 양자화에 따른 오류의 크기가 커지지만 양자화를 위한 등급의 개수는 줄어든다. 양자화 오류가 커지지만 일반적으로 높은 진폭 성분이 상대적으로 발생빈도가 낮은 경우에는 크게 문제가 되지 않는다. 주로 신호가 분포하는 낮은 진폭 성분을 위한 등급의 양자화 간격은 좁기 때문에 전체적인 양자화 오류는 크지 않다.

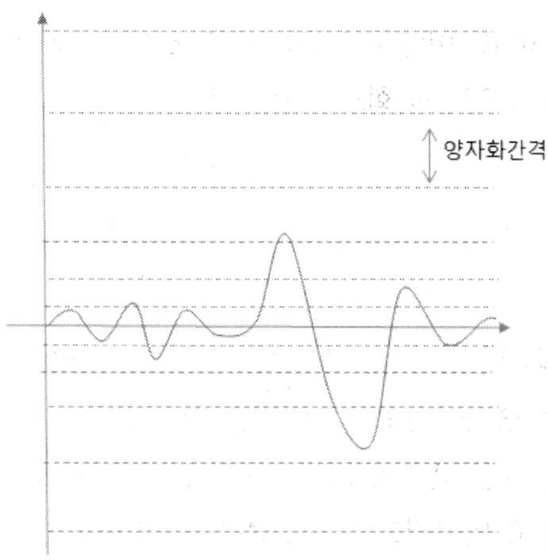

그림 5.20 비선형 양자화

양자화의 다음 단계는 부호화이다. 부호화에서는 양자화 등급을 이진수로 대응시키는 것을 의미한다. 만약 양자화 등급의 개수가 64라면 부호화에 필요한 비트수는 6비트가 된다. 즉 각 양자화 등급에 -32에서 31까지의 값을 대응시켜서 부호화할 수도 있고, 0에서 63까지의 값으로 대응시킬 수도 있다.

예제 5.12 사람의 음성을 PCM 방식으로 변조한다고 가정한다. 요구되는 샘플링률은 얼마인가? 또, 양자화 등급의 개수가 128개라 가정할 때 부호화된 데이터의 전송률은 얼마인지 계산하라.

풀이 샘플링률은 4KHz * 2 = 8000 Hz이다. 양자화 등급의 개수가 128이면 부호화에 요구되는 비트수는 7비트이므로 8000 * 7 = 56Kbps 전송률로 데이터 전송이 이루어져야 한다.

예제 5.13 만약 가능한 전송률이 64kbps라 가정할 때 음성을 PCM 방식으로 변환하면 양자화 등급의 개수는 몇 개가 가능한지 계산하라. 음성의 대역폭은 4KHz로 가정한다.

풀이 샘플링률은 4KHz * 2 = 8000 Hz이다. 양자화 등급의 개수가 L이면 부호화에 요구되는 비트 수는 $\log_2 L$ 비트이므로 8000 * $\log_2 L$ = 64Kbps로 데이터 전송이 이루어져야 한다. 따라서 $\log_2 L$ = 8이고 L = 256이다.

수신 측에서는 송신 측에서 처리한 과정의 역순으로 처리가 이루어진다. 수신된 2진 비트열을 부호화된 비트 값으로 나누어 인식하고, 이에 대응되는 펄스 신호를 만든다. 재생된 펄스 신호를 저주파 대역 통과 필터(LPF : Low Pass Filter) 회로에 통과시키면 원래 아날로그 신호와 유사한 신호를 재생할 수 있다.

02 | 델타 변조

델타(delta) 변조는 기준 신호와 변조될 아날로그 신호의 크기를 비교하여 기준 신호가 더 작으면 정해진 크기(δ) 만큼 기준 신호를 증가시키고, 만약 기준 신호가 더 크면 정해진 크기만큼 기준 신호를 감소시킨다. 이렇게 함으로써 기준 신호의 크기가 아날로그 신호에 가까워지도록 한다. 이와 같은 처리를 정해진 시간 간격을 두고 연속적으로 수행한다. 이때 정해진 크기만큼 증가될 경우에는 1을 감소될 경우에는 0의 이진 값으로 코딩하는 방식을 델타 변조라 한다. 다음 그림 5.21은 델타 변조의 예를 보여준다.

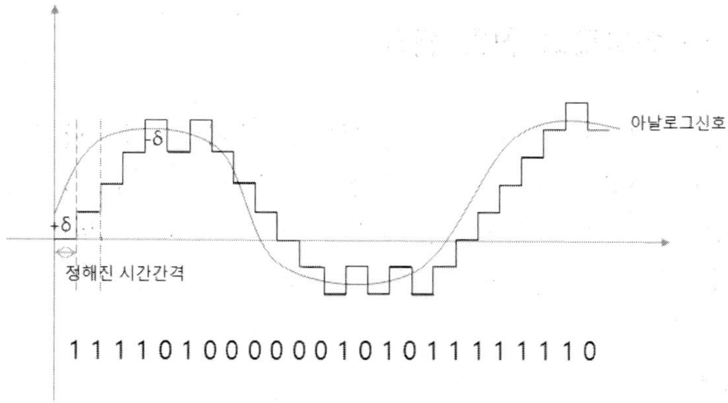

그림 5.21 델타 변조의 예

앞의 그림 5.21에서 아날로그 신호가 급격히 변화하는 경우에는 델타 변조 신호가 빨리 따라가지 못하고, 그 결과 아날로그 신호와의 차이가 커지게 된다. 이렇게 되면 변조 신호의 오류 정도가 커지기 때문에 바람직하지 않다. 이 문제를 해결하기 위해서는 델타 변조에서 증가 감소 값(δ)을 증가시키면 보다 빠른 신호 추격이 가능하다. 그러나 아날로그 신호의 변화가 적은 구간에서는 증가와 감소가 번갈아서 발생하는데 이때 양자화 오류가 커지는 단점이 있다. 또 다른 해결책으로는 증가감소 처리 사이의 시간 간격을 줄이는 방법이 있다. 이렇게 되면 더 자주 증가감소가 발생하므로 빠른 변화에 잘 적응할 수 있다. 다만 코딩되는 비트 율이 증가감소 처리율에 비례해서 커지는 단점이 있다.

예제 5.14 **델타 변조를 사용하는 경우, 초당 100000번 아날로그 신호와 비교를 통해서 다음 비트 값을 결정한다고 하면 전송률은 얼마가 되어야 하나?**

풀이 한 번의 비교를 통해서 한 비트가 결정되므로 초당 100000 비트가 된다. 따라서 전송률은 100Kbps이다.

예제 5.15 **아날로그 신호가 상수 값을 계속 갖는다고 가정할 때, 델타 변조에서 증가 감소의 폭이 a라고 하면 양자화에 따른 오류의 평균 값이 얼마에 수렴하는지 계산하라.**

풀이 처음에 기준 신호 값과 아날로그 신호 값이 차이가 있을 때에는 0이나 1이 연속적으로 생성되지만, 델타 변조를 위한 기준 신호 값이 상수 값에 가까워지고 나면 계속적으로 0과 1이 반복된다. 따라서 이때의 양자화 오류 평균값은 a/2가 된다. 상수 값을 갖는 기간이 길어질수록 평균 양자화 오류 값은 a/2에 가까워지지만 이보다 더 작아지지는 않는다.

5.4 아날로그 - 아날로그 신호 변환

아날로그 신호를 아날로그 신호로 변환하는 방식은 라디오 방송에서 흔히 접할 수 있다. 즉 아나운서의 음성이나 음악 신호는 아날로그이다. 이를 각 가정으로 전달하기 위해서 방송국에서는 높은 주파수의 반송파에 아날로그 신호를 변조하여 안테나를 이용하여 송출한다. 아날로그 신호를 진폭, 주파수, 위상 등 3가지 요소에 각각 실어서 신호를 변환한다.

01 | 진폭 변조(AM)

진폭 변조(Amplitude Modulation : AM)는 전달하고자하는 아날로그 메시지 신호가 $m(t) = \sin(2\pi ft)$, f=1KHz이라고 할 때, 주파수가 10배 높은 반송파 $5\cos(2\pi*10^4*t)$의 진폭에 m(t)를 변조하고자 할 때는 두 신호를 곱하여 전송한다. 그러면 전송되는 신호는 $X_{AM}(t) = (\sin(2\pi*10^3*t)+2)*\cos(2\pi*10^4*t)$가 되며, 그래프를 그리면 다음과 같이 그림 5.22와 같다.

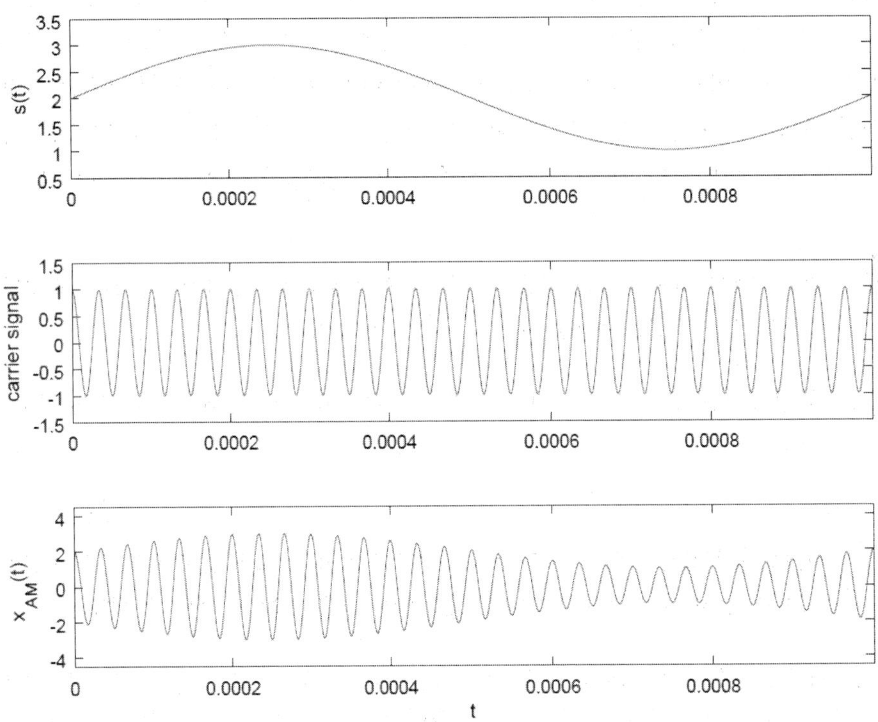

그림 5.22 진폭 변조 신호

앞의 그림 5.22에서 보면 메시지 신호의 파형의 모양에 따라 반송파의 진폭이 변함을 알 수 있다. 수신측에서 저주파 대역통과 필터를 이용하여 원 메시지 신호 s(t)를 재생할 수 있다.

02 | 주파수 변조(FM)

주파수 변조(Frequency Modulation : FM)는 전달하고자 하는 아날로그 신호 m(t)를 반송파의 주파수에 변조시키는 방식을 의미한다. 메시지 신호를 s(t)라고 하고 반송파 신호를 $\cos(2\pi f_c t)$라고 하면 주파수 변조된 신호의 식은 다음과 같이 나타낼 수 있다.

$\cos(2\pi f_c t+ \phi(t))$에서 $d\phi(t)/dt = K_f * s(t)$, K_f는 주파수 변조 지수

메시지 신호가 $s(t)=\sin(2\pi ft)$, f=10MHz라고 가정했을 때 주파수 변조와 위상 변조 신호파형을 다음 그림 5.23에 나타내었다.

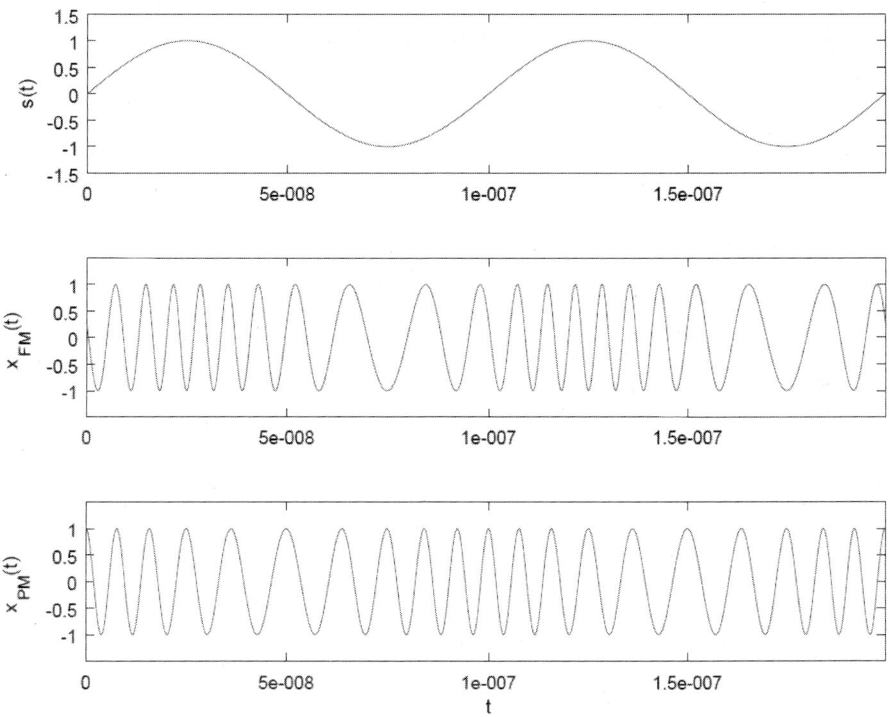

그림 5.23 주파수 변조(FM)와 위상 변조(PM) 신호파형의 예

주파수 변조의 대표적인 예로는 FM 라디오 방송과 TV 방송 등이 있다. 각 방송국에 할당된 주파수로 아날로그 방송 신호를 주파수 변조하여 송출한다. 수신자들은 라디오나 TV 수신기를 이용하여 해당되는 방송 주파수 대역만을 통과시키는 BPF(Band Pass Filter) 회로를 이용하여 해당 방송국의 신호를 걸러내어 재생한다.

03 | 위상 변조

위상 변조(Phase Modulation : PM)의 경우는 아날로그 메시지 신호를 반송파 신호의 위상에 변조시키는 방법이다. 따라서 s(t)는 메시지 신호이고 주파수가 f_c인 반송파 신호가 $\cos(2\pi f_c t)$라고 한다면, 위상 변조된 신호는 다음 식과 같다.

$$\cos(2\pi f_c t + K_p * s(t)),\ K_p\text{는 위상 변조 지수}$$

위상 변조된 신호 파형은 앞의 그림 5.23에 나타내었다. 주파수 변조와 위상 변조 모두 반송파의 각(angle)에 포함되기 때문에 **각 변조**(angle modulation)라고도 한다.

05 연습문제

1. 컴퓨터를 전화망에 접속할 때 요구되는 신호 변환은 다음 중 무엇인가?

① 아날로그 신호를 디지털 신호로
② 아날로그 신호를 아날로그 신호로
③ 디지털 신호를 디지털 신호로
④ 디지털 신호를 아날로그 신호로

2. 다음 중 디지털 신호를 디지털 신호로 신호 변환하는 장치로 채널 다중화 기능이 있는 것은 무엇인가?

① 모뎀　② CSU　③ DSU　④ PCM

3. 다음 중 맨체스터 코딩의 장점이 아닌 것은 무엇인가?

① 신호에 직류 성분이 없다.
② 자기 클럭킹(self clocking)으로 동기화한다.
③ 부호화 자체로 오류 검출이 가능하다.
④ 작은 대역폭을 요구한다.

4. 맨체스터 코딩에서 신호 레벨의 변화가 가장 많을 때의 비트 열은 다음 중 무엇인가?

① 10101010　② 01010101　③ 11111111　④ 00001111

5. 다음 중 차등(differential) 부호화의 장점으로 올바른 것은 무엇인가?

① 요구하는 대역폭이 작다.
② 신호의 극성에 관계없이 데이터 전송이 가능하다.
③ 동기화에 장점이 있다.
④ 신호에 직류 성분이 없다.

6. 다음 중 스크램블링(scrambling)을 이용하는 것은 무엇인가?

① HDB3　② NRZ-I　③ AMI　④ 맨체스터 코딩

7. 다음 중 E1 인터페이스에서 사용하는 부호화 방법은 무엇인가?

① HDB3　　② NRZ-I

③ AMI　　④ 맨체스터 코딩

8. 이더넷 LAN에서 사용되는 부호화는 무엇인가?

① HDB3　　② NRZ-I

③ AMI　　④ 맨체스터 코딩

9. 라디오 AM이나 FM 방송을 위한 신호 변환은 다음 중 어디에 속하는가?

① 아날로그 신호를 디지털 신호로

② 아날로그 신호를 아날로그 신호로

③ 디지털 신호를 디지털 신호로

④ 디지털 신호를 아날로그 신호로

10. 다음 중에서 위상에 데이터를 포함시키는 변조 방식은 무엇인가?

① AM　　② FM

③ PM　　④ QM

11. 다음 중에서 아날로그 신호를 디지털 신호로 부호화하는 방식을 모두 골라라.

① PCM　　② QPSK

③ FSK　　④ ASK

12. PCM 변조 방식의 처리 순서로 맞는 것은 무엇인가?

① 표본화 - 양자화 - 부호화　　② 양자화 - 표본화 - 부호화

③ 부호화 - 표본화 - 양자화　　④ 표본화 - 부호화 - 양자화

13. PCM 방식에서 신호의 최고주파수 값이 3KHz라고 한다면, 표본화(sampling)를 위해 요구되는 표본율은 얼마인가?

① 3K 표본/초　　② 6K 표본/초

③ 9K 표본/초　　④ 12K 표본/초

14. PCM에서 사람의 음성 최고주파수를 4KHz라 가정하고 전송률은 64Kbps가 되도록 하려고 한다. 이때 한 표본 값에 대한 양자화 등급은 몇 개가 되어야 하는가?

① 64 등급 ② 128 등급
③ 256 등급 ④ 512 등급

15. 2진 ASK를 이용할 때 한 진폭 값으로 나타낼 수 있는 비트의 개수는 몇 개인가?

① 1비트 ② 2비트 ③ 3비트 ④ 4비트

16. 서로 다른 2개의 진폭과 8개의 위상을 이용하는 QAM 방식을 이용하여 디지털 데이터를 아날로그 신호로 나타낸다. 이때 비트율/신호율은 얼마인가?

① 1 ② 2 ③ 3 ④ 4

17. 다음 중에서 디지털 데이터를 아날로그 신호로 변조하는 것이 아닌 것은 무엇인가?

① ASK ② FSK ③ QAM ④ DM

18. 10Mbps 전송률을 갖는 QPSK 신호의 최대 대역폭은 얼마인가?

① 1 MHz ② 2.5 MHz
③ 5 MHz ④ 7.5 MHz

19. PCM 방식에 비해 델타 변조의 장점은 다음 중 무엇인가?

① 단순하여 구현이 용이하다.
② 양자화 오류가 더 작다.
③ 더 정교한 신호 재생이 가능하다.
④ 높은 주파수 신호 부호화에 더 적합하다.

20. 다음 설명 중 델타 변조와 무관한 것은 무엇인가?

① 기준 신호와 입력 신호를 비교하여 정해진 값만큼 보정하는 처리를 반복한다.
② 정해진 시간마다 증가 또는 감소에 따라 1과 0비트 값으로 부호화된다.
③ 입력 아날로그 신호의 변화가 급격하면 오류가 커진다.
④ 표본화율(sampling rate)을 신호의 최고주파수의 2배로 해야 한다.

21. 8개의 서로 다른 주파수를 이용하는 FSK 방식에서 신호율이 1000 보오(baud)일 때 전송률(bps)는 얼마인가?

① 1000 bps ② 2000 bps ③ 3000 bps ④ 4000 bps

22. 전화 회선은 4KHz의 대역폭을 갖는다. PSK에서의 신호율(S)와 대역폭(B)의 관계는 B = (1+d) * S 식으로 표현된다. 만약 d = 0.5라 한다면 QPSK의 전송률은 얼마인가?

23. 아날로그 신호로 변조하여 전송할 때 반송파란 무엇이며, 왜 필요한가에 대하여 설명하라.

24. 비트열 11010011에 대하여 맨체스터 부호화와 AMI 부호화에 대한 신호를 그림으로 나타내어라.

25. AMI 부호화에서 스크램블링이 필요한 이유에 대하여 설명하라.

26. 사람의 음성 신호를 PCM 방식으로 부호화할 때 양자화 등급의 개수가 256개라면 필요한 전송률은 얼마인지 계산하라.

Chapter 06

전송 매체

Chapter 06

전송 매체

통신이 이루어지기 위해서는 두 장치 사이에 신호가 전달되어야 하며, 물리적으로 신호 전달을 담당하는 것이 전송매체(transmission media)이다. 일반적으로 신호는 전자기파 형태로 진공이나 공기를 통해서 전달되거나, 물리적인 도체를 이용하여 전파된다. 물리적인 도체를 이용하여 신호를 전달하는 매체를 **유도(guided) 매체**라 하고, 공기나 진공 상태에서 전자기파를 전달하는 매체를 **비유도**(unguided) 매체라 한다.

6.1 유도 매체

유도란 도체를 통해서 전자기파가 유도된다는 의미이며, 주로 사용되는 유도 매체는 **꼬인 쌍선**(twisted pair), **동축 케이블**(coexial cable), **광섬유**(optical fiber) **케이블** 등이다.

01 | 꼬인 쌍선

꼬인 쌍선(twisted pair) 케이블은 꼬인 구리선 한 쌍을 의미하는 것으로 오래 동안 전화망에서 음성 서비스를 위하여 주로 사용되었다. 흔히 집에서 사용하는 유선 전화기의 통신 회선이 이에 해당한다. 이 케이블을 그림으로 나타내면 다음 그림 6.1과 같다.

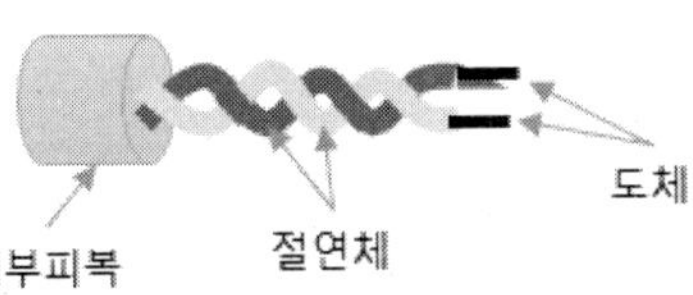

그림 6.1 꼬인 쌍선(twisted pair) 케이블

도체를 꽈놓은 것은 외부로부터의 전자기적인 간섭이 있을 때 그 영향을 두 도체에 고루 주어서, 두 도체 신호의 차이에 영향을 최소화하기 위한 것이다. 외부피복은 외부로부터 물리적인 충격으로부터

보호하기 위한 외피다. 최근에는 LAN의 100BASE-T, 기가비트 이더넷(gigabit ethernet) 등 고속 LAN에서 많이 사용된다. 또한 차폐 유무에 따라서 차폐된 것(shielded)과 차폐되지 않은 것(unshielded) 등의 2 종류로 나뉜다. 차폐된다는 의미는 케이블의 둘레를 금속성으로 둘러쌈으로써 외부로부터의 전자기적인 충격이나 잡음 등으로부터 보호하는 것을 말한다.

1) UTP

UTP(Unshielded Twisted Pair) 케이블은 오늘날 가장 흔히 사용되는 전송매체이다. UTP는 특성에 따라 몇 개의 범주로 나뉘어 표준화되어 있다. 다음 표 6.1은 UTP의 범주별 특성을 나타낸 것이다.

표 6.1 UTP 케이블 사양

범주(category)	최고 속도	최대 전송 거리	사용
cat. 1	1Mbps 미만	5-6Km	전화선에 사용
cat. 2	4 Mbps	5-6Km	T1, ISDN에 사용
cat. 3	10 Mbps	100m	10 Mpbs 이더넷에 사용
cat. 4	16 Mbps	100m	16Mbps 토큰링
cat. 5	100 Mbps	100m	고속 이더넷(fast ethernet)
cat. 5e	100MHz, 쌍당 250 Mbps	100m	고속 LAN
cat. 6	250MHz, 쌍당 250 Mbps	100m	기가비트 이더넷(gigabit ethernet)
cat. 6a	500MHz	100m	10GBASE-T
cat. 7	600MHz	100m	STP와 FTP 특성, 10GBASE-T

꼬인 쌍선이 아날로그 신호 전송에 사용되는 경우에는 5-6Km마다 증폭기가 요구된다. 또 디지털 신호 전송에서는 2-3Km마다 리피터가 필요하다. 다른 전송매체에 비해 대역폭이나 전자기장의 간섭 등에서 약점이 있다. 그러나 아주 가까운 거리에서는 10Gbps의 전송 속도도 가능하다.

UTP 케이블의 연결구로는 RJ-45가 사용된다. RJ-45 연결구에는 4쌍의 꼬인 쌍선이 연결된다. 응용에 따라서 이 4쌍들 중에서 일부나 전부가 사용된다. Cat.5 UTP에서는 이중에서 2쌍이 사용되며, 1, 2번 선이 송신을 담당하고 3, 6번 선이 수신을 담당한다. 4쌍의 선은 색깔이 서로 다르다. 다음 표 6.2는 UTP 케이블의 각 선의 번호와 색깔을 나타낸 것이다.

표 6.2 RJ-45 T568B 핀 번호와 색깔

선 번호	색깔
1	오렌지색에 흰색 줄무늬
2	오렌지색
3	녹색에 흰색 줄무늬
4	파란색
5	파란색에 흰색 줄무늬
6	녹색
7	갈색에 흰색 줄무늬
8	갈색

다음 그림 6.2는 UTP의 연결구인 RJ-45를 나타낸 것이다.

그림 6.2 RJ-45 연결구

2) STP

STP(Shielded Twisted Pair) 케이블은 각각의 도선 쌍에 대하여 도체 피막을 입히는 방법으로 차폐시키고, 차폐에 대한 구리접지선을 가지고 있다. 이 때문에 외부로부터의 전자기파 간섭을 차단할 수 있고, 결과적으로 차폐되지 않은 UTP에 비해 전송특성이 더 좋아진다. 예를 들어 옆 도선으로부터 음성 신호가 새어 들어오는 누화(crosstalk) 현상이 감소한다.

차폐되면 외부 전자기파의 간섭으로부터 보호되므로 전자기적인 특성이 더 좋지만, 상대적으로 가격이 비싸고 케이블이 무겁고 뻣뻣하기 때문에 케이블 작업이 더 어려운 단점이 있다. 특성의 장점보다는 단점이 더 부각됨으로써 대부분의 경우는 UTP 케이블을 사용하고 있는 실정이다.

STP와 유사한 **FTP(Foil Screened Twist Pair Cable)** 케이블이라는 것도 존재한다. FTP는 각 쌍선을 은막으로 차폐하고, 외부피복 안에 다시 한 번 전체를 감싸서 차폐를 하고 접지선을 연결한 것이다. FTP도 UTP에 비해 특성이 좋은 반면에 케이블이 작업하기에 불편하고 가격이 비싸다는 단점이 있다.

예제 6.1 STP가 UTP에 비해 더 좋은 성능을 보이지만 많이 사용되지 않는 이유는 무엇인가?

풀이 더 높은 데이터 전송률에도 불구하고 차폐에 따라 케이블이 더 비싸고, 무겁고 뻣뻣하기 때문에 케이블 작업하기가 어렵다.

02 | 동축 케이블

동축 케이블(coexial cable)은 1970년대 중반에 개발된 유선 케이블로 내부에 도체가 있고, 외부에는 원통형의 도체가 이를 감싸고 있는 형태인데, 이들 사이에 부도체가 두 도체를 분리시킨다. 다음 그림 6.3은 동축 케이블의 모양을 그림으로 나타낸 것이다.

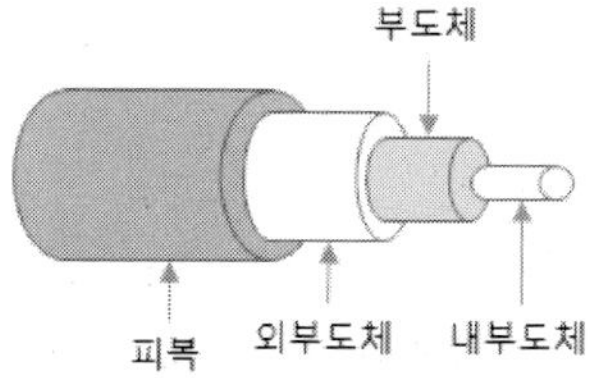

그림 6.3 동축 케이블

동축 케이블은 구조상 외부의 간섭을 차단할 수 있기 때문에 전자기적 차폐성이 좋다. 또한 꼬인 쌍선에 비해 대역폭이 훨씬 크기 때문에 많은 음성 채널을 다중화해서 전달할 수 있으며, 큰 대역폭을 요구하는 영상 신호 전달에 사용된다. 흔히 가정에서 TV의 안테나 선이나 케이블TV 망에서 사용되는 것을 볼 수 있다.

아날로그 신호 전송에서는 500MHz 까지의 주파수가 가능하며, 수 킬로미터마다 증폭기가 필요한데, 주파수가 높아질수록 더 많은 증폭기가 요구된다. 디지털 신호 전송을 위해서는 1 Km마다 리피터를 사용해야 한다.

동축 케이블 표준은 미국 무선국(RG : Radio Government)에서 규정하는데 주로 사용되는 것으로는 다음 표 6.3에 나타낸 것들이 있다.

표 6.3 동축 케이블 등급

등급	용어
RG-6	CATV, 위성TV 등
RG-8	10BASE5 LAN
RG-11	10BASE5 LAN
RG-58	10BASE2 LAN
RG-59	케이블TV

처음 사용된 동축 케이블은 10000개의 음성 신호를 다중화한 아날로그 방식의 전화망에서 사용되었지만 오늘날 대부분 광섬유로 대체되었다. 그러나 케이블TV 망에서는 가입자 망 부분에서 아직도 사용되고 있다.

03 | 광섬유

광섬유(optical fiber)는 금속 도체 대신 유리나 플라스틱 재질로 만들어진 매체로 빛 신호를 전송한다. 빛은 진공 상태에서 300000Km/sec의 속도로 이동한다. 빛은 매체의 밀도가 커짐에 따라 속도는 점점 느려진다. 또 빛은 밀도가 갑자기 변화하는 경계 지점에서 굴절(refraction)이 발생한다. 높은 밀도에서 낮은 밀도로 이동하는 빛은 경계에서 굴절하는데, 이 현상을 그림으로 나타내면 다음 그림 6.4와 같다.

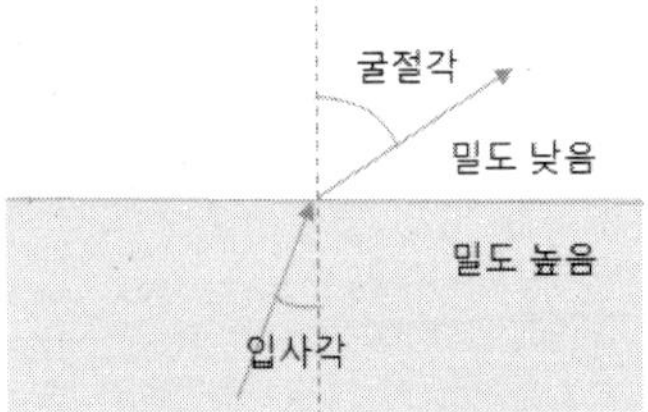

그림 6.4 빛의 굴절

그림 6.4에서 입사각을 증가시키면 굴절각도 따라서 커지는데 굴절각이 90도가 되면 빛이 밀도 차가 발생하는 경계면을 따라 전진하게 된다. 이때의 입사각을 임계각(critical angle)이라 한다. 한편 임

계각보다 더 큰 입사각에 대해서는 굴절각이 90도보다 더 커지게 되고 결과적으로 빛이 밖으로 나가지 못하는 반사(reflection)가 발생한다. 다음 그림 6.5는 임계각과 반사각을 나타낸 것이다.

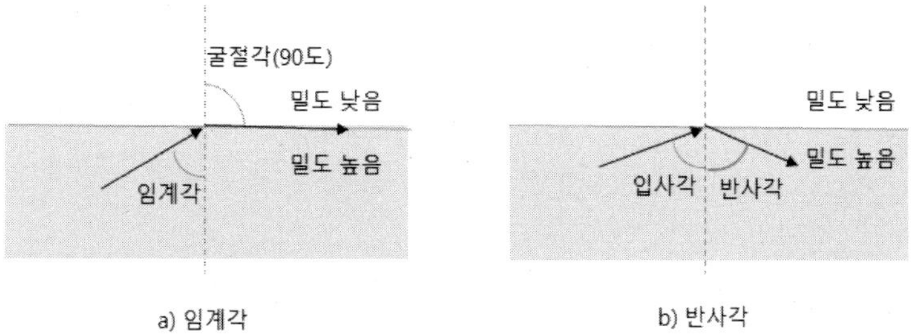

그림 6.5 임계각과 반사각

광섬유에서 빛을 전달할 때에는 반사 성질을 이용하여 빛이 밖으로 굴절되어 나가지 않고 반사되어 안에 머무르도록 함으로써 보다 많은 빛 에너지가 전진하도록 하는 원리를 이용한다.

광섬유는 빛이 전달되는 **코어**(core), 빛이 반사되도록 하기위하여 코어를 둘러 싼 **클래딩**(cladding), 그리고 **외부 피복**(jacket)으로 구성된다. 광섬유의 구조를 그림으로 나타내면 다음 그림 6.6과 같다.

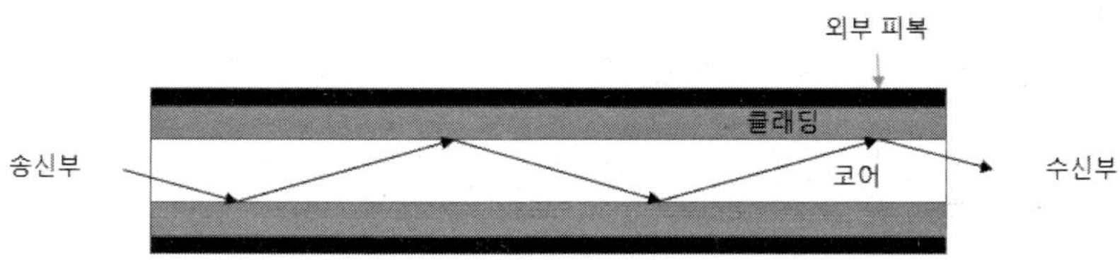

그림 6.6 광섬유 구조

경사지게 전파되는 빛이 밖으로 나가지 않고 반사가 일어나도록 하기 위해서 코어는 클래딩보다 밀도가 더 높은 유리나 플라스틱으로 만들어진다. 코어와 클래딩의 밀도 차이가 적절해야 반사가 발생하게 된다.

1) 광섬유에서의 전파 방식

광섬유의 전파 방식에는 **다중 모드**(multi mode)와 **단일 모드**(single mode)로 나뉘며, 다중 모드에는 다시 **단계지수**(step-index)와 **등급지수**(grade-index)가 있다. 다중 모드는 송신부로부터 빛이 여러 경로를 통해서 수신부로 코어를 타고 전달되는 방식인데 코어의 밀도가 일정할 경우에는 단계지수 다중 모드가 되고 코어의 밀도가 연속적으로 변화할 경우에는 등급지수 다중 모드가 된다.

코어의 밀도가 일정할 경우에는 코어 내부에서는 빛이 직진하게 되고, 밀도가 연속적으로 변화할 경우에는 빛이 구부러지면서 전진한다. 이를 그림으로 나타내면 아래 그림 6.7과 같다. 멀티 모드에서는 입사각이 임계각보다 작은 성분은 클래딩을 통해서 밖으로 굴절되어 나가고, 임계각보다 더 큰 성분들은 코어 내부로 반사되어 전진한다. 반사된 성분들은 반사정도에 따라 여러 경로로 전달되기 때문에 경로에 따라 길이가 서로 다르고 결국 목적지에 도달하는 시간에 지연이 발생하게 된다. 그러므로 송신 측의 신호가 한 시점에서 집중되지 못하고 퍼지는 현상이 발생한다. 단계지수 방식보다는 등급지수 방식이 더 좋은 수신특성을 갖는다.

단일 모드는 코어의 직경이 빛의 파장에 비슷하게 매우 좁게 만들고 밀도를 더 낮게 만들어 굴절이 적게 발생하도록 한다. 이렇게 되면 송신부로부터 발생한 빛이 한 경로를 타고 직진하게 되는데, 결과적으로 송신부에서 출발한 빛은 수신부에서 동일시점에 집중해서 수신되기 때문에 다중 모드보다 우수한 수신특성을 갖는다. 다음 그림 6.7은 광섬유의 전파 방식을 나타낸 것이다.

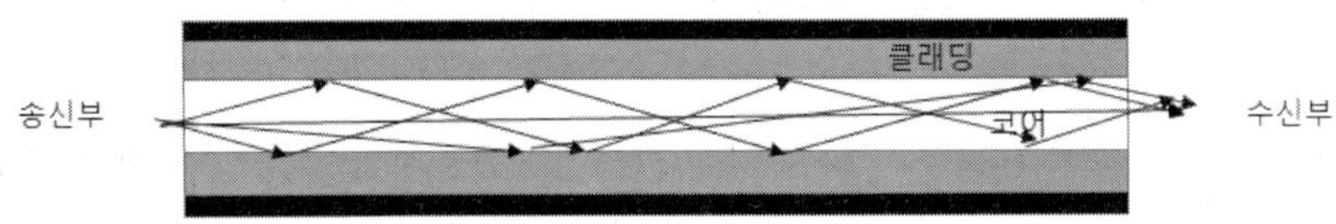

a) 단계지수모드

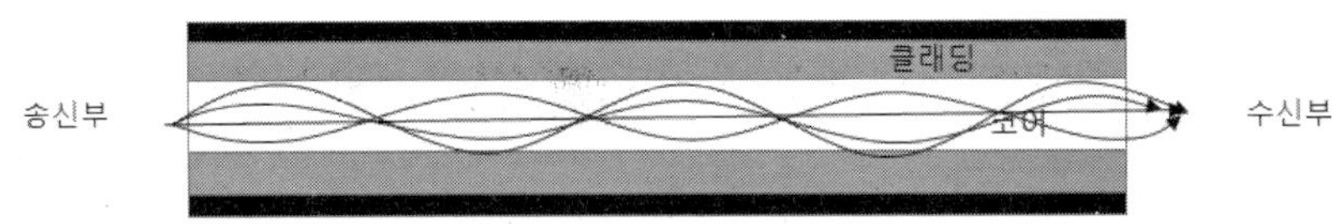

b) 등급지수모드

c) 단일모드

그림 6.7 광섬유의 전파 방식

광섬유는 코어의 직경과 클래딩의 직경의 비율로 정의하는데, 종류는 다음 표 6.4와 같다.

표 6.4 광섬유의 종류

유형(코어직경/클래딩직경, 단위 μ m)	사용 모드
50/125	등급지수 다중 모드
62.5/125	등급지수 다중 모드
100/125	등급지수 다중 모드
7/125	단일 모드

2) 광-전기 신호 변환장치

일반적으로 전기 신호를 이용하는 통신 시스템이 광섬유를 이용하여 송수신하기 위해서는 전기 신호를 빛 신호로 또는 빛 신호를 전기 신호로 바꾸는 장치가 필요하다. 이를 위해서 송신부에서는 발광다이오드(LED : Light Emitting Diode)나 분사 레이저 다이오드(ILD : Injection Laser Diode)와 같은 소자가 요구된다. 단거리에서는 LED를 사용하고 장거리를 위해서는 레이저 신호를 이용한다. 수신부에서는 빛 신호를 다시 전기 신호로 바꾸기 위해서 광전 다이오드가 필요하다.

3) 광섬유의 장단점

■ 장점

- 넓은 대역폭 : 가시광선의 넓은 대역폭을 이용하여 높은 데이터 전송률을 얻는다.
- 낮은 신호감쇠 : 신호감쇠가 낮아서 중계기 없이 50km도 전달할 수 있다. 트위스티드페어나 동축 케이블은 5Km마다 중계기가 요구된다.
- 전자기파 간섭에 강하다. : 일반 전자기파는 광섬유에 영향을 주지 않는다.
- 도청에 강하다 : 구리선은 선을 연결함으로써 쉽게 도청을 할 수 있지만 광섬유는 연결이 매우 어렵기 때문에 전문적인 도구와 기술이 요구된다.
- 무게가 가볍다.

■ 단점

- 설치와 유지 보수가 어렵다. 이를 위해서는 특정 도구와 기술이 요구된다. 또한 금속 도체에 비해 광섬유는 부러지기 쉽다.
- 레이저 광원은 전기 신호 발생기보다 가격이 매우 높다.

예제 6.2 광섬유가 도청에 강한 이유는 무엇인가?

풀이 광섬유는 선을 연결하기가 어렵다. 선을 연결하기 위해서는 전문적인 도구와 기술이 요구된다. 구리선의 경우는 쉽게 선을 연결할 수 있기 때문에 도청이 용이하다.

6.2 비유도 매체

물리적인 선을 이용하지 않고 무선 방식으로 신호를 전달하는 것을 비유도(unguided) 매체라 하는데, 라디오파, 마이크로파, 적외선파, 가시광선 등이 여기에 해당한다. 다음 표 6.5는 무선 통신에서 사용되는 신호의 주파수 스펙트럼을 표로 나타낸 것이다.

표 6.5 무선 통신 주파수 스펙트럼

이름	주파수대역	특징
VLF(Very Low Frequency)	3K - 30K Hz	초장파, 지표면 전파
LF(Low Frequency)	30K - 300K Hz	장파, 지표면 전파
MF(Middle Frequency)	300K - 3M Hz	중파, 대류권 전파
HF(High Frequency)	3M - 30M Hz	단파, 전리층 전파
VHF(Very High Frequency)	30M - 300M Hz	초단파, 가시선 전파, 우주공간 전파
UHF(Ultra High Frequency)	300M - 3G Hz	극초단파, 가시선 전파, 우주공간 전파
SHF(Super High Frequency)	3G - 30G Hz	마이크로파, 우주공간 전파
EHF(Extremely High Frequency)	30G – 300GHz	마이크로파, 우주공간 전파

01 | 무선 전파 유형

무선 통신에서는 지구가 대류권과 전리층으로 둘러싸여 있는 것으로 간주한다. 대류권은 지상에서 약 60Km까지를 의미하며, 전리층은 60Km에서 1000Km까지를 말한다. 대류권 내에서 10Km에서 50Km까지는 성층권이라 한다. 대류권은 공기가 있는 곳으로 대기라고 부르며 전리층은 대류권 위에서부터 우주공간 아래까지를 의미한다.

지표면 전파에서는 신호 전파가 대기의 낮은 부분을 통과해서 전파되는데, 가장 낮은 주파수를 이용하며 지구표면을 따라서 전파한다. 대류권 전파는 안테나에서 안테나로 직선으로 전파되거나 대류권 상층에서 반사되어서 지표면으로 전파될 수 있다. 그러므로 대류권 전파는 반사에 의하여 더 멀리까지 전파될 수 있다. 전리층 전파에서는 대류권과 전리층의 밀도 차이 때문에 신호가 전리층에서 반사되어 지상으로 되돌아오는 성질을 이용하는 것으로 멀리까지 전파될 수 있다. 다음 그림 6.8에서 지표면, 대류권, 전리층 전파를 나타내었다.

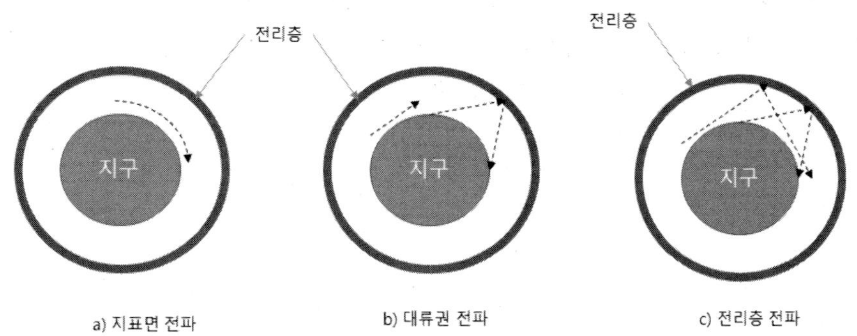

그림 6.8 무선 전파 형태

02 | 무선 주파수에 따른 활용분야

- 초장파(VLF) : 장거리 무선 항해, 해저 통신
- 장파(LF) : 선박, 항공기 등의 무선 통신
- 중파(MF) : AM라디오, 해상라디오, 긴급구조 주파수 등
- 단파(HF) : 아마추어 무선, 국제방송, 군사 통신, 전화, 전보, 팩시밀리 등
- 초단파(VHF) : 가시선 전파를 이용, 텔레비전, FM라디오, 항공항해보조 등
- 극초단파(UHF) : 텔레비전, 이동전화, 페이징(paging) 등
- 마이크로파(SHF) : 대부분 가시선 전파를 이용, 지상 마이크로파, 레이저 통신
- 마이크로파(EHF) : 우주 공간 전파를 이용, 레이더, 위성, 과학실험용 통신

03 | 지상 마이크로파

1GHz에서 300GHz까지의 마이크로파는 가시선(line of sight) 전송을 하기 때문에 이를 위한 안테나

의 높이가 요구된다. 안테나의 높이가 높을수록 더 멀리 이동하기 때문에 높은 산 위에 설치된다. 마이크로파는 한 방향으로 전송되므로 양방향 송수신을 모두 하기 위해서는 두 개의 주파수가 요구된다. 일반적으로 송수신이 모두 가능한 단일 안테나를 이용한다. 이 방식은 두 지점사이에 지형지물이 있어 유선 연결이 어려울 경우에 주로 이용된다.

지상 마이크로파를 위한 안테나는 **접시형 안테나**(parabolic dish antenna)를 사용한다. 접시형 안테나는 다음 그림과 같이 포물선 형태를 띠고 있는 접시모양인데, 그 이유는 약해진 수신 전력을 안테나에서 반사시킨 후 한 점에 집중시켜서 신호의 세기를 강하게 하기 위함이다. 다음 그림 6.9는 접시형 안테나에서 신호를 수신하는 방식을 나타낸다.

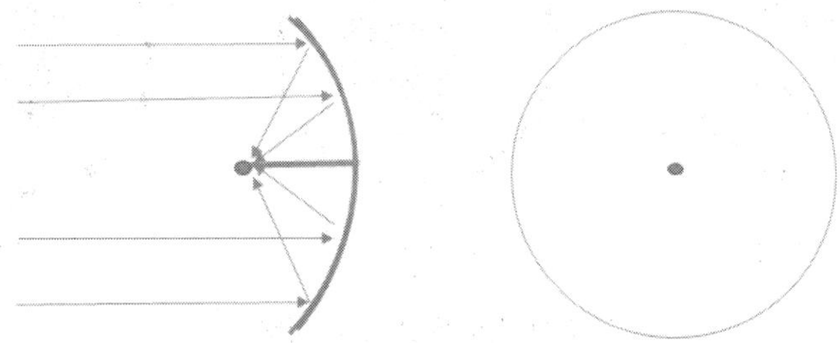

그림 6.9 접시형 안테나의 신호 수신

04 | 적외선 통신

적외선(infrared) 주파수 대역은 가시광선보다 낮은 주파수 대역으로 300GHz에서 400THz의 영역이다. 적외선 신호는 가까운 거리의 통신에서 이용되며 벽을 통과하지 못하는 특징을 갖는다. 그러므로 원거리 통신보다는 실내 방안에서의 통신에 사용되며 송신기와 수신기는 가시선 확보가 이루어져야 한다. 흔히 볼 수 있는 예로는 TV 리모컨에서 사용하는 신호가 적외선 신호이다. 벽을 통과하지 못하는 점은 신호가 실외로 전파되지 못하기 때문에 보안에 강점을 갖는다.

05 | 위성 통신

위성 통신은 공중에 떠있는 위성을 중계기로 사용하여 지상에 있는 송신국과 수신국 사이에 마이크로파를 이용하여 통신하는 방식이다. 이를 위해서 위성의 위치는 송신국과 수신국 모두에서 도달할 수 있는 공통된 지점에 존재해야 한다. 위성 통신은 전리층을 통과하여 전파되어야 하기 때문에 1GHz 이상의 주파수를 이용해야 한다. 다음 표 6.6은 위성 통신에서 사용하는 주파수 대역을 보여준다.

표 6.6 위성 통신 주파수 대역

대역 명칭	하향 링크	상향 링크	대역폭
L	1.5GHz	1.6GHz	15 MHz
S	1.9GHz	2.2GHz	70 MHz
C	4GHz	6GHz	500 MHz
Ku	11GHz	14GHz	500 MHz
Ka	20GHz	30GHz	3500 MHz

지상에서 위성으로 전송하는 채널을 상향 링크(uplink)라 하고 위성에서 지상으로 전송하는 채널을 하향 링크(downlink)라 한다. 상향 링크와 하향 링크는 겹치는 영역에 있기 때문에 서로 다른 주파수 채널을 이용해야 한다. 예를 들어서 정지궤도 위성에서 사용하는 C 대역은 상향 링크는 6GHz, 하향 링크는 4GHz를 사용한다. 상향 링크에 더 높은 주파수를 할당하는 이유는 지상에서 보다 강한 신호 송신이 용이하기 때문이다. 반면 위성에서는 시스템 크기나 전력의 문제 등으로 강한 송신기를 갖추기 어렵기 때문에 감쇠가 상대적으로 적은 낮은 주파수를 이용한다. 다음 그림 6.10은 위성 통신의 상향 링크와 하향 링크를 그림으로 나타낸 것이다.

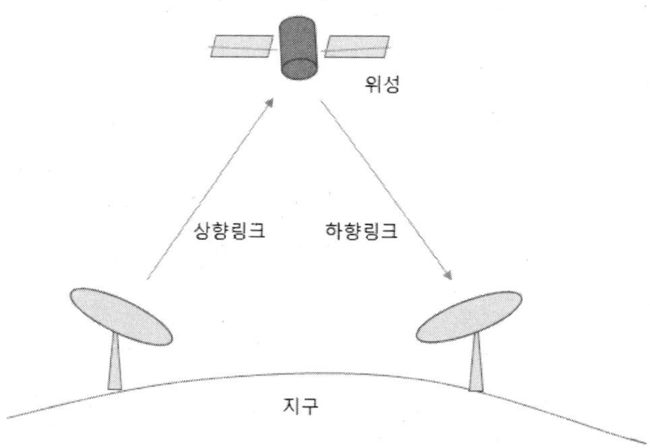

그림 6.10 위성의 상향 링크와 하향 링크

위성의 고도에 따라서 저궤도(100 - 1500 Km), 중궤도(5000 - 20000 Km) 등으로 나뉘며, 정지궤도(GEO : Geostationary Earth Orbit) 위성은 약 36000Km상공의 적도궤도에 위치한다. 정지궤도 위성은 지구자전 속도에 맞추어 위성이 지구를 돌기 때문에 지상에서 보면 마치 정지되어 있는 것처럼 보인다. 정지궤도 위성을 이용하면 지상의 송신국과 수신국이 항상 같은 위치에 고정되어 있는 것처럼 보이므로 통신에 활용하기가 용이하다. 반면 다른 궤도의 위성들은 지상에서 보면 보였다가 사라졌다가 하기 때문에 통신 응용에 어려움이 있다.

위성은 지상에서 상당히 높은 위치에 떠있으므로 지상으로 신호를 전파할 경우 매우 넓은 영역에 도달할 수 있다는 장점을 가지고 있다. 그러므로 다중점 연결 구성에 유리하다. 위성 통신에서 사용되는 C 대역 링크의 대역폭은 500MHz로 매우 넓기 때문에 많은 음성 채널을 다중화할 수 있는 장점이 있다. 또한 위성 채널은 거리가 매우 멀지만 오류가 주로 발생하는 대기의 통과 거리는 비교적 짧아서 생각보다 오류율이 낮다. 대기권은 1000Km 높이까지 위치하는데 중력에 의하여 공기의 99%는 32Km 이내에 존재하는 것으로 알려져 있다. 그러나 거리가 멀기 때문에 전송지연이 크다는 단점이 있다. 전송지연 때문에 전송된 데이터에 대한 응답이 올 때까지의 시간이 비교적 크고, 결과적으로 정지대기(stop & wait) 흐름 제어 등은 성능이 매우 나빠진다.

예제 6.3 정지궤도 위성의 높이가 36000Km라고 가정할 때 신호가 상향 링크와 하향 링크를 전파하는데 걸리는 시간은 모두 얼마인가? 신호의 전파 속도는 300000Km/초라 가정한다.

풀이 시간 = 거리/속도 = 2*36000 / 300000 = 0.24초이다.

06 | ISM

주파수 대역은 개인이 임의로 사용할 수 없는 자원이다. 주파수는 누군가가 사용하게 되면 다른 사람이 이 주파수를 사용할 수 없는 유한한 자원이기 때문에 국가는 주파수 사용에 대하여 엄격하게 관리, 통제한다. 따라서 주파수를 사용하기 위해서는 국가로부터 허가를 받아야만 한다. ITU-R에서 지정한 ISM(Industrial Scientific and Medical Band)은 명칭에서 알 수 있는 것처럼 산업, 과학, 의료 목적으로 특별히 허가된 주파수 대역이다. 따라서 산업, 과학, 의료 목적으로 국가로부터 허가 없이 ISM 대역을 사용해도 무방하다는 의미다. 표준에 의하여 전 세계가 1, 2, 3 지역 등으로 나뉘는데, 우리나라가 속한 3지역에서 지정된 ISM 대역은 6.765 - 6.795MHz, 13.553 - 13.567MHz, 26.957 - 27.283MHz, 40.66 - 40.70MHz, 2.4GHz -2.4835GHz, 5.725 - 5.875 GHz, 24.0 - 24.25GHz, 61.0 - 61.50GHz, 122 - 123GHz, 244 - 246GHz 대역 등이 있다. ISM 대역에서의 신호 전력은 국가로부터 제한된다. 이 중 2.4GHz 대역은 무선LAN, 블루투스, 지그비 등의 통신에서 주파수 간섭을 줄이기 위한 확산대역(spread spectrum) 기술을 이용하여 전 세계적으로 활용되고 있다.

06 연습문제

1. 다음 전송매체 중에서 전화망의 가입자 선로로 주로 사용되는 것은?

① 꼬인 쌍선 ② 동축 케이블 ③ 광섬유 ④ STP

2. 다음 중 꼬인 쌍선(twisted pair)의 종류가 아닌 것은 무엇인가?

① UTP ② STP ③ FTP ④ SMTP

3. 다음 UTP 케이블의 특징 중에서 잘못된 것은 무엇인가?

① 오늘날 LAN 케이블로 많이 사용된다.
② 동축 케이블에 비해 대역폭이 더 크다.
③ UTP 케이블은 4쌍의 꼬인 쌍선(twisted pair)이 포함된다.
④ 연결구로는 RJ-45가 많이 사용된다.

4. 다음 중 동축 케이블의 장점이 아닌 것은 무엇인가?

① 꼬인 쌍선(twisted pair)에 비해 더 넓은 대역폭을 갖는다.
② 동축 케이블은 전자기 신호의 간섭에 약하다.
③ 많은 응용에서 광섬유에 의하여 대체되었다.
④ TV 안테나선으로 사용된다.

5. 다음 중에서 대역폭이 가장 큰 전송매체는 무엇인가?

① 꼬인 쌍선 ② 동축 케이블 ③ 광섬유 ④ STP

6. 다음 광섬유에 대한 설명 중에서 잘못된 것은 무엇인가?

① 꼬인 쌍선에 비해 선이 가늘다.
② 유리나 플라스틱 등으로 만들어진다.
③ 무게가 가볍고, 연결이 쉽다.
④ 코어와 클래딩의 밀도차를 이용하여 빛을 한 방향으로 전달시킨다.

7. 광섬유 전송 모드 중에서 전송률이 가장 높은 방식은 무엇인가?

① 단계지수 다중 모드 ② 등급지수 다중 모드

③ 단일 모드 ④ STP

8. 다음 중에서 주파수가 가장 높은 대역은 무엇인가?

① AM ② FM ③ UHF ④ 마이크로파

9. 위성 통신에서 사용되는 주파수 대역은 다음 중 무엇인가?

① AM ② FM ③ UHF ④ 마이크로파

10. 다음 중 전 세계적으로 허가 없이 이용되는 공통 주파수 대역은 무엇인가?

① ISM ② FM ③ UHF ④ 마이크로파

11. 다음 중 위성 통신의 특징이 아닌 것은 무엇인가?

① 통신이 가능한 범위가 넓다.

② 넓은 대역폭을 갖기 때문에 다중화가 용이하다.

③ 물리적인 거리 때문에 전송에서의 지연이 크다.

④ 상향 링크와 하향 링크는 동일 주파수 대역을 공유한다.

12. 다음 중 가장 낮은 주파수를 이용하는 무선 전파는 무엇인가?

① 지표면 전파 ② 대류권 전파

③ 전리층 전파 ④ 마이크로파

13. 정지궤도 위성에 대한 설명으로 잘못된 것은 무엇인가?

① 위성이 정지되어 있는 것처럼 항상 상공에 위치한다.

② 위성은 지구자전 속도에 맞추어 지구 주위를 돈다.

③ 지구표면에서 위성까지의 거리가 멀기 때문에 다중화가 어렵다.

④ 통신 가능한 영역이 매우 넓어서 통신 서비스 응용에 유리하다.

14. LAN에서 동축 케이블보다 UTP를 더 많이 이용하는 이유는 무엇인가?

15. 광섬유의 장점과 단점에 대하여 기술하라.

16. ISM 대역중에서 우리나라에서 허가되지 않는 주파수 대역은 무엇인가?

17. 인공위성 통신을 이용하는 응용은 무엇이 있는지 조사해보자.

18. 유선 통신과 무선 통신의 장점과 단점에 대하여 설명하라.

19. 지상 마이크로파가 사용되는 분야는 무엇인가?

M·E·M·O

Chapter 07

다중화

Chapter 07

다중화

통신을 위한 회선의 용량이 충분히 클 때 상대적으로 작은 용량을 요구하는 한 통신 서비스가 이를 전용하도록 하는 것은 비효율적이다. 이와 같은 경우 한 물리적인 회선 상에서 다수의 통신 서비스가 동시에 이루어지도록 하는데 이를 **다중화**(multiplexing)라 한다. 다중화는 회선용량을 효율적으로 이용하기 위한 방법이다. 다중화는 다음과 그림 7.1과 같은 기호로 나타낸다.

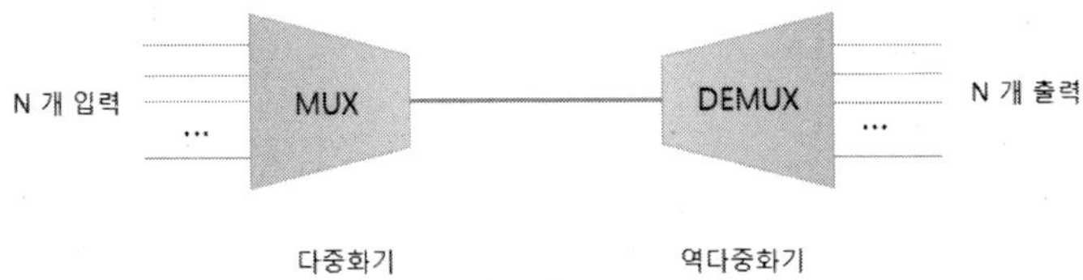

그림 7.1 다중화 모델

다중화에는 **주파수 분할 다중화**(FDM : Frequency Division Multiplexing), **시분할 다중화**(TDM : Time Division Multiplexing), **코드 분할 다중화**(CDM : Code Division Multiplexing) 등 3가지가 있다.

7.1 주파수 분할 다중화(FDM)

01 | 기본 주파수 분할 다중화

주파수 분할 다중화는 전송 신호의 주파수 대역폭을 여러 개로 나누어서, 다수의 사용자 데이터 신호 성분을 나누어진 각 주파수 대역에 변조하여 전송하는 방식이다. 그러므로 다중화되는 신호 성분들은 서로 다른 주파수 영역을 사용하게 된다. 수신 측에서는 다중화되어 수신된 반송(carrier) 신호를 **대역 통과 필터**(Band Pass Filter : BPF)를 이용하여 원하는 신호의 주파수 대역만을 걸러내고 그 신호를 복조하여 원 신호를 재생하게 된다. 다음 그림 7.2는 주파수 분할 다중화된 신호의 주파수 영역을 그림으로 나타낸 것이다.

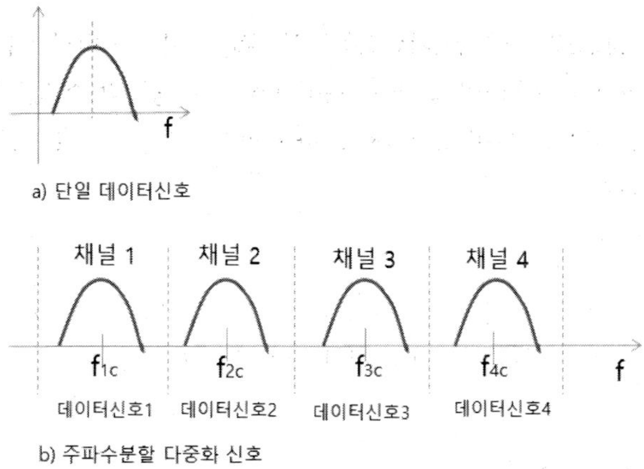

그림 7.2 주파수 분할 다중화 신호의 주파수 영역

나누어진 각 주파수 대역은 한 데이터 신호를 전달하기 위해 사용되는 주파수 영역으로 한 채널(channel)이 된다. 채널과 채널 사이에는 **가드 밴드(guard band)**라고 하는 사용하지 않는 대역폭을 두는데, 이는 이웃한 채널의 신호가 서로 간섭이 일어나지 않도록 하기 위해서 필요하다.

주파수 분할 다중화 방식을 이용하는 대표적인 예가 라디오 방송에서 사용하는 채널들이다. FM 라디오방송 채널의 주파수는 그 방송이 사용하는 주파수 영역의 중심주파수이다. 방송에서 전달하려고 하는 아나운서의 음성이나 음악 신호는 훨씬 높은 주파수를 갖는 할당된 채널의 중심 주파수로 변조되어 다른 방송국의 신호들과 함께 전달된다. 라디오 수신기에서 안테나를 거쳐서 들어온 다중화된 신호를 대역 통과 필터(BPF) 회로를 이용하여 원하는 채널의 신호 성분만 걸러내고 이를 증폭하여 출력하게 된다.

또 다른 예로는 TV 채널이 이에 해당한다. TV의 경우에는 한 채널이 6MHz의 주파수 대역폭이 요구된다. 500MHz의 대역폭을 갖는 동축 케이블을 이용하여 TV 채널을 다중화한다면 83개 정도의 채널을 다중화할 수 있다.

주파수 분할 다중화 방식은 가장 오래된 다중화 방법으로 아날로그 데이터 신호를 전송할 때 가능한 방식이다. 디지털 신호의 경우는 요구되는 대역폭이 매우 넓기 때문에(이론적으로는 무한대 주파수 영역이 요구됨) 주파수 분할 다중화가 불가능하며, 다음 절에서 다루는 시분할 방식을 사용해야 한다.

예제 7.1 대역폭이 500KHz인 전송 신호를 이용하여 주파수 분할을 하려고 한다. 음성 채널의 대역폭은 4KHz라고 가정한다면 몇 개의 음성 채널을 다중화할 수 있겠는가? 또 채널의 간섭을 배제하기 위해서 가드밴드를 4KHz 사용한다고 가정하면 몇 개의 음성 채널을 다중화할 수 있는가?

풀이 500KHz / 4KHz = 125 음성 채널
가드밴드를 포함하는 경우에는 500KHz / (4KHz + 4KHz) = 62.5이다. 마지막 채널은 가드밴드가 필요하지 않기 때문에 63개의 음성 채널이 가능하다.

02 | 직교 주파수 분할 다중화

직교 주파수 분할 다중화(Orthogonal Frequency Division Multiplexing : OFDM)는 다수의 주파수에 직각으로 교차하는 신호를 이용하여 다중화하는 방식을 의미한다. 직각으로 교차하는 신호는 서로 겹치더라도 수신 측에서 이를 서로 분리해 낼 수 있기 때문에 다중화할 때 일반 주파수 분할 다중화에 비해서 더 많은 채널을 다중화할 수 있다. 다음 그림 7.3은 신호를 겹쳐서 다중화했을 때의 주파수 영역에서의 그림을 나타낸 것이다.

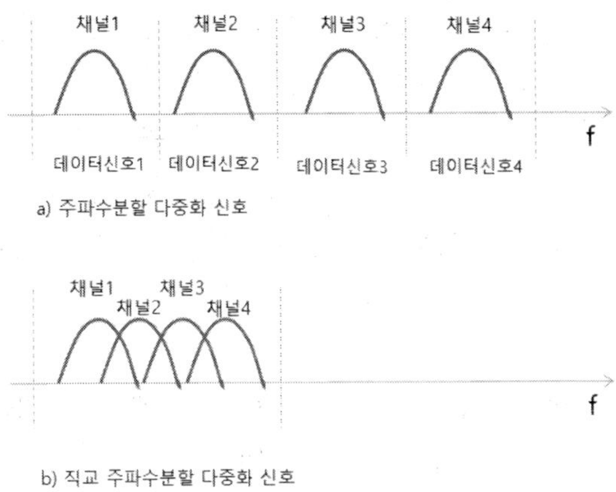

그림 7.3 직교 주파수 분할 다중화 신호의 주파수 영역

OFDM은 일정한 간격으로 떨어져 있는 여러 개의 부반송파(sub-carrier)에 데이터를 분산시켜 보내는 멀티 캐리어의 전송 방식이다. 전송 도중 신호에 손실이 있더라도 일부 반송파에 그치며, 전체 신호에는 큰 영향을 주지 않는다는 장점이 있다. 무선랜(Wireless LAN) 프로토콜 IEEE 802.11a는 52개의 부반송파를 사용하는 OFDM 변조 방식을 채택했다. 이외에 OFDM은 높은 다중화 특성 때문에 오늘날 WiMAX나 LTE 등의 이동 통신망에서 사용되고 있다.

03 | 파장 분할 다중화

파장 분할 다중화(Wavelength Division Multiplexing : WDM) 방식은 파장이 다른 신호들을 하나의 광섬유 매체에 다중화시켜 전송하는 기술이다. 서로 다른 파장을 갖는다는 것은 결국 서로 다른 주파수를 갖는 것과 동일하다. 이것은 식 c = fλ (c는 빛의 속도, f는 주파수, λ는 파장)로부터 주파수는 파장에 반비례하기 때문이다. 결과적으로 파장 분할 다중화는 주파수 분할 다중화와 동일한 원리로 이해될 수 있다. 광섬유를 이용하는 광 통신에서서는 파장 분할 다중화라는 용어로 주로 언급된다. 서로 다른 전기적 신호는 광신호로 변환되고, 서로 다른 광 신호는 다시 광 다중화기에 의하여 다중화 된다.

가시광선의 대역폭은 일반 라디오주파수 대역보다 훨씬 크기 때문에 고속의 데이터를 높은 수준에서 다중화할 수 있다. 일반적으로 광섬유 하나에 8개 이하의 파장을 다중화하면 WDM, 8개 이상이면 **DWDM(Dense Wavelangth Division Multiplexing)**으로 분류한다. DWDM의 경우는 2.5Gbps 채널을 80개 이상 다중화하는 것도 가능하다. 광통신 기술이 계속적으로 발달함에 따라 더 높은 전송률도 가능할 것으로 예상된다.

04 | ADSL의 다중화

ADSL(Asymmetric Digital Subscriber Line)은 기존에 구축되어 사용되는 전화망을 이용하여 고속의 데이터 전송을 위해 개발된 기술이다. 전화 회선은 음성 채널을 위해서 4KHz 정도의 대역폭을 제공하지만, 1MHz 이상의 대역폭을 갖는 신호도 전송할 수 있다.

비대칭(asymmetric)의 의미는 하향 스트림과 상향 스트림의 전송 용량이 서로 다르기 때문에 생긴 명칭이다. 일반적으로 사용자(클라이언트)에서 서버로의 전송 용량은 크지 않은데 비해서, 서버에서 사용자에게로의 트래픽 양은 비대칭적으로 크기 때문이다. 예를 들어서 웹 서비스를 사용할 경우에 사용자는 주로 서버가 제공하는 웹 문서의 데이터를 받는 역할을 하며, 사용자가 웹 서버에게 요청하는 데이터는 비교적 적기 때문이다.

ADSL에서 1MHz의 용량을 주파수 분할 다중화하는 방식은 다음 그림 7.4와 같이 음성 전송, 상향스트림, 하향스트림 등의 서로 다른 크기의 3가지 주파수 대역폭을 다중화하는 것이다.

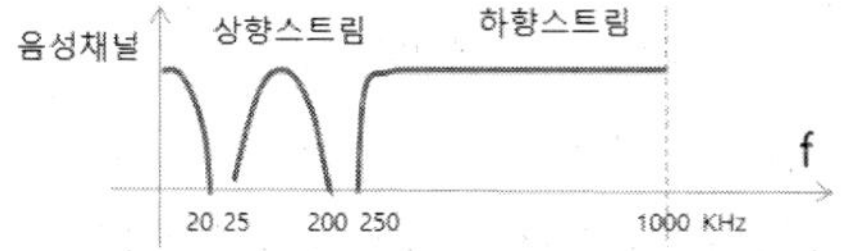

그림 7.4 ADSL 주파수 분할 다중화

7.2 시분할 다중화(TDM)

시분할 다중화(Time Division Multiplexing : TDM)는 디지털 신호를 다중화할 때 주로 사용하는 방식으로 최근에 디지털 기술의 발달과 함께 널리 사용되고 있다. 시간을 나누어 각 타임슬롯(time slot)에 할당된 사용자 데이터를 읽어 들여서 전달하는 방식을 사용한다. 이때 송신 측과 수신 측이 시간적으로 정교한 동기를 맞추어야만 다중화가 가능하다. 타임슬롯 할당은 라운드로빈(round robin) 방식으로 돌아가며 공평하게 한다. 다음 그림 7.5는 시분할 다중화 방식을 개념적으로 단순화시켜 나타낸 것이다.

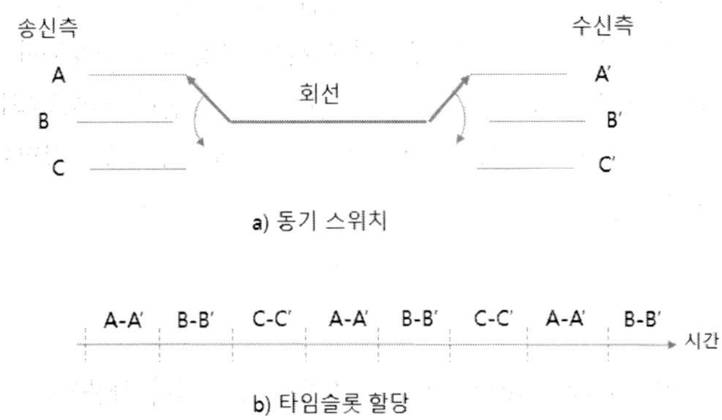

그림 7.5 시분할 다중화 방식

송신 측과 수신 측에서 단일 회선을 공유하기 위하여 시간을 정해진 길이로 나누어서 각 타임슬롯에 입력 회선과 출력 회선 사용자를 할당한다. 할당된 타임슬롯에 따라 그 시점에서 스위치는 할당된 회선으로 연결된다. 앞의 그림에서 A와 A', B와 B',C와 C' 등이 송신과 수신 사용자 쌍이다.

그림 7.5의 모델은 시간을 분할하여 다수의 송신자와 수신자 사이에 통신이 이루어지는 것을 보여준다. 실제 시분할 다중화기에서는 송신 측의 회선에서 들어오는 비트 열을 버퍼에 저장하고, 돌아가면서 입력 버퍼에서 정해진 크기의 비트 열을 읽어 들여서 프레임(frame) 형식에 맞추어서 다중화된 출력 회선으로 전달한다.

전송해야 할 데이터가 아날로그일 경우에는 이를 PCM과 같은 신호 변환을 거쳐서 디지털로 만든 후에 전송할 수 있다. 한편 타임슬롯 할당 방식에 따라 시분할 다중화는 **동기 시분할 다중화**(Synchronous TDM)와 **통계 시분할 다중화**(Statistical TDM)로 나뉜다.

01 | 동기 시분할 다중화

앞의 그림 7.5에서와 같이 각 타임슬롯에 송신 측과 수신 측에 할당된 사용자가 정해져 있는 경우를 동기식 시분할 다중화 방식이라고 한다. 각 타임슬롯의 사용자가 결정되어 있기 때문에 수신 측에서는 타임슬롯을 사용하는 송신자를 알고 있다. 그러므로 송신 측에서 데이터를 전송할 때 송신자 주소를 함께 보낼 필요가 없다. 그러나 주어진 타임슬롯의 송신자가 보낼 데이터가 없는 경우에는 그 타임슬롯은 다른 사용자가 이용할 수 없기 때문에 회선의 이용률이 낮아질 수 있다. 그러므로 입력 회선에서 데이터가 끊임없이 들어오는 경우에 적합한 방식이며, 데이터 입력이 간헐적이거나 가변적인 경우에는 빈 타임슬롯으로 시간을 보내는 낭비가 발생할 수 있다.

전송률이 s bps인 n개의 입력 회선으로부터 데이터를 한번에 m비트씩 읽어서 다중화한다고 할 때 m비트가 차지하는 시간은 m/s가 된다. 한 프레임(frame)은 n개의 타임슬롯으로 구성되며 총 n*m 비트로 구성된다. 또한 한 프레임이 차지하는 시간은 한 입력 회선에서 한번에 m비트 읽어 들이는데 걸리는 시간과 동일해야 하므로 m/s sec가 된다. 예를 들어서 전송률이 16Kbps인 입력 회선 4개가 동기 시분할 방식으로 다중화된다. 각 입력 회선에서 8비트씩 읽어내어 프레임을 구성한다고 한다면, 한 입력 회선에서 8비트가 차지하는 시간 간격은 8/16Kbps = 0.5 msec이며 한 프레임이 차지하는 시간도 동일한 0.5msec이어야 한다. 그리고 한 프레임의 크기는 8*4 = 32비트가 된다. 따라서 다중화된 신호의 전송률은 32bits/0.5msec = 64kbps가 된다. 이와 같은 상황을 그림으로 나타낸 것이 다음 그림 7.6이다.

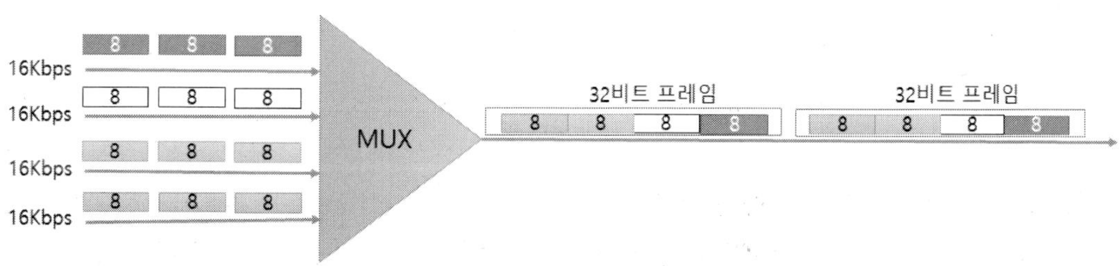

그림 7.6 동기 시분할 다중화의 예

예제 7.2 3개의 입력 회선으로부터 들어오는 데이터 전송률은 각각 8Kbps이다. 이를 한번에 8비트씩 타임슬롯을 이용하여 전송한다고 하자. 3개의 입력 회선으로부터 8비트씩 들어온 데이터들이 다중화되어 프레임(frame)을 이루고 전송된다. 한 프레임이 차지하는 시간은 얼마인가? 또 프레임의 전송 속도는 얼마인가?

풀이 한 입력 회선으로부터 8비트를 읽어 들이는데 걸리는 시간은 8/8K = 1 msec이다. 따라서 한 프레임이 차지하는 시간은 1 msec이다. 한 프레임은 3*8=24비트로 구성된다. 프레임의 전송 속도는 24비트 / 1 m sec = 24000 bps가 된다. 이 결과는 8Kbps 전송률의 입력 회선 3개 다중화한다고 했을 때 3 * 8Kbps = 24Kbps 와 동일함을 알 수 있다.

■ 전송률 조절 시분할 다중화

앞에서 설명한 동기 시분할 다중화는 입력 회선의 전송률이 동일한 경우에 한하여 다루었다. 그러나 전송률이 같지 않을 경우에는 동일한 전송률로 변환하여 다중화해야 한다. 서로 다른 전송률이 정수배인 경우에는 낮은 전송률을 정수 배 만큼 다중화 하여 동일한 전송률이 되게 한 후에 다중화 할 수 있다. 또는 그와 반대로 높은 전송률을 정수배만큼 나누어서 다중화 할 수 있다. 다음 그림 7.7은 전송률이 정수배인 경우의 다중화 방법을 그림으로 나타낸 것이다.

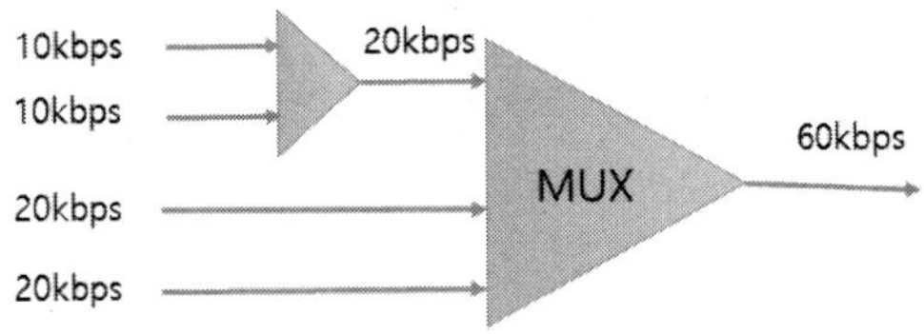

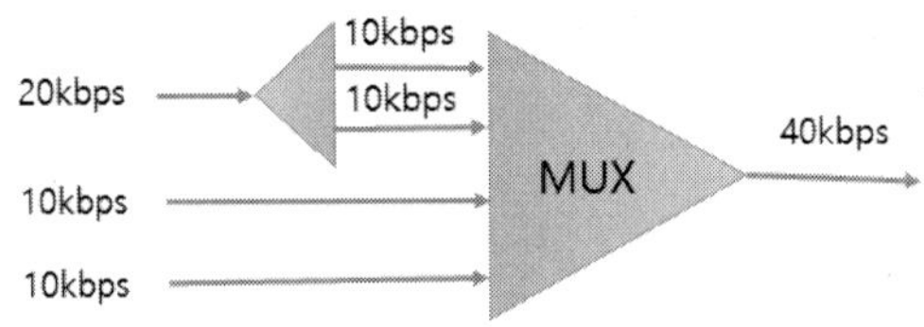

그림 7.7 정수배 전송률 입력의 다중화 예

전송률이 정수배가 아닐 경우에는 낮은 전송률을 갖는 입력 회선에 전송률을 높이기 위하여 부가적인 **펄스 끼워넣기**(pulse stuffing)를 이용하여 전송률을 동일하게 바꿀 수 있다. 다음 그림 7.8은 펄스 끼워넣기의 예를 보여준다.

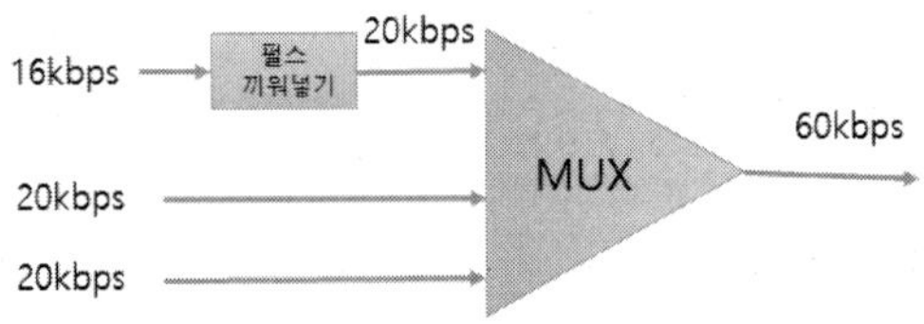

그림 7.8 펄스 끼워넣기

예제 7.3 각각 10 kbps, 10 kbps, 9 kbps의 전송률을 갖는 3개의 입력 회선을 시분할 다중화하려고 한다. 펄스 끼워넣기 방식을 이용한 다중화를 그림으로 나타내어라.

풀이

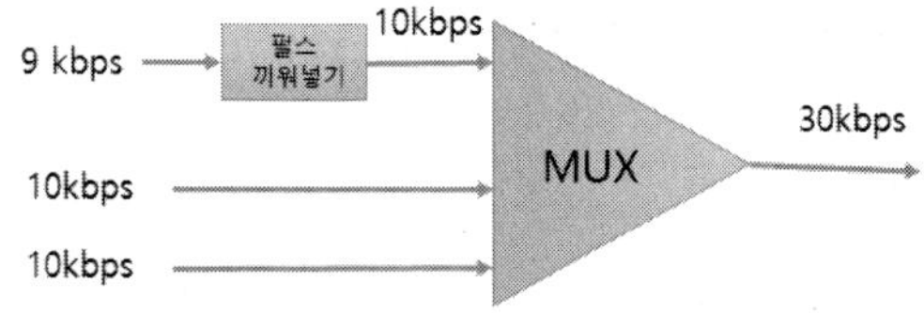

그림 7.9 예제 7.3 다중화 그림

02 | 통계 시분할 다중화

동기 시분할의 단점인 이용률을 높이기 위해서 제안된 방식이 통계 시분할 다중화(statistical TDM) 방식이다. 비동기(asynchronous) 시분할 다중화 또는 지능적(intelligent) 시분할 다중화라고도 한다. 이 방식은 타임슬롯에 사용자를 미리 결정하지 않고, 전송할 데이터가 있는 사용자에게 타임슬롯을 할당하는 방식이다. A, B, C 사용자가 데이터를 전송한다고 할 때 만약 현 시점에서 A와 B는 전송할 데이터가 있지만 C는 잠시 데이터가 들어오지 않는다면, C 대신에 타임슬롯은 A나 B에게 할당되고 C에게는 할당되지 않는다. 이렇게 함으로써 C에 의해 낭비될 시간슬롯을 전송 데이터가 있는 A, B에게 할당하여 전송 효율을 높인다. 그림 7.10은 통계 시분할 다중화에서의 프레임 구성의 한 예를 보여준다.

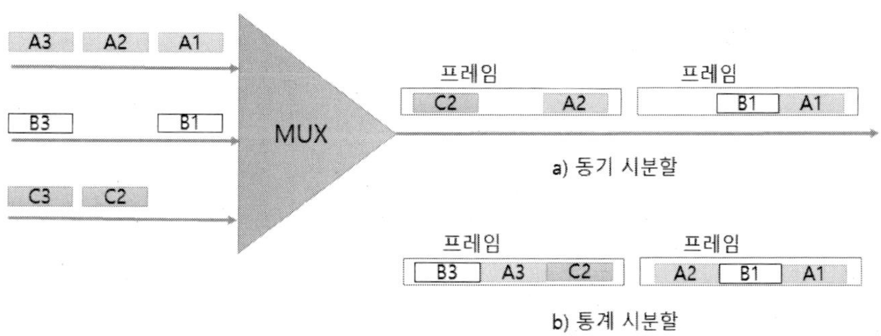

그림 7.10 통계 시분할 다중화의 프레임 구성

이 방식에서는 타임슬롯을 사용할 사용자를 미리 결정하지 않기 때문에 수신 측에서는 해당 타임슬롯의 데이터가 누구에게 전달될 것인가를 알아야 한다. 이러한 이유로 송신 측에서 데이터와 함께 수신자의 주소가 전달되어야 한다. 주소 정보는 오버헤드가 되므로 통계 시분할 방식의 단점이 된다.

또한 동기 시분할 방식에 비해 논리가 복잡해지기 때문에 구현이 더 어려워지는 단점이 있다.

예제 7.4 통계 시분할 방식에서 다중화되는 채널의 개수가 16개라고 가정할 때 주소 지정을 위한 비트의 수는 최소 몇 개가 되어야 하는가?

풀이 $\log_2 16$ = 4비트

예제 7.5 통계 시분할 방식에서 각 타임슬롯에 포함되는 비트의 수는 16비트이고, 다중화되는 채널의 개수는 8개라 하면 주소를 위한 오버헤드는 몇 %가 되는가?

풀이 주소 지정을 위한 비트 수 = $\log_2 8$ = 3비트
주소의 오버헤드 = 3 / (16+3) = 15.8 %

03 | T 회선에서의 동기 시분할 다중화

시분할 다중화의 대표적인 예로 디지털 신호 서비스(digital signal service)라 불리는 전화망에서의 디지털 신호 다중화 방식이 있다. 다음 그림 7.11은 디지털 신호 시스템의 계층구조를 나타낸 것이다.

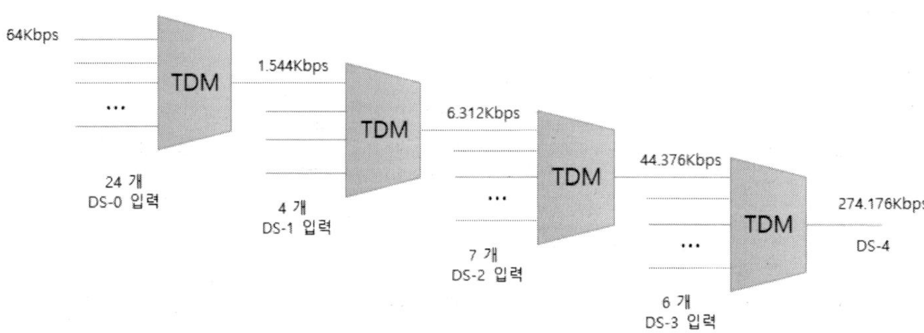

그림 7.11 디지털 신호 시스템

앞의 디지털 신호 시스템을 구축하기 위해서 T 회선(T line)을 이용한다. T 회선과 디지털 서비스(DS)와의 관계는 다음 표 7.1과 같다.

표 7.1 T 회선과 디지털 서비스

서비스	회선	전송률(Mbps)	다중화된 음성 채널 수
DS-1	T1	1.544	24
DS-2	T2	6.312	96
DS-3	T3	44.736	672
DS-4	T4	274.176	4032

전화 서비스는 아날로그 신호인 음성을 전송한다. 따라서 디지털 신호 시스템을 이용하기 위해서는 우선 음성 신호는 디지털 신호로 변환되어서 다중화된다. T1 인터페이스는 북미 표준으로 음성 채널을 24개 다중화한 프레임을 전송한다. 한 채널로부터 8비트를 읽어 들여서 이들을 24개 다중화한다. 그리고 프레임 당 동기 신호를 1비트 추가한다. 따라서 프레임의 크기는 8*24+1 = 193비트가 된다. 그리고 음성은 초당 8000번 샘플링 되어야 하고, 한번 샘플링 된 값은 8비트로 코딩되므로 프레임 역시 초당 8000번 전송되어야 한다. 따라서 프레임의 전송률은 193 * 8000 = 1.544Mbps이다. 동기 비트는 프레임마다 1비트씩 추가되는데 값은 1과 0이 번갈아 바뀌며 프레임에 들어간다. 수신 측에서 동기비트의 규칙이 깨지는 프레임이 들어오면 동기 타이밍에 문제가 발생했다고 판단한다.

예제 7.6 유럽 표준인 E1 인터페이스는 30개의 음성 채널, 1개의 제어 채널, 그리고 1개의 동기 채널을 포함하여 총 32개의 채널을 다중화한다. 각 채널로부터 8비트씩 읽어 들여서 프레임을 구성하며 T1과 유사하게 음성 신호는 초당 8000번 샘플링하고 한번 샘플링 한 값은 8비트로 나타낸다. 다중화된 회선에서의 전송률을 구하라.

풀이 프레임의 크기는 8*32 = 256비트이고 초당 8000개의 프레임이 전송되어야 하므로 256*8000 = 2.048Mbps이다.

7.3 코드 분할 다중화(CDM)

코드 분할 다중화(Code Division Mutiplexing : CDM) 방식의 처리 방법을 개념적으로 설명하면 다음과 같다. 다른 신호와의 상관계수는 0에 가깝고, 자기상관계수가 1에 가까운 특성을 갖는 코드 신호를 메시지 신호에 곱하여 다른 신호들과 합한 후 전송한다. 수신 측에서는 송신 측에서 곱한 신호와 동일한 신호를 곱하여 수신하고자하는 메시지 신호만을 걸러내는 방식을 코드 분할 다중화라 한다. 메시지 신호를 m(t)라 하고 코드 신호를 c(t)라 하자. 이때 코드 신호는 다음과 같은 성질을 갖는다.

$$\begin{cases} c_i(t)^* c_j(t) = 0\,(i \neq j), \\ c_i(t)^* c_i(t) = 1 \end{cases}$$

즉, 자신과 같은 신호를 곱하면 1이 되고, 자신과 다른 신호와 곱하면 0이 되는 성질을 의미한다.

예를 들어서 $m_1(t)$, $m_2(t)$, $m_3(t)$ 등의 3가지 메시지가 자신의 코드 신호인 $c_1(t)$, $c_2(t)$, $c_3(t)$와 곱해져서 동시에 전달되면 전달되는 신호는 $m_1(t)*c_1(t) + m_2(t)*c_2(t) + m_3(t)*c_3(t)$가 된다. 수신 측에서 $m_1(t)$ 메시지 신호를 수신하고 싶다면 해당 코드 신호를 $c_1(t)$ 곱한다. 그러면 $(m_1(t)*c_1(t) + m_2(t)*c_2(t) + m_3(t)*c_3(t)) * c_1(t)$가 되고 $c_1(t)*c_1(t) = 1$, $c_1(t)*c_2(t) = c_1(t)*c_3(t) = 0$이 되므로 $m_1(t)$만 남게 된다. 이를 그림으로 나타내면 다음 그림 7.12와 같다.

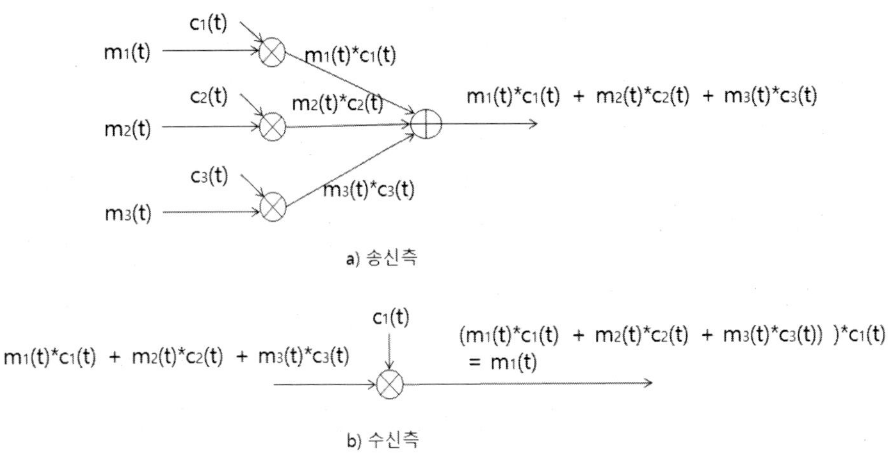

그림 7.12 코드 신호의 성질

디지털 신호에서 XOR 연산의 경우는 동일한 신호를 두 번 XOR하면 원신호가 나타나는 성질이 있는데, 이것이 앞서 언급한 자기 자신과의 곱이 1이 되는 코드 신호와 유사한 성질이라 할 수 있다.

코드 분할 방식은 **확산대역**(spread spectrum)이라고도 한다. 그 이유는 메시지 신호에 곱해지는 코드 신호의 신호 대역폭이 더 크기 때문에 곱해진 결과 신호는 메시지 신호의 대역폭보다 더 큰 대역폭을 갖기 때문이다. 확산대역을 사용하면 기존 메시지 신호보다 잡음에 대한 내성이 강해진다. 다음 그림 7.13을 보자. 잡음의 영향이 좁은 대역에 국한되면 원 신호에는 치명적일 수 있지만, 상대적으로 확산된 신호에 동일한 잡음의 영향을 생각해보면 나머지 부분은 영향이 없기 때문에 전체적으로는 약간의 영향만을 받는다.

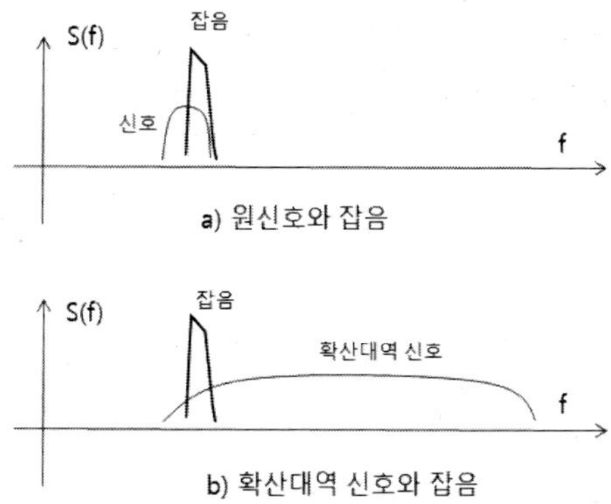

그림 7.13 확산대역 신호의 잡음영향

또한 코드 신호는 임의의 패턴을 갖는 이진수 열로 나타나는데, 이는 난수 생성 알고리즘을 이용하여 얻을 수 있으며 알고리즘에서 사용하는 시드(seed) 값과 알고리즘을 모르고는 알아낼 수 없다. 이와 같은 성질을 이용하여 암호화를 할 수 있고 결과적으로 도청에 강한 성질을 갖게 된다.

예제 7.7 코드 분할 다중화는 도청에 강한 성질을 갖는다. 그 이유는 무엇인가?

풀이 코드 분할 다중화에서 사용되는 코드 신호의 패턴은 난수 발생 알고리즘에 의하여 생성되므로 사용되는 난수 발생 알고리즘과 시드 값을 모를 경우에는 코드 신호를 재생할 수 없고 결과적으로 원 신호를 재생할 수 없다.

대역확산 방법은 **주파수 도약 확산대역**(Frequency Hopping Spread Spectrum : FHSS)과 **직접순열 확산대역**(Direct Sequence Spread Spectrum : DSSS) 등 두 가지로 나눌 수 있다.

01 | 주파수 도약 확산대역

시간을 슬롯으로 나누고 슬롯이 바뀜에 따라 이전 슬롯에서 사용했던 반송파 주파수와 다른 주파수의 반송파를 이용하여 메시지 신호를 변조하여 전송함으로써, 메시지가 사용하는 주파수대역을 계속적으로 변화시키는 방식을 이용한다. 이때 반송파 주파수 대역들은 이웃하고 있기 때문에 모두 합하면 연속된 주파수 대역이 된다. 결과적으로 다양한 반송파 주파수를 이용하기 때문에 전체적으로는 반송파주파수를 모두 합한 것만큼의 주파수 대역이 확산된다. 메시지의 주파수대역이 m이고 주파수 도약에 사용하는 서로 다른 반송파의 개수가 n이면, 메시지가 사용하는 총 주파수대역은 m*n이 된다. 예를 들어서 반송파의 개수가 4개라고 가정했을 때 주파수 도약 확산대역의 주파수 영역의 그림을 나타내면 다음 그림 7.14와 같다.

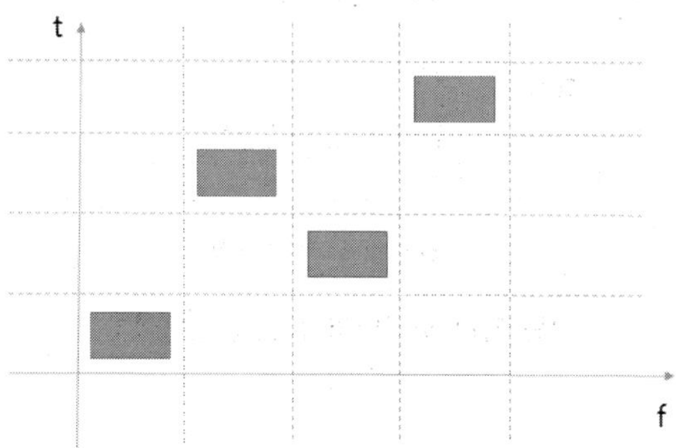

그림 7.14 주파수 도약 확산대역의 예

앞의 그림 7.14에서 처음에는 가장 낮은 주파수 대역을 사용하다가 그 다음엔 아래에서 세 번째 주파수 대역으로 바뀌고, 다시 아래에서 두 번째로, 마지막으로는 네 번째 주파수 대역으로 도약하는 예를 보여주고 있다. 도약하는 패턴은 난수 발생 알고리즘에 의해서 결정된다. 이에 따라 사용되는 대역폭이 데이터 신호 대역폭의 4배로 확산됨을 알 수 있다. 넓은 대역폭을 사용하는 것은 비용측면에서 단점이지만 도약하는 패턴을 달리하는 방법을 적절히 선택함으로써 같은 확산대역 내에서 다수의 데이터 신호들이 동시에 전송될 수 있다. 적절한 도약 패턴의 가지 수가 다중화 될 수 있는 채널의 개수를 결정할 것이다.

난수에 의하여 생성된 도약 패턴에 따라 변조될 반송 주파수 선택 방법은 가지 수가 4가지라고 가정하면 2비트 패턴에 의하여 선택할 수 있다. 다음 그림 7.15가 주파수 도약을 위한 주파수선택 방법을 보여주고 있다.

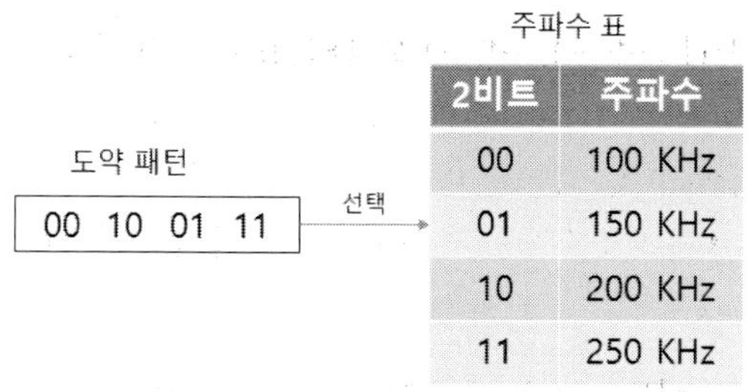

그림 7.15 도약 패턴에 따른 주파수 선택의 예

도약패턴은 반복적으로 적용된다. 앞의 예에서 4가지 도약 패턴이 모두 끝나면 다시 동일한 도약패턴에 따라 주파수 도약이 발생하게 된다. 만약 도약 주파수의 가지 수가 매우 많으면 난수에 의해서 생성되는 패턴은 추측하기가 매우 어렵기 때문에 도청을 막는 보안 방법으로 사용 가능하다.

예제 7.8 주파수 도약 확산대역(FHSS)에서 메시지의 주파수 대역이 100KHz이고, 도약에 이용되는 반송파의 개수가 16개라 할 때 확산대역의 주파수 대역폭은 얼마인가? 또 주파수 대역 확산에 의한 주파수 낭비를 피하기 위해서는 최소 몇 개의 주파수 도약 패턴이 필요한가?

풀이 확산대역을 위해서는 100KHz * 16 = 1600KHz의 대역폭이 필요하다. 원 신호의 주파수 대역보다 16배의 주파수 대역이 더 요구되므로 낭비를 피하기 위해서는 최소한 16개 이상의 도약 패턴이 요구된다.

02 | 직접순열 확산대역

직접순열 확산대역(DSSS)은 대역확산을 위해서 **칩(chip)**이라 부르는 n비트의 코드를 이용한다. 이 칩은 데이터 각 비트에 곱해져서 원래 데이터 비트율을 n배 증가시킨다. 이 결과 변조되는 신호의 대역폭도 결과적으로 n배로 확산된다. 예를 들어서 4개의 데이터 신호를 다중화하기 위해서는 4비트 칩을 이용하여 직접순열 확산대역을 수행할 수 있다. 4비트 칩은 다음과 같다.

C1 = [+1, +1, +1, +1], C2 = [+1, −1, +1, −1],
C3 = [+1, +1, −1, −1], C4 = [+1, −1, −1, +1]

이 칩들은 자기 자신과의 내적(inner product)은 1이고 다른 칩과의 내적은 0이 되는 성질을 갖는다. 내적을 계산하는 방법은 다음과 같다. [a, b, c, d] 와 [e, f, g, h]의 내적을 구하는 방법은 [a*e, b*f, c*g, d*h]이다.

예제 7.9 [+1, +1, +1, +1]과 [+1, −1, +1, −1]의 내적을 구하라.

풀이 [+1, +1, +1, +1] · [+1, −1, +1, −1] =
[(+1)*(+1), (+1)*(−1), (+1)*(+1), (+1)*(−1)) = [+1, −1, +1, −1]이다.

데이터 신호는 1비트는 +1로 0비트는 −1로 부호화된다. 만약 데이터 1이 C1과 곱하게 되면 +1 · [+1, +1, +1, +1] = [+1, +1, +1, +1]이 된다. 데이터 0은 C1과 곱하면 −1 · [+1, +1, +1, +1] = [−1, −1, −1, −1]이 된다.

수신 측에서는 C1을 이용하여 원래 신호를 재생할 수 있다. 데이터 1의 경우는 수신된 [+1, +1, +1, +1] 신호에 C1과 내적을 구하면 [+1, +1, +1, +1] · [+1, +1, +1, +1] = [+1, +1, +1, +1]이 되고 괄호 안의 값의 평균을 구하면 +1이 되므로 데이터 1임을 알 수 있다. 데이터 0의 경우도 동일한 처리를 통해서 [−1, −1, −1, −1] · [+1, +1, +1, +1] = [−1, −1, −1, −1]이 되고 평균은 −1이므로 데이터가 0 임을 알 수 있다.

만약 다른 데이터들과 합쳐진 신호를 수신했을 경우에도 동일한 처리를 함으로써 원래 데이터를 얻을 수 있다. 내적을 구하면서 다른 데이터들에게 적용된 칩과의 내적을 구하면 모두 0이 되기 때문이다. 예를 들어서 데이터 A는 1, 데이터 B는 0, 데이터 C는 1, 데이터 D는 없었다고 가정하자. 그러면 칩과 곱해진 결과는

A = +1 · [+1, +1, +1, +1] = [+1, +1, +1, +1]
B = −1 · [+1, −1, +1, −1] = [−1, +1, −1, +1]
C = +1 · [+1, +1, −1, −1] = [+1, +1, −1, −1]
D = 0 · [+1, −1, −1, +1] = [0, 0, 0, 0]

합해진 결과는 A + B + C + D = [+1, +3, −1, +1]이 된다.

이 값을 수신 측에서 수신하여 데이터 C를 구하고자하면 [+1, +1, −1, −1]를 이용하여 내적을 구한다.
[+1, +3, −1, +1] · [+1, +1, −1, −1] = [+1, +3, +1, −1]이 되고 내항의 평균값을 구하면 +1이 되므로 데이터 1을 구할 수 있다. 만약 데이터 D를 구하고 싶다면 [+1, −1, −1, +1]와 내적을 구한다.

[+1, +3, −1, +1] · [+1, −1, −1, +1] = [+1, −3, +1, +1]이므로 평균값은 0이 된다. 0 값은 신호가 없음을 의미한다.

칩을 구하기 위해서는 **월쉬 테이블**(Walsh table)을 이용한다. 월쉬 테이블의 규칙은 다음 식으로 나타낼 수 있다.

$$W_1 = [+1], W_{2N} = \begin{bmatrix} W_N & W_N \\ W_N & \overline{W_N} \end{bmatrix}$$

규칙에 따라 W_2를 구하면

$$W_2 = \begin{bmatrix} W_1 & W_1 \\ W_1 & \overline{W_1} \end{bmatrix} = \begin{bmatrix} +1 & +1 \\ +1 & -1 \end{bmatrix}$$ 이다.

월쉬 테이블의 각 열이 구하고자하는 칩이 된다. 따라서 2개의 칩은 W_2로부터 [+1,+1], [+1, −1]이 된다. 동일한 규칙을 이용하면 4개의 칩, 8개의 칩을 W_4, W_8으로부터 구할 수 있다.

예제 7.10 직접순열 확산대역 방식으로 다중화하고자 하는 채널이 40개가 있다고 가정할 때 요구되는 칩의 개수는 몇 개인가?

풀이 $\log_2 x \geq 40$인 최소의 자연수 x는 6이다. 따라서 2^6 = 64개의 칩 중에서 40개를 골라서 사용해야 한다.

예제 7.11 월쉬 테이블 규칙으로부터 W_4, W_8를 구하라.

풀이

$$W_4 = \begin{bmatrix} W_2 & W_2 \\ W_2 & \overline{W_2} \end{bmatrix} = \begin{bmatrix} 1 & 1 & 1 & 1 \\ 1 & -1 & 1 & -1 \\ 1 & 1 & -1 & -1 \\ 1 & -1 & -1 & 1 \end{bmatrix}$$

여기서 생성되는 칩은 (1, 1, 1, 1) (1, -1, 1, -1) (1, 1, -1, -1) (1, -1, -1, 1) 등이다.

한편 W_8은 월쉬 테이블 규칙으로부터

$$W_8 = \begin{bmatrix} W_4 & W_4 \\ W_4 & \overline{W_4} \end{bmatrix}$$

생성되는 칩은

(1, 1, 1, 1, 1, 1, 1, 1)
(1, -1, 1, -1, 1, -1, 1, -1)
(1, 1, -1, -1, 1, 1, -1, -1)
(1, -1, -1, 1, 1, -1, -1, 1)
(1, 1, 1, 1, -1, -1, -1, -1)
(1, -1, 1, -1, -1, 1, -1, 1)
(1, 1, -1, -1, -1, -1, 1, 1)
(1, -1, -1, 1, -1, 1, 1, -1)

등 총 8개다.

07 연습문제

1. 회선의 전송 용량을 나누어서 다수의 사용자 채널을 동시에 제공하는 기능을 무엇이라 하는가?

① 흐름 제어 ② 동기화 ③ 다중화 ④ 오류 제어

2. 다음 중에서 주파수 대역을 나누어서 다수의 채널을 다중화 하는 방식은 무엇인가?

① FDM ② TDM ③ CDM ④ AFM

3. 시간을 슬롯으로 나누어서 각 슬롯을 채널에 할당하여 다중화하는 방식은 무엇인가?

① FDM ② TDM ③ CDM ④ WDM

4. 서로 다른 파장을 갖는 신호를 다중화하는 방식으로 광통신에서 사용하는 방식은 다음 중 무엇인가?

① FDM ② TDM ③ CDM ④ WDM

5. 라디오 방송에서 사용하는 다중화 방식은 다음 중 무엇인가?

① FDM ② TDM ③ CDM ④ WDM

6. 다음 중 OFDM 다중화 방식을 이용하는 프로토콜은 무엇인가?

① WiMAX ② 이더넷 ③ 토큰링 ④ X.21

7. 다음 시분할 다중화에 대한 설명 중 잘못된 것은 무엇인가?

① 시분할 다중화는 시간 슬롯을 다수의 채널에 할당하는 방식을 이용한다.
② 주로 아날로그 신호를 전송할 때 사용한다.
③ 통계 시분할 다중화 방식은 주소를 위한 오버헤드가 필요하다.
④ 동기 시분할 다중화는 입력 회선의 데이터가 연속적으로 들어올 때 적합하다.

8. 유럽에서 사용하는 디지털 전송 시스템 표준 인터페이스로 30개의 음성 채널을 다중화할 수 있는 것은 다음 중 무엇인가?

① WiMAX ② T1 ③ E1 ④ WiFi

9. 다음 중 코드 분할 다중화의 장점이 아닌 것은 무엇인가?

① 사용되는 주파수 대역이 커지므로 주파수 낭비가 크다.
② 난수발행에 의한 칩을 사용함으로써 도청에 강해진다.
③ 대역이 확산됨에 따라 잡음에 대한 내성이 강해진다.
④ 확산된 주파수 대역을 다수의 사용자들이 공유할 수 있다.

10. 난수생성에 따라 반송파의 주파수를 특정 패턴으로 바꾸면서 데이터를 전송하는 방식을 무엇이라 하는가?

① FHSS ② DSSS ③ FDMA ④ OFDM

11. 다음 중에서 월쉬 테이블에서 W_4의 칩이 아닌 것은 무엇인가?

① [+1, +1, +1, +1] ② [+1, −1, +1, −1]
③ [+1, +1, −1, −1] ④ [+1, −1, −1, −1]

12. 다음 중 시분할 다중화 방식은 무엇인가?

① FHSS ② DSSS ③ T1 ④ OFDM

13. 다음 중 DSSS의 칩 코드를 생성하는 방법은 무엇인가?

① FHSS ② 샤논의 공식 ③ SHA-2 ④ 월시 테이블

14. DSSS 방식에서 다중화할 채널이 20개다. 필요한 칩의 개수는 몇 개인가?

① 10 ② 20 ③ 30 ④ 40

15. 이동통신 LTE에서 사용되는 다중화 방식은 무엇인가?

① FHSS ② DSSS ③ TDMA ④ OFDM

16. ADSL에 대한 설명이다. 잘못된 것은 다음 중 무엇인가?

① 전화 회선을 이용하여 고속의 데이터 네트워크 서비스를 제공한다.

② 기존의 전화 서비스 채널을 함께 포함한다.

③ 상향링크의 대역폭이 하향링크의 대역폭보다 더 크다.

④ 인터넷 서비스를 제공하기 위해서 사용될 수 있다.

17. 주파수 분할 다중화를 할 때 이웃한 채널 사이에 여분의 대역폭을 두는데 이를 무엇이라 하는가?

① 가드밴드　　② 중간대역　　③ 여유대역　　④ 미드밴드

18. 월쉬 테이블로 만들어진 서로 다른 칩들의 내적을 구하면 그 값은 무엇인가?

① 1　　② -1　　③ 0　　④ 10

19. 초당 8000번 표본화되고 표본화된 값은 양자화되어 8비트로 표현되는 음성채널을 위해서 64Kbps의 전송용량을 이용한다. 시분할 다중화 프레임은 채널 당 8비트 씩 총 24개의 음성채널 데이터와 동기를 위한 1 비트를 포함하면 다중화된 신호의 전송용량은 얼마인가?

20. 통계 시분할에서 각 타임슬롯으로 32비트가 전송되고 다중화 되는 입력 회선이 4개일 때 주소를 위한 오버헤드를 계산하라.

21. 입력 회선 3개의 전송률이 각각 18Kbps, 20Kbps, 20Kbps일 때 동기식 시분할 다중화를 위한 방안은 무엇인가?

M·E·M·O

Chapter 08

물리 인터페이스

Chapter 08

물리 인터페이스

통신망에 통신터미널을 접속하기 위해서는 접속을 위한 물리 인터페이스 규약을 따라야 한다. 터미널은 ITU-T 용어로는 **DTE(Data Terminal Equipment)**라 하고, 회선 종단장치는 **DCE(Data Circuit-terminating Equipment)**라 한다. 이들 사이의 통신 프로토콜이 물리인터페이스이다. DTE, DCE, 물리 인터페이스를 그림으로 나타내면 다음 그림 8.1과 같다.

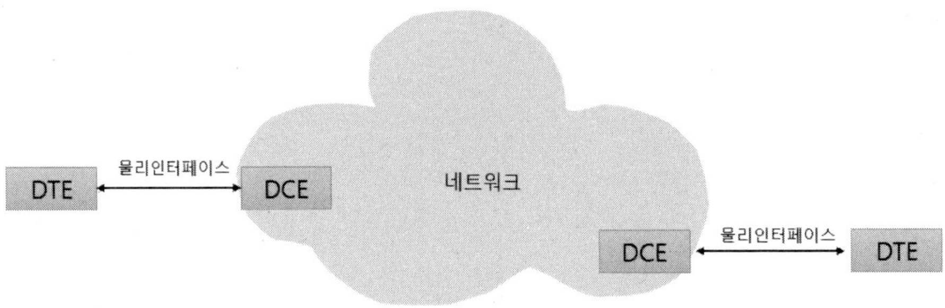

그림 8.1 DTE-DCE 사이의 물리 인터페이스

물리 인터페이스 방식을 규정하는 것이 물리 계층 프로토콜이다. 본 장에서는 대표적인 물리 인터페이스인 EIA-232, X.21, USB 등에 대해서 알아본다.

8.1 EIA-232

ISO 2110 표준과 ITU-T v.24와 v.28 표준 등을 미국 EIA에서 규격화한 것이다. 과거의 명칭은 RS-232라고 하였다. 이는 디지털 터미널과 전화망의 회선종단장치인 모뎀을 연결할 때 사용하는 직렬 인터페이스로 기계적, 전기적, 기능적, 절차적인 특성을 규정한 것이다.

01 | 기계적인 특성

기계적인 특성은 ISO 2110에서 규정한 것인데, 회선을 연결하기 위한 기계적인 규격으로 포트의 크기와 핀의 개수, 각 핀의 위치 등에 대한 규정이다. 암수 포트의 규격이 서로 맞지 않다면 물리적인 케이블 연결 자체가 되지 않을 것이다. 25핀 규격과 9핀 규격이 있는데, 흔히 사용하는 PC의 직렬 포트는 9핀 커넥터이다.

02 | 전기적인 특성

ITU-T의 V.28에서 규정한 것으로 회선 상의 송신, 수신 신호 전압에 대한 규약이다. 송신 전압은 이진 비트 1에 대해서는 -12V, 이진 비트 0에 대해서는 +12V로 전송한다. 수신 신호는 전압이 -3V 이하는 1로 +3V 이상이면 0으로 인식한다. 또한 데이터 속도는 20Kbps 이하이고 전송 거리는 15m 이하로 정하였다.

03 | 기능적 특성

ITU-T의 V.28의 표준 프로토콜은 25핀과 9핀으로 이루어진 커넥터의 각 핀에 할당된 기능에 대한 것이다. 포트의 모양은 사다리꼴과 유사한 형태를 띠며 각 핀에는 핀 번호가 할당되는데, 이 커넥터의 모양을 그림으로 나타내면 다음 그림 8.2와 같다.

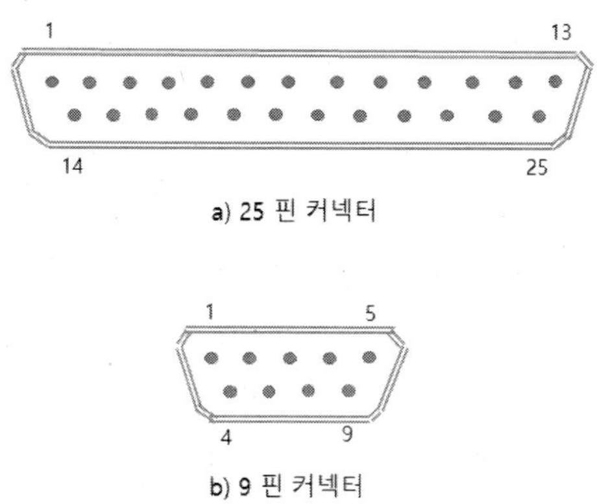

그림 8.2 EIA-232 커넥터

커넥터의 모양이 사다리꼴 형태인 것은 커넥터의 좌우가 반대로 연결되는 것을 방지하기 위한 것이다. 다음 표 8.1은 25핀 포트의 핀 번호에 대응되는 기능을 나타내었다.

표 8.1 EIA-232 커넥터 핀의 기능

핀번호	이름	신호방향	기능
1	Shield		케이블 차폐와 연결
2	TX(Transmitted data)	DTE->DCE	송신 데이터 신호
3	RX(Received data)	DTE<-DCE	수신 데이터 신호
4	RTS(Request to Send)	DTE->DCE	전송 요구 신호
5	CTS(Clear to Send)	DTE<-DCE	전송 요구에 대한 응답 신호
6	DCE Ready	DTE<-DCE	DCE가 준비되었음을 알리는 신호
7	Signal Ground Common Return		공통 접지 연결
8	Received Line Signal Detector	DTE<-DCE	캐리어 신호가 검출됨을 알림
9	Reserved(testing)		
10	Reserved(testing)		
11	Unassigned		
12	Secondary Recieved Line Signal Detector	DTE<-DCE	2차 채널에 캐리어 신호 검출 알림
13	Secondary Clear to Send	DTE<-DCE	2차 채널 송신 요구에 대한 응답 알림
14	Secondary TX(Transmitted Data)	DTE->DCE	2차 채널 송신 데이터 신호
15	Transmitter Signal Element timing	DTE<-DCE	송신 데이터 타이밍 신호
16	Secondary RX(Received data)	DTE<-DCE	2차 채널 수신 데이터 신호
17	Receiver Signal Element timing	DTE<-DCE	수신 데이터 타이밍 신호
18	Local Loopback	DTE->DCE	루프백 테스트 신호
19	Secondary RTS(Request to Send)	DTE->DCE	2차 채널 데이터 송신 요구 신호
20	DTE Ready	DTE->DCE	DTE가 준비되었음을 알림
21	Remote Loopback & Signal Quality Detector	DTE<-DCE	원격 루프백 시험, 또는 수신 신호에 오류 발생 가능성이 높음을 알림
22	Ring indicator	DTE<-DCE	회선이 호출되었음을 알림
23	Data Signal Rate Select	DTE<->DCE	2가지 데이터 신호율 중 하나 선택
24	Transmitter Signal Element timing	DTE->DCE	DTE가 생성한 타이밍 신호
25	Test Mode	DTE<-DCE	지역 DCE가 테스트 모드임을 알림

9 핀 방식에서 각 핀에 부여된 기능에 대한 표준은 다음 표 8.2와 같다.

표 8.2 EIA-232 9핀 커넥터 핀 기능

핀번호	이름	신호방향	기능
1	Data Carrier Detect	DTE<-DCE	채널에 캐리어 신호가 감지됨
2	RX(Received data)	DTE<-DCE	수신 데이터 신호
3	TX(Transmitted data)	DTE->DCE	송신 데이터 신호
4	Data Terminal Ready	DTE->DCE	DTE가 준비됨을 알림
5	Signal Ground		접지선 연결
6	Data Set Ready	DTE<-DCE	DCE가 준비되었음을 알리는 신호
7	RTS(Request to Send)	DTE->DCE	데이터 전송 요구 신호
8	CTS(Clear to Send)	DTE<-DCE	데이터 전송 요구에 대한 응답
9	Ring indicator	DTE<-DCE	회선이 호출되었음을 알림

04 | 절차적 특성

통신응용에 필요한 접속 시나리오에 따라 신호의 송수신 절차에 대하여 약속이 요구된다. EIA-232를 이용하는 방식에 따라서 다양한 절차가 가능한데, 다음 그림 8.3은 연결을 설정한 후 데이터 전송을 하는 절차의 예를 보여준다.

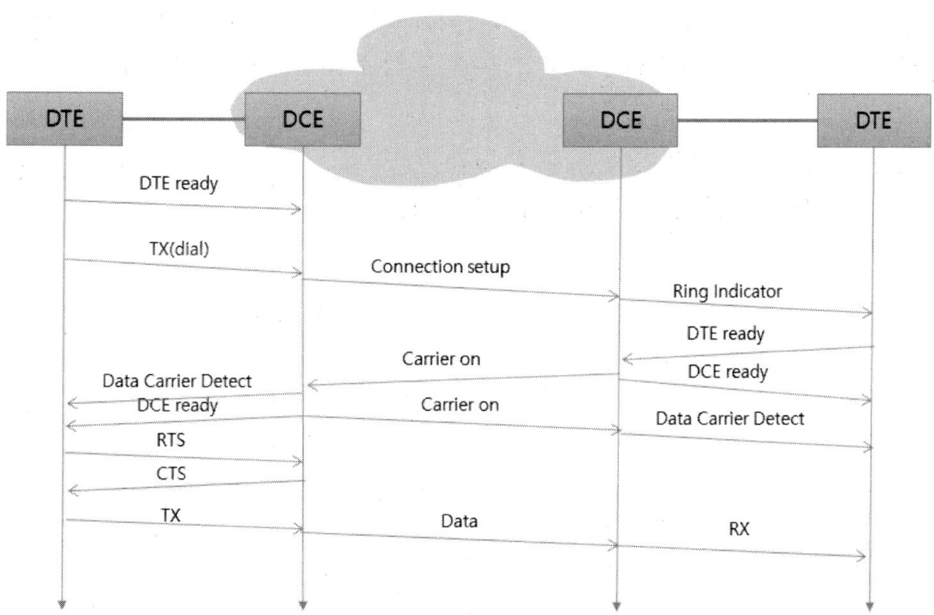

그림 8.3 EIA 232의 송수신 절차의 예

① 처음엔 터미널(DTE)이 준비되었음을 DTE ready 신호를 이용하여 모뎀(DCE)에게 알리고, 연결 설정을 위하여 다이얼 정보를 TX 신호를 통해서 모뎀에게 알린다. 모뎀은 망 내의 연결 설정 프로토콜을 이용하여 수신 측 모뎀까지 연결 설정을 요구한 후, 수신측 모뎀에서는 연결 요청이 있음을 Ring Indicator 신호로 알린다.

② 수신 측 터미널에서 DTE ready 신호를 이용하여 연결을 수락하면, 수신 측 모뎀은 DCE ready를 이용하여 준비가 되었음을 알리고 캐리어를 전송한다. 송신 측 모뎀에서는 캐리어를 감지한 후에 Carrier Detector 신호를 이용하여 송신 터미널에게 알리고, DCE ready 신호를 이용하여 모뎀이 준비되었음을 함께 알린다. 또한 수신 측으로 응답하기 위해서 캐리어를 전송한다.

③ 수신 측 모뎀에서는 캐리어를 수신한 후, 이를 수신 터미널에게 알리고 연결 설정을 완료한다.

④ 다음 전송할 데이터가 있으면 터미널은 RTS 신호를 이용하여 요청하고 모뎀은 CTS 신호로 응답한다.

⑤ 이후 터미널에서는 TX 신호선을 이용하여 데이터를 수신 측으로 전달한다.

05 | 널(Null) 모뎀 연결

원거리에 있는 터미널과 통신하기 위해서는 모뎀(DCE)을 이용하여 전화망 서비스를 이용해야 한다. 전화망 기능에 의해서 거리에 상관없이 송신 아날로그 신호는 수신 가능하도록 수신 측에 전달된다. 그러나 한 연구실 내에서와 같이 거리가 멀지 않은 경우에는 전송 도중에 신호의 감쇠나 손상이 적기 때문에 모뎀이 없이 터미널과 터미널을 직접 회선 연결하여 통신할 수 있다. 이와 같이 모뎀이 없이 연결하는 것을 널(null) 모뎀 연결이라고 한다. 일반적인 성능은 15m 내에서 20Kbps 전송 속도로 전송한다. 거리가 더 가까워지면 신호의 감쇠나 손상이 더 적어지기 때문에 더 높은 전송 속도가 가능하다. 다음 그림 8.4는 널 모뎀 연결 방법을 보여준다.

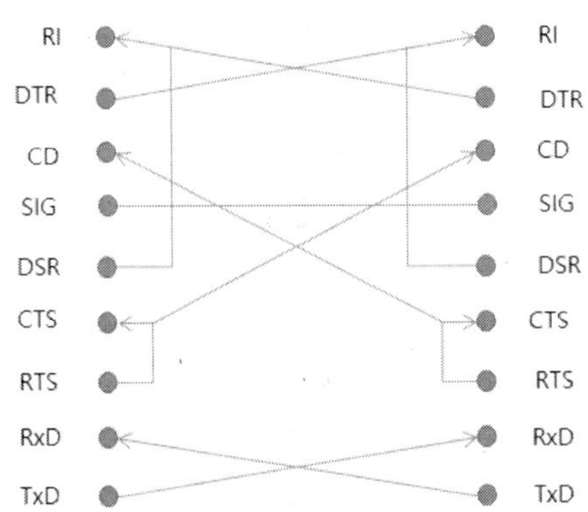

그림 8.4 널 모뎀 연결

널 모뎀 연결을 이용함으로써 모뎀이 없는 경우에도 모뎀이 있는 물리인터페이스와 동일한 절차에 의하여 데이터 송수신이 가능하다.

06 | UART

UART(Universal Asynchronous Receiver and Transmitter)는 컴퓨터나 하드웨어 장치에서 직렬 통신 기능을 제공하는 집적 회로이다. 하드웨어 장치에서부터 RX, TX, GND 등의 3 핀을 이용하여 양 방향 통신을 위한 인터페이스를 구성한다. RX, TX 선은 수신과 송신을 위한 신호 선으로 상대방의 RX, TX와 서로 교차해서 연결하고 GND는 공통 접지로 연결한 후 통신한다.

비동기 통신이므로 시작비트를 이용하여 동기를 맞추고, 5에서 8비트 범위 내의 크기로 구성된 데이터를 전송한 후에는 정지비트로 끝났음을 알리는 방식을 이용한다. 오류 검출을 위해서 한 비트의 패리티 비트를 추가하기도 한다. 디지털 회로는 자체의 클럭 신호를 사용하여 정해진 속도로 수신 데이터로부터 비트 구간을 구분하고, 구간의 중간에서 비트 값을 읽어낸다. 전송될 데이터의 크기나 패리티 비트의 유무 등은 송신자와 수신자 사이에서 데이터 전송 이전에 약속되어야 한다.

아두이노(Arduino)와 같은 오픈소스 하드웨어나 AVR 마이크로컨트롤러에도 UART 기능이 포함되어 있다. 아두이노 우노(Uno) 보드에서 RX(0번 핀), TX(1번 핀), 접지(GND)를 이용하여 외부의 장치들과 UART 통신이 가능하다. 다음 그림 8.5는 PC 와 아두이노 우노 보드 사이의 직렬 통신을 위한 기능 모듈을 나타낸 것이다.

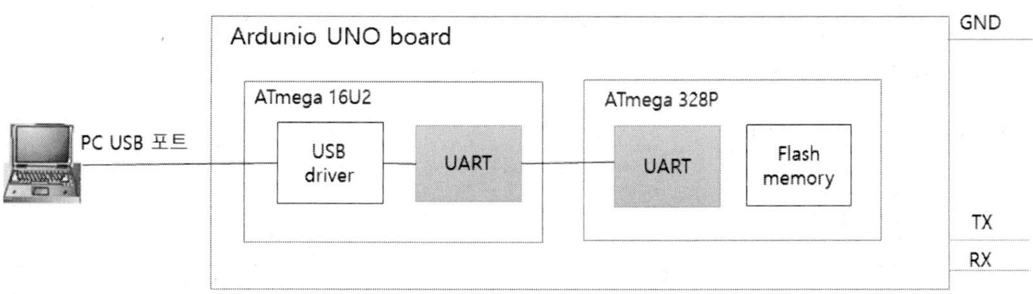

그림 8.5 PC와 아두이노 우노 보드의 UART 인터페이스

UART를 EIA232D, USB 등과 인터페이스하기 위해서는 디지털 신호를 변환해주는 장치가 필요하다. 그림 8.5에서 PC의 USB 인터페이스를 다시 TTL(Transistor Transistor Logic)으로 변환해주기 위해서 아두이노 보드 내에서 ATmega 16U2 칩을 이용한 것을 나타내었다. 아두이노 보드 내의 마

이크로컨트롤러인 ATmega 328P 칩은 UART 인터페이스를 이용하여 프로그램을 플래쉬 메모리에 기록한다.

8.2 X.21

X.21은 사용자 장치와 공중망 사이에 디지털 신호 방식의 인터페이스를 규정한 첫 번째 표준이다. 이는 ITU-T에서 권고한 회선 교환망에 대한 접속 표준이다. 15핀 커넥터에 대한 접속규격, 전기적 특성, 기능적 특성 그리고 호 제어와 오류 체킹, 시험 루프 등을 포함하는 통신망 제어 기능 등으로 구성된다. 전이중 방식이며, 동기식 전송을 한다. 또한 전송 속도는 600bps에서 64Kbps 범위에서 동작한다. 두 번째 표준인 X.21bis는 기존 아날로그 통신망에서 사용하기 위한 표준이다. X.21bis는 EIA-232/V.24 표준의 부분 집합이다. 다음 그림 8.6은 X.21의 15 핀 규격을 나타낸다.

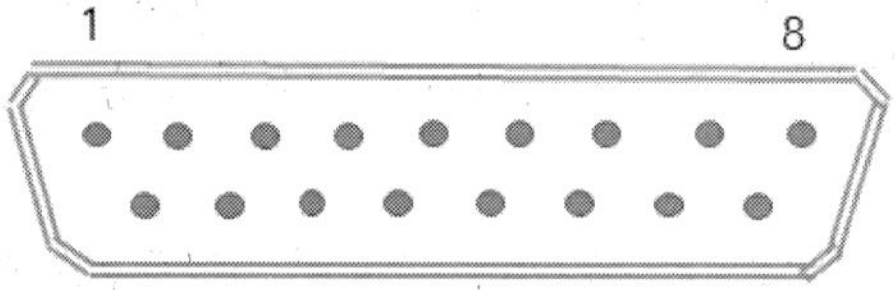

그림 8.6 X.21 커넥터 핀 배열

15 핀에 대한 기능은 다음 표와 같다.

표 8.3 X.21의 핀 기능

핀번호	이름	신호방향	기능
1	Shield		차폐 연결선
2	Transmit(A)	DTE->DCE	송신 데이터 신호
3	Control(A)	DTE->DCE	송신 제어 신호
4	Receive(A)	DTE<-DCE	수신 데이터 신호
5	Indication(A)	DTE<-DCE	수신 데이터 타입을 나타내는 신호
6	Signal Timing(A)	DTE<-DCE	타이밍 신호
7	Byte Timing(A) / unused	DTE<-DCE	바이트 타이밍 신호 또는 미사용
8	Ground		접지 연결선

9	Transmit(B)	DTE<-DCE	
10	Control(B)	DTE->DCE	
11	Receive(B)	DTE<-DCE	
12	Indication(B)	DTE<-DCE	
13	Signal Timing(B)	DTE<-DCE	
14	Byte Timing(B) / unused	DTE<-DCE	
15	unused		

모든 신호는 **균형 모드(balanced mode)**로 동작하기 때문에 각 신호는 모두 (+/-) 한 쌍이 존재한다. DTE의 control과 DCE의 indication 신호를 이용하여 하드웨어 핸드쉐이킹(handshaking)이 이루어진다. 이 방식은 RTS/CTS 핸드쉐이킹과 동일하다. X.21 신호들은 RS422 와 동일하다.

균형 모드란 접지선을 제외하고 한 방향 데이터 신호 선을 위해 2개의 회선을 이용하는 방식이다. 2개의 회선에 신호의 +/- 한 쌍을 각각 전달한다. 수신 측에 도착하면 + 신호에서 - 신호를 빼서 나온 값을 2로 나눈 값으로 신호를 인식한다. 이와 같은 방식은 외부의 잡음 신호가 간섭을 일으킬 때 잡음 신호에 의한 신호 왜곡을 최소화해주는 효과가 있다. 균형 모드는 **차등 신호(differential signal)**라고도 한다. 다음 절에 소개되는 USB에서도 차등 신호가 사용된다. 다음 그림 8.7을 보면 균형 모드의 신호에 잡음 간섭이 있을 경우 수신된 신호의 형태를 알 수 있다.

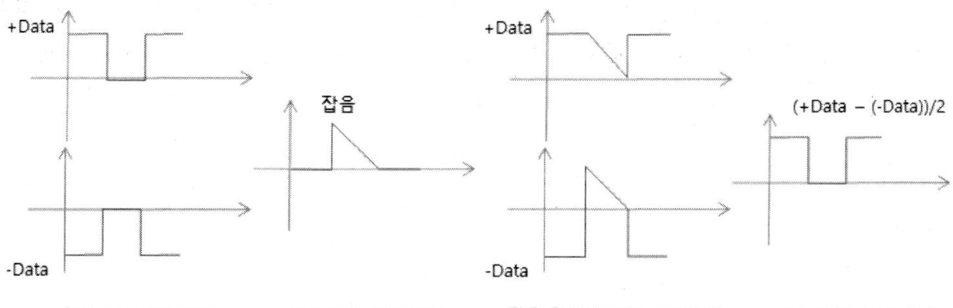

그림 8.7 균형 모드의 신호와 잡음 간섭 효과

두 개의 신호선과 접지선을 이용하는 균형 모드와는 달리 한 개의 신호선과 접지선을 이용하는 **불균형 모드(unbalanced mode)**는 적은 신호선를 이용하여 단순하고 비용이 적게 들지만, 외부의 잡음 간섭에 따른 신호왜곡을 줄일 수 있는 방법이 없다.

8.3 USB

USB(Universal Serial Bus)는 최근 개인용 컴퓨터의 인터페이스로 가장 많이 사용되고 있는 표준 프로토콜이다. 이름에서 알 수 있는 것처럼 직렬 통신 방식의 인터페이스를 제공한다. 원거리 통신을 위한 프로토콜들과는 달리 USB는 5m 이내의 가까운 거리에 있는 컴퓨터와 주변기기 접속을 위한 것이다. 그렇기 때문에 전송률은 수백 Mbps에서 수 Gbps로 고속의 통신 기능을 제공한다. USB가 나오기 이전에는 개인용 컴퓨터와 외부장치들 간의 인터페이스는 장치마다 서로 다른 방식을 사용하였다. 때문에 외부장치가 접속할 때마다 장치의 고유 드라이버 소프트웨어를 설치해야 하는 문제점이 있었다. 이에 따라 1996년 마이크로소프트, IBM, 인텔, DEC, 컴팩, NEC, Nortel 등이 합의하여 USB 규격을 개발하였다.

전송 용량 이외에도 USB 장치는 접속을 한 후 자동으로 컴퓨터에서 인식되고 정상적인 동작이 이루어지는 플러그-앤-플레이(Plug and Play)와 연결 후 재부팅 없이 바로 사용할 수 있는 핫-플러깅(hot plugging) 기능을 제공하기 때문에 사용자들에게 많은 인기를 얻었다.

01 | 연결 방식

USB의 연결 방식은 하나의 호스트에 여러 개의 장치들이 스타(star) 형태로 접속하는 방식을 이용한다. 장치가 접속하는 위치에 다음 계층의 허브가 붙어서 다시 그 아래에 다수의 장치들이 접속할 수 있다. 이와 같은 방식으로 5 계층까지의 연결이 가능하다. 전체적으로는 다음 그림 8.8에서처럼 트리(tree) 형태가 된다.

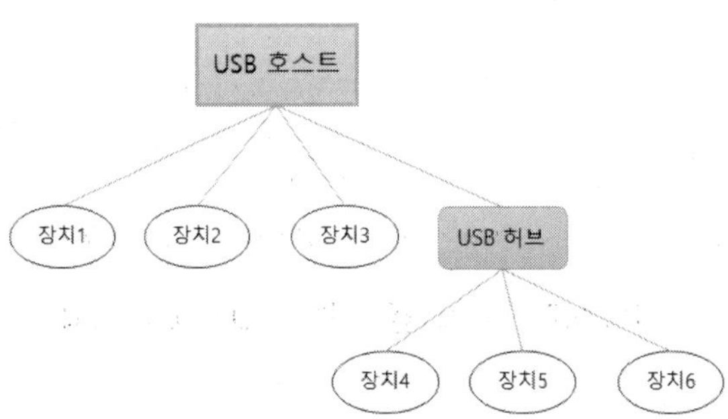

그림 8.8 USB 연결 형태

최근에 개발된 USB 3.0에서는 최대 5Gbps의 전송 속도로 장치와 송수신이 가능하다. 이전 버전인 USB 2.0은 2000년에 발표된 것으로 최대 480Mbps의 전송 속도를 제공하였다. 이와 같은 높은 전송 속도 이외에 주변 장치들을 데이지 체인(daisy chain) 방식으로 연결하기 때문에 최대 127개까지 하나의 케이블에 연결 가능하다.

02 | 프로토콜

USB 2.0에서는 4개의 차폐된 와이어를 사용하는데, 2개는 전원(V_{bus})과 접지(GND) 선이고, 2개는 데이터를 위한 차등 신호(differential signal)(D+와 D−)이다. 차등 데이터 신호란 앞 절에서 언급한 균형 모드의 신호를 의미한다(X.21 방식 참조). 다음 그림 8.9는 USB의 표준 연결구의 핀 배열을 보여준다.

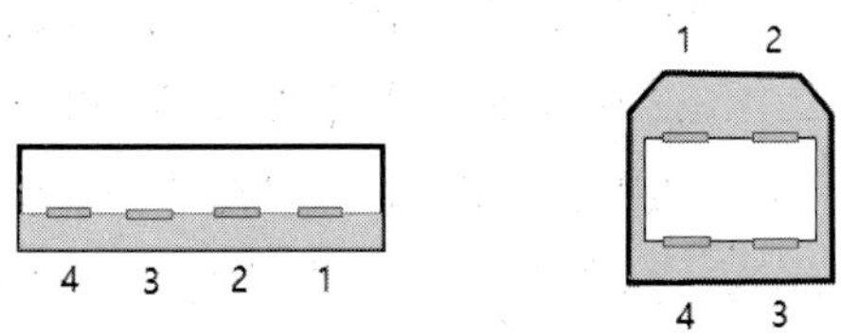

a) A 타입　　b) B 타입

그림 8.9 USB 표준 연결구의 핀 배열

USB 2.0 표준 연결구의 각 핀의 기능은 다음 표 8.4와 같다.

표 8.4 표준 USB 핀의 기능

핀번호	명칭	기능	색깔
1	Vbus	전원 +5V	red 또는 orange
2	D−	데이터 −	white 또는 gold
3	D+	데이터 +	green
4	GND	접지	black 또는 blue

표준 연결구 이외에도 mini-A, mini-B, micro-A, micro-B 등의 연결구가 있다. 이들은 작은 크기의 장치들의 인터페이스 방식에 사용되고 있다. micro 형의 연결구는 오늘날 스마트 폰에서 많이 사용되고 있다. 이들은 표준 연결구와는 달리 5개의 핀을 가지고 있다. 1번에서 3번까지의 기능은

표준 연결구와 동일하고 4번은 On-The-Go(OTG) ID 핀이며, 5번은 접지(GND)이다. 다음 그림 8.10은 미니 USB와 마이크로 USB의 연결구 형태를 나타낸 것이다.

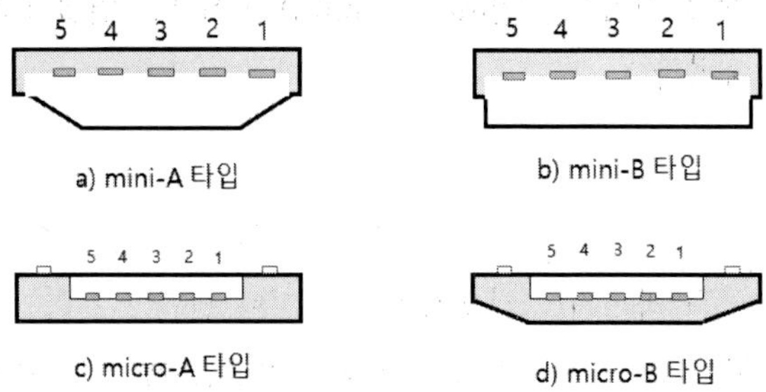

그림 8.10 미니 USB와 마이크로 USB의 연결구 형태

OTG는 USB 장치인 테블릿이나 스마트폰 등이 USB의 호스트로 기능을 할 수 있게 한다. USB로 연결이 이루어질 때 호스트로 기능을 하도록 함으로써, 플래쉬 메모리, 디지털 카메라, 키보드 등의 다른 장치들로부터 데이터를 읽어올 수 있다. USB OTG는 A형과 B형 장치가 있는데, A형은 전원을 공급하는 호스트가 되고 B형은 전원을 공급받는 보조 장치가 된다. 호스트와 보조 장치의 역할은 호스트 협상 프로토콜에 의하여 결정된다.

호스트와 수신자는 데이터를 전송하기 위하여 NRZ-I(Non Return to Zero - Invert) 인코딩을 이용한다. 각 패킷은 동기를 맞추기 위해서 동기(sync) 필드를 사용한다. 2.0 버전에서는 데이터 신호는 반이중 방식을 이용하여 전송한다. 3.0 버전에서는 2개의 차등 신호 쌍(SSTx+, SSTx−, SSRx+ and SSRx−)이 추가되어서 SuperSpeed 모드에서 전이중 방식으로 전송할 수 있다.

USB 2.0에서 케이블의 길이는 5m로 제한된다. USB 3.0에서는 명시적으로 길이를 제한하지는 않았지만 전기적인 규격을 만족해야 한다.

08 연습문제

1. 물리 인터페이스를 규정함에 있어 터미널을 의미하는 용어는 다음 중 무엇인가?
   ① DCE ② DTE ③ Modem ④ CSU

2. EIA-232 표준은 프로토콜 계층으로는 어디에 속하는가?
   ① 물리 계층 ② 데이터 링크 계층
   ③ 네트워크 계층 ④ 전송 계층

3. 컴퓨터와 모뎀 사이의 물리 인터페이스 표준을 무엇이라고 하는가?
   ① EIA-232 ② X.21
   ③ USB ④ IEEE1394

4. EIA-232 물리 인터페이스에서 규정하는 것이 아닌 것은 무엇인가?
   ① 기계적 특성 ② 전기적 특성
   ③ 기능적 특성 ④ 형식적 특성

5. EIA-232에서 데이터 송수신을 위해서 DTE로부터 RTS를 받았을 때 DCE의 응답은 다음 중 어떤 신호인가?
   ① DTR ② CTR ③ CTS ④ RX

6. 패킷 교환망의 프로토콜 X.25에서 물리 계층에 해당하는 프로토콜은 다음 중 무엇인가?
   ① X.21 ② LAP-D ③ LAP-B ④ X.3

7. X.21 인터페이스에서는 데이터 신호선을 2개 이용하여 하나는 데이터 신호를 다른 하나의 반전된 데이터 신호를 전달한다. 그리고 공통의 접지선을 연결한다. 이와 같은 방식을 무엇이라 하는가?
   ① 불균형 모드 ② 균형 모드 ③ 공통접지 ④ 2선 모드

8. RX, TX, GND 등의 3선을 연결하여 비동기 직렬 전송이 가능하도록 하는 하드웨어 장치를 무엇이라고 하는가?

① UART ② BNC ③ SDLC ④ X.21

9. 컴퓨터들의 거리가 가까워서 모뎀이 없이 직접 회선을 연결하는 방식을 무슨 연결이라고 하는가?

① LAP-D ② BNC ③ SDLC ④ 널모뎀

10. 개인용 컴퓨터와 주변기기 사이의 연결을 쉽게 하기 위해서 만든 표준 직렬 통신 방식은 다음 중 무엇인가?

① LAP-D ② USB ③ SDLC ④ 널모뎀

11. 다음 중 USB의 특징이 아닌 것은 무엇인가?

① plug and play 방식을 지원한다.
② 직렬 통신 방식을 이용한 고속 데이터 전송
③ 최대 127개의 장치를 연결할 수 있다.
④ 전원공급은 하지 않는다.

12. 다음 USB에 대한 설명 중에서 잘못된 것은 무엇인가?

① USB 2.0에서 케이블의 길이는 5m로 제한된다.
② NRZ-I(Non Return to Zero - Invert) 인코딩을 이용한다.
③ 차등 신호(differential signal) 방식으로 데이터를 전달한다.
④ USB 2.0에서는 전이중 방식의 전송을 한다.

13. USB 3.0의 특징에 대해서 알아보자.

Chapter 09

오류 검출과 정정

Chapter 09

오류 검출과 정정

송신 측에서 수신 측으로 데이터가 전달되는 도중에 여러 가지 원인에 의하여 데이터에 오류가 발생할 수 있다. 전송 도중 데이터 내용의 변질에 따른 오류를 처리하는 것이 통신 데이터의 무결성(integrity)을 위해서 무엇보다 중요하다. 이 장에서는 오류 처리에 필수적인 오류를 검출하는 방법과 이를 정정하는 방법에 대하여 다룬다.

9.1 오류 검출

데이터가 전송되는 도중에 발생할 수 있는 오류 상황은 데이터가 전송 도중에 유실되는 경우와 데이터의 내용이 변경되는 경우 등이 존재한다. 전송 도중에 데이터가 유실되는 경우에 수신측은 유실 유무를 알 수 없기 때문에 아무런 대응을 할 수 없다. 이 문제를 해결하기 위해서는 수신 측에서 데이터 수신이 이루어지면 이에 따른 응답을 송신 측에 보내게 함으로써 해결될 수 있다. 즉, 송신 측은 데이터를 보내고 정상적인 수신에 따른 응답을 받음으로써 이를 확인할 수 있고, 정상적인 응답이 없을 경우에는 데이터가 송신 중에 유실되었음을 알 수 있다. 이때 송신 측에서 응답을 무한정 기다릴 수 없기 때문에 기다리는 시간 간격을 정해서, 정해진 시간 간격 동안 응답이 오지 않으면 데이터 전송이 실패했다고 판단하고 재전송을 하게 된다. 데이터 유실에 따른 재전송 상황을 그림으로 나타내면 다음 그림 9.1과 같다.

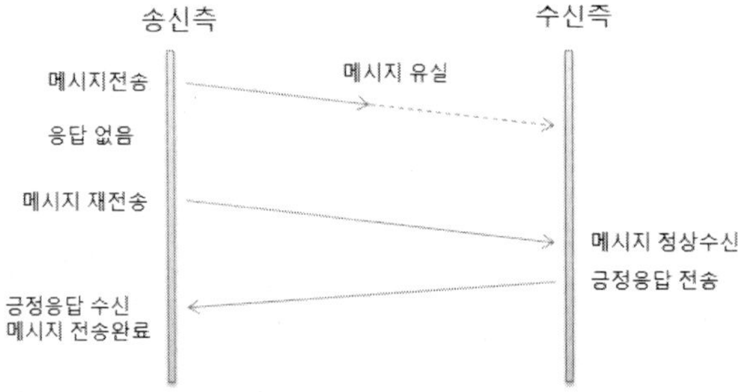

그림 9.1 전송 도중 메시지 유실이 발생하는 경우 재전송 처리 과정

두 번째 경우는 데이터 내용이 변경되는 경우인데 데이터 전송 도중에 외부로부터의 신호 간섭 등의 다양한 원인으로 인해 전송되는 신호 파형이 변질되고 데이터 내용이 바뀔 수 있다. 수신 측에서는 오류가 발생한 데이터가 도착했을 때, 오류 유무를 판단할 수 있어야만 정상적인 데이터 수신을 위한 처리가 가능하다. 수신 메시지 내에 오류 발생 유무를 알아내는 것을 **오류 검출**(error detection)이라 한다.

한편 오류가 발생하면 이를 직접 정정하거나 재전송을 요구하여 정상적인 메시지를 수신하도록 처리하는 **오류 정정**(error correction)이 요구된다. 수신 측에서 직접 오류 정정을 하기 위해서는 데이터 크기에 견줄 만큼의 부가 정보가 필요하기 때문에, 재전송이 어려운 특별한 경우가 아니고는 일반적으로는 재전송에 의한 오류 정정을 수행한다. 다음 그림 9.2가 이 과정을 그림으로 나타낸 것이다.

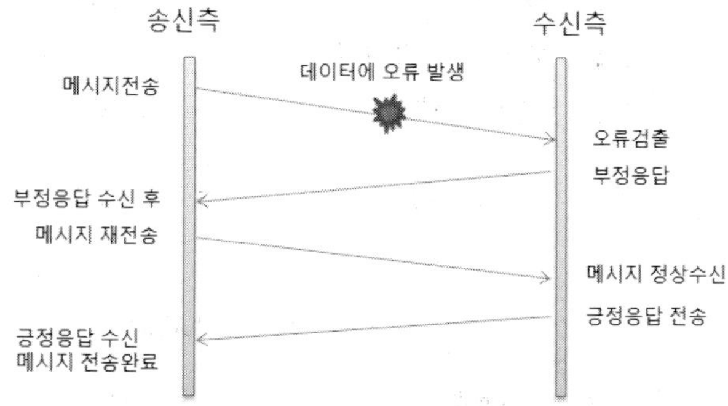

그림 9.2 메시지 전송 도중 오류 발생에 따른 재전송 처리 과정

전송 도중에 발생하는 데이터의 오류를 검출하는 방법으로는 **패리티 비트**(parity bit), **순환 중복 검사**(Cyclic Redundancy Check : CRC), **1의 보수 합**(one's complements sum) 등의 방법이 있다.

01 | 패리티 비트

패리티 비트(parity bit)는 데이터 내에 값이 1인 비트의 개수를 카운트하여 그 수가 홀수 또는 짝수가 되도록 붙여 주는 잉여의 한 비트를 의미한다. 만약 홀수가 되도록 약속했다면 홀수 패리티(odd parity) 방식이 되고, 짝수가 되도록 약속했다면 짝수 패리티(even parity) 방식이 된다. 홀수 패리티를 이용할 것인지 짝수 패리티를 이용할 것인지는 통신 이전에 송신자와 수신자 사이에서 협상을 통하여 정해진다.

일반적으로 ASCII 코드로 문자를 나타낼 경우 7비트 크기인데, 이를 전송할 때 한 비트를 추가하여 8비트(1바이트)로 전달한다. 만약 A 문자를 홀수 패리티 방법으로 전달한다면, 0100001에 1비트의 개수가 홀수가 되도록 MSB 쪽에 1이 추가되어 10100001이 전송될 것이다. 만약 짝수 패리티를 사용했다면 1의 개수가 짝수가 되도록 MSB 쪽에 0이 추가되어 00100001이 전송될 것이다.

만약 전달 도중에 한 비트의 값이 0에서 1로 또는 1에서 0으로 변경될 경우에는 전체 1의 개수가 홀수에서 짝수로 또는 짝수에서 홀수로 변경된다. 따라서 수신 측에서는 약속에 따라 홀수 패리티일 경우에는 1비트의 개수가 짝수 개수의 데이터를 수신하게 되므로 오류를 검출할 수 있고, 짝수 패리티일 때는 이와 반대로 1비트의 개수가 홀수 개수의 데이터를 수신하게 되어 오류를 검출할 수 있다.

패리티 방법의 문제점은 오류 발생 비트 수가 짝수 개일 때에는 오류를 검출 할 수 없다는 점이다. 이는 개수 정보 없이 단순히 홀짝의 정보만을 가지고 판단하기 때문이다. 다음 그림 9.3은 패리티 비트 방법이 오류 검출을 성공하는 경우와 실패하는 경우의 예를 보여준다.

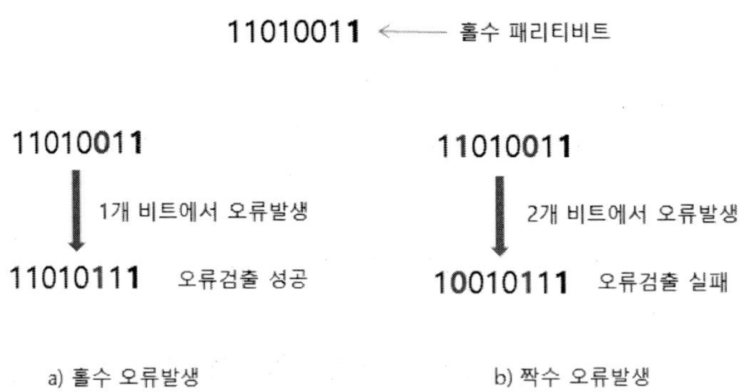

그림 9.3 패리티 비트의 오류 검출 예

예제 9.1 데이터가 1101001일 때 짝수 패리티 비트의 값은 무엇인가?

풀이 데이터에 1의 개수가 4개이고 짝수이므로 패리티 비트는 0이 된다.

패리티 비트의 오류 검출 성공률을 높이기 위해서 2차원적인 패리티 비트 적용을 이용한 오류 검출 방법이 있다. 각 문자마다 패리티 비트를 붙일 뿐 아니라 문자가 일곱 개 모이면 이들에 대해서 세로로 패리티 비트를 8개 붙인다. 즉 패리티 비트들로 이루어진 한 문자를 더 첨가하는 방법을 이용한다. 즉 가로 방향으로 패리티 비트를 붙이고, 세로 방향으로 다시 패리티 비트를 붙여주는 방법이다. 이렇게 되면 앞의 그림에서처럼 짝수 개의 비트에 오류가 발생하더라도 세로 방향의 패리티 비트에 의하여 오류 검출이 될 수 있다. 다음 그림 9.4는 2차원 패리티 비트 적용 방법을 보여주고 있다.

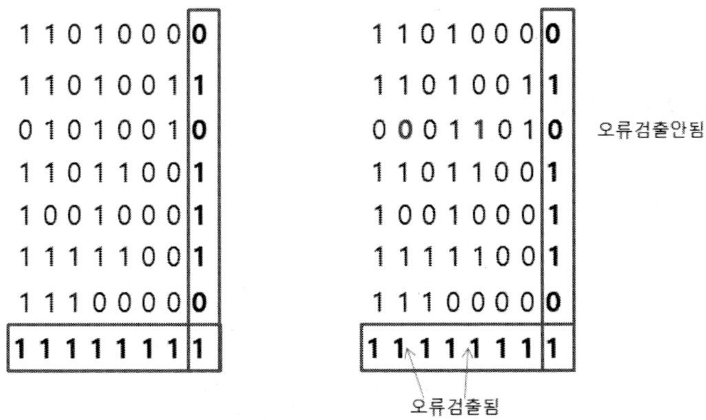

a) 2차원 패리티비트　　b) 2차원 패리티비트 오류검출 예

그림 9.4 2차원적 패리티 비트 적용

02 | 순환 중복 검사

순환 중복 검사(CRC)는 버스티(bursty) 오류 발생 시에 오류 검출에 적합한 방법으로 알려져 있다. 현재 HDLC를 비롯한 많은 프로토콜에서 순환 중복 검사를 사용하고 있는 것을 볼 수 있다.

순환 중복 검사 방법은 2진 나누기 연산과 유사한 방법으로 계산한다. 전송의 대상이 되는 전체 데이터에 대하여 송수신자 사이에 약속된 비트 패턴을 이용하여 2진 나누기와 유사한 연산을 수행하여 나온 나머지 비트 열을 전송 데이터에 붙여서 전송한다. 수신 측에서도 이와 유사한 연산을 하여 나머지가 0이 나오면 오류가 없는 것으로 판단하고, 그렇지 않으면 오류가 발생한 것으로 판단하여 재전송을 요구한다. 2진 나누기는 수학에서의 나누기와는 달리 뺄셈 연산 대신 XOR 연산을 이용하여 계산한다. 다음은 XOR 연산의 예를 나타낸 것이다.

```
    1 0 1 0
  ⊕ 1 0 1 1
  ---------
    0 0 0 1
```

예를 들어서 데이터가 101001101이라 가정하고, 송수신자 사이에 제수로 약속한 비트 패턴이 1011이라 한다면 2진 나누기 연산은 다음 그림과 같은 결과를 얻는다.

```
           -----------------------
1 0 1 1  ) 1 0 1 0 0 1 1 0 1 0 0 0
           1 0 1 1
           ------------
                 1 0 1 1
                 1 0 1 1
                 ----------------
                         1 0 0 0
                         1 0 1 1
                        -------
                           0 1 1   <-- 나머지
```

2진 나누기를 할 때 방법은 다음과 같다.

① 메시지 뒤에 제수의 비트 개수보다 하나 적은 개수의 0을 붙인다.

② 피제수의 왼쪽부터 1이 있는 자리에 제수를 맞추어 XOR 연산을 수행한다.

③ XOR 연산 결과를 얻은 다음 나누기를 더 수행할 수 있다면 ②번으로 간다.
자리수가 부족하여 나누기를 수행할 수 없다면, 제수보다 하나 적은 자리수의 나머지를 구한다. 구해진 나머지가 CRC 오류 검출을 위한 잉여의 비트열(checksum)이다. 일반적으로 메시지 뒤에 붙여서 전송된다.

수신 측에서 CRC를 이용한 오류 검출 방법은 다음과 같다.

① 약속된 제수로 수신된 메시지와 CRC 체크섬(checksum)을 대상으로 송신 측과 같은 방법의 2진 나누기를 수행한다.

② 나머지가 0이면 오류가 발생하지 않은 것으로 간주한다. 만약 나머지가 0이 아니면 오류가 발생한 것으로 송신 측에 재전송을 요구해야 한다.

앞의 예에 대해서 수신 처리를 하면 다음과 같다.

```
                ------------------
1 0 1 1 ) 1 0 1 0 0 1 1 0 1 0 1 1
          1 0 1 1
          --------------
              1 0 1 1
              1 0 1 1
             -------------
                    1 0 1 1
                    1 0 1 1
                   ------
                        0  <-- 오류 없음
```

예제 9.2 전송할 데이터가 10011010010이고 송수신자 사이에 약속된 제수가 11001일 때 CRC 비트 열을 구하라.

풀이

```
          -------------------------
1 1 0 0 1 ) 1 0 0 1 1 0 1 0 0 1 0 0 0 0
            1 1 0 0 1
          -----------
              1 0 1 0 0
              1 1 0 0 1
            ----------
                1 1 0 1 1
                1 1 0 0 1
              -------------
                      1 0 0 0 1
                      1 1 0 0 1
                    ----------
                        1 0 0 0 0
                        1 1 0 0 1
                      ----------
                          1 0 0 1 0
                          1 1 0 0 1
                        -----------
                            1 0 1 1 0
                            1 1 0 0 1
                          ---------
                              1 1 1 1 0
                              1 1 0 0 1
                            ---------
                                0 1 1 1
```

예제 9.3 앞의 예제 9.2의 오류 검출 코드를 데이터에 붙여서 전달했을 경우 수신 측에서 오류 검출을 위한 CRC 계산 과정을 나타내어라.

풀이

```
          ----------------------------
1 1 0 0 1 ) 1 0 0 1 1 0 1 0 0 1 0 1 1 1
            1 1 0 0 1
          --------------
              1 0 1 0 0
              1 1 0 0 1
            -------------
                1 1 0 1 1
                1 1 0 0 1
              ----------------
                      1 0 0 0 1
                      1 1 0 0 1
                    ------------
                        1 0 0 0 0
                        1 1 0 0 1
                      ------------
                          1 0 0 1 1
                          1 1 0 0 1
                        ------------
                            1 0 1 0 1
                            1 1 0 0 1
                          -----------
                              1 1 0 0 1
                              1 1 0 0 1
                            ----------
                                      0
```

국제 표준화 기구에서 권고하는 CRC 연산을 위한 제수 비트열은 다항식 형식으로 나타내면 다음과 같다.

- CRC-16 : $X^{16}+X^{15}+X^{2}+1$
- CRC-CCITT : $X^{16}+X^{12}+x^{5}+1$
- CRC-32 : $X^{32}+X^{26}+X^{23}+X^{16}+X^{12}+X^{10}+X^{8}+X^{7}+X^{5}+X^{4}+X^{2}+X+1$

2진 비트열에 대한 다항식 표현은 X^{n}의 계수에 비트열의 자리 수를 대입하여 나온 다항식으로 표현한다. 예를 들어서 1011이라면 $1*X^{3} + 0*X^{2} + 1*X^{1} +1*X^{0} = X^{3} + X^{1} + 1$이다.

예제 9.4 CRC-16의 다항식 형식은 $X^{16}+X^{15}+X^{2}+1$이다. 이를 이진 비트열로 나타내어라.

풀이 11000000000000101

■ CRC 디지털 회로

CRC 체크섬을 계산할 때에는 디지털 회로를 이용해야 빠른 처리가 가능하다. 제수의 다항식을 고려하여 XOR 연산자와 시프트 레지스터를 이용하여 구현한다. 제수의 다항식을 고려한 일반적인 회로의 구성은 다음 그림 9.5와 같다.

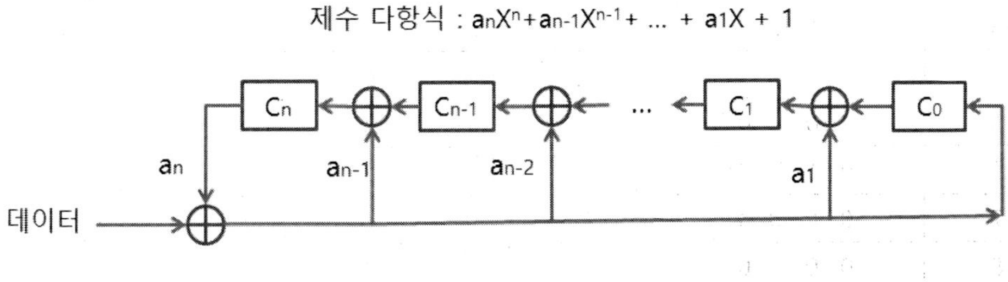

그림 9.5 CRC 회로 구현

예를 들어서 제수가 11001이라면 다항식은 x^4+x^3+1이고, 이에 따른 CRC 회로는 다음 그림 9.6과 같다.

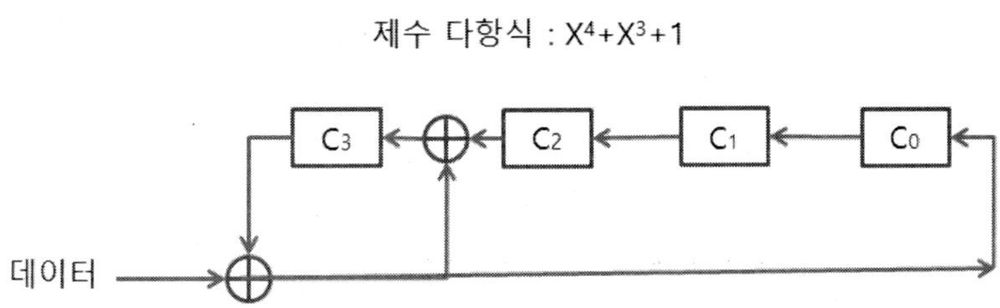

그림 9.6 제수 x^4+x^3+1에 대한 CRC 회로구현

연산이 시작되기 전에 시프트 레지스터(shift register) C_3, C_2, C_1, C_0의 값은 모두 0으로 초기화된다. 앞의 그림에서 회로의 마스터 클럭이 한번 나타날 때마다 동기 되어 한 비트 씩 왼쪽에서 들어가면서 회로에서 연산된다. 데이터가 110100101이라면 마스터 클럭이 열 번 지나가면 연산이 종료되고, 이때 시프트 레지스터에 남아 있는 값이 CRC 체크섬이 된다. 다음 표 9.1의 값이 매번 클럭이 뜰 때 시프트 레지스터의 값을 나타낸 것이다. 최종 결과는 1101이 된다.

표 9.1 CRC 처리 과정의 시프트 레지스터

클럭	C_3 C_2 C_1 C_0	입력 데이터	입력 데이터⊕C_3
0	0 0 0 0	1	1
1	1 0 0 1	1	0
2	0 0 1 0	0	0
3	0 1 0 0	1	1
4	0 0 0 1	0	0
5	0 0 1 0	0	0
6	0 1 0 0	1	1
7	0 0 0 1	0	0
8	0 0 1 0	1	1
9	1 1 0 1		

예제 9.5 제수 다항식이 x^3+x^1+1이면 이에 대한 하드웨어 회로는 무엇인가?

풀이

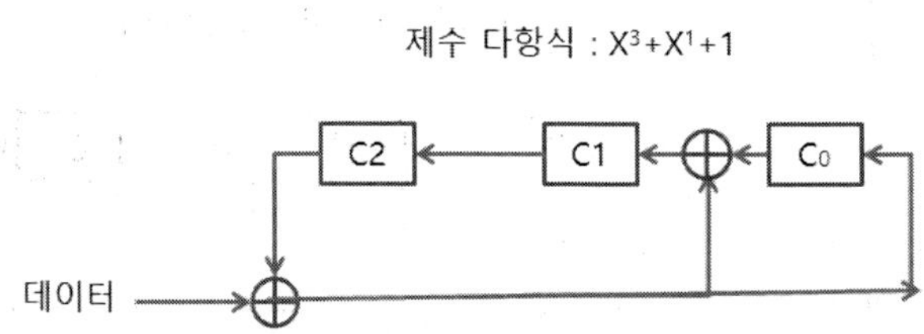

그림 9.7 x^3+x^1+1에 대한 하드웨어 회로

x^3+x^1+1 제수 다항식을 비트열로 나타내면 1011이다. 만약 데이터가 1101010이라 가정하면 그림 9.7의 회로에 의하여 계산되는 과정을 표로 나타내면 다음과 같다.

표 9.2 그림 9.7 회로의 처리 과정

클럭	C_2 C_1 C_0	입력 데이터	입력 데이터⊕C_2
0	0 0 0	1	1
1	0 1 1	1	1
2	1 0 1	0	1

3	0 0 1	1	1
4	0 0 1	0	0
5	0 1 0	1	1
6	1 1 1	0	1
7	1 0 1		

03 | 1의 보수 합 방식

이름에서 알 수 있는 것처럼 처리 대상이 되는 데이터를 1의 보수의 합으로 연산하여 구한다. 전송될 데이터를 정해진 크기(블록)로 나누고, 나누어진 크기의 블록들을 모두 합한다. 합한 결과로 생겨난 캐리(carry) 비트 값은 다시 더해진다. 이후 결과 값을 1의 보수화 시킨다. 이렇게 생성된 정해진 크기의 비트열이 1의 보수 합 방식의 체크섬(checksum)이다. 이 방법은 인터넷 프로토콜인 TCP/IP에서 오류 검출을 위해서 사용하는 방식이다. TCP/IP에서는 16비트 단위로 체크섬을 구한다.
다음은 8비트 단위로 체크섬을 계산하는 예를 나타낸 것이다.

```
데이터 : 00101001 11001011 10010001 10001110
         0 0 1 0 1 0 0 1
         1 1 0 0 1 0 1 1
         1 0 0 1 0 0 0 1
      +  1 0 0 0 1 1 1 0 (모든 데이터를 합산)
      -------------------
     1 0 0 0 0 1 0 0 1 1
     캐리(carry) 발생

         0 0 0 1 0 0 1 1
      +              1 0 (캐리 합산)
      -------------------
         0 0 0 1 0 1 0 1
         1 1 1 0 1 0 1 0 : 1의 보수
```

최종결과는 11101010이다. 이 값을 데이터와 함께 전송한다. 수신 측에서는 전송된 데이터를 동일한 방법으로 모두 더한다. 그 다음 합한 결과를 1의 보수를 취한다. 결과가 0이면 오류가 없는 것으로 간주한다.

예제 9.6 1의 보수 합 방법으로 체크섬을 계산할 경우에 수신측에서 다음과 같은 데이터를 수신하였다. 오류 발생 유무를 판단하라.

데이터 : 00101001 11001011 10010001 10001110 11101010

풀이 8비트 단위로 모든 데이터를 합하면 다음과 같다.

```
      00101001
      11001011
      10010001
      10001110
+     11101010
--------------
10    11111101 (캐리 10 발생)
+           10
--------------
      11111111
      00000000 : 1의 보수
```

결과 값에 보수를 취하면 0이 되므로 오류가 발생하지 않았음을 알 수 있다.

9.2 오류 정정

오류 검출은 오류 발생의 유무를 판단하는데 비해 오류 정정(error correction)은 오류가 발생했을 때 이를 바로잡는 기능을 의미한다. 흔히 사용하는 방법은 오류 검출이 되었을 때 재전송을 이용하여 정정하지만, 또 다른 방법으로 수신 측에서 잘못된 비트를 바로잡는 **순방향 오류 정정**(Forward Error Correction : FEC)이 있다. 순방향 오류 정정을 위해서는 데이터를 전송할 때 오류 정정 코드를 첨가해야 한다. 오류 검출 코드와 달리 오류 정정 코드는 그 크기가 데이터 크기에 비교될 정도로 매우 크다. 그러므로 일반적으로는 순방향 오류 정정은 잘 사용되지 않지만, 오류에 따른 재전송이 어려운 환경에서는 사용되는 경우도 있다. 여기에서는 단일 비트에 대한 오류 정정 방법인 **해밍 코드**(Hamming code)를 소개한다.

n비트 데이터에 대해 해밍 코드를 계산하는 방법은 다음과 같다. $n + h + 1 \le 2^h$를 만족하는 최소 h 값이 해밍 비트의 개수이다. 만약 ASCII 문자에 대해서 해밍 코드를 계산한다면 n = 7이고 $8 + h \le 2^h$에서 최소 h = 4가 되고 데이터 비트 수와 합하면 총 11비트가 된다. 11개의 비트 중에서 2^0, 2^1, 2^2, 2^3(1, 2, 4, 8) 위치의 비트에 계산된 해밍 비트의 값을 삽입한다. 나머지 비트에 데이터 비트를 위치시킨다. 데이터가 0100101이라고 가정하자. 그러면 11비트 중에서 데이터가 차지하는 위치는

다음 그림 9.8과 같다.

11	10	9	8	7	6	5	4	3	2	1	위치
0	1	0		0	1	0		1			데이터

그림 9.8 해밍 코드에서 데이터 비트의 위치

그림 9.8에서 데이터 중에 1의 위치 값을 모두 XOR 연산하여 해밍 코드를 계산한 후, 그 결과는 1, 2, 4, 8비트 위치에 추가하여 전송한다. 위의 데이터에 대하여 계산하면 다음과 같다.

```
   10 : 1 0 1 0
    6 : 0 1 1 0
    3 : 0 0 1 1
-------------
XOR     1 1 1 1
```

결과 값 1111을 1, 2, 4, 8비트 위치에 삽입하면 해밍 코드 값은 "01010101111"이 된다. 송신 측에서 해밍 코드를 수신 측으로 전달한다.

수신 측에서는 해밍 코드 값을 수신한 후, 1 값을 갖는 비트의 위치 값을 모두 XOR 하여 0이면 오류가 없다고 판단하고, 0이 아니면 그 결과 값에 해당하는 위치의 비트 값에 오류가 발생했다고 판단한다. 오류가 발생한 비트의 값을 뒤집으면(bit reverse) 정정된다. 앞의 데이터 01010101111을 예로 수신 측에서 계산하면

```
   10 : 1 0 1 0
    8 : 1 0 0 0
    6 : 0 1 1 0
    4 : 0 1 0 0
    3 : 0 0 1 1
    2 : 0 0 1 0
    1 : 0 0 0 1
-------------
XOR     0 0 0 0
```

따라서 모든 비트가 0이므로 오류가 발생하지 않았다고 판단한다. 만약 수신 도중에 6 위치의 비트

값이 1에서 0으로 변경되는 오류가 발생하였다고 가정하면 수신된 데이터는 "01010001111"이 된다. 이 비트열에 대하여 1 값의 위치 값을 모두 XOR 연산하면 다음과 같다.

```
10 : 1 0 1 0
 8 : 1 0 0 0
 4 : 0 1 0 0
 3 : 0 0 1 1
 2 : 0 0 1 0
 1 : 0 0 0 1
-------------
XOR  0 1 1 0
```

결과 값은 0110이 되고 6 위치에 오류가 발생하였음을 알 수 있다. 따라서 6위치의 값인 0을 1로 정정하면 오류 정정이 가능하다.

예제 9.7 해밍 코드 방식으로 순방향 오류 정정을 한다고 가정한다. 이때 10010100100이 도착하였다. 전송 도중에 오류가 발생하였는가? 만약 오류가 발생하였다면 그 위치는 어디인가?

풀이 1 값을 갖는 비트들의 위치 값을 모두 XOR해서 0이면 오류가 발생하지 않은 것이고 그렇지 않으면 결과 값이 오류가 발생한 위치 값을 의미한다.

```
11 : 1 0 1 1
 8 : 1 0 0 0
 6 : 0 1 1 0
 3 : 0 0 1 1
------------
XOR  0 1 1 0
```

따라서 6번째 비트에 오류가 발생하였음을 알 수 있다.

예제 9.8 1011001 데이터에 대한 해밍 코드를 구하라.

풀이

11	10	9	8	7	6	5	4	3	2	1	위치
1	0	1		1	0	0		1			데이터

비트 위치에서 1비트인 위치는 11, 9, 7, 3이므로

```
 11 : 1 0 1 1
  9 : 1 0 0 1
  7 : 0 1 1 1
  3 : 0 0 1 1
-----------
XOR  0 1 1 0
```

따라서 전송되는 데이터는 10101001110이 된다.

09 연습문제

1. 다음 중 오류 검출 방법이 아닌 것은 무엇인가?

① 패리티 비트 ② CRC ③ 1의 보수합 ④ DLE

2. 짝수 패리티를 사용하는 경우 다음 수신된 데이터 중에서 오류 발생으로 판정되는 것은?

① 11001100 ② 11101111

③ 10101010 ④ 10001000

3. 7비트 데이터가 1011001일 때 홀수패리티 비트를 계산하면 값은 얼마인가?

① 0 ② 1 ③ 10 ④ 11

4. 버스티(bursty)한 오류 검출 능력이 좋은 방법으로 HDLC에서 사용하는 오류 검출 방법은 다음 중 무엇인가?

① 패리티 비트 ② CRC

③ 1의 보수합 ④ 해밍 코드

5. 한 문자를 전송할 때 한 비트의 오류를 정정할 수 있는 순방향 오류 정정 방법은 다음 중 무엇인가?

① 패리티 비트 ② CRC

③ 1의 보수합 ④ 해밍 코드

6. TCP/IP에서 사용하는 오류 검출 방법은 다음 중 무엇인가?

① 패리티 비트 ② CRC

③ 1의 보수합 ④ 해밍 코드

7. HDLC에서 사용하는 오류 검출 방법은 다음 중 무엇인가?

① 패리티 비트 ② CRC

③ 1의 보수합 ④ 해밍 코드

8. 재전송에 의한 오류 정정을 이용할 때 전송 도중에 데이터가 유실되었을 때는 어떠한 처리가 이루어지는지 설명하라.

9. 패리티 비트로 오류 검출을 할 경우 오류 검출이 되지 않는 경우는 언제인가?

10. 전송할 데이터가 1100101100이고 송수신자 사이에 약속된 CRC 제수는 100110이라고 할 때 CRC 체크섬을 구하라.

12. CRC 계산을 위하여 시프트 레지스터를 이용한 하드웨어 구현을 할 때 다음의 다항식으로 표현되는 제수에 대한 회로를 그려라.

$$X^4 + X^3 + 1$$

12. 다음과 같은 데이터가 전송된다고 할 때 8비트 크기의 1의 보수 합에 의한 오류 검출 코드를 구하라.

11011000 10001100 00101100

13. 전송한 문자가 0011010일 때 해밍 코드에 의하여 전송되는 데이터를 계산하라.

14. 해밍 코드 방법에 의해서 전송된 데이터가 다음과 같이 수신되었다. 전송 도중에 오류가 발생했는가? 그렇다면 오류가 발생한 비트의 위치는 무엇인가?

00100100010

M·E·M·O

Chapter 10

데이터 링크 제어

10.1 프레임
10.2 흐름 제어
10.3 오류 제어
10.4 HDLC
10.5 PPP

Chapter 10

데이터 링크 제어

데이터 링크 제어(data link control)는 한 물리적인 링크를 사이에 두고 이웃한 두 노드 사이에서 신뢰성 있는 프레임 전달 기능을 다룬다. 링크를 통한 신뢰성 있는 프레임 전달을 위해서는 데이터 링크 초기화, 프레임 동기화, 흐름 제어와 오류 제어 등의 기능이 요구된다. 본 장에서는 데이터 링크 제어의 기본적인 기능에 대해서 설명하고, 대표적인 데이터 링크 프로토콜인 HDLC, PPP 등에 대해서 알아본다.

10.1 프레임

네트워크 계층으로부터 전달된 데이터를 수신한 후 데이터 링크 계층에서 약속된 프레임(frame) 형식에 맞추어 메시지를 구성하는 것을 프레이밍(framing)이라 한다. 프레임 형식은 프레임의 경계를 나타내는 플래그(flag)와 헤더(header), 사용자 데이터(user data), 트레일러(trailer) 등으로 이루어진다. 다음 그림 10.1에서 프레임의 일반적인 형태를 나타내었다.

플래그	헤더	사용자 데이터	트레일러	플래그

그림 10.1 프레임 형식

플래그를 식별함으로써 수신 측은 송신 측에서 보낸 프레임에 대한 동기화를 이룰 수 있다. 헤더와 트레일러는 데이터 링크 프로토콜의 필요에 의해서 전달되는 부가적인 정보들이 포함되는 부분이다. 사용자 데이터 부분은 상위 계층인 네트워크 계층으로부터 전송이 요청된 데이터 부분이다. 프레임의 크기는 고정적일 수 있고 가변적일 수도 있다. 가변적인 경우에는 사용자 데이터 부분의 크기가 가변적이며, 최대 크기가 제한된다. 프레임이 너무 커지면 프레임 송수신 중에 각 프레임을 처리하기 위한 버퍼의 용량도 커지며, 전송 도중 오류가 발생했을 경우 재전송해야 할 트래픽 양이 그만큼 커지는 문제점이 있다. 프레임의 형식을 정함에 있어서 문자 지향과 비트 지향 등 두 가지로 나눌 수 있다.

01 | 문자 지향 프레임

프레임을 이루는 기본 단위를 문자로 규정한다. 따라서 전달되는 데이터들은 8비트 크기의 ASCII 문자로 이루어진다. 그리고 데이터 링크 프로토콜 처리를 위한 정보인 헤더나 트레일러의 정보도 8비트의 제어문자로 정해진다.

플래그의 역할은 제어문자인 STX, ETX가 사용되는데, 사용자 데이터 내에 플래그와 동일한 문자가 들어 있을 경우에는 이를 플래그로 오인할 가능성이 있다. 따라서 이를 구별하기 위해서 플래그로 사용되는 문자는 그 앞에 DLE 문자를 삽입한다. 만약 DLE, ETX와 같이 플래그와 동일한 두 문자가 연속 사용자 데이터에 들어 있는 경우는 이를 플래그와 구별하기 위해서 그 앞에 DLE를 붙여서 전송한다. 수신 측에서는 사용자 데이터 부분에서 DLE, DLE와 같은 두 문자가 연속 나타나면 그 중 한 개를 제거하고 나머지는 일반 데이터로 인식한다. 이와 같은 방법을 **바이트 채우기(byte stuffing)**라 한다. 만약 원 사용자 데이터 부분에 DLE 문자가 있었다면 이를 바이트 채우기 DLE와 구별하기 위해서 그 앞에 DLE 문자를 하나 더 삽입한다. 다음 그림 10.2에 바이트 채우기에 대한 그림을 나타내었다.

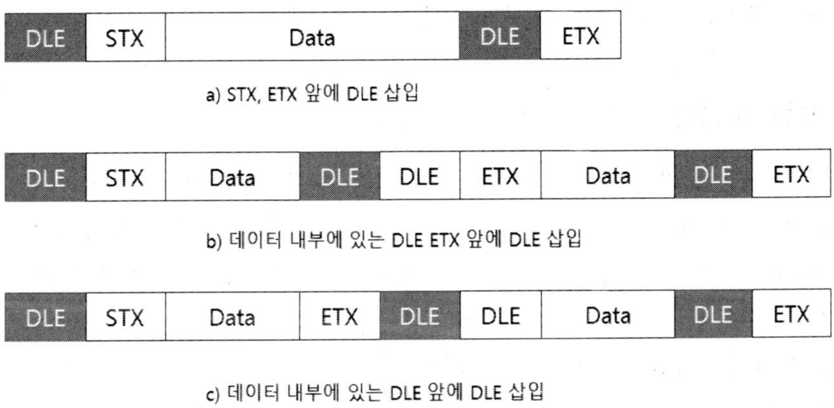

a) STX, ETX 앞에 DLE 삽입

b) 데이터 내부에 있는 DLE ETX 앞에 DLE 삽입

c) 데이터 내부에 있는 DLE 앞에 DLE 삽입

그림 10.2 바이트 채우기

이와 같이 사용자 데이터 내에 특별한 의미를 갖는 문자와 동일한 패턴이 들어 있어도 이를 특별한 문자로 인식하지 않도록 하는 것을 **데이터 투명성(transparency)**이라 한다. 투명성의 의미는 있는데도 보이지 않는다는 것으로 제어문자와 같은 데이터가 포함되어 있어도 이를 제어문자로 인식하지 않는다는 뜻을 나타낸다.

예제 10.1 문자 지향 프레임에서 플래그 역할을 하는 STX, ETX를 사용하고 사용자 데이터 속에 DLE-ETX와 STX가 각각 한 개 포함되어 있을 때 데이터 투명성을 위해서 추가되는 DLE의 총 개수는 몇 개인가?

풀이 STX, ETX 그리고 사용자 데이터 속에 있는 DLE-ETX 앞에 각각 한 개씩 총 3개의 DLE가 요구된다.

문자 지향 프레임의 예로는 **BSC(Binary Synchronous Control)**가 있다. BSC는 1960년대에 IBM에서 개발한 데이터 링크 제어 프로토콜로 1980년대에 많이 사용되었다. 이는 반이중 방식으로 동작하며 점대점이나 점대다중점 회선구성을 고려하여 설계되었다. 반이중 방식을 사용하기 때문에 양방향 통신은 송수신자 사이에서 교대로 이루어진다. 프레임 형식은 다음과 같다.

SYN	SYN	SOH	Header	STX	User data	ETX	Error check field

그림 10.3 BSC의 프레임 형식

BSC는 데이터 투명성을 제공하기 위해서 DLE 문자를 사용한다.

02 | 비트 지향 프레임

프레임을 이루는 기본 단위를 비트로 하여 프레임을 규정한다. 전달되는 데이터들은 문자뿐만 아니라 오디오나 비디오 데이터와 같은 비트열 데이터를 모두 포함한다. 전체적인 프레임 구성은 문자 지향 프레임과 유사하게 플래그, 헤더, 사용자 데이터, 트레일러 등으로 이루어진다.

플래그는 01111110의 8비트로 이루어진 비트 패턴을 이용한다. 데이터 투명성을 확보하기 위해서 사용자 데이터 내부에 동일한 플래그와 비트 패턴이 있을 경우 이를 플래그와 구별하기 위하여 1이 연속 5번 나오면 0을 강제로 삽입하도록 한다. 이를 **비트 스터핑(bit stuffing)**이라 한다. 수신 측에서는 1이 연속 5번 나오면 그 뒤의 0을 삭제하여 원래 데이터를 복원한다. 예를 들어 송신측 011111110이 데이터 내에 존재하면 1을 추가하며 이를 0111110110으로 바꾸어 전송하고, 수신 측에서는 이를 수신하면 추가된 0을 삭제하여 01111110으로 복원한다. 만약 수신 측에서 01111110 패턴이 수신되면 이는 플래그로 인식하게 된다. 다음 그림 10.4는 비트 채우기가 발생하는 예를 나타낸 것이다.

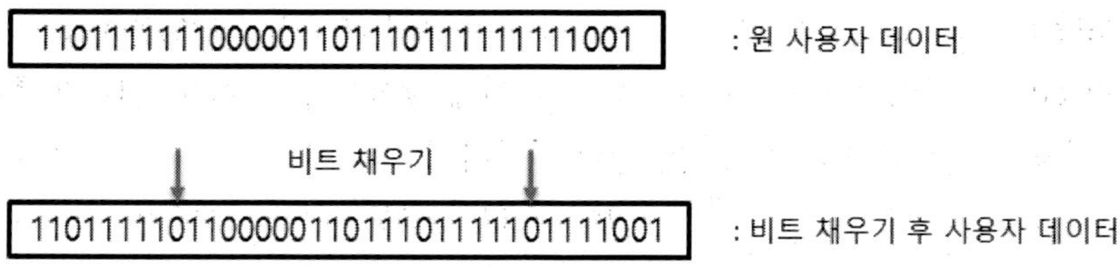

그림 10.4 비트 채우기의 예

예제 10.2 사용자 데이터의 내용이 01111011111111100011111101이었다면 데이터 투명성을 위해서 비트 채우기를 한 후의 사용자 데이터는 어떻게 변하는가?

풀이 01111011111011110001111101101

비트 지향 데이터 링크 프로토콜의 예로는 **SDLC(Synchoronous Data Link Control)**, **HDLC(High-level Data Link Control)** 등이 있다. BSC 이후에 IBM에서는 보다 개선된 데이터 링크 프로토콜인 SDLC을 개발하였다. 이 방식은 비트 지향 프로토콜로 전이중 방식을 지원하며, 슬라이딩 윈도우 흐름 제어를 채택하였다. 이 방법은 HDLC와 매우 비슷하다. HDLC에 대해서는 이 장의 후반부에서 상세히 다룬다.

SDLC의 프레임 형식은 다음 그림 10.5와 같다.

Flag	Address	Control	User data	FCS	Flag

그림 10.5 SDLC의 프레임 형식

플래그(Flag)는 01111110의 8비트 문자열을 이용한다. SYN 문자와 같이 프레임의 시작과 끝을 의미한다. 회선의 상태를 알리기 위해서 SYN를 반복적으로 전달할 수 있다.

10.2 흐름 제어

송신자와 수신자 사이에 전달되는 데이터의 처리 속도를 송수신자 간에 적절하게 조절해야 한다. 만약 송신자는 초당 100개의 프레임을 전달하는데 수신자는 초당 50개의 프레임을 수신 처리한다면 수신 측에서 초당 50개의 프레임이 처리되지 못하고 버퍼에 쌓이게 될 것이다. 버퍼가 충분히 크다고 가정하더라도 이와 같은 상황이 계속된다면, 얼마 안가서 수신 버퍼는 수신 데이터로 채워지게 되고 결국 오버플로우(overflow)가 발생할 수밖에 없다. 따라서 정상적인 데이터 전달을 위해서는 송신측이 수신 측의 수신 데이터 처리 속도에 맞추어서 데이터를 송신해야 한다. 이와 같은 기능을 흐름 제어(flow control)라 한다.

흐름 제어를 위해서 수신 측은 수신 버퍼의 상태를 고려하여 버퍼가 더 이상 수신할 여유 공간이 없는 경우에 송신 측에 더 이상의 데이터를 송신하지 못하게 알리는 방법을 사용한다. 송신 측에서 더 이상 데이터를 전달하지 않으면 수신 측에서는 버퍼에 저장되어 있는 수신 데이터를 계속 처리하게 되고, 처리 완료된 데이터는 버퍼에서 제거되므로 다시 버퍼에 가용 공간이 생기게 된다. 이에 따라 다시 송신 측에게 데이터를 계속 전달하도록 알린다.

예제 10.3 수신 버퍼는 20개의 프레임을 저장할 수 있는 공간이 있고, 초당 10개의 프레임이 송신 측으로부터 수신된다고 가정한다. 수신 측에서는 초당 8개의 프레임을 수신처리 완료할 수 있다면, 몇 초 뒤에 수신버퍼 오버플로우가 발생하겠는가?

풀이 수신 측에서는 프레임이 초당 버퍼에 10개 들어오고 이중에서 8개를 처리완료한다. 따라서 초당 2개의 프레임이 버퍼에 쌓이게 된다. 버퍼는 총 20개의 프레임을 저장할 수 있으므로 10초 후에는 버퍼의 공간이 모두 차게 된다. 따라서 10초 이후에는 오버플로우가 발생한다.

흔히 사용되는 흐름 제어 방식으로는 **정지대기(stop and wait)** 흐름 제어와 **슬라이딩 윈도우(sliding window)** 흐름 제어가 있다.

01 | 정지대기 흐름 제어

이 방식에서는 송신 측에서 한 개의 프레임을 전송한 후, 수신 측으로부터 응답(acknowledgement)을 받을 때까지 기다린다. 만약 긍정 응답을 받을 경우에는 다음 프레임을 전송하게 된다. 만약에 부정 응답을 받게 되면, 보낸 프레임을 다시 전송한다.

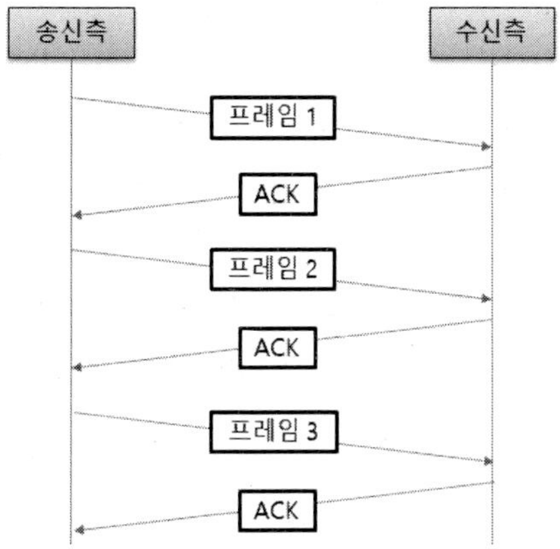

그림 10.6 정지대기 흐름 제어 : 오류가 없는 프레임 전송 과정

■ 정지대기 흐름 제어의 장점과 단점

정지대기 흐름 제어의 장점은 단순하다는 점과 수신 측의 버퍼를 적게 사용한다는 점이다. 방법이 단순하면 그에 따른 구현이 용이하고, 비용이 적게 든다. 수신 측에서는 한 프레임을 수신하면 처리가 완료된 후, 응답을 송신 측에 전송하기 때문에 2개 이상의 프레임이 동시에 수신 버퍼에 저장되는 일은 없다. 따라서 한 프레임을 수신할 정도의 버퍼 공간이면 충분하다.

단점으로는 프레임이 전송되고 이에 대한 응답을 받을 때까지 송신 측에서는 다음 프레임을 전송할 수 없다. 만약 데이터 링크의 거리가 길어서 지연이 커지면 신호 전파에 따른 데이터 전송과 이에 따른 응답까지 필요한 왕복 시간(round-trip time)이 커지고, 그 시간 동안 한 프레임만을 전송할 수 있으므로 링크 이용률(utilization rate)과 단위 시간 당 처리율(throughput)이 상대적으로 낮아진다.

예제 10.4 정지대기 흐름 제어에서 요구되는 수신 버퍼 크기는?

풀이 수신버퍼에 두 개 이상의 프레임이 수신될 수 없기 때문에 한 프레임의 최대 크기만큼만 있으면 된다.

02 | 슬라이딩 윈도우 흐름 제어

정지대기 흐름 제어의 가장 큰 단점인 처리율을 높이기 위해서 프레임을 전송한 후 응답이 오기를 기다리지 않고 바로 다음 프레임을 전송하는 방식을 의미한다. 즉, 응답이 오지 않았지만 연속적으로 다음 프레임들을 계속 전송하는 방식이다.

송신 측에서 수신 응답 없이 연속적으로 전송할 수 있는 프레임의 개수는 수신 측 수신버퍼의 크기를 고려해서 결정된다. 만약 7개의 프레임을 저장할 수 있는 수신버퍼 공간이 있다면 송신 측에서 보낼 프레임이 7개 이상일 경우 응답이 없이도 7개를 모두 보낼 수 있다. 그런 후에 8번째 프레임 전송은 수신 응답이 올 때까지 기다려야만 한다. 그 다음 수신 측에서 프레임 0, 1, 2 번째를 수신하여 처리가 완료되면 다음 수신해야 할 프레임 번호인 3번 정보를 응답 메시지에 포함시켜서 전송한다. 그러면 버퍼에 3개의 수신 공간이 생겼다는 의미이므로 송신 측에서는 8, 9, 10번째 프레임을 전송할 수 있다. 이와 같이 전송 가능한 범위를 윈도우(window)라 하고, 전송이 처리되어감에 따라 수신 번호는 계속 이동하기 때문에 슬라이딩 윈도우(sliding window)라는 이름이 붙은 것이다.

송신 측에서 프레임을 0에서 6까지 전송하고 수신 측에서는 ACK 3, ACK 7의 두 번의 긍정 응답을 보내는 과정을 그림으로 나타내면 다음과 같다.

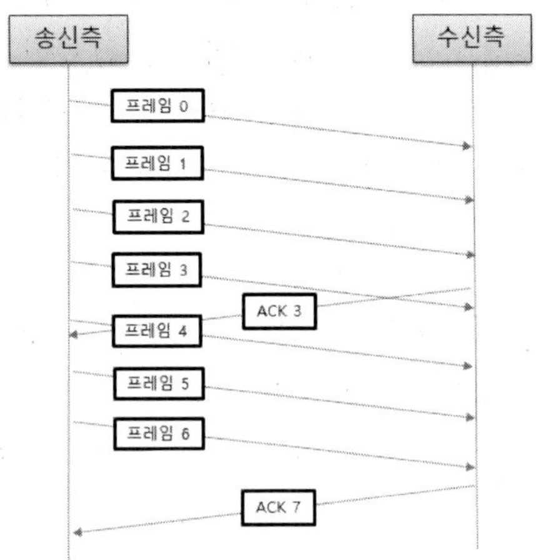

그림 10.7 슬라이딩 윈도우 흐름 제어 과정의 예

앞의 그림에서 각각의 프레임마다 응답을 받을 수도 있지만, 프레임 0, 1, 2를 처리하고 난 후 ACK 3을 보냄으로써 0, 1, 2까지는 모두 정상적으로 수신하였음을 알릴 수 있다. 이와 같이 누적된 응답(cumulative ACK)을 이용함으로써 응답에 의해 발생하는 트래픽의 양을 줄일 수 있다. 다만 누적이 됨에 따라 응답이 늦어지는 현상이 발생하는데, 너무 늦어지면 송신 측에서 응답을 기다리는 타이머의 타임아웃이 발생하여 재전송이 일어날 수 있으므로 무작정 늦출 수는 없다.
한편 순서 번호를 계속 증가시키면 이를 위한 비트수가 증가되므로 순서 번호에 제한이 있어야 한다.

만약 윈도우 크기가 7이면 순서 번호는 이보다 하나 큰 8가지를 가지면 된다. 즉 0에서 7까지의 순서 번호를 사용한다. 모듈로(modulo) 8 연산에 의하여 7 다음 순서 번호는 다시 0으로 감소되어서 하나씩 증가된다. 이와 같은 순서 번호에서 프레임을 전송하고 응답을 받음에 따라 발생하는 윈도우의 변화를 그림으로 나타내면 다음 그림 10.8과 같다.

그림 10.8 전송에 따른 송신측 슬라이딩 윈도우의 변화

예제 10.5 앞의 그림에서와 동일한 절차에 의하여 수신 측에서 프레임 0, 1, 2, 3 번을 수신한 상태에서 0, 1, 2의 수신처리를 완료하고 응답으로 ACK 3을 전송하였다. 이때의 수신 측 윈도우의 변화를 그림으로 나타내어라.

풀이

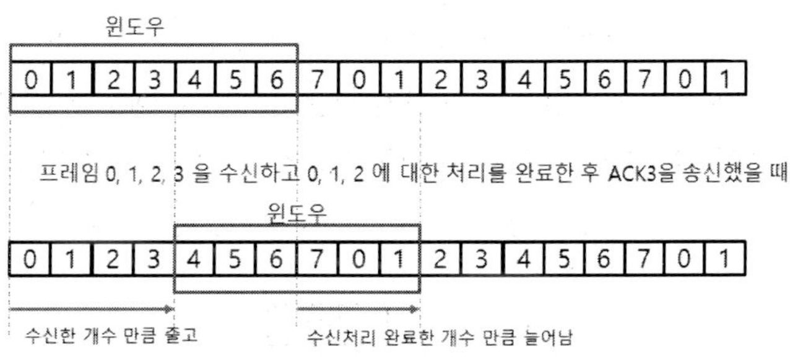

그림 10.9 예제 10.5 풀이

예제 10.6 어느 데이터 링크에서 송신 측에서 프레임을 전송하고 이에 대한 응답(ACK)을 받는데 까지 걸리는 시간은 20μ s이다. 그리고 한 프레임을 전송하는데(링크 상으로 내보내는데) 걸리는 시간은 5μ s라 가정한다. 이때 프레임 전송에서의 시간을 고려할 때 적절한 윈도우 크기는 얼마인가?

풀이 송신 측에서 첫 프레임을 전송하고 응답을 받을 때까지 연속적으로 다음 프레임들을 전송했다고 했을 때 최대 20μs / 5μs = 4개의 프레임이 전송될 수 있다. 따라서 4개의 윈도우만 있으면 충분하다.

10.3 오류 제어

프레임을 전송하는 도중에 오류가 발생하면 수신 측에서는 오류 검출을 한 후에 재전송을 송신 측에 요청하여 오류를 바로잡아야 한다. 수신 측에서 오류 검출이 되었을 때 부정 응답을 하여 재전송을 요구할 수 있지만, 부정 응답을 하지 않고 송신 측에서 응답을 기다리다 타임아웃이 발생하면 자동으로 재전송을 하여 오류 제어를 하기도 한다. 이와 같은 재전송에 의한 오류 제어를 ARQ(Automatic Retransmission reQuest)라 한다. 정지대기 흐름 제어를 이용하는 경우의 재전송 오류 제어는 **정지대기**(stop and wait) ARQ라 하고, 슬라이딩 윈도우 흐름 제어를 사용하는 경우에는 N-**후퇴**(go-back-N) ARQ와 **선택적 재전송**(selective repeat) ARQ가 있다.

01 | 정지대기 ARQ

정지대기 흐름 제어 경우에 송신한 프레임이 전송 도중에 유실될 수 있다. 이 경우엔 수신 측에서 프레임을 받지 않았기 때문에 아무런 응답을 하지 않는다. 송신 측에서는 보낸 프레임에 대한 응답을 기다리다가 타임아웃이 발생하게 되고 다시 재전송을 하게 된다. 그림 10.10이 이 과정을 보여준다.

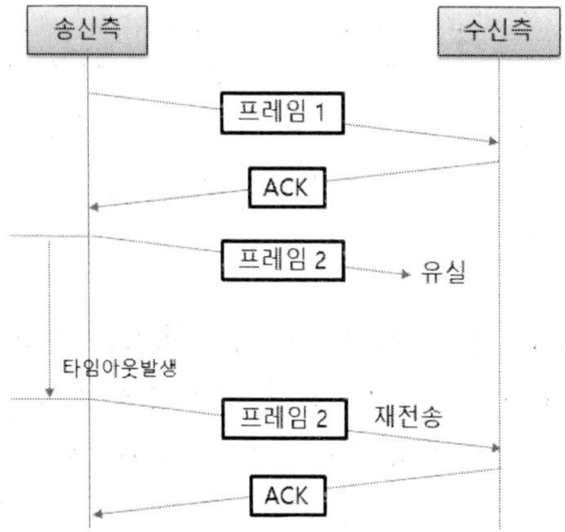

그림 10.10 타임아웃에 대한 정지대기 ARQ의 재전송

송신 측에서 프레임을 전송한 후 이 프레임이 수신 측에 정상적으로 수신되었을 때, 수신측은 긍정 응답을 전송하게 된다. 만약 이 긍정 응답이 전송 도중에 유실되면 어떤 상황이 발생하는가 생각해 보자. 다음 그림 10.11이 이 경우에 대한 것이다.

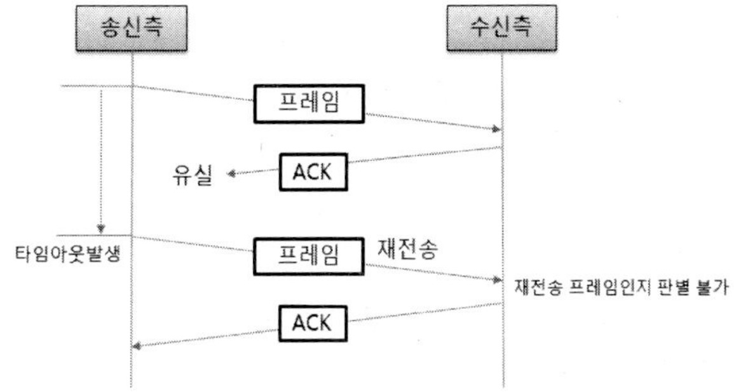

그림 10.11 정지대기 흐름 제어에서 ACK가 유실되는 경우

우선 송신 측은 긍정 응답을 받지 못하기 때문에 시간이 흐르면 타임아웃이 발생하게 되고 자동 재전송을 하게 된다. 그러면 이전에 전송해서 정상적으로 수신된 메시지를 다시 보내는 상황이 된다. 하지만 수신 측에서는 이미 잘 받아서 긍정 응답을 한 후이므로 메시지가 들어오면 이는 다음 메시지라고 생각하고 이를 정상 수신할 것이다. 이와 같은 문제를 해결하기 위해서는 앞에 전송한 메시지와 다음 전송하는 메시지가 동일한 것인지 아닌지를 구별할 수 있는 정보가 요구된다. 이를 해결하기 위해서 순서 번호를 이용한다. 순서 번호는 연속해서 전송되는 두 프레임만을 식별하면 되기 때문에 단지 0과 1 두 가지 번호만을 번갈아가며 사용하면 된다. 더 이상의 순서 번호를 사용한다면 더 많은 비트가 사용되므로 비효율적이다. 다음 그림 10.12는 ACK가 유실되는 경우의 처리 과정을 나타낸 것이다.

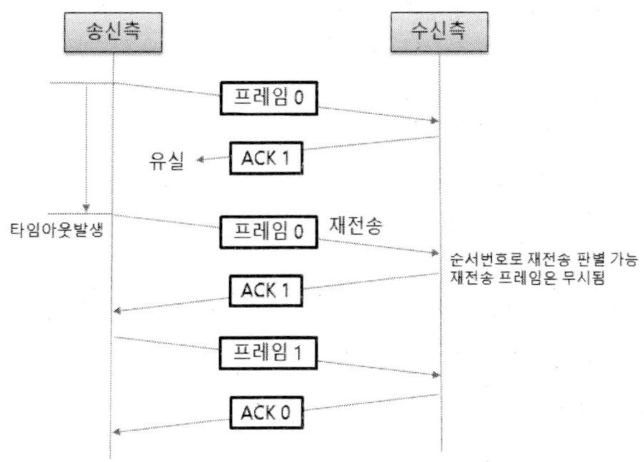

그림 10.12 정지대기 ARQ의 순서 번호 필요성

예제 10.7 정지대기 ARQ에서 오류 검출이 되었을 때 수신 측에서 부정 응답(NACK)을 전달한다고 한다. 이때 부정 응답에 순서 번호의 정보가 필요한가?

풀이 부정 응답을 송신자가 수신하면 현재 응답을 받지 못한 프레임을 다시 보내면 된다. 이때 프레임을 구분할 필요는 없다. 송신 측에서 응답을 기다리는 프레임은 오직 하나 뿐이기 때문이다. 또한 부정 응답이 전송 도중에 유실된다 해도 송신 측에서는 타임아웃이 발생하고 현재 응답을 기다리는 프레임을 재전송하면 된다.

02 | N-후퇴(go-back-N) ARQ

슬라이딩 윈도우 흐름 제어에서 전송되는 프레임이 도중에 오류를 발생시킬 가능성이 있다. 이 경우 수신 측에서는 전달된 프레임에 오류가 발생했는가를 알아야하며, 만약 오류가 발생했다면 재전송을 통해서 바로잡아야 한다. 오류가 발생한 프레임부터 그 이후에 이미 보내진 프레임들을 모두 다시 재전송하는 방식을 N-후퇴(go-back-N) 방법이라고 한다. 다음 그림 10.13은 프레임 2에서 오류가 발생하여 ACK 2만 전송되고, 프레임 2에 대한 응답인 ACK 3이 오지 않아서 송신 측에서 타임아웃이 발생하는 예를 나타낸 것이다.

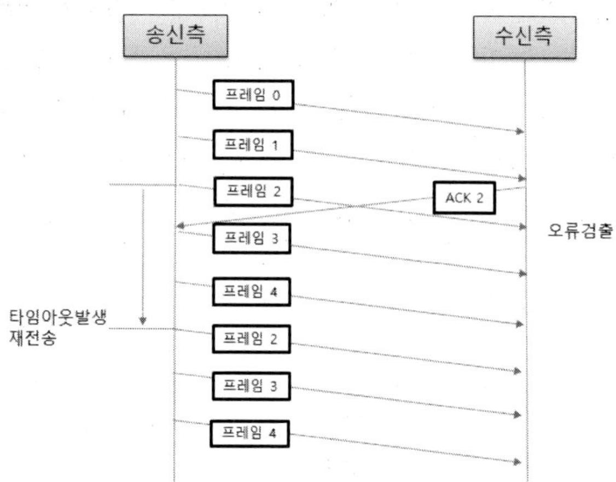

그림 10.13 N-후퇴 ARQ의 예

그림 10.13의 예는 부정 응답을 이용하지 않는다는 가정 하에서의 절차를 보여준 것이다. 만약 부정 응답을 사용하는 경우에는 수신 측에서 오류 검출이 되자마자 프레임3에 대한 부정 응답(NACK 3)을 송신 측에 전달하여 즉시 프레임 3을 전송하도록 할 수도 있다.

예제 10.8 N-후퇴 ARQ에서 부정 응답을 사용하지 않고도 오류 제어가 가능한가?

풀이 가능하다. 송신 측에서 응답을 기다리는 타이머를 이용하여 정해진 시간 내에 응답이 오지 않으면 오류가 발생한 것으로 간주하고 자동 재전송을 하면 된다.

예제 10.9 N-후퇴 ARQ에서 부정 응답을 사용한다고 가정한다. 송신 측에서 프레임 0, 프레임 1, 프레임 2, 프레임 3을 전송하였다. 그리고 수신 측에서 부정 응답2(NACK 2)를 받았다. 재전송해야 할 프레임은 무엇인가?

풀이 부정 응답이 가지고 있는 순서 번호부터 재전송해야 한다. 따라서 프레임2, 프레임3을 재전송한다.

03 | 선택적 재전송

N-후퇴 ARQ와 달리 오류가 발생한 프레임만 재전송하고 이미 보내진 이후의 프레임들은 재전송을 하지 않는 방식을 선택적 재전송(selective repeat 또는 selective reject)이라 한다. 이 방식을 구현하기 위해서는 오류가 발생하더라도 그 이후에 수신되는 프레임들을 계속 수신 처리해야 하기 때문에 N-후퇴 방법보다 더 많은 수신 버퍼가 요구되며, 재전송에 의하여 정상적인 프레임이 수신되면 이전에 수신처리 된 프레임과의 순서관계를 바로잡는 기능이 필요하다. 다음 그림 10.14는 선택적 재전송 ARQ의 예를 보여주고 있다.

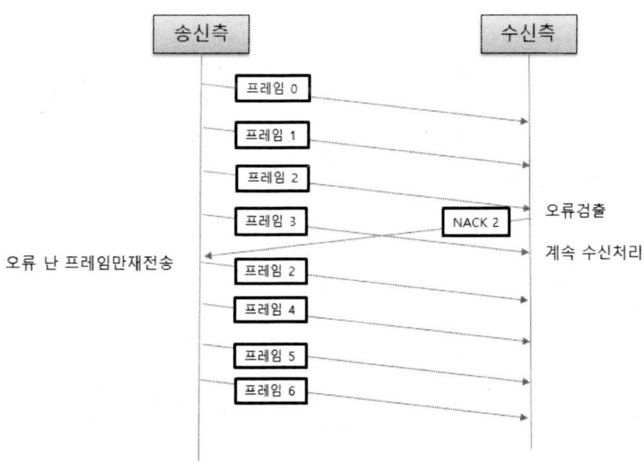

그림 10.14 선택적 재전송 ARQ의 예

10.4 HDLC

HDLC(High-level Data Link Control) 프로토콜은 호스트가 점대점 연결이나 점대다중점 연결의 회선 상에서 신뢰성 있는 데이터 전송을 가능하게 하는 비트 지향 동기 프로토콜이다. HDLC는 가장 널리 사용되는 데이터 링크 프로토콜로서, 이후에 발표된 패킷 교환망의 데이터 링크 프로토콜인 LAP-B, LAN의 LLC 프로토콜 등에 지대한 영향을 끼친 프로토콜이다. 이 절에서는 HDLC 프로토콜에 대하여 중점적으로 살펴본다.

01 | 호스트 종류와 링크 구성 방식

통신을 하는 두 호스트는 **주국**(primary station)과 **종국**(secondary station)으로 서로 다른 권한을 갖는 경우나, 또는 주국과 종국의 기능을 모두 갖는 **혼합국**(combination station)일 수 있다. 주국은 데이터 링크 기능을 주도하는 호스트로 종국에게 명령(command)을 내리는 역할을 하며, 종국은 주국의 명령을 받아 이에 대한 처리를 하고 응답(response)을 보내는 역할을 한다. 종국은 전송할 데이터가 있더라도 주국으로부터의 명령이 있어야만 데이터를 전송할 수 있다. 혼합국 역할을 하는 호스트는 경우에 따라서 명령을 주기도 하고, 상대 호스트의 명령을 받아 그에 대한 응답을 보내기도 한다. 호스트 사이의 관계를 그림으로 나타내면 다음 그림 10.15와 같다.

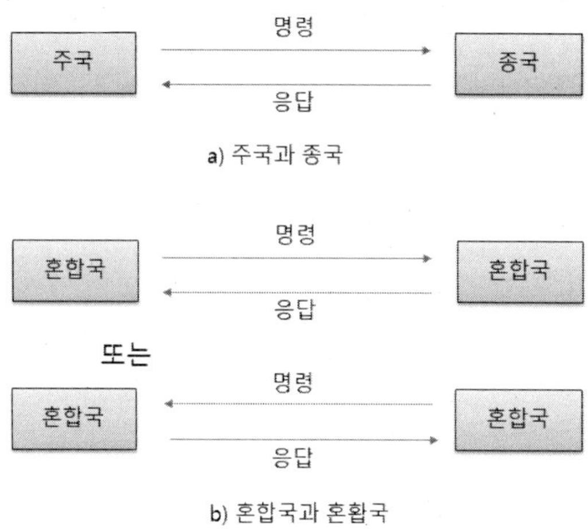

그림 10.15 HDLC 송수신 호스트의 관계

02 | 전송 모드

HDLC에서 제공하는 전송 모드는 **정상 응답 모드**(Normal Response Mode : NRM), **비동기 응답 모드**(Asynchronous Response Mode : ARM), **비동기 균형 모드**(Asynchronous Balanced Mode : ABM) 등의 3가지가 있다.

1) 정상 응답 모드

정상 응답 모드(NRM)에서는 송신과 수신 호스트가 주국과 종국의 관계로, 주국의 명령에 따라서 종국은 응답을 하는 방식으로 통신이 이루어진다. 통신은 전적으로 주국에 의하여 주도된다. 종국은 전적으로 주국의 명령에 따라서 동작한다. 호스트와 터미널 사이의 전송에서 주로 사용된다.

2) 비동기 응답 모드

비동기 응답 모드(ARM)에서는 송신과 수신 호스트가 주국과 종국의 관계로 전송을 하지만, 정상 응답 모드(NRM)와는 달리 종국이 데이터 전송을 먼저 시작할 수 있다. 그러나 통신의 주도는 주국에 의하여 이루어진다. 별로 사용되지 않는 방식이다.

3) 비동기 균형 모드

비동기 균형 모드(ABM)에서는 송신과 수신 호스트가 동일한 권한을 갖는 혼합국과 혼합국의 관계로 전송한다. 어느 쪽이든지 전송할 데이터가 있는 호스트가 전송을 시도할 수 있다. 동등한 권리를 갖는 호스트 사이의 데이터 링크에서 사용된다.

03 | 프레임 형식

HDLC에서는 3가지의 프레임 형식을 제공한다. 일반적으로 사용자 데이터를 전송할 때 사용하는 I(Information) **프레임**, 응답을 위해서 사용되는 S(Supervisory) **프레임**, 기타 링크 제어를 위한 U(Unnumbered) **프레임** 등 3가지이다. 이들 3가지 프레임의 형식은 다음 그림 10.16과 같다.

flag	address	control	information	FCS	flag

a) I, U 프레임형식

flag	address	control	FCS	flag

b) S 프레임형식

그림 10.16 HDLC 프레임 형식

1) 플래그

프레임의 시작과 끝을 나타내기 위해서 플래그(flag)를 사용한다. 플래그는 8비트로 이루어지며 그 값은 01111110이다. 동일한 비트패턴이 사용자 데이터(information)에 포함되어 있으면 플래그로 오인할 수 있기 때문에 데이터의 투명성을 확보하기 위하여 1비트가 연속 5번 발생하면 다음에 1비트를 삽입하여 6번 반복되지 않도록 한다. 수신 측에서는 1이 연속 5번 발생하면 그 다음 비트가 0일 때 이를 제거한다. 만약 다음 비트가 1이면 그 다음이 0인지 확인하여 그럴 경우에는 플래그로 인식한다. 만약 다음 비트가 1인데 다음에 또 1이 오면 오류가 발생한 것으로 판단한다.

2) 주소

다중점(multi-point) 연결일 경우에는 여러 개의 호스트가 한 링크에 연결된다. 이 경우 전송된 데이터가 어느 호스트로 가는 것인가를 식별할 수 있도록 주소(address)를 넣어준다. 주국이 명령을 보낼 때에는 수신할 종국의 주소를 넣어서 보낸다. 종국이 응답을 보낼 때에는 송신자의 주소를 넣어서 보낸다. 혼합국일 경우에도 명령을 보낼 때에는 수신 측의 주소를 넣고, 응답을 보낼 때에는 송신 측 주소를 넣어 전송한다. 주소의 길이는 8비트가 기본이지만, 복수 개의 8비트로 확장이 가능하다. 주소가 확장될 때에는 첫 번째 8비트의 첫 비트가 0이 된다. 두 번째 8비트에서 끝이 나는 경우에는 두 번째 8비트의 첫 번째 비트가 1이 된다. 다음 그림 10.17은 확장된 주소의 형식이다.

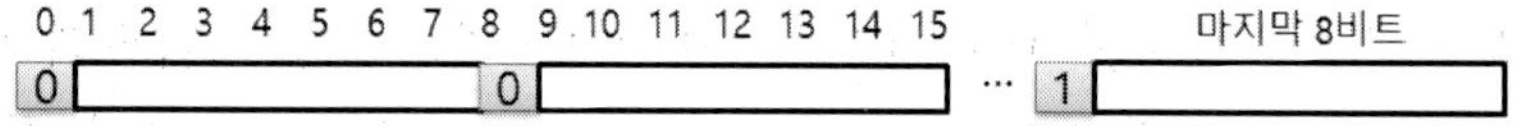

그림 10.17 확장 주소 형식

3) 제어

제어(control) 필드의 형식은 3가지 프레임마다 다르다. 다음 그림 10.18은 제어 필드를 그림으로 나타낸 것이다.

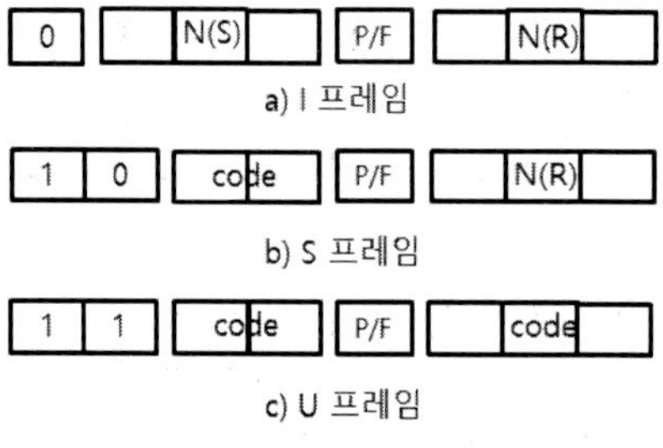

그림 10.18 HDLC 제어 필드 형식

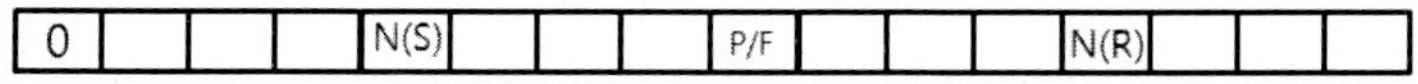

a) 확장모드 I 프레임

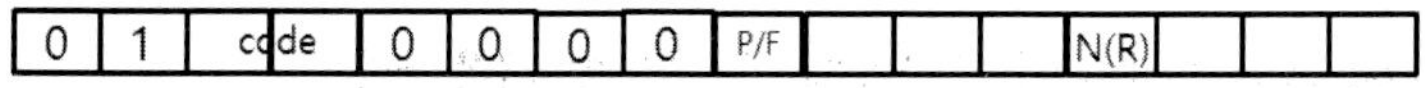

b) 확장모드 S 프레임

그림 10.19 HDLC 확장 모드에서의 제어 필드 형식

제어 필드의 가장 왼쪽 비트가 0이면 I 프레임, 10이면 S 프레임, 11이면 U 프레임이다. I 프레임인 경우에는 순서 번호를 나타내는 3비트 필드가 송신 측과 수신 측에 각각 할당된다. N(S)는 송신 측 순서 번호이고 N(R)은 수신 측 순서 번호이며, P/F 비트는 poll/final의 의미를 갖는다. 확장 모드(extended mode)에서는 그림 10.19에서처럼 순서 번호 비트가 7비트로 증가하고, 제어 필드의 총 길이가 16비트가 된다. 그러므로 일반 모드에서의 순서 번호는 0에서 7까지의 범위이지만, 확장 모드의 순서 번호는 0번에서 127까지의 범위를 가질 수 있다. 일반 모드인지 확장 모드인지는 송신자와 수신자 사이의 협상에 의하여 데이터 링크 설정 때에 결정된다. poll은 주국이 종국에게 폴링을 할 때 사용하며, final은 종국의 응답에서 마지막 프레임을 나타낸다. 또한 S, U 프레임에서 code는 명령이나 응답의 종류를 나타내는 코드 값이다.

S 프레임의 코드는 긍정 응답과 부정 응답에 각각 2개씩 총 4가지가 있다. N-후퇴 ARQ에서는 부정 응답이 REJ이며, 선택적 재전송 ARQ일 때 부정 응답은 SREJ이 된다. 다음 표에 이들의 정보를 나타내었다.

표 10.1 HDLC의 응답 종류

코드	명칭	의미
00	receive ready(RR)	긍정 응답, 수신할 준비가 되어 있음
01	reject(REJ)	부정 응답
10	receive not ready(RNR)	긍정 응답, 수신할 수 없음(보내지 말 것을 알림)
11	selective reject(SREJ)	부정 응답(선택적 재전송)

U 프레임은 데이터 링크 설정, 관리, 테스트 등을 위한 명령어 코드와 응답 코드를 갖는다. 주요 코드들은 다음과 같다.

- UI(Unnumbered Information) : 순차적인 정보전달이 아닌 독립적인 하나의 프레임을 전달할 때 사용한다.
- UA(Unnumbered Acknowledgement) : 명령에 대한 응답을 할 때 사용한다.
- UP(Unnumbered Poll) : 주국이 종국에게 폴링할 때 사용한다.
- FRMR(Frame Reject) : 프레임을 수신한 쪽에서 프레임 형식에 문제가 발생했을 때 상대측에 이유를 기록하여 전달한다.
- RSET(Reset) : 현재의 데이터 링크의 문제를 해결하기 위하여 데이터 링크 상태를 재 초기화할 때 사용한다.
- DISC(Disconnect) : 주국이 종국에게 데이터 링크 연결 해제를 요구한다.
- DM(Disconnect Mode) : 종국이 주국에게 연결 해제 상태를 알릴 때 사용한다.
- RD(Request Disconnect) : 종국이 주국에게 연결 해제를 요구할 때 사용한다.
- TEST : 데이터 링크 상태를 시험하기 위하여 종국에게 응답을 요구한다. 동일한 데이터로 응답한다.
- SNRM(Set Normal Response Mode) : 링크 연결 모드를 NRM으로 설정할 것을 종국에게 요구한다.
- SARM(Set Asynchronous Response Mode) : 링크 연결 모드를 ARM으로 설정할 것을 종국에게 요구한다.
- SABM(Set Asynchronous Balanced Mode) : 링크 연결 모드를 ABM으로 설정할 것을 종국에게 요구한다.
- SNRME(Set Normal Response Mode Extended) : 링크 연결 모드를 확장 NRM으로 설정할 것을 종국에게 요구한다. 확장 모드에서는 순서 번호가 7비트를 이용하고 제어 필드는 총 16비트가 된다.
- SARME(Set Asynchronous Response Mode Extended) : 링크 연결 모드를 ARM으로 설정할 것을 종국에게 요구한다. 확장 모드에서는 순서 번호가 7비트를 이용하고 제어 필드는 총 16비트가 된다.
- SABME(Set Asynchronous Balanced Mode Extended) : 링크 연결 모드를 ABM으로 설정할 것을 종국에게 요구한다. 확장 모드에서는 순서 번호가 7비트를 이용하고 제어 필드는 총 16비트가 된다.

4) 정보 필드

사용자 데이터를 포함하는 부분으로 길이는 가변적이다.

5) FCS

FCS(Frame Check Sequence)는 오류 검출을 위해서 CRC 비트열을 포함한다. 길이는 16비트이다.

04 | HDLC 동작

1) 데이터 링크 연결 설정 과정

데이터 링크를 연결할 때 어떤 전송 모드로 할 것인가에 따라 SNRM, SABM, SARM 중에서 한 프레임을 전달하고 응답은 UA로 받는다. 순서 번호를 7비트로 할 경우에는 확장 모드인 SNRM, SABME, SARME 등을 이용한다.

2) 연결 해제 과정

데이터 링크 연결을 해제할 때에는 DISC 프레임을 종국에게 전달하고, 수신측은 UA로 응답을 한다.

3) 주국과 종국 사이의 폴링 과정

HDLC에서 폴링(polling)과 셀렉션(selection) 동작은 주국과 종국 사이에서 일어난다. 폴링의 경우는 먼저 폴 메시지를 보내기 위해서 S 프레임을 이용한다. 이때 종국으로부터 메시지를 수신할 수 있다는 의미에서 RR 코드를 사용하며, 폴링을 하는 것이므로 poll 비트가 1로 설정된다. 이를 수신한 종국이 보낼 메시지가 있으면 I 프레임을 이용하여 보낸다. 첫 번째 메시지는 순서 번호가 0이며, 더 이상의 메시지가 없는 경우에는 final 비트가 1이 된다. 수신에 대한 응답 메시지는 S 프레임에 RNR 코드를 이용하여 ACK 메시지를 보낸다. 0번을 잘 받았다는 의미에서 N(S)는 1이 된다.

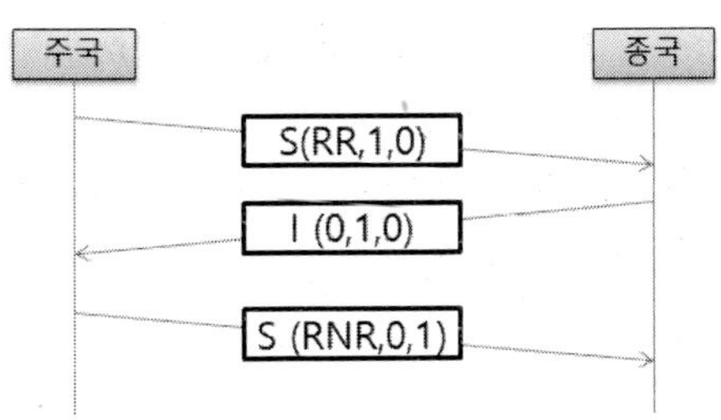

그림 10.20 HDLC 폴링

4) 주국과 종국 사이의 셀렉션 과정

셀렉션(selection) 과정은 우선 주국이 종국에게 셀렉트 메시지를 보낸다. 이를 위해서 RNR 코드 값을 갖는 S 프레임을 이용한다. 종국은 셀렉트에 대한 응답으로 수신 가능하다는 의미의 RR 코드를 갖는 S 프레임을 전달한다. 주국에서는 종국에게 I 프레임을 이용하여 첫 번째인 0번 순서 번호로 메시지를 전달한다. 종국에서는 이에 대한 응답으로 수신 순서 번호 1인 RR 코드의 S 프레임을 전달한다. final 비트를 1로 한 것은 종국은 보내지 않는다는 의미이다.

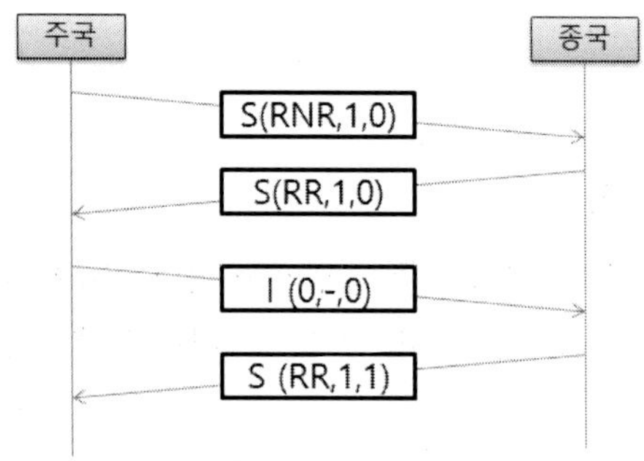

그림 10.21 HDLC 셀렉션 과정

5) ABM 전송 모드에서 데이터 전달 과정

비동기 균형 모드(ABM)에서 두 혼합국이 동등한 권리를 가지고 데이터를 전달하는 과정은 아래 그림 10.22와 같다. 우선 전송 모드를 설정하기 위해서 SABM을 전달하고 이에 대한 응답으로 UA를 받는다. 그런 다음 메시지 전달에 들어간다. A 혼합국에서 첫 번째 메시지는 송신 순서 번호가 0번이고, 수신 순서 번호도 0 번인 I 프레임으로 전송된다. 두 번째 메시지는 송신 순서 번호가 1번이고 수신 순서 번호는 아직 받은 것이 없으므로 계속 0번인 I 프레임이다. 이후 B 혼합국에서 S 프레임으로 응답을 보낸다. 계속 수신 가능하고 긍정 응답의 의미에서 RR 코드를 이용하고 1번 메시지까지 잘 받았으므로 수신 순서 번호는 다음 수신하기를 기대하는 번호인 2를 갖는다. 그 다음 A 혼합국에서는 다음 메시지인 2번 송신 순서 번호의 I 프레임을 전송한다. B 혼합국에서는 자신의 전달 메시지에 응답 정보를 함께 포함시켜 전송하는 **피기백킹(piggybacking)**을 이용하여 보낸다. 이를 위해서 자신의 송신 순서 번호는 첫 번째 메시지이므로 0이고 상대방의 메시지에 대한 수신 순서 번호는 3이 된다. 이 프레임을 수신한 A 혼합국은 0번 메시지에 대한 응답으로 다음 수신을 기대하는 번호인 수신 순서 번호 1을 포함한 S 프레임을 전달한다.

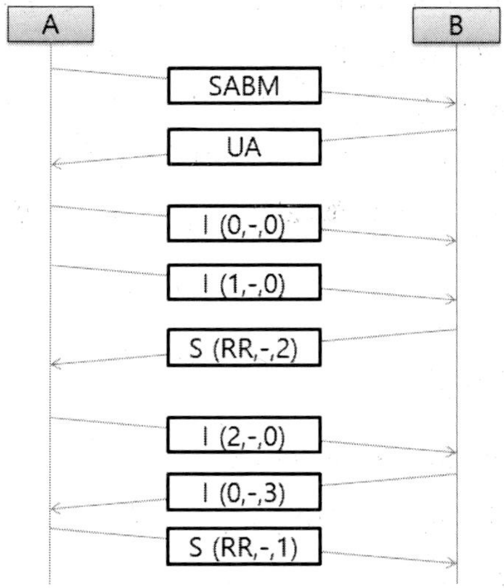

그림 10.22 슬라이딩 윈도우 방식의 데이터 전송 과정

앞의 그림 10.22에서는 프레임 전송이 한 번에 모두 정상적으로 수신되었을 때의 과정을 나타낸 것이다. 그러나 프레임이 전송 중에 오류가 발생하거나 유실되는 경우도 있는데, 이와 같은 경우의 처리 과정을 다음 그림 10.23에 나타내었다.

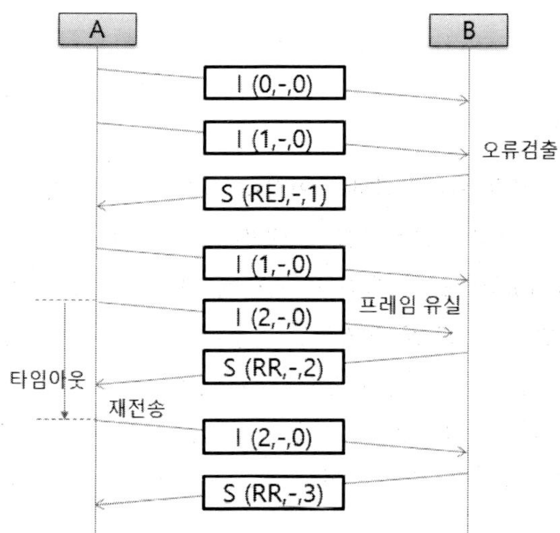

그림 10.23 HDLC 전송 중 오류 발생 처리 예

A 측에서 전송한 송신 순서 번호 0과 1의 I 프레임 중에서 전송 도중에 1 프레임에 오류가 발생하였다고 가정하였다. B 측에서는 오류를 검출한 후 1번을 다시 보내달라는 의미에서 수신 순서 번호 1을 기입한 S 프레임을 이용하여 부정 응답(REJ)을 보낸다. A 측에서는 이를 수신한 후 1번 I 프레임을 재전송한다. 그리고 2번 I 프레임이 전송 도중에 유실되는 경우에는 응답이 오지 않게 되고, A 측에서는 전송한 2번 I 프레임에 대한 응답을 기다리다가 타임아웃이 발생한다. 그러면 송신 측에서는 해당 프레임을 자동 재전송한다.

05 | HDLC와 유사한 프로토콜

1) LAPB(Link Access Procedure, Balanced)

HDLC 프로토콜 중에서 비동기 균형 모드(ABM) 부분으로 이루어진 부분 집합으로 X.25 프로토콜과 ISDN의 B 채널에서 사용된다.

2) LAPD(Link Access Procedure for D channel)

HDLC 프로토콜의 비동기 균형 모드(ABM) 부분으로 이루어진 부분 집합으로 ISDN의 D 채널에서 사용된다.

10.5 PPP

오늘날 가정에서 인터넷에 접속하기 위해서는 인터넷 서비스 제공자가 제공하는 네트워크에 접속해야 하는데 이때 가장 널리 사용하는 프로토콜이 PPP(Point-to-Point Protocol)이다. PPP는 전화선과 같은 직렬 회선(serial line)의 물리 계층 기능 위에 데이터 링크를 설정하고, 그 위에 네트워크 계층의 패킷을 전달하기 위한 목적으로 설계되었다. PPP는 송신자와 수신자 사이에 단순히 패킷을 전달하는 기능을 수행하는데, 흐름 제어는 하지 않기 때문에 상위 계층 프로토콜이 흐름 제어를 관리해야 한다. 또한 오류 제어는 CRC 방법을 이용하여 오류 검출을 한 후 오류가 발생하면 이를 폐기한다. 따라서 오류 수정은 상위 계층에서 처리해야 한다. PPP 표준은 RFC 1661 문서로 제정되었다.

01 | PPP 프레임 형식

플래그	주소	제어	프로토콜	페이로드	FCS	플래그
1바이트	1바이트	1바이트	1-2바이트	가변적	2-4바이트	1바이트

그림 10.24 PPP 프레임 형식

- 플래그(flag) : 프레임의 시작과 끝을 나타내는 01111110 값의 1바이트
- 주소(address) : 11111111 값으로 채워진다.
- 제어(control) : 00000011 값으로 채워진다.
- 프로토콜(protocol) : PPP 사용자 프로토콜을 나타낸다.
  0xC021 - LCP(Link Control Protocol)
  0xC023 - PAP(Password Authentication Protocol)
  0xC223 - CHAP(Challenge Handshake Authentication Protocol)
  0x8021 - NCP(Network Control Protocol)
  0x0021 - IP Data
- 페이로드(Payload) : 최대 1500바이트를 갖는 사용자 데이터이다. 데이터의 투명성을 제공하기 위하여 플래그와 동일한 패턴이 나타나면 01111101 문자로 바이트 채우기를 수행한다. 만약 01111101 문자가 있었다면 그 앞에도 01111101문자가 추가되며 수신 측에서는 이를 삭제한다.
- FCS(Frame Check Sequence) : 2바이트나 4바이트 CRC를 이용한다.

02 | PPP 처리 단계

PPP 프로토콜 처리 과정은 먼저 링크 상에 신호가 감지되면(carrier detected) 링크를 설정하고 옵션사항을 결정한다. 옵션 사항에서 최대 메시지 크기, 인증 등이 결정되는데, 인증이 요구되면 인증 과정을 수행한 후 네트워크 제어에 들어간다. 사용할 네트워크 프로토콜에 따라 네트워크 초기화가 이루어지고, 패킷 전송을 수행한다. 패킷 전송이 모두 끝나고 난 후 다시 링크를 해제한다. 다음 그림 10.25는 PPP 프로토콜의 처리 절차를 나타낸 것이다.

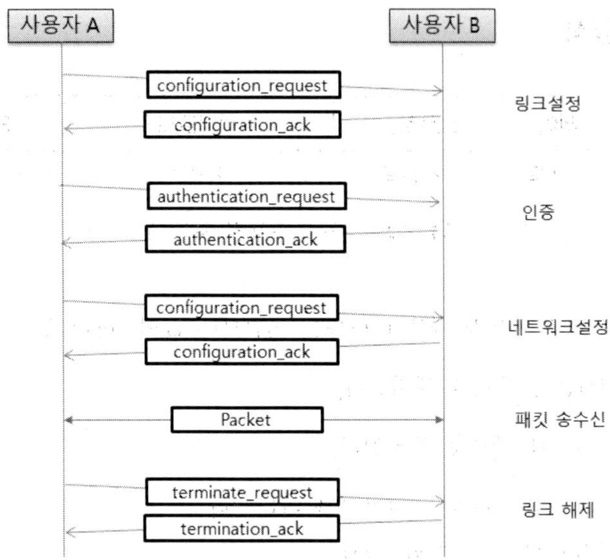

그림 10.25 PPP 프로토콜 처리 절차

03 | 인증 프로토콜

PPP에서 사용하는 인증 프로토콜은 PAP와 CHAP 두 가지가 있다.

1) PAP

PAP(Password Authentication Protocol)는 클라이언트가 서버에게 사용자 식별자(id)와 패스워드(password)를 보내고, 서버에서는 이를 검토하여 맞는 경우에는 클라이언트가 합당한 사용 권한이 있음을 확인한 후 긍정 응답을 함으로써 인증 과정을 마친다.

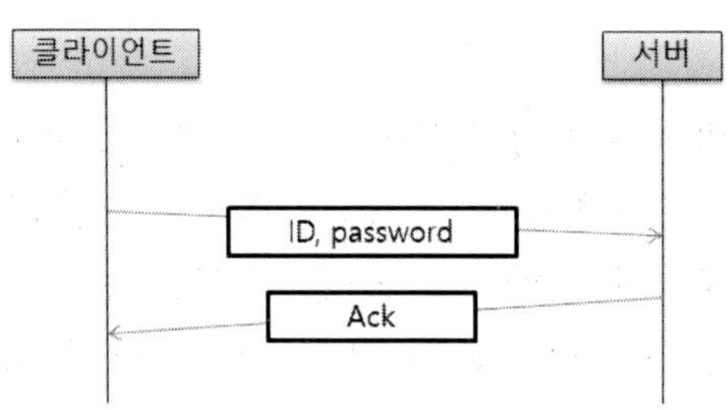

그림 10.26 PAP 인증 과정

2) CHAP

CHAP(Challenge Handshake Authentication Protocol)에서 서버는 클라이언트에게 Challenge 메시지를 보내고 클라이언트는 Challenge 메시지를 받아 인증 알고리즘으로 처리한 후 그 결과를 서버에게 보낸다. 서버에서는 다시 동일한 인증 알고리즘을 처리하여 나온 결과와 클라이언트가 보낸 결과가 동일한 가를 확인한 후 같을 경우 인증 과정을 마친다. 이 과정은 PAP에서 사용하는 패스워드를 보내지 않기 때문에 도청에 의한 패스워드 공격이 불가능한 안전한 방법이다. 또 PAP에서 사용하는 일반 핸드쉐이킹과는 달리 3 방향 핸드쉐이킹(3-way handshaking)을 수행한다.

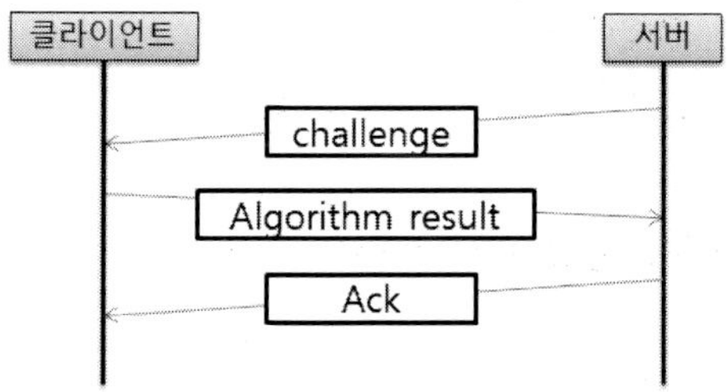

그림 10.27 CHAP 인증 과정

04 | NCP

NCP(Network Control Protocol)는 IP, Xerox, Novel 등 다수의 네트워크 프로토콜의 패킷 전송을 위해서 회선을 구성하기 위한 프로토콜이다. 각 네트워크 프로토콜을 위해서 각각의 NCP을 정의한다. 예를 들어 IP를 위해서 IPCP(Internet Protocol Control Protocol)을 제공한다. 네트워크 회선 구성이 완료된 후에 네트워크 프로토콜 데이터가 전송된다.

10 연습문제

1. 다음 중 문자 지향 데이터 링크 프로토콜은 무엇인가?

① BSC ② SDLC ③ HDLC ④ EIA232

2. 문자 지향 데이터 링크 프로토콜에서 데이터 투명성을 위해서 STX, ETX와 같은 제어문자 앞에 붙는 문자는 무엇인가?

① EOT ② DLE ③ ALT ④ EOF

3. 다음 중 비트 지향 데이터 링크 프로토콜은 무엇인가?

① BSC ② X.21 ③ HDLC ④ EIA232

4. 제어문자가 사용자 데이터(페이로드)에 포함되어도 이를 제어 문자로 오인하지 않도록 하는 기능을 무엇이라고 하는가?

① 데이터 투명성 제공 ② 오류 제어
③ 흐름 제어 ④ 링크 제어

5. 다음 중 세계표준화기구인 ISO에서 표준으로 제정한 데이터 링크 프로토콜은 무엇인가?

① BSC ② SDLC ③ HDLC ④ EIA232

6. 프레임의 시작과 끝을 나타내는 필드를 무엇이라고 하는가?

① 플래그 ② 주소 ③ 제어 ④ 페이로드

7. 오류 검출을 위해서 프레임에 포함되는 필드는 무엇이라고 하는가?

① 플래그 ② 주소 ③ FCS ④ 페이로드

8. 정지대기 ARQ에서 순서 번호를 위해 필요한 비트의 개수는 몇 개인가?

① 1 ② 2 ③ 3 ④ 4

9. 문자 지향 데이터 링크 프로토콜에서 데이터 전송이 없는 기간에도 동기를 목적으로 전달하는 문자는?

① STX ② EOT
③ DLE ④ SYN

10. 다음은 정지대기 흐름 제어에 대한 설명이다. 올바른 것은 무엇인가?

① 송신 측에서는 응답이 오지 않아도 계속 다음 프레임을 전달한다.
② 수신 측에서는 수신 데이터가 오류가 없으면 응답을 할 필요가 없다.
③ 수신 측에서는 수신 데이터에 오류가 발생하면 순방향 오류 정정을 한다.
④ 수신 버퍼는 한 프레임만 저장할 공간이 있으면 된다.

11. 슬라이딩 윈도우 흐름 제어에 대한 설명이다. 다음 중 잘못된 것은 무엇인가?

① 송신 측에서는 응답이 오지 않아도 계속 다음 프레임을 전달한다.
② 수신 측에서는 수신 데이터가 오류가 없으면 응답을 할 필요가 없다.
③ 수신 측에서는 수신 데이터에 오류가 발생하면 부정 응답을 보낼 수 있다.
④ 수신 버퍼는 윈도우 크기만큼의 가용 공간이 필요하다.

12. 다음 중 슬라이딩 윈도우 ARQ에서 오류가 발생한 프레임만을 재전송하는 방식은 무엇인가?

① 정지대기 ARQ
② N-후퇴 ARQ
③ 선택적 재전송 ARQ
④ SDLC

13. 정지대기 ARQ에서 프레임 1번에서 오류가 발생하였다. 이에 대한 응답으로 올바른 것은 다음 중 무엇인가?

① ACK 1 ② NACK 0
③ NACK 1 ④ NACK

14. 다음 중에서 HDLC의 전송 모드가 아닌 것은 무엇인가?

① 정상 응답 모드(NRM)
② 비동기 응답 모드(ARM)
③ 비동기 균형 모드(ABM)
④ 정상 균형 모드(NBM)

15. HDLC에서 주국와 부국 사이의 폴링(polling)을 하려고 한다. 어떤 전송 모드를 이용해야 하는가?

① 정상 응답 모드(NRM)
② 비동기 응답 모드(ARM)
③ 비동기 균형 모드(ABM)
④ 정상 균형 모드(NBM)

16. HDLC에서 혼합국 사이의 양방향 데이터 전송을 하려고 한다. 어떤 전송 모드를 이용해야 하는가?

① 정상 응답 모드(NRM)
② 비동기 응답 모드(ARM)
③ 비동기 균형 모드(ABM)
④ 정상 균형 모드(NBM)

17. HDLC에서 기본적으로 몇 비트의 순서 번호 비트 필드를 제공하는가?

① 1 ② 2 ③ 3 ④ 4

18. 다음 중 HDLC의 3가지 프레임에 포함되는 것이 아닌 것은 무엇인가?

① I(정보) 프레임
② S(응답) 프레임
③ U(무번호) 프레임
④ M(관리) 프레임

19. HDLC 링크 초기화에 사용되는 프레임은 다음 중 무엇인가?

① I(정보) 프레임
② S(응답) 프레임
③ U(무번호) 프레임
④ M(관리) 프레임

20. HDLC의 비동기 균형 모드에서 사용자 데이터를 전달할 때 사용하는 프레임은 다음 중 무엇인가?

① I(정보) 프레임
② S(응답) 프레임
③ U(무번호) 프레임
④ M(관리) 프레임

21. HDLC의 오류 검출 방식은 다음 중 무엇인가?

① CRC
② 패리티 비트
③ 1의 보수합 방식
④ 해밍 코드

22. 사용자 데이터 전송을 위한 I 프레임에 응답 정보를 함께 보내는 방식을 무엇이라고 하는가?

① 피기백
② ACK
③ NRM
④ 슬라이딩 윈도우

23. HDLC 프레임에서 순서 번호가 포함되는 필드는 다음 중 무엇인가?

① flag
② address
③ control
④ FCS

24. 다음은 PPP 프로토콜에 대한 설명이다. 잘못된 것은 무엇인가?

① 단일 회선 상에서 직렬 통신 기능을 제공한다.
② IP 패킷을 직렬 회선 상에서 전달할 때 사용될 수 있다.
③ PAP 프로토콜은 인증을 위한 것이다.
④ 인증 과정이 끝나면 바로 네트워크 패킷 송수신을 시작한다.

25. 다음 중 PPP를 지원하는 프로토콜이 아닌 것은 무엇인가?

① PAP ② NCP

③ LCP ④ RARP

26. PPP 프로토콜을 이용하여 IP 데이터그램을 전달하려고 한다. 노드에 IP 주소 할당을 위해 사용되는 프로토콜은 다음 중 무엇인가?

① PAP ② NCP

③ LCP ④ RARP

27. 다음 중 PPP에서 사용하는 인증 프로토콜은 무엇인가?

① PAP ② NCP

③ LCP ④ SLIP

28. HDLC 비동기 균형 모드에서 송신측이 프레임 0, 1, 2, 3을 전달하고, 수신 측으로부터 응답 ACK 2를 수신하였다. 윈도우 크기가 7이라면 현재 윈도우의 범위는 무엇인가?

29. CHAP 프로토콜을 이용하여 인증을 한다면 그 절차는 어떻게 되는가?

30. PPP가 필요한 환경에 대해 알아보자.

Chapter 11

LAN

Chapter 11

LAN

LAN(Local Area Network)은 이름에서 알 수 있듯이 국지적인 지역, 상대적으로 좁은 지역을 범위로 하는 네트워크를 의미한다. 그 경계는 정확하게 규정되지 않았지만 일반적으로 수Km 이내의 거리를 대상으로 한다. 한 건물이나 회사, 학교 정도의 규모를 커버하는 네트워크를 LAN이라 부른다.

거리가 가깝다는 점은 통신 서비스를 제공하는 입장에서는 매우 유리한 요소로, 근거리이기 때문에 신호를 전파했을 때 그 신호는 감쇠가 심해지기 이전에 목적지까지 전달될 수 있다. 그러므로 LAN에서는 중계 노드를 이용하지 않고 모든 수신자에게 프레임을 방송한다. 대표적인 프로토콜인 이더넷(CSMA/CD)도 방송 방식을 이용한다. 또한 LAN에서 지연이 적고, 고속의 데이터 전송이 가능한 점도 가까운 거리에 있는 목적지로 신호를 전달하기 때문이다.

최근 들어서 우리 주변에서는 유선 LAN보다 무선 LAN을 이용하는 경우가 더 흔하다. 무선 LAN은 전송률 측면에서 유선 LAN에 비해 열세지만, 선이 없기 때문에 이동이 용이하고 설치가 쉽다는 편리함 때문에 앞으로 더욱 확장될 것으로 판단된다. 이 장에서는 유선 LAN과 무선 LAN 방식에 대해서 차례대로 살펴본다.

11.1 유선 LAN

01 | 형태에 따른 분류

1) 버스형

망의 중심에 **버스(bus)**라고 하는 공유 매체를 두고 이를 호스트들이 공유하는 형태를 갖는다. 버스의 양 끝단에는 터미네이터(terminator)가 붙어 있는데, 이는 신호 전파가 끝단에 도착했을 때 반사가 일어나는 것을 막기 위해서 저항 성분을 달아놓은 것이다. 각 호스트들은 **트랜시버(transceiver)**를 이용하여 버스에 탭(tap)을 내어 선을 연결한다. 버스로는 동축 케이블이 사용된다. 다음 그림

11.1이 버스 LAN을 보여주고 있다.

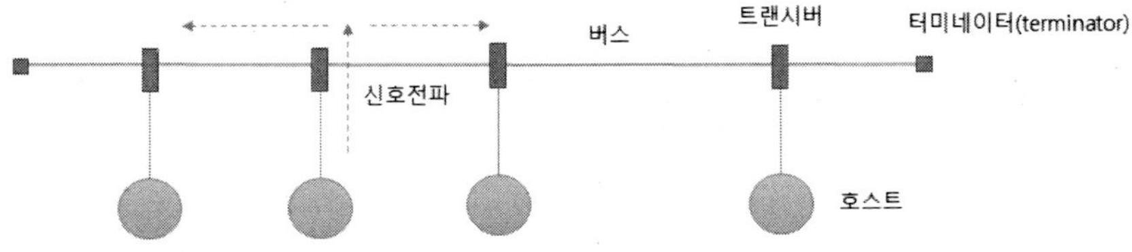

그림 11.1 버스형 LAN

버스에 연결된 모든 호스트들은 전송할 데이터가 있을 경우에 매체를 살펴서 전송 중인 데이터 신호가 없을 때에는 언제든지 전송을 시도한다. 한 호스트가 데이터 전송을 시도하면 그 신호가 매체 상에서 버스의 끝단을 향해 양 방향으로 전파된다. 운 좋게도 다른 호스트들이 이 시점에서 전송을 시도하지 않으면 전송은 성공하게 된다. 만약 전송 도중에 다른 호스트가 매체를 살펴 신호를 감지하지 못하면, 자신도 전송을 시도하게 되고 그 결과 동시에 두 데이터 전송 시도에 따른 신호충돌로 인해 전송은 실패하게 된다. 이러한 방식을 경쟁(contention)에 의한 매체 공유라 한다. 버스 형에서 사용하는 **이더넷(Ethernet)** 프로토콜은 이와 같이 경쟁을 기반으로 하며, 충돌이 일어났을 경우 이에 따른 성능 저하를 최소화하는 방식이다.

초기 이더넷에서는 전송 속도 10Mbps를 기반으로 한 버스 형을 주로 사용하였다. 그러나 허브(hub) 장치를 이용하는 성형 LAN에서의 이더넷 프로토콜은 전송 매체의 특성이 좋아짐에 따라 100Mbps 이상의 속도를 제공한다.

2) 링형

링(ring) 형은 이름에서 알 수 있듯이 반지와 같이 원 형태로 구성된 망을 의미한다. 리피터들은 전송 매체에 연결되며 호스트는 리피터를 통해서 데이터를 송수신할 수 있다. 그리고 호스트들은 리피터에 연결되어 통과하는 데이터를 읽거나 복사하고, 데이터를 전송한다. 다음 그림 11.2가 링형 LAN의 형태를 보여준다.

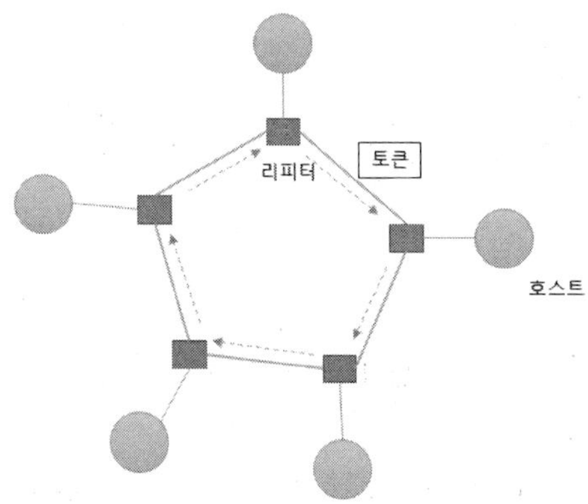

그림 11.2 링형 LAN

링형에서는 다수의 호스트 사이에 전송 충돌을 피하기 위해서 일반적으로 **토큰(token)**이라고 하는 작은 패킷을 이용한다. 토큰은 링을 통해서 시계 방향이나 반시계 방향 등의 한 방향으로 전달된다. 토큰을 가진 호스트만이 데이터 전송의 권한을 갖는 방식이다. 전송을 원하는 호스트는 지나가는 토큰을 잡고, 데이터를 전송한다. 링 내에서 오직 하나의 토큰만 존재하기 때문에, 한 순간에는 한 호스트만이 전송을 시도할 수 있다. 따라서 두 호스트 이상의 데이터 신호 전파에 따른 충돌은 없다. 신호 전파는 오직 한 방향으로만 전진하고, 리피터를 통과하는 순간 각 호스트들은 이를 수신할 수 있다. 그러므로 모든 호스트는 통과하는 데이터를 수신할 수 있고, 결과적으로 방송의 특성을 갖는다.

3) 성형

성형은 스타(star)형이라고도 한다. 그 이름에서 알 수 있듯이 별 모양의 네트워크 구성을 갖는다. 다음 그림 11.3이 성형 LAN의 모습을 보여준다.

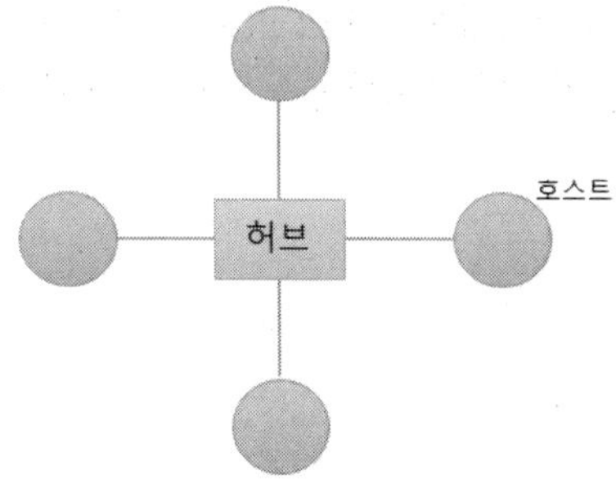

그림 11.3 성형 LAN

네트워크 가운데에 **허브(hub)**가 있고 각 호스트들은 허브로부터 전송 매체를 이용하여 연결된다. 허브는 네트워크의 연결선을 관리하는 장치로 LAN 케이블을 연결할 수 있는 다수의 포트들이 있다. 보통은 UTP 케이블을 연결할 수 있도록 되어 있고 UTP 케이블과 RJ-45 연결구로 허브와 호스트를 연결하면 쉽게 네트워크를 구성할 수 있다. 결과적으로 통신 전문가가 아니더라도 네트워크 연결과 설치가 용이하고, 이와 같은 장점 때문에 오늘날 가장 많이 사용하는 LAN 구성 방법이다.

허브를 이용하는 경우는 매체 접근 제어(MAC)로 이더넷 프로토콜을 사용하기 때문에 한 순간에 한 호스트만이 전송할 수 있다. 네트워크가 고속화됨에 따라 성능향상을 위해서 스위칭(switching) 기능을 갖는 허브를 사용하는 경우가 늘고 있다. 허브가 스위칭 기능을 가지면 교환 노드의 역할을 하기 때문에 동시에 다수의 링크를 통해서 들어오는 데이터들을 충돌 없이 전송할 수 있다.

4) 트리형

트리(tree)형은 나뭇가지 모양이라는 뜻으로 성형을 계층적으로 연결하면 구성할 수 있다. 다음 그림 11.4는 트리형을 나타낸다.

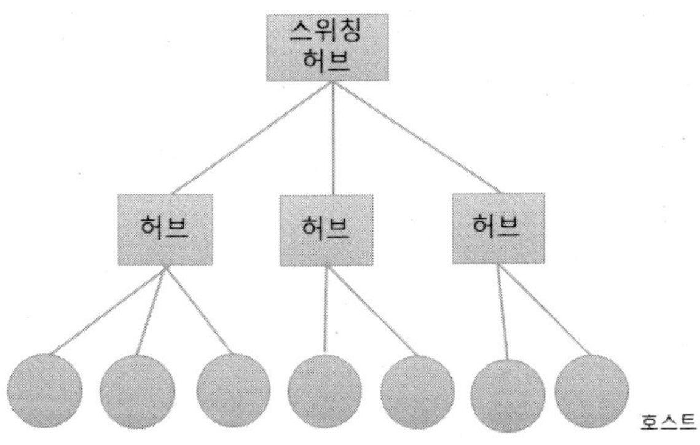

그림 11.4 트리형 LAN

앞의 그림 11.4는 **스위칭 허브(switching hub)**를 중심으로 허브가 성형으로 연결되고, 각 허브들은 다수의 호스트를 연결한 성형으로 볼 수 있다. 전체적으로는 트리형이며, 2 계층의 성형으로 이해할 수도 있다. 트래픽이 집중되는 최상위 허브는 전송률 향상을 위해서 스위칭 허브로 연결한 것을 볼 수 있다.

5) 그물형

그물형은 메쉬(mesh)형이라고도 하는데, 그 형태는 다음 그림과 같이 모든 호스트 쌍에 대해 독립된 링크를 갖는 네트워크를 의미한다. 다음 그림 11.5는 그물형 LAN을 보여준다.

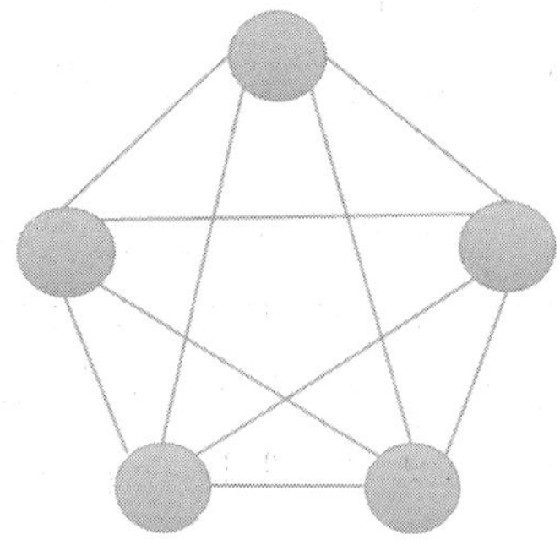

그림 11.5 그물형 LAN

그물형은 통신을 하려고하는 두 노드가 다른 노드들의 트래픽에 관계없이 언제든지 통신을 할 수 있는 독립된 링크를 갖는다는 장점이 있다. 즉 블록킹(blocking)이 발생하지 않는 네트워크이다. 그러나 노드 수가 증가함에 따라 링크 수가 급격하게 늘어나는 단점이 있다. 노드 수가 N개일 때 전체 링크의 수는 N*(N−1)/2이다. 결과적으로 N^2에 비례해서 링크가 늘어남을 알 수 있다. 따라서 항상 트래픽 량이 많은 네트워크에서는 고려할 수 있지만 일반적으로는 잘 사용하지 않는다.

예제 11.1 그물(mesh)형 LAN에서 호스트가 10개 연결된다면 필요한 링크의 개수는 총 몇 개인가?

풀이 링크의 수 = 10 * 9 / 2 = 45

02 | LAN 프로토콜의 계층구조

LAN에서 사용하는 프로토콜은 OSI 7 계층구조와 비교할 때, 데이터 링크 계층과 물리 계층 기능으로 구성된다. 데이터 링크 기능은 다시 두 개의 부 계층 **LLC(Local Link Control)**와 **MAC (Medium Access Control)**으로 나뉜다. LAN에서는 UTP 케이블, 동축 케이블, 광섬유, 무선(wireless) 등 다양한 물리적 전송 매체가 사용된다. 따라서 각 전송 매체에는 그에 적합한 MAC 프로토콜이 존재한다. 그리고 상위 계층에게 통일된 인터페이스를 제공하기 위한 LLC 계층이 있다. 이를 그림으로 나타내면 다음 그림 11.6과 같다.

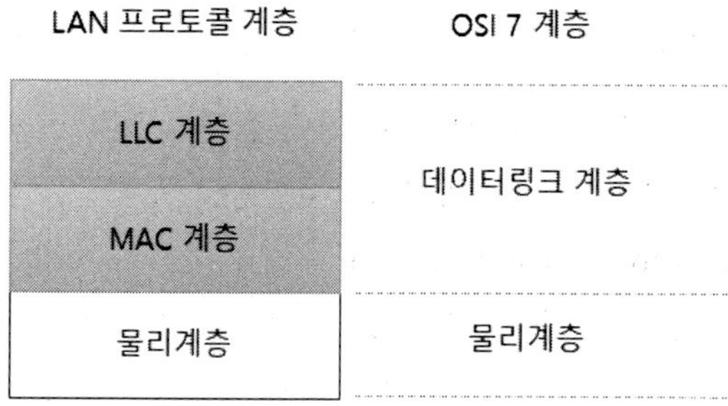

그림 11.6 LAN 프로토콜 계층구조

1) LLC

LLC는 상위 계층에게 LAN 서비스를 제공하는 부 계층으로 MAC 프로토콜 종류에 관계없이 동일한 인터페이스를 제공한다. LLC에서 제공하는 서비스는 다음 3가지이다.

- **연결 지향 서비스** : 데이터가 다수의 프레임으로 이루어지고, 각 프레임들은 순서가 보장되고 오류가 제어되는 신뢰성 있는 서비스이다.
- **응답이 있는 비연결 서비스** : 데이터는 독립된 프레임으로 전달되며, 수신 측으로부터의 응답이 제공되는 신뢰성을 제공한다.
- **응답이 없는 비연결 서비스** : 데이터들은 독립된 프레임으로 전달되며, 수신 응답이 없기 때문에 신뢰성을 제공하지 않는 서비스이다.

LLC에서 사용하는 프레임 형식(PDU)은 다음 그림 11.7에서 알 수 있듯이 HDLC 프레임과 유사하다.

DSAP	SSAP	Control	Information

DSAP : Destination Service Access Point
SSAP : Source Service Access Point

그림 11.7 LLC 프레임 형식

DSAP, SSAP는 목적지 주소와 근원지 주소를 의미한다. 제어(Control) 부분은 HDLC의 제어부와 동일한 형식으로 I, S, U 등 3가지 프레임에 따라 송신 번호, P/F 비트, 수신 번호, 코드 등으로 정해진다(자세한 내용은 데이터 링크 제어의 HDLC 부분을 참조하기 바람). 이외에 CRC, 플래그 등은 LLC 부 계층(sub-layer)에서 다루지 않고, 하위 부 계층인 MAC 부 계층에서 처리한다.

03 | 매체 접근 제어(MAC)

LAN에서는 프레임을 방송하고 다수의 호스트들이 전송매체를 공유하기 때문에, 동시에 다수의 호스트가 매체에 접근했을 때 충돌을 피하고 효과적으로 공유하기 위한 방법이 요구된다. 이러한 방법을 **매체 접근 제어(MAC : Medium Access Control)**라 한다. 본 절에서는 IEEE 802 위원회에서 표준으로 제정한 MAC 프로토콜 중에서 대표적인 CSMA/CD, 토큰 버스, 토큰링에 대해서 알아본다.

1) CSMA/CD

1970년대 초반에 하와이대에서 개발한 **ALOHA**는 최초의 임의 접근(random access) 방식으로 무선 LAN을 위한 프로토콜이다. 임의 접근이란 각 호스트가 전송할 데이터가 있을 때 시간 예약 없이 바로 매체 사용을 시도하는 방식을 말한다. ALOHA에서는 각 지국이 전송할 데이터가 있을 때 바로 전송을 시도하는 방식을 이용하였다. 두 지국 이상이 동시에 데이터를 전송할 때 신호의 충돌(collision)이 발생하게 되고 전송은 실패한다. 송신자는 데이터 전송을 시도한 후 수신자의 확인 응답을 통해서 전송의 실패 유무를 알게 된다. 확인 응답이 수신되지 않으면 전송이 실패하였다고 판단하고 임의의 시간을 기다리고 난 후, 다시 재전송을 시도한다. 각 지국이 임의의 시간을 기다리게 함으로써 동시 전송에 따른 충돌의 가능성을 줄인다.

흔히 **이더넷**(Ethernet) 프로토콜이라 불리는 방식의 프로토콜이 **CSMA/CD(Carrier Sense Multiple Access/Collision Detection)**로, IEEE802.3 위원회에서 표준을 제정하였다. 이 프로토콜은 오늘날 LAN에서 가장 흔히 볼 수 있는 매체 접근 제어(MAC)이다.

이 방식은 경쟁(contention)을 기반으로 하므로 매체가 사용 가능하면 어느 호스트든 매체에 접근하여 데이터 전송을 시도할 수 있다. 단 매체가 사용가능한가를 우선 살펴야 한다. 이를 위해서 전송 시도 이전에 매체에 전송 신호가 있는가를 살피고(carrier sense), 만약 신호가 없다면 전송을 시도한다(multiple access). 현재 전송 신호가 없더라도 이 시점에서 둘 이상의 호스트가 전송을 시도하게 되면 전송은 실패한다. 그렇지 않으면 하나의 호스트만이 전송을 시도하고 전송에 성공할 것이다.

둘 이상의 호스트가 동시에 전송을 시도함으로써 충돌(collision)이 발생하게 되면, 송신 호스트는 충돌 신호를 감지한 후 현재 시도 중인 메시지 전송을 중지해서 가급적 빨리 매체의 상태를 사용 가능한 상태로 바꾸어야 한다. 충돌 신호는 전송 신호에 비해 전압이 더 높기 때문에 이를 감지하는 것이 가능하다. 이것을 위해서 전송 중에는 **충돌 검출(collision detection)**을 해야 한다. 이상의 처리 과정을 단계별로 요약하면 다음과 같다.

[단계 1] : 충돌 회수를 0으로 초기화한다.

[단계 2] : 매체가 사용 중인가를 살펴서 사용 중이면 다시 단계 2을 시도한다. 만약 매체가 사용 중이 아니면 단계 3로 간다.

[단계 3] : 충돌 회수를 고려한 시간 동안 기다린 후에 전송을 시도한다. 그 후 매체에서 충돌 신호가 감지되는가를 살핀다. 만약 충돌이 감지되면 충돌 회수를 1 증가시키고 현재 진행 중인 전송을 멈추고 단계 2로 간다. 만약 충돌 신호가 감지되지 않으면 정상적인 전송이 종료된다.

예제 11.2 CSMA/CD에서 프레임 전송 중에 충돌 감지(collision detection)를 하는 이유는 무엇인가?

풀이 프레임 전송 중에 충돌이 발생하면 전송이 실패하게 되는데, 실패 상황에서 현재 진행 중인 전송을 빨리 멈추고 매체의 상태를 다시 전송할 수 있는 상태로 만들기 위해서이다.

매체가 사용 중이 아니어서 전송을 시도할 때 기다림 없이 바로 시도하면, 둘 이상의 호스트가 재전송을 시도하는 경우엔 필연적으로 다시 충돌이 발생한다. 이를 피하기 위해서 다음과 같은 몇 가지 방법을 이용한다.

a) 1-persistent

이 방법은 매체가 사용 중이 아니면 확률 1을 가지고 곧바로 전송을 시도한다. 이렇게 되면 둘 이상의 호스트가 전송을 시도할 경우 충돌이 필연적으로 발생한다. 다음 그림 11.8은 1-persistent 방식을 보여준다.

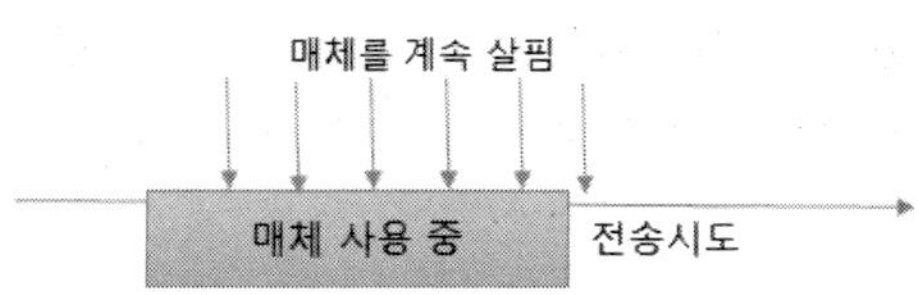

그림 11.8 1-persistent

b) non-persistent

이 방법은 매체가 사용 중이 아니면 곧바로 전송을 시도한다. 만약 매체가 사용 중이면 일정 시간을 기다렸다가 다시 매체의 사용 유무를 살핀다. 매체가 사용 중이 아니면 곧바로 전송을 시도한다. 일정 시간을 기다리기 때문에 그 기간 내에서 매체가 사용 중이 아님에도 기다리는 기간이 존재한다. 다음 그림 11.9는 non-persistent 방식을 보여준다.

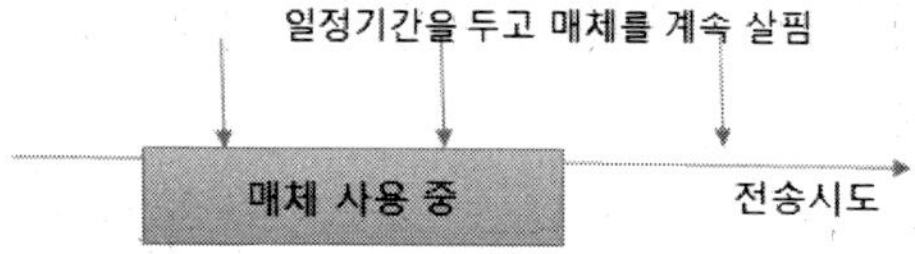

그림 11.9 non-persistent

c) p-persistent

이 방법은 매체가 사용 중이 아니면 확률 p로 전송을 시도한다. 이때 전송이 시도되지 못하면 일정 시간을 기다린 후에 다시 확률 p로 전송한다. 확률 p(p 〈 1)로 전송을 하기 때문에 충돌 확률은 그만큼 낮아진다. 그러나 1-p 확률로 매체가 사용 중이 아님에도 전송이 시도되지 않는 문제점이 있다. 다음 그림 11.10은 p-persistent 방식을 보여준다.

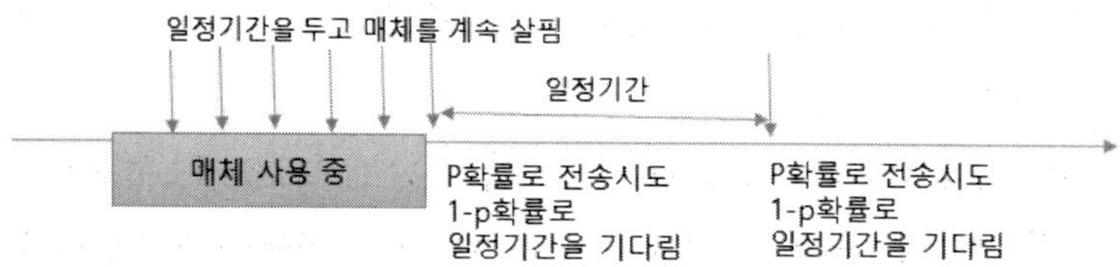

그림 11.10 p-persistent

매체가 사용 중이 아닐 때 일정 기간을 기다린 후에 전송을 시도하는데, 이 일정 기간을 정하는 방법은 충돌이 검출된 횟수가 n회일 때 2^{n-1} 보다 작은 수를 임의로 선택한다. 이를 **2진 백오프 (binary back-off)**라 한다. 이로써 다수의 호스트가 전송을 시도하려고 할 때 서로 다른 기간을 기다리게 하여 충돌을 회피한다. 충돌의 회수가 많아질수록 기다려야 할 시간 간격이 2의 지수에 비례하여 커지는데, 이는 충돌이 많을수록 매체 상에 트래픽의 양이 많다고 판단되기 때문이다. 따라서 전송 시도를 줄여서 데이터 전송 성공 확률을 높이기 위해 2진 백오프를 사용한다.

예제 11.3 초기에 기다리는 시간 간격을 1이라고 하면 2진 백오프 방법에 의하여 3번 연속 전송이 실패했을 때 기다리는 시간 간격은 어떻게 되는가?

풀이 2진 백오프 방법에 따라 3번의 실패로 1*2*2*2 = 8만큼 시간 간격의 최댓값이 증가한다.

데이터를 전송한 후 충돌 검출을 정상적으로 처리하기 위해서는 프레임이 이 매체로 나가기 시작해서 그 신호가 매체의 가장 먼 거리까지 갔다가 충돌이 일어나서 그 충돌 신호가 돌아올 때까지 프레임이 모두 매체로 전달되어서는 안 된다. 프레임이 매체로 다 나가고 나면 전송이 완료된 것으로 오인될 수 있기 때문이다. 따라서 매체에서 신호 왕복 시간 동안 프레임이 계속 전달 중이어야 하므로 최소 프레임 크기가 요구된다. 이더넷 프로토콜에서는 64바이트를 최소 프레임 크기로 정하였다.

CSMA/CD에서 매체 접근 제어를 위한 처리 과정을 순서도로 나타내면 다음 그림 11.11과 같다.

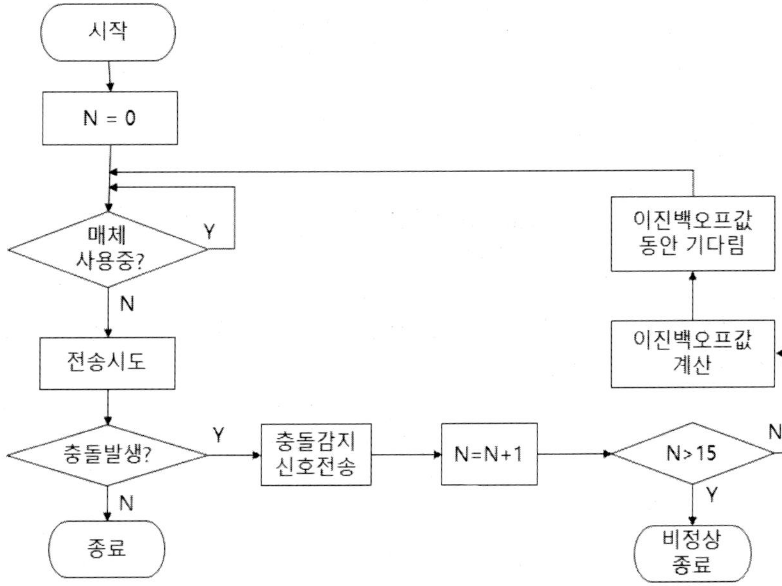

그림 11.11 CSMA/CD 순서도

2) 토큰 버스

토큰 버스(token bus) 방식의 매체 접근 제어는 IEEE802.4에서 제정한 표준 프로토콜이다. 버스형 LAN에서는 일반적으로 이더넷 프로토콜(CSMA/CD)을 사용하지만, 경우에 따라서는 경쟁에 따른 신호의 충돌 문제를 피하기 위해서 토큰을 돌리는 방법으로 논리적으로는 링형 LAN과 같은 형태를 구성할 수 있다. 버스 상에 위치한 호스트들 사이에 토큰을 돌리는 방법을 이용한다. 호스트들은 순서에 따라 자신이 어느 호스트로부터 토큰을 받아서 다음 어느 호스트로 토큰을 전달해야 하는지를 알고 있어야 한다.

예를 들어서 다음 그림 11.12와 같이 호스트 A, B, C, D가 버스에 연결되어 있고, 초기에 호스트 A는 토큰을 가지고 있다고 가정한다. 토큰을 소유한 호스트만이 전송을 시도할 수 있기 때문에 나머지 B, C, D 호스트들은 전송을 시도할 수 없다. A가 보낼 데이터가 있을 경우에는 전송을 시도하고 전송이 완료되고 나면 다음 호스트 B에게 토큰을 전송한다. 그러면 호스트 B가 데이터 전송을 시도할 기회를 갖는다. 만약 전송할 데이터가 없으면 다음 호스트에게 토큰을 전달하면 된다. 이와 같은 방식으로 토큰을 주어진 순서에 따라서 돌리면서 라운드 로빈 방식으로 데이터 전송의 기회를 갖는다. 결과적으로 전송 중에 충돌은 없다. 토큰을 돌리는 순서에 따라 호스트의 전송 순서가 정해진다.

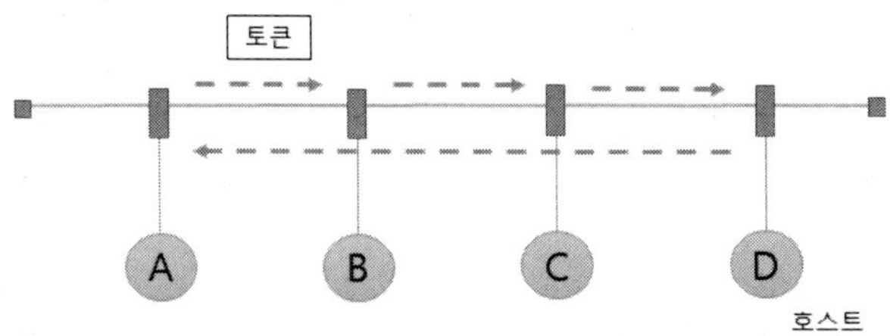

그림 11.12 토큰 버스의 예

예제 11.4 앞의 그림 11.12에서 토큰을 돌리는 순서 중 C와 D 사이에 E 호스트를 끼워 넣기 위해서는 어떠한 처리가 필요한가?

풀이 토큰을 전달할 때 사용할 목적지 주소를 바꾸어야 한다. C의 다음 차례가 E가 되어야 하므로 C의 다음 주소는 D에서 E로 바꿔야 하고, E의 다음 주소는 C의 이전 다음 주소인 D가 되어야 한다.

3) 토큰링

링형 LAN에서 이용하는 매체 접근 제어 방식으로 토큰을 돌리는 토큰 버스 방식과 유사하다. 하지만 물리적인 네트워크 형태가 링형이라는 점이 다르다. 링을 이루고 있는 리피터들은 시계 방향이나 또는 그 반대 방향 중에서 한 방향을 선택하여 토큰을 돌린다. 이를 그림으로 나타내면 다음 그림 11.13과 같다.

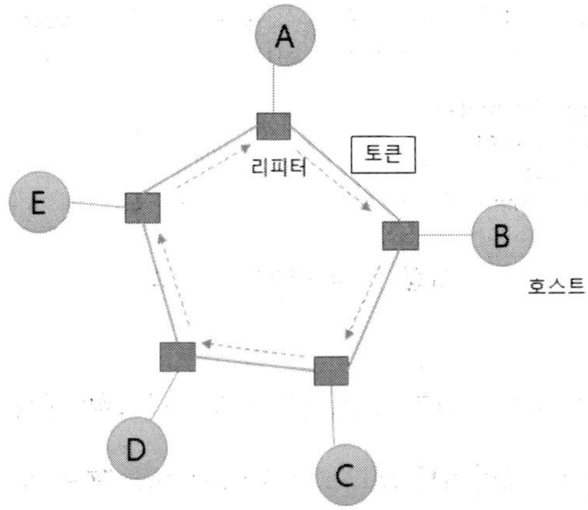

그림 11.13 토큰링 방식

토큰 버스와 마찬가지로 토큰링에서도 토큰을 잡은 호스트만이 전송 권한을 갖는다. 그림에서 B 호스트가 D 호스트에게 메시지를 전송하기를 원한다면 지나가는 토큰을 잡고, 메시지를 시계방향으로 전송한다. 메시지는 C를 지나고 D에 도착한다. C는 지나가는 메시지의 목적지 주소를 보고 수신자가 자신이 아닌 것을 알고 무시한다. D는 목적지 주소가 자신이므로 메시지를 복사하여 받는다. 그리고 오류 없이 수신되었으면 응답 정보를 헤더에 넣은 후 메시지를 계속 링을 통해서 전송되도록 한다. 메시지는 E, A를 거쳐서 송신자인 B에 도착한다. B는 자신이 전송한 메시지를 수신하여 링에서 없애고, 다른 호스트들이 전송할 수 있도록 토큰을 다시 링 위로 전송한다.

04 | 표준 이더넷

최초의 표준 이더넷은 CSMA/CD 방식을 이용하는 것으로 10Mbps의 전송률을 갖는다. 사용자에게 데이터 전송을 위해서 비연결 서비스를 제공한다. 이 서비스는 오류 제어에 의한 전송의 신뢰성을 제공하지 않는다. 전송 중에 데이터 오류가 발생하면 수신 측에서는 단순히 폐기한다. 즉 수신 측에서 수신에 대한 확인 응답을 하지 않는다. 따라서 신뢰성을 얻기 위해서는 상위 계층에서 오류 검출에 따른 재전송이나 확인 처리를 해야만 한다.

1) 프레임 형식

이더넷 프레임 형식은 다음 그림 11.14와 같다.

Preamble	SFD	DA	SA	Type	Data	CRC

SFD : Start Frame Delimiter
DA : Destination Address
SA : Source Address
CRC : Cyclic Redundancy Check

그림 11.14 이더넷 프레임

- 프리엠블(preamble) : 7바이트의 크기로 프레임의 동기화를 위해서 사용된다.
- SFD(Start Frame Delimiter) : 1바이트 크기로 10101011 비트 패턴을 갖는다. 프레임의 시작을 알린다.
- DA(Destination Address) : 6바이트 크기의 목적지 MAC 주소이다.
- SA(Source Address) : 6바이트 크기의 근원지 MAC 주소이다.
- 타입(type) : 상위 계층 프로토콜을 나타낸다. IP 프로토콜도 상위 계층 프로토콜 중 하나이다. 이 정보를 이용하여 상위 계층과의 대응 관계를 알 수 있다.
- 데이터 : 상위 계층으로부터 전달된 캡슐화된 사용자 데이터 부분이다. 데이터는 최대 1500바이트 크기를 가질 수 있다.
- CRC : CRC-32 방식의 오류 검출 코드를 포함한다. 수신 측에서 오류 검출을 수행하여 오류가 발생되었으면 프레임을 폐기한다.

2) 프레임 크기

프레임은 CSMA/CD에서 충돌감지를 하기 위해서 최소 64바이트가 되어야 한다. 헤더가 총 14바이트이고 트레일러가 CRC 4바이트이므로 데이터는 최소 46바이트이어야 한다. 또한 최대 크기는 1518바이트이고, 헤더와 트레일러 18바이트를 제외하면 최대 데이터는 1500바이트이다.

3) MAC 주소

총 6바이트의 크기를 갖는다. 이 주소는 LAN 카드(NIC : Network Interface Card)에 저장되어 있으며 수정할 수 없다. 일반적으로 콜론 16진법 표현으로 나타낸다. 그 예를 들면 4A : 10 : 21 : FA : 1C : E4와 같은 형식이다.

4) 매체 접근 제어

1-persistent CSMA/CD를 이용한다.

5) 이더넷 종류

1980년대에 가장 많이 사용된 이더넷 매체는 다음 표 11.1과 같다.

표 11.1 이더넷 매체

명칭	매체	매체길이	토폴로지	인코딩
10BASE2	가는 동축 케이블	185m	버스형	맨체스터 코딩
10BASE5	굵은 동축 케이블	500m	버스형	
10BASE-T	2 UTP	100m	성형	
10BASE-F	2 광섬유	2000m	성형	

버스형과는 달리 10BASE-T로 연결된 성형의 경우 각 호스트는 허브와의 연결에 한 쌍의 케이블이 사용된다. 따라서 전이중 방식의 전송이 가능하고 충돌은 허브 내에서만 발생할 수 있다. 일반 허브 대신 **스위치(switch)**를 이용할 경우 충돌이 발생하지 않는다. 스위치는 각 회선으로부터 수신되는 프레임을 수신 버퍼에 저장하고, 수신 주소를 참조하여 프레임을 순서대로 목적지 호스트로 전달하기 때문이다. 결과적으로 CSMA/CD 프로토콜은 필요 없다. 또 각 호스트들은 송신과 수신 각각 10Mbps의 전송 속도를 이용할 수 있다. 이를 그림으로 나타내면 다음 그림 11.15와 같다.

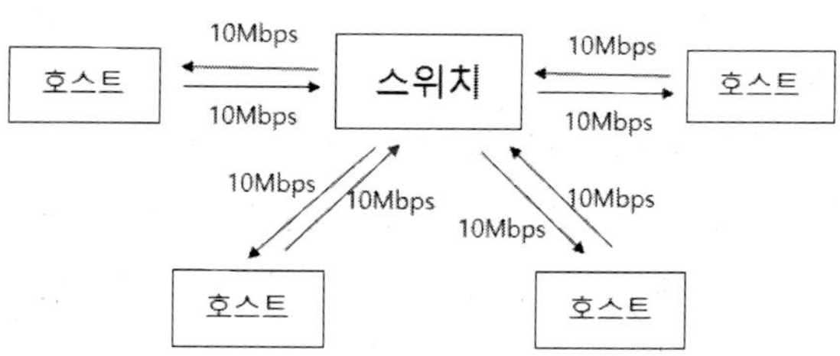

그림 11.15 스위치로 연결된 이더넷 예

앞의 그림 11.15에서 각 호스트와 스위치 사이의 케이블에서 송신과 수신을 모두 고려하면 20Mbps 전송률을 사용하게 된다. 전체적으로는 4개의 호스트가 연결되어 있으므로 총 4*20Mbps = 80Mbps 대역폭을 공유하는 결과를 얻는다.

예제 11.5 스위치 기능이 있는 허브를 사용하여 10개의 호스트를 그림 11.15 형태로 연결하였다. 10개의 호스트가 송신과 수신에 각각 10Mbps 전송률을 이용할 경우 LAN에서 전체적으로 공유되는 대역폭은 얼마가 되는가?

풀이 10*20Mbps = 200Mbps

6) 고속 이더넷

고속 이더넷(fast Ethernet)은 100Mbps 전송 속도가 가능한 이더넷으로 기존 이더넷의 프로토콜과 호환성을 고려하여 동일한 프레임 형식을 이용한다. 고속 이더넷에서 사용되는 대표적인 전송매체는 다음 표 11.2와 같다.

표 11.2 고속 이더넷 전송매체

명칭	매체	매체길이	토폴로지
100BASE-TX	2쌍 STP, 2쌍 UTP(Cat.5)	100m	성형
100BASE-FX	2 광섬유	100m	
100BASE-T4	4쌍 UTP	100m	

100BASE-T4는 기존의 UTP 케이블을 계속 사용할 수 있도록 하는데 전송 시 한 방향으로 동시에 3 쌍을 이용한다.

초기 이더넷에 비해 전송 속도가 10배로 향상되었기 때문에 충돌 검출을 정상적으로 수행하기 위해서는 최소 프레임 크기가 10배로 커지거나 네트워크의 길이가 1/10로 줄어들어야 한다. 최소 프레임 크기는 변화가 없기 때문에 이를 해결할 수 있는 방법은 네트워크 길이를 줄이거나 충돌이 일어나지 않도록 스위치를 이용하여 성형 연결을 하는 것이다.

예제 11.6 스위치를 이용하여 성형으로 연결할 경우 CSMA/CD 프로토콜은 필요 없는가?

풀이 스위치는 각 수신 회선을 통해서 독립적으로 도착한 프레임을 수신하여 수신버퍼에 저장한다. 그러므로 동시에 프레임이 여러 수신 회선으로 들어온다고 하더라도 이들을 모두 수신하여 저장할 수 있다. 그리고 순서대로 목적지로 전달할 수 있다. 따라서 충돌은 발생하지 않는다.

7) 기가비트 이더넷

기가비트 이더넷(gigabits Ethernet)은 1Gbps 전송 속도가 가능한 이더넷으로 고속 이더넷과 마찬가지로 기존 이더넷과 호환성을 유지하기 위하여 동일한 프레임 형식을 이용한다. 또한 CSMA/CD 프로토콜을 이용한다. 다만 속도가 빨라짐에 따라서 확장된 부분은 다음과 같다.

- 최소 프레임 크기가 64바이트에서 512바이트로 확장되었다. 이는 전송 속도가 빨라짐에 따라서 정상적으로 충돌을 검출하기 위해서 프레임의 크기를 더 키운 것이다.
- 작은 프레임들을 붙여서 한꺼번에 전송할 수 있는 **프레임 버스팅**(frame bursting) 기능을 제공한다. 이렇게 함으로써 작은 프레임들을 최소 프레임 크기로 조절할 필요가 없어진다.

기가비트 이더넷 전송매체의 종류 중에서 몇 가지를 다음 표 11.3에 나타내었다.

표 11.3 기가비트 이더넷 전송매체

명칭	매체	매체길이	토폴로지
1000BASE-LX	62.5 μm 다중 모드 광섬유 50 μm 다중 모드 광섬유 10 μm 다중 모드 광섬유	550m 550m 5000m	스타형
1000BASE-SX	62.5 μm 다중 모드 광섬유 50 μm 다중 모드 광섬유	275m 550m	
1000BASE-T	4쌍 UTP(Cat.5)	100m	
1000BASE-CX	2 STP	25m	

기가비트 이더넷에서 전이중 모드로 동작하는 경우에는 스위치를 이용하여 호스트들이 연결된다. 이렇게 되면 충돌의 가능성이 없기 때문에 CSMA/CD는 필요하지 않다. 반이중 모드로 동작할 경우는 허브를 이용하여 연결하는 경우로 CSMA/CD 프로토콜을 이용한다. 그러나 반이중 모드는 거의 사용되지 않는다.

8) 10기가비트 이더넷

10기가비트 이더넷(10Gbits Ethernet : 10GbE)은 더욱 고속화된 표준 이더넷으로 고속 전송에 대한 요구를 충족하기 위한 목적으로 설계되었다. 주로 백본 네트워크에 사용되고 있다. 최대 링크 길이는 300m에서 40km로 광섬유를 이용하며 전이중 방식으로만 동작한다. 대표적인 10GbE 전송 매체의 종류는 다음 표 11.4와 같다.

표 11.4 10 기가비트 이더넷 전송매체

명칭	매체	매체길이
10GBASE-SR	850nm 단일 모드 광섬유	300m
10GBASE-LR	1310nm 단일 모드 광섬유	10km
10GBASE-EW	1350nm 단일 모드 광섬유	40km
10GBASE-LX4	1310 nm 단일 모드 광섬유 62.2 μ m 다중 모드 광섬유 50 μ m 다중 모드 광섬유	10km 300m 300m
10GBASE-T	Cat. 6 나 Cat. 7 꼬인 쌍선	55m(Cat.6) 100m(Cat.7)

10 기가비트 이더넷에서는 전이중 방식으로 동작하고 스위치를 이용하기 때문에 CSMA/CD 프로토콜이 필요하지 않다.

고속 백본 네트워크에서는 ATM이나 광섬유 채널 등이 더 유연하고 확장성이 좋으나, 10GbE는 이더넷 방식이기 때문에 기존의 네트워크와 관련된 응용의 호환성을 제공한다는 장점이 있다. 즉 기존에 설치되어 운영 중인 이더넷 시스템에 변경을 가하지 않고, 새로운 1GbE이나 10GbE와 연결하거나 통합하여 확장할 수 있다. 다음 그림은 호환성을 갖는 100Mbps, 1Gbps, 10Gbps 이더넷이 서로 연결되어 구성된 네트워크의 예를 보여준다.

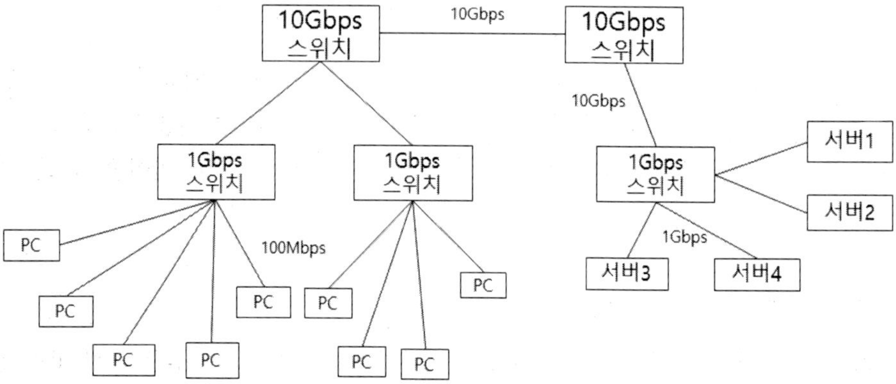

그림 11.16 10기가비트 이더넷 구성 예

11.2 무선 LAN

유선 LAN과는 달리 **무선(wireless) LAN**에서는 스테이션들이 무선 링크를 이용하여 송수신하기 때문에 배선이 없이 네트워크를 용이하게 구축하거나 수정할 수 있다는 장점이 있다. 또한 각 스테이션들은 선에 묶이지 않기 때문에 이동이 용이하다. 따라서 스테이션이 이동 중에도 통신을 할 수 있다는 장점이 있다. 그러나 무선 링크는 유선 링크에 비해서 신호 간섭에 따른 높은 오류율과 낮은 전송률을 갖는다. 또한 열린 공간으로 신호를 전파하기 때문에 근처에서 쉽게 신호 수신이 가능하고 따라서 반송파의 주파수를 알면 도청이 쉽다는 단점이 있다. 이 절에서는 무선 LAN의 표준 프로토콜인 IEEE 802.11에 대하여 알아본다.

01 | 전송 기술

무선 LAN에서의 전송 기술은 적외선과 라디오 주파수를 이용하여 신호를 전파한다. 적외선은 벽과 같은 다른 장애물을 통과하지 못한다는 특징 때문에 주로 실내에서 사용된다. 벽을 통과하지 못하므로 외부에서 도청이 어렵고 보안에 강한 장점이 있다. 장애물을 피해서 통신하고 싶으면 적외선을 반사시켜서 장애물을 우회하면 된다. 상용화된 대부분의 무선 LAN은 라디오 주파수를 이용한다. 2.4GHz ISM 주파수를 이용하며 다중화 기술로는 FHSS, DSSS, OFDM 등이 주로 사용된다.

02 | IEEE 802.11 표준

무선 LAN은 흔히 **와이파이(WiFi : Wireless Fidelity)**라고도 부르는데, IEEE 802.11 그룹에서 표준을 재정하였다. 다음 표 11.5는 주요 IEEE 802.11 표준을 보여준다.

표 11.5 주요 IEEE 802.11 표준

표준	내용
IEEE 802.11	무선 LAN의 공통 MAC 물리 계층 : 1, 2Mbps 적외선, 1-2Mbps의 2.4GHz FHSS, 1-2Mbps 2.4GHz DSSS
IEEE 802.11a	물리 계층 : 5GHz OFDM, 6-54Mpbs
IEEE 802.11b	물리 계층 : 2.4GHz DSSS, 5.5-11Mpbs
IEEE 802.11g	물리 계층 : IEEE 802.11b 전송률 확대(54Mbps)
IEEE 802.11n	물리 계층, MAC 계층에서 높은 전송률을 위한 기능 개선(600Mbps)
IEEE 802.11ac	5GHz에선 80MHz-160MHz 대역폭을 지원, 2.4GHz에선 802.11n과의 호환성을 위해서 40MHz 까지 대역폭을 지원. 다중 단말의 전송률은 최소 1Gbps, 단일 링크 속도는 500Mbps.

이 표준들은 고속 전송을 위해서 직교 주파수 분할 다중화(OFDM : Orthogonal Frequency Division Multiplexing) 방식을 이용하며, IEEE 802.11n부터는 다중입력 다중출력 안테나(MIMO : Multiple -Input Multiple-Output Antenna) 기술을 사용한다. 최근에 제정된 IEEE 802.11ac는 다중 사용자 MIMO(Multiple User-MIMO) 안테나 기술을 이용하여 동시에 다수의 사용자와의 송수신이 가능하도록 하였다.

03 | IEEE 802.11 모델

다음 그림 11.17은 IEEE 802.11에서 정한 무선(Wireless) LAN 모델을 보여주고 있다.

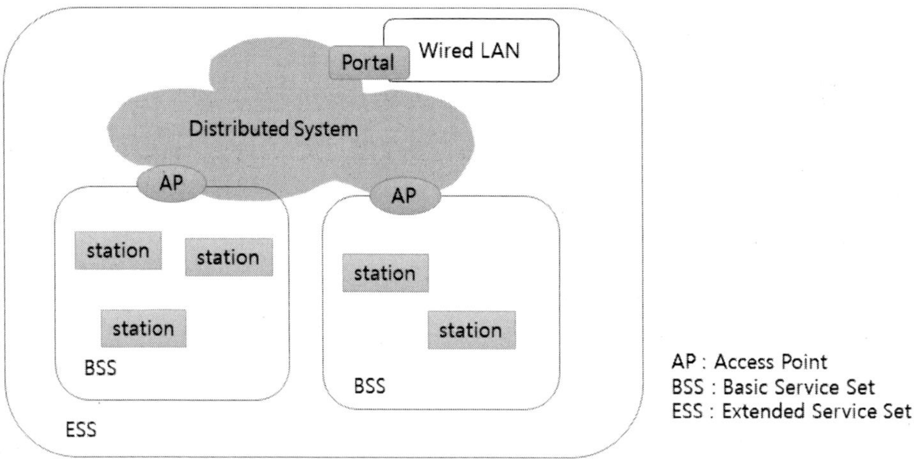

그림 11.17 IEEE 802.11 무선 LAN 모델

그림 11.17에서 나타낸 것처럼 무선 랜(WLAN) 모델에서는 다수의 **기본 서비스 집합**(BSS : Basic Service Set)이 **분배 시스템**(DS : Distributed System)에 의하여 연결되어 **확장 서비스 집합**(ESS : Extended Service Set)이 된다. 기본 서비스 집합에서는 AP(Access Point)를 통해서 분배 시스템에 연결되고, 기본 서비스 집합 내부에 존재하는 이동 스테이션들은 AP와 데이터 송수신을 한다. 스테이션들은 그들 사이에서 직접 통신을 하지 않으며 AP를 통해서 간접적으로 송수신할 수 있다. 만약 다른 기본 서비스 집합에 속한 스테이션에게 전송하기 위해서는 AP를 거쳐서 분배 시스템에게 보내지고, 분배 시스템은 이를 목적지가 포함된 기본 서비스 집합의 AP에게 전달한다. 목적지 기본 서비스 집합의 AP는 이를 목적지 스테이션에게 전달한다. 기존 유선 LAN과의 연결을 위해서는 **포털**(portal)이라는 장치를 통해서 분배 시스템에 접속한다.

기본 서비스 집합(BSS)이 다른 기본 서비스 집합이나 분배 시스템(DS)이 없이 홀로 존재하게 되면, 이는 **애드혹 네트워크(ad-hoc network)**가 된다. 다음 그림 11.18은 애드혹 네트워크의 예를 나타낸 것이다.

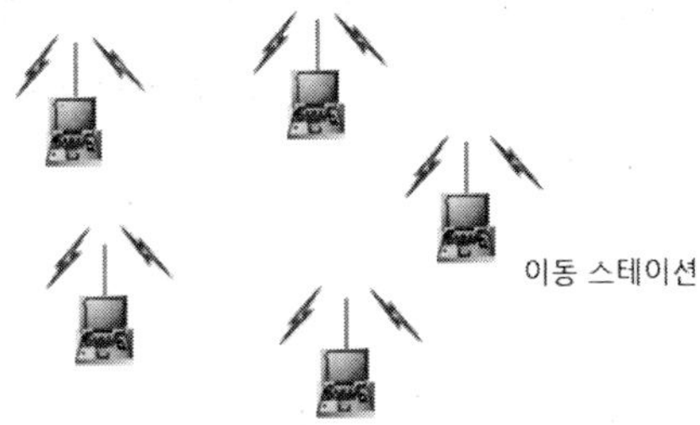

그림 11.18 애드혹 네트워크

애드혹 네트워크에서는 중앙에 AP를 두지 않고 스테이션들이 직접 송수신기를 이용하여 무선 통신을 수행한다. 애드혹 네트워크는 그룹 구성원들 사이에 필요에 의하여 잠정적으로 네트워크를 구성했다가 작업이 종료되면 없어지는 네트워크를 의미한다. 예를 들어서 네트워크 인프라가 없는 야외에서 그룹 멤버들 사이에 무선 송수신이 가능한 노트북을 이용하여 네트워크를 구성하여 팀 작업을 한다면 애드혹 네트워크 형태가 된다. 애드혹 네트워크는 외부 네트워크와는 연결되지 않으며, 자신의 네트워크 내에서만 통신이 이루어지고, 작업이 끝나면 해체된다.

04 | IEEE 802.11 프로토콜 구조

IEEE 802.11 프로토콜의 MAC 계층은 다시 2개의 부 계층(sub-layer)으로 나뉜다. 분산 접근 제어 기법을 기본으로 하고, 그 위에 중앙 집중 제어 방식을 선택적으로 이용하는 구조로 되어 있다. 이를 그림으로 나타내면 다음 그림 11.19와 같다.

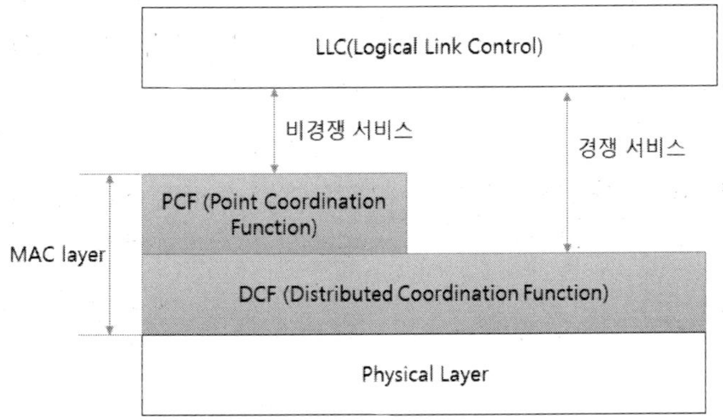

그림 11.19 IEEE 802.11 프로토콜 계층구조

1) DCF

DCF(Distributed Coordination Function) 부 계층에서는 CSMA/CA 방식의 매체 접근 제어 기능을 제공한다. CSMA/CA 방법은 다음 절에서 상세히 다룬다. CSMA 방식은 근본적으로 경쟁을 기반으로 한다. 따라서 충돌에 의한 전송 실패의 가능성이 항상 존재한다. 다만 충돌의 가능성을 낮추기 위한 충돌 회피 기능을 함께 사용한다.

2) PCF

PCF(Point Cooprdination Function) 부 계층에서는 폴링(polling) 기능을 기반으로 하는 매체 접근 제어를 수행한다. 따라서 DCF와는 달리 전송 도중 충돌이 발생하지 않는 서비스를 제공한다. PCF 기능은 AP(Access Point)와 같은 중앙 제어 장치가 다수의 터미널들을 대상으로 폴링에 의하여 라운드로빈 방식으로 매체를 공유하도록 하기 위해서 사용된다.

예제 11.7 무선 LAN에서 AP가 다수의 터미널이 충돌 없이 무선 매체를 공유하도록 하기 위한 방안을 설명하라.

풀이 AP가 경쟁을 하지 않는 PCF 프로토콜을 이용하여 다수의 호스트들에게 순서대로 폴링(polling)을 함으로써, 호스트들 사이에서 충돌 없이 무선 매체를 공유하도록 할 수 있다.

3) 수퍼 프레임

매체를 접근하는 모든 스테이션들은 **IFS(Inter Frame Space)**라는 충돌 회피를 위한 시간을 이용하여 매체 접근을 하는데, 짧은 시간 길이 순서에 따라 SIFS, PIFS, DIFS 등 3가지가 있다. PCF는 DCF에 비해 더 짧은 IFS를 이용하므로 우선적으로 매체 사용이 가능하다. 따라서 PCF 전송이 요구되면 DCF 기능은 PCF가 끝날 때까지 기다려야 한다. 그 결과 자유 경쟁 상황에서 계속적으로 PCF가 전송을 요구할 경우에는 DCF는 데이터 전송이 불가능하다는 문제점이 있다.

이 문제를 해결하기 위해서 사용 시간간격을 정의하는 수퍼 프레임(super frame)에서는 PCF가 사용할 수 있는 시간 간격이 있고, 이 후에 DCF가 사용 가능한 시간 간격이 주어져 있다. DCF가 사용할 수 있는 시간 간격 동안에는 PCF는 전송할 수 없다. 다음 그림 11.20은 수퍼 프레임을 나타낸 것이다.

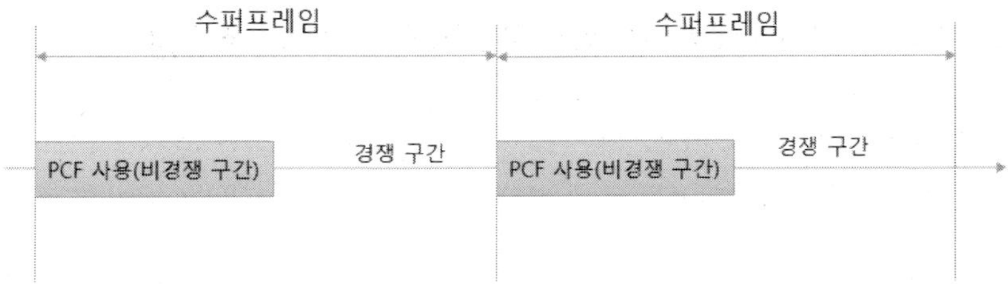

그림 11.20 수퍼 프레임

05 | CSMA/CA

무선 LAN에서 사용하는 매체 접근 제어(MAC) 방식은 **CSMA/CA(Carrier Sense Multiple Access / Collision Avoidance)**이다. CSMA/CD는 유선 LAN에서 사용하는 것으로 무선 환경에서는 충돌 감지가 어렵기 때문에 충돌회피(collision avoidance)로 변형된 것이다. 충돌 회피를 위해서 IFS(Inter-Frame Space), **경쟁 윈도우**(contention window), NAV(Network Allocation Vector) 등의 개념을 도입하였다.

1) IFS

데이터 전송을 시도하는 호스트는 매체가 사용 중이 아닐 때(idle 상태) 바로 전송을 하지 않고 특정 기간 동안 기다렸다가 계속 매체의 상태가 사용 중이 아닐 때 전송을 시도한다. 이렇게 전송 시도 이전에 기다려야하는 특정 기간을 IFS라 한다.

IFS에는 PIFS(PCF IFS), DIFS(DCF IFS), SIFS(Shortest IFS) 등 3가지가 있다. SIFS는 가장 짧은 대기 시간으로 데이터 전송에 대한 ACK나 RTS에 대한 CTS와 같이 확인 응답에 사용된다. PIFS는 중간 길이의 시간으로 중앙제어장치가 폴링을 할 때 사용한다. DIFS는 가장 긴 대기 시간으로 일반 데이터 전송을 위해서 터미널들 간에 매체를 경쟁 방식으로 공유할 때 사용하는 IFS이다.

IFS 값에 따라 다수의 호스트가 동시에 전송을 시도할 경우 SIFS를 이용하는 호스트가 가장 먼저 전송 시도 권리를 갖게 되므로 PIFS나 DIFS를 이용하는 호스트와 충돌이 없이 전송할 수 있다. 같은 이유로 PIFS를 이용하는 호스트는 DIFS를 이용하는 호스트보다 우선적으로 전송 시도에 들어간다. SIFS와 PIFS를 이용하는 호스트가 없을 때만 DIFS를 이용하는 호스트가 전송 시도를 할 수 있다. 결과적으로 전송 시도에서 충돌을 회피할 뿐만 아니라, 우선순위를 제어하는 역할을 하게 된다.

예제 11.8 IFS에 의한 우선순위에서 가장 빠른 우선순위를 갖는 것은 무엇인가?

풀이 가장 시간 간격이 짧은 IFS가 가장 높은 우선순위를 가지므로 SIFS를 전송하는 호스트가 가장 빠른 우선순위를 갖는다.

2) 경쟁 윈도우

IFS가 종료된 후 전송 시도 이전에 다수의 호스트에 의한 충돌을 회피하기 위해서 임의의 개수만큼의 타임슬롯(time slot)으로 정해지는 대기 시간을 갖는데, 이를 경쟁 윈도우라 한다. 초기 대기 시간은 타임슬롯 1개이며, 호스트는 대기 시간 후에 다시 매체 상태를 살펴서 사용 중이 아니면 전송을 시도하고, 그렇지 않으면 다시 이전 대기 시간의 2배에 해당하는 대기 시간 내에서 임의의 타임슬롯 개수만큼의 대기에 들어간다.(식으로 나타내면 0과 $2^N - 1$ 사이의 타임슬롯 수, N은 시도회수) 대기 중에 매체가 사용되면 남은 대기 시간은 타이머를 정지시켜서 남겨두고 차후에 다시 경쟁 윈도우에 들어가면 타이머를 재시작하여 남은 기간 동안 대기하도록 한다. 이와 같은 경쟁 윈도우를 시간에 따라 발생하는 사건으로 나타내면 다음 그림 11.21과 같다.

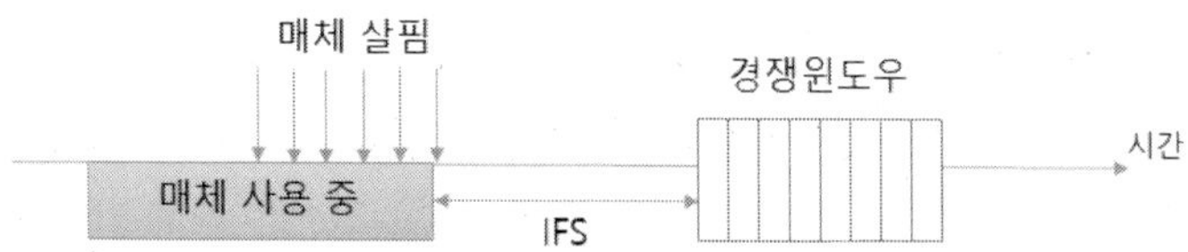

그림 11.21 경쟁 윈도우

3) NAV

숨겨진 터미널 문제를 해결하기 위해서 무선망에서 한 호스트가 다른 호스트와 통신하기 전에 RTS/CTS 핸드 쉐이킹을 한다. 이때 요청 메시지인 RTS의 duration 필드에 망 사용 시간 정보가 포함되어 전송된다. 이 메시지를 수신이 가능한 다른 호스트들이 살펴보고 충돌을 피하기 위해서 그 시간이 종료될 때까지 사용을 중지한다. 이 시간을 **NAV(Network Allocation Vector)**라 한다.

이상에서 설명한 CSMA/CA 매체 접근 제어를 순서도로 나타내면 다음 그림 11.22와 같다.

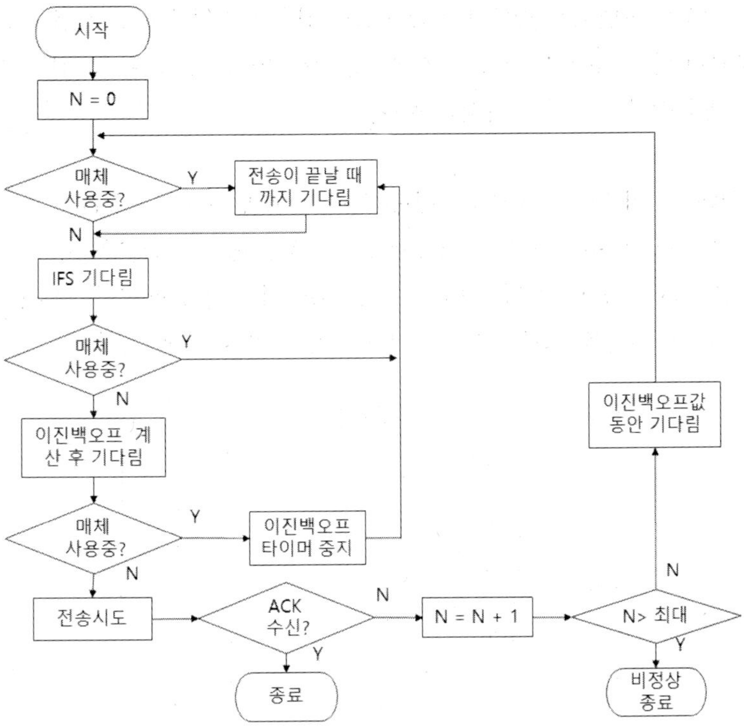

그림 11.22 CSMA/CA 순서도

4) 숨겨진 터미널 문제

무선 LAN에서 다음 그림 11.23과 같이 A, B, C 세 호스트가 위치할 때 **숨겨진 터미널 문제(hidden terminal problem)**가 발생한다. 중간에 있는 B는 A와 C 모두와 통신이 가능한 위치에 있지만, A와 C는 서로 직접 통신할 수 없는 거리에 떨어져 있다.

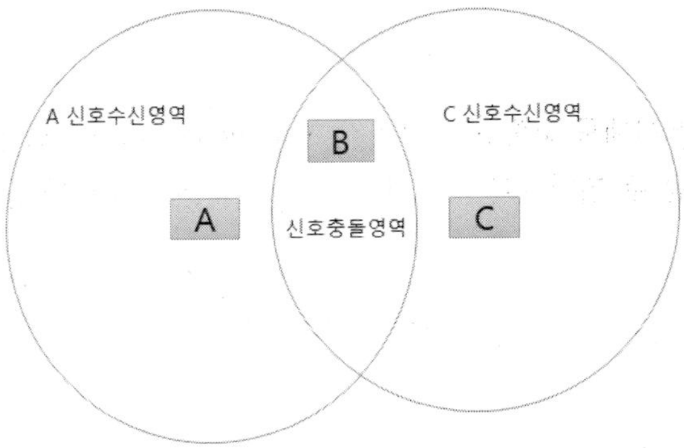

그림 11.23 숨겨진 터미널 문제 환경

이때 A가 B에게 전송을 하면 C는 매체를 살펴도 A의 전송을 알지 못하므로 전송을 시도하게 되고, B의 근처에서 충돌이 날 수 밖에 없다. A 입장에서는 C가 인식되지 않는 숨겨진 터미널로 이해될 수 있다. 이러한 문제를 숨겨진 터미널 문제라 한다.

이를 해결하기 위해서 A가 B에게 메시지 전송을 하기 전에 먼저 RTS(Request To Send)를 보내고 B로부터 응답 메시지인 CTS(Clear To Send)를 받은 후에 메시지 전송을 시도한다. 이렇게 하면 CTS 응답 메시지를 C도 수신할 수 있기 때문에 C는 NAV의 기간 동안 전송 시도를 하지 않고 충돌을 회피할 수 있다. 이 과정을 그림으로 나타내면 다음 그림 11.24와 같다.

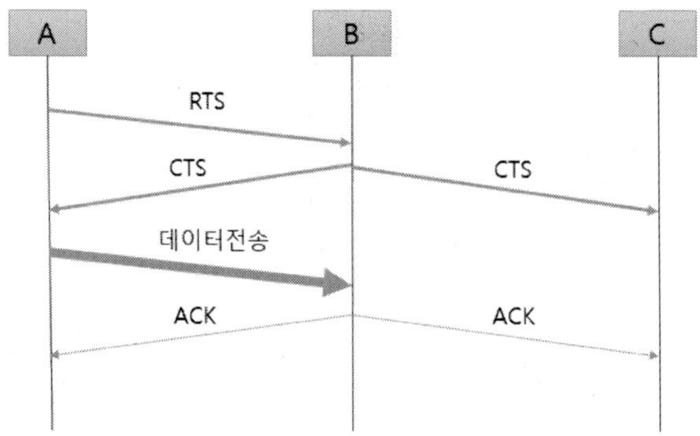

그림 11.24 RTS/CTS를 이용한 데이터 전송 처리 과정

CTS 메시지는 RTS 메시지에 대한 응답에 해당하므로 SIFS를 대기한 후에 일반 사용자 데이터보다 우선적으로 전송된다. 송신 측에서 시작된 데이터 전송은 수신 측에서 응답으로 보낸 ACK를 받았을 때 비로소 완료된다. 만약 적당한 시간 안에 ACK가 도착하지 않으면 데이터 전송은 실패로 간주되고, RTS/CTS 송수신부터 다시 재전송이 이루어진다.

■ 노출된 터미널 문제

숨겨진 터미널 문제와 반대로 **노출된 터미널 문제**(exposed terminal problem)도 존재한다. 다음 그림 11.25에서처럼 두 터미널이 가까이에서 서로 다른 터미널과 통신을 하려고 하는 경우를 생각해 보자.

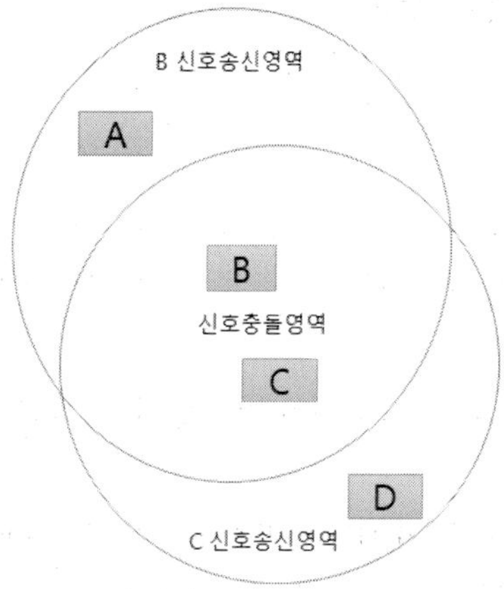

그림 11.25 노출된 터미널 문제

터미널 B가 A에서 메시지를 전송하고 있는 중에는 C는 신호를 감지하고 무선매체를 이용할 수 없다. 만약 C가 D에게 메시지를 전송하려고 할 때에도 B가 전송 중이면 마찬가지로 매체가 가용할 때까지 기다려야 한다. 그러나 C는 D에게 메시지를 전달해도 충돌 메시지가 D에 전달되지는 않는다. B의 전송 신호는 D에게까지 전달될 수 없기 때문이다. 이와 같이 동시 전송이 가능함에도 전송하지 못하는 경우의 문제를 노출 터미널 문제라 한다.

5) 프레임 크기

무선 통신에서는 잡음의 간섭이 유선보다 훨씬 크다. 따라서 프레임 전송의 오류에 따른 재전송의 가능성이 더 크다. 오류의 가능성을 줄이기 위해서는 프레임의 크기를 작게 하는 것이 유리하다. 이러한 이유로 무선 LAN에서는 크기가 큰 프레임은 분할을 이용하여 크기를 작하게 하는 것을 권고한다.

06 | IEEE 802.11 프레임 형식

1) 프레임 형식

IEEE 802.11 프레임의 형식은 다음 그림 11.26과 같다.

2바이트	2바이트	6바이트	6바이트	6바이트	2바이트	6바이트	0 – 2312 바이트	4바이트
Frame control	Duration	Address 1	Address 2	Address 3	Sequence control	Address 4	Frame body	FCS

그림 11.26 IEEE 802.11 프레임의 형식

프레임의 각 필드의 의미는 다음과 같다.

- 프레임 제어(Frame Control) : 프레임 타입과 제어 정보를 정의한다. 이 필드는 많은 부 필드로 구성되는데, 각 부 필드의 기능은 다음과 같다.
  - 버전(Version) : 2비트 크기로 버전 정보를 나타낸다.
  - 타입(Type) : 2비트 크기로 정보의 타입을 나타낸다. 00이면 관리, 01이면 제어, 10이면 데이터 정보를 의미한다.
  - 부 타입(subtype) : 4비트 크기로 제어 프레임에서 RTS(1011), CTS(1100), ACK(1101) 등을 나타낸다.
  - To DS : 1비트 크기로 주소 체계를 나타내는 플래그이다.
  - From DS : 1비트 크기로 이 또한 주소 체계를 나타내는 플래그이다.
  - More flag : 1비트 크기로 다음에 분할된 프레임이 있음을 나타낸다.
  - 재시도(Retry) : 1비트 크기로 재전송된 프레임인 것을 나타낸다.
  - 전력관리(Power Management) : 1비트 크기로 스테이션이 전력 관리 모드임을 나타낸다.
  - More data : 1비트 크기로 전송할 데이터가 더 있음을 나타낸다.
  - WEP(Wired Equivalent Privacy) : 1비트 크기로 암호화가 구현되었음을 나타낸다.
  - Reserved : 1비트 크기로 예약된 필드(현재 사용되는 않는 필드)이다.
- 기간(duration) : 충돌 회피를 위한 NAV 값을 나타낸다.
- 주소(address) : 4개의 주소 필드를 갖는데, To DS(Distributed System), From DS 플래그의 값에 따라 주소의 의미가 결정된다. 다음 표 11.6은 플래그에 따른 주소 체계를 나타낸 것이다.

표 11.6 주소 체계

To DS	From DS	주소1	주소2	주소3	주소4
0	0	목적지	근원지	BSS ID	–
0	1	목적지	송신 AP	근원지	–
1	0	수신 AP	근원지	목적지	–
1	1	수신 AP	송신 AP	목적지	근원지

- 순서 제어(sequence control) : 흐름 제어를 위한 순서 번호를 나타낸다.
- 프레임 몸체(frame body) : 프레임 타입에서 정의된 데이터를 포함한다.
- FCS(Frame Check Sequence) : CRC-32를 이용하여 생성된 오류 검출 비트열을 포함한다.

2) 프레임 종류

IEEE 802.11에서는 관리 프레임, 제어 프레임, 데이터 프레임 등 3가지 프레임이 있다. 관리 프레임은 초기에 스테이션과 AP 사이에서 사용된다. 제어 프레임은 RTS/CTS나 ACK 메시지를 위해서 사용된다. 그리고 데이터 프레임은 제어 정보와 데이터를 전달하기 위해서 사용된다.

11 연습문제

1. 허브(hub)와 UTP 케이블을 이용하여 다수의 호스트를 연결하였다면 네트워크 토폴로지는 다음 중 어떤 것인가?

① 버스형 ② 링형 ③ 성형 ④ 트리형

2. 다음 LAN 구성 중에서 호스트의 개수가 증가함에 따라 필요한 링크 개수가 가장 빨리 증가하는 형태는 무엇인가?

① 버스(bus)형 ② 그물(mesh)형 ③ 성(star)형 ④ 트리(tree)형

3. LAN에서 최초의 임의 접근(random access) MAC 방식은 다음 중 무엇인가?

① ALOHA ② CSMA/CD ③ 폴링 ④ 토큰링

4. 다음 중에서 라운드 로빈 방식의 매체 접근 제어는 무엇인가?

① ALOHA ② CSMA/CD ③ 폴링 ④ 토큰 버스

5. 다음은 CSMA/CD에 대한 설명이다. 잘못된 것은 무엇인가?

① 무선 LAN에서 주로 사용되고 있다.
② 전송 이전에 매체의 사용 유무를 살핀다.
③ 전송 도중 충돌이 발생하면 전송을 멈춘다.
④ 흔히 이더넷 프로토콜이라고도 한다.

6. 10BASE2 인터페이스에 대한 설명이다. 잘못된 것은 무엇인가?

① 10Mbps 전송 속도를 제공한다.
② 신호 전송 방식은 베이스밴드 방식을 사용한다.
③ 매체의 길이는 약 200m 정도이다.
④ 전송 매체로는 UTP 케이블을 이용한다.

7. 고속 이더넷의 전송 속도는 얼마인가?

① 10Mbps ② 100Mbps ③ 1Gbps ④ 10Gbps

8. 고속 이더넷(fast Ethernet)에 대한 설명이다 잘못된 것은 다음 중 무엇인가?

① 고속 이더넷은 속도가 빠르기 때문에 프레임의 크기가 더 크다.
② 기가비트 이더넷(1GbE)에 비해 속도가 느리다.
③ 주로 꼬인 쌍선(UTP)나 광섬유 전송매체를 사용한다.
④ 매체 접근 제어로 CSMA/CD를 이용한다.

9. 10GbE(10기가비트 이더넷)에 대한 설명이다. 잘못된 것은 다음 중 무엇인가?

① 주로 고속 백본 네트워크에서 사용된다.
② 기존 이더넷 방식과 호환성을 갖는다.
③ 전송 매체로 꼬인 쌍선(twisted pair) 방식은 사용되지 않는다.
④ 전송률은 10Gbps이다.

10. CSMA/CD에서 오류 검출을 위해 사용하는 방식은 무엇인가?

① 패리티 비트 방식　② CRC
③ 1의 보수합 방식　④ 해밍 코드 방식

11. 스위치를 이용하는 성형 고속 이더넷에서 스위치와 호스트 사이에 이용하는 송신과 수신의 전송률이 각각 100Mbps라고 한다. 4대의 호스트가 동시에 사용한다면 이더넷의 총 전송률은 얼마가 되는가?

① 100Mbps　② 200Mbps　③ 400Mbps　④ 800Mbps

12. LAN 프로토콜이 다양한 MAC 방식을 이용함에도 불구하고 동일한 인터페이스를 상위 계층에게 제공한다. 이와 같은 기능을 하는 것은 다음 중 무엇인가?

① LLC 부 계층　② 네트워크 계층　③ CS 부 계층　④ API

13. 다음 중 LAN 프로토콜 계층구조에 포함되지 않는 것은 무엇인가?

① LLC 부 계층　② 네트워크 계층　③ MAC 부 계층　④ 물리 계층

14. 성형 이더넷 프로토콜 LAN에서 CSMA/CD 매체 접근 제어가 필요 없는 경우의 중앙 제어 장치는 다음 중 무엇인가?

① 브리지　② 스위치　③ 허브　④ 리피터

15. CSMA/CD 매체 접근 제어에서 충돌이 발생했을 때, 매체를 살펴서 가용한 상태이면 무조건 전송을 시도하는 방식은 다음 중 무엇인가?

① 1-persistent ② p-persistent
③ non-persistent ④ x-persistent

16. 다음 중 무선 LAN에서 사용하는 매체 접근 제어 방식은 무엇인가?

① CSMA/CD ② CSMA/CA
③ ATM ④ 토큰링 방식

17. CSMA/CA에서 매체가 사용 중이 아닐 때 호스트가 프레임을 바로 전송하지 않고 일정 시간 기다리는데 이를 무엇이라고 하는가?

① start duration ② wait time
③ NAV ④ IFS(Inter Frame Space)

18. CSMA/CA의 IFS(Inter Frame Space) 중에서 가장 작은 값을 갖는 것은 무엇인가?

① SIFS ② PIFS ③ DIFS ④ MIFS

19. 다음은 무선 LAN의 장점과 단점을 기술한 것이다. 잘못된 것은?

① 무선은 물리적인 선으로 연결하지 않기 때문에 호스트의 이동이 용이하다.
② 케이블 설치가 필요 없으므로 LAN 구축이 쉽다.
③ 신호를 공기 중으로 전파시키기 때문에 높은 대역폭을 얻을 수 있다.
④ 공기 중으로 신호를 전파함에 따라 도청이 쉬운 단점이 있다.

20. 오늘날 유선 LAN에서 가장 많이 사용하는 전송 매체는 무엇인가?

① UTP ② 동축 케이블 ③ 광섬유 ④ FTP

21. CSMA/CA에서 전송 중인 호스트의 매체 사용이 끝날 때까지 다른 호스트들이 전송을 시도하지 못하게 하기 위해서 미리 매체 사용 시간을 알리는데 이 시간을 무엇이라고 하는가?

① HTP ② NAV ③ PCF ④ RTS

22. IEEE 802.11 무선 LAN의 프레임 타입이 아닌 것은 무엇인가?

① 관리 프레임 ② 제어 프레임
③ 데이터 프레임 ④ 초기화 프레임

23. IEEE 802.11 무선 LAN의 프레임에서 암호화 구현을 나타내는 필드는 무엇인가?

① WEP ② ESP ③ RSA ④ SHA

24. AP 없이 스테이션들 간에 잠정적으로 구성하는 네트워크를 무엇이라고 하는가?

① Infra-structure network ② ad-hoc network
③ distributed network ④ mobile structure network

25. IEEE 802.11 WLAN 모델에서 여러 개의 기본 서비스 집합(BSS)들을 연결하는 것은 다음 중 무엇인가?

① cross network ② portal
③ distributed system ④ ESS

26. IEEE 802.11 WLAN의 전송 기술에서 사용하지 않는 것은 다음 중 무엇인가?

① 적외선 ② DSSS ③ FHSS ④ UHF

27. WiFi에서 사용하는 주파수는 다음 중 무엇인가?

① 100MHz ② 1GHz ③ 2.4GHz ④ 6GHz

28. IEEE 802.11n 표준에서 정한 최대 전송률은 다음 중 무엇인가?

① 2Mbps ② 20Mbps
③ 100Mbps ④ 600Mbps

29. 다음 중 기가비트 이더넷에서 사용하는 최소 프레임 크기로 알맞은 것은?

① 64비트 ② 128비트
③ 256비트 ④ 512비트

30. 무선 LAN에서는 프레임의 크기가 유선 LAN보다 작다. 그 이유는 무엇인가?

31. 무선 LAN에서 숨은 터미널 문제를 해결하는 방안에 대하여 설명하라.

32. CSMA/CA에서 경쟁 윈도우란 무엇인가?

33. 10기가비트 이더넷에서는 CSMA/CD 프로토콜이 필요하지 않다. 그 이유는 무엇인가?

34. 무선 채널은 오류 발생 확률이 높다. 이를 고려할 때 패킷의 크기는 어떻게 하는 것이 유리하겠는가?

35. 무선 통신 기술이 발달함에 따라 계속 무선 네트워크가 확장될 것으로 판단된다. 이에 따라 유선 네트워크의 미래는 어떻게 될 것인지 생각해보자.

Chapter 12

WAN

Chapter 12

WAN

앞 장의 LAN 프로토콜에 이어서 본 장에서는 국가 규모의 네트워크인 WAN 프로토콜에 대해서 기술한다. WAN 프로토콜 중에서 고전적인 패킷 교환 프로토콜인 X.25, 그리고 X.25의 단점을 개선한 프레임 릴레이, 마지막으로 다양한 트래픽 특성을 갖는 멀티미디어 서비스에 잘 대응하도록 설계된 ATM 프로토콜에 대하여 살펴본다.

12.1 X.25

X.25 네트워크는 사용자에게 가상 회선 서비스를 제공하는 패킷 교환망 프로토콜이다. 패킷 교환망과 터미널 사이의 인터페이스를 규정하는 프로토콜이 X.25이다. ITU-T 표준에 따르면 X.25 프로토콜은 물리 계층, 데이터 링크 계층, 패킷 계층 등의 3 계층으로 구성된다. 다음 그림 12.1은 X.25 프로토콜의 계층구조를 나타낸 것이다.

패킷 계층(PLP)
데이터 링크 계층(LAP-B)
물리 계층(X.21)

그림 12.1 X.25 프로토콜 계층

물리 계층 프로토콜은 X.21이 표준이지만 EIA-232 등의 다른 물리 인터페이스로 대치되기도 한다.

01 | 데이터 링크 계층

링크 계층은 **LAP-B(Link Access Procedure-Balanced)**로 기능적으로는 HDLC의 부분 집합이다. LAP-B 프레임 형식은 다음 그림 12.2와 같다.

flag	address	control	information	FCS	flag

그림 12.2 LAP-B 프레임 형식

프레임 형식에서 각 필드는 HDLC와 동일한 의미를 갖는다. 사용자 정보를 전달하기 위해서는 I 프레임을 이용하고, 응답을 전달하기 위해서는 S 프레임을 사용한다. 기타 링크관리를 위해서 U 프레임을 이용한다. 전송 모드는 비동기 균형 모드(ABM : Asynchronous Balanced Mode) 만을 지원한다. 주소는 DTE가 생성한 명령과 응답에 대해서는 00000001를 사용하고 DCE가 생성한 명령과 응답에 대해서는 00000011를 사용한다.

02 | 패킷 계층 프로토콜

가상 회선 서비스는 오류 제어와 흐름 제어를 이용하여 사용자에게 순서를 보장하는 신뢰성 있는 서비스를 제공한다. 가상 회선은 **패킷 계층 프로토콜**(Packet Layer Protocol : PLP)에서 만들어진다. 터미널(DTE)이 원격 터미널(DTE)과 협상에 의하여 가상 회선이 생성되며, 패킷이 전달될 때에는 신뢰성을 위해서 오류 제어와 흐름 제어를 수행한다. 링크 계층에서도 오류 제어와 흐름 제어를 수행하는데 이는 터미널(DTE)과 회선 종단 장치(DCE) 사이에서 수행한다는 점이 다르다. 데이터 전송 이전에 먼저 가상 회선을 설정하고, 가상 회선을 따라 순서대로 패킷들을 전달한다. 메시지 전송이 모두 끝나면 가상 회선을 해제한다. 연결 설정과 해제 과정을 그림으로 나타내면 다음 그림 12.3과 같다.

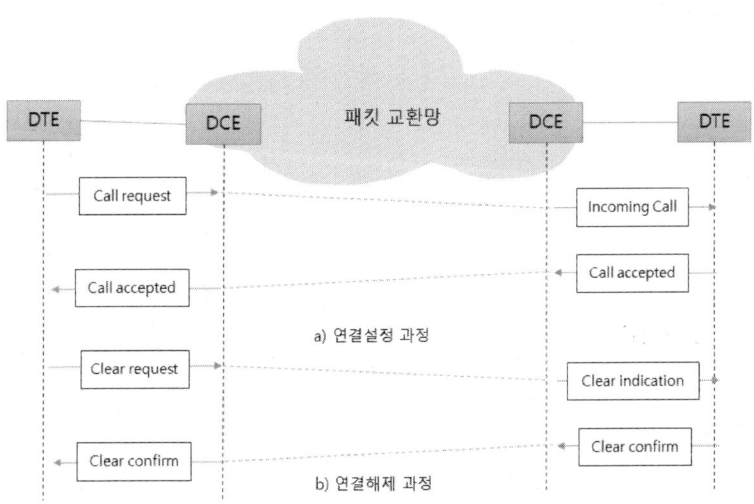

그림 12.3 연결 설정과 연결 해제 과정

사용자 터미널 사이에 설정되는 가상 회선을 그림으로 나타내면 다음 그림 12.4와 같다.

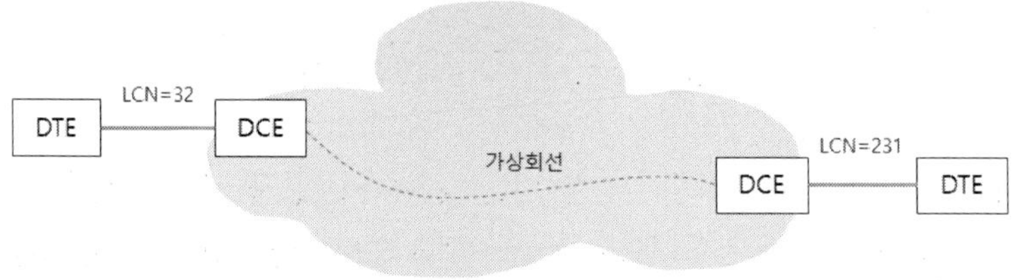

그림 12.4 X.25 패킷 교환망의 가상 회선

가상 회선을 식별하기 위해서 **논리 채널 번호**(LCN : Logical Channel Number)라는 값을 이용하는데, 가상 회선이 만들어질 때 양쪽의 DTE-DCE 사이에서 각각 하나씩 LCN을 생성하여 한 쌍의 LCN이 한 가상 회선에 대응된다. 각 LCN은 지역 DTE-DCE에서만 의미를 갖는다. 즉 양쪽 터미널이 동일한 LCN을 사용하는 것은 아니라는 의미이다. 서로 다른 채널 번호를 이용하지만 교환 기능에 의하여 서로 다른 채널 번호가 동일한 가상 회선을 나타내도록 해야 한다.

가상 회선은 반영구적으로 할당해서 임대를 하는 서비스를 제공할 수도 있고, 필요할 때마다 가상 회선을 설정하고 패킷 교환 서비스가 끝나면 해제하는 방식을 제공하기도 한다.

예제 12.1 X.25에서 데이터 링크 계층인 LAP-B와 패킷 계층에서의 흐름 제어와 오류 제어는 동일한 기능을 의미하는가?

풀이 LAP-B에서의 흐름 제어와 오류 제어는 DTE-DCE 사이에서의 기능이며, 패킷 계층에서의 흐름 제어와 오류 제어는 DTE-DTE 사이의 가상 회선 상에서의 기능을 의미한다. 결과적으로 서로 다른 계층에서의 기능이다.

12.2 프레임 릴레이

초기 패킷 교환망은 오류 발생률이 높은 링크를 기반으로 구현된 프로토콜로 가상 회선 서비스를 사용자에게 제공한다. 오류 제어와 흐름 제어를 각 데이터 링크마다 수행하기 때문에 상당한 오버헤드를 초래한다. X.25 패킷 교환망에서 제공하는 데이터 전송률은 64kbps 정도로 낮다. 네트워크의 발전에 따라 오류 발생률이 더 낮은 물리 계층을 기반으로 **프레임 릴레이**(frame relay) 기술이 나타났다. 이 기술은 사용자에게 가상 회선 서비스를 제공하지만, 데이터 링크마다 처리되던 오류 제어와 흐름 제어를 생략하고 종단 노드(DCE) 사이에서만 오류 제어와 흐름 제어를 수행한다. 결과적으로 중간 교환 노드에서의 오버헤드를 줄이고 처리 속도를 높임으로써 1.5Mbps 이상의 전송률을 제공한다.

프레임 릴레이에서는 마치 종단 노드와 종단 노드 사이에 단일 데이터 링크가 있는 것으로 간주하며, 전달되는 가변적인 메시지도 패킷이 아니고 프레임(frame)이라 부른다. 다음 그림 12.5는 두 개의 중계 노드를 거쳐서 메시지를 전달하는 회선 종단 장치(DCE) 사이의 흐름 제어와 오류 제어 관계를 그림으로 나타낸 것이다.

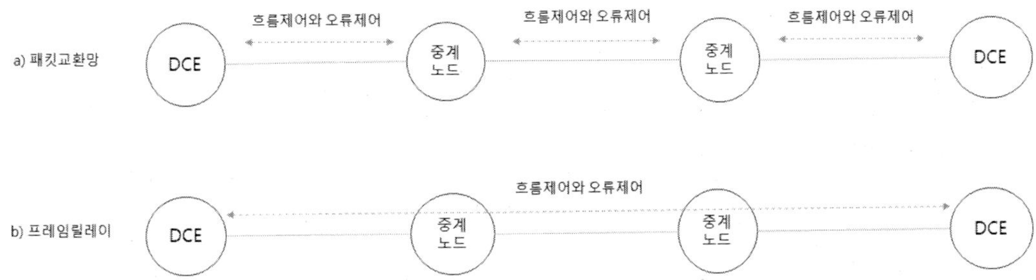

그림 12.5 흐름 제어와 오류 제어 처리 비교

프로토콜 구조도 X.25 와는 달리 계층적으로 물리 계층과 데이터 링크 계층으로 구성된다. 네트워크 내에서는 스위치들이 각 프레임들을 가상 회선에 따라서 목적지 노드로 순서적으로 전달한다. 물리 계층은 규정된 프로토콜이 없으며 모든 물리 계층 프로토콜이 사용 가능하다.

예제 12.2 앞의 그림 12.5 a)에서 하나의 메시지가 전달되고 각 링크에서 오류 제어와 흐름 제어를 위한 ACK로 확인 응답을 한다고 가정하면 최종 DCE 까지 전달되는데 몇 개의 ACK가 필요한가?

풀이 링크가 총 3개 있으므로 3번의 확인 응답이 요구된다. b)번 그림에서처럼 최종 DCE에서 한번 ACK로 확인 응답하는 것보다 많은 오버헤드가 발생함을 확인할 수 있다.

데이터 링크 계층은 기능적으로는 단순화된 HDLC이다. 프레임의 형식은 다음 그림 12.6과 같다.

flag	address	information	FCS	flag

a) 프레임 형식

DLCI	C/R	EA	DLCI	FECN	BECN	DE	EA

b) address 필드 형식

DLCI : Data Link Connection Identifier
C/R : Command/Response
EA : Extended Address
FECN : Forward Explicit Congestion Notification
BECN : Backward Explicit Congestion Notification
DE : Discard Eligibility

그림 12.6 프레임 릴레이의 프레임 형식

교환 노드에서 경로배정을 위하여 교환 테이블을 이용하는데, 가상 회선을 위해서 데이터 링크 연결 식별자(DLCI : Data Link Connection Identifier)와 교환기 인터페이스 번호를 이용한다. 다음 그림 12.7은 교환 테이블의 예를 보여준다.

교환 테이블

입력	출력
인터페이스, DLCI	인터페이스, DLCI
1, 34	2, 70
2, 50	3, 55
2, 51	1, 28
3, 22	1, 27

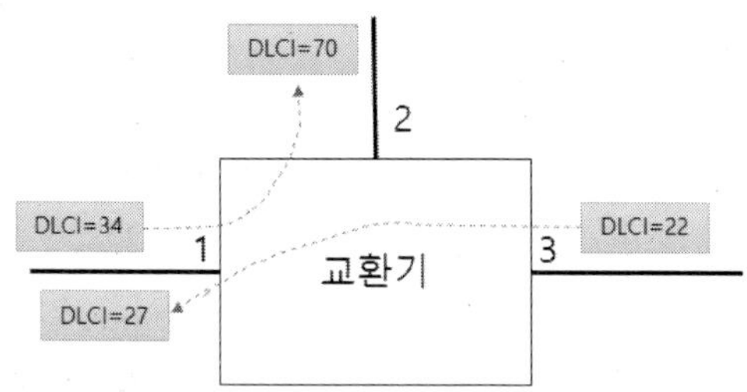

그림 12.7 프레임 릴레이 교환 예

앞의 교환 테이블에 의하면 노드의 1번 인터페이스로 들어온 DLCI=34인 프레임은 DLCI=70으로 변경하여 2번 인터페이스로 전송한다. 동일한 방법으로 3번 인터페이스로 들어온 DLCI=22 프레임은 DLCI=27로 변경되어 1번 인터페이스로 전송된다. 이와 같은 교환테이블 정보는 프레임 릴레이 연결 설정 때에 결정되어 가상 회선 상에 위치하는 각 교환기의 테이블에 기록된다.

예제 12.3 2번 인터페이스로 들어온 DLCI=43이 1번 인터페이스로 DLCI=75를 가진 프레임으로 나가도록 하기 위한 교환 노드의 교환 테이블 값은 무엇인가?

풀이

입력	출력
인터페이스, DLCI	인터페이스, DLCI
2, 43	1, 75

12.3 ATM

비동기 전송 모드(ATM : Asynchronous Transfer Mode)는 패킷 교환의 링크마다 처리되는 오류 제어와 흐름 제어의 오버헤드를 줄인다는 점에서 프레임 릴레이와 상당히 유사하다. 그러나 프레임 릴레이는 가변적인 길이의 프레임을 전달하는데 비해 ATM에서는 셀(cell)이라 부르는 고정된 작은 크기의 패킷을 전달한다. 그래서 ATM을 셀 릴레이(cell relay)라 불리기도 한다. 프레임 릴레이와 같이 오류 제어와 흐름 제어의 오버헤드를 최소화하고, 고정된 크기의 셀을 이용하여 더욱 빠른 처리가 가능하도록 하였다.

01 | 프로토콜 구조

ITU-T에서 정한 표준에 따르면 다음 그림 12.8과 같은 프로토콜 계층구조를 갖는다.

상위 계층
AAL 계층
ATM 계층
물리 계층

그림 12.8 ATM 프로토콜 구조

물리 계층에서는 25.6Mbps ~ 622.08 Mbps의 데이터 전송률을 규정하는데, 그 이상도 또는 그 이하도 가능하다. ATM에서는 53 옥텟(octet) 기반의 데이터 전송을 담당한다. **AAL(ATM Adaptation Layer)** 계층은 다양한 프로토콜들이 ATM의 셀을 기반으로 적응할 수 있도록 하기 위한 계층이다. 상위 계층의 PDU를 셀로 나누거나 또는 수신한 셀을 조립하여 원래 PDU로 만드는 기능을 수행한다.

예제 12.4 ATM이 기존 패킷 교환 방식에 비해 오버헤드가 줄어든 이유는 무엇인가?

풀이 패킷 교환 방식에서는 패킷이 각 링크를 통과할 때마다 흐름 제어와 오류 제어를 처리하는 것을 종단 노드 사이에서 한번만 처리하도록 하였다. 그리고 가변적인 패킷 대신에 고정된 크기의 셀을 이용함으로써 교환 노드에서의 처리 오버헤드를 줄였다.

02 | ATM의 논리적 연결

ATM에서의 가상 회선 개념과 유사한 **VCC(Virtual Channel Connection)**라는 논리적인 연결을 이용하여 교환을 수행한다. 종단 노드 간에 VCC를 통해서 가변 속도의 전이중 방식으로 사용자 데이터가 전달된다. 그리고 **VPC(Virtual Path Connection)**라는 보다 큰 개념의 논리적 경로가 정의되었다. VPC는 동일한 종단 노드 사이의 VCC들을 묶어놓은 다발이라고 생각할 수 있다. 다음 그림 12.9는 VPC/VCC를 나타낸 것이다.

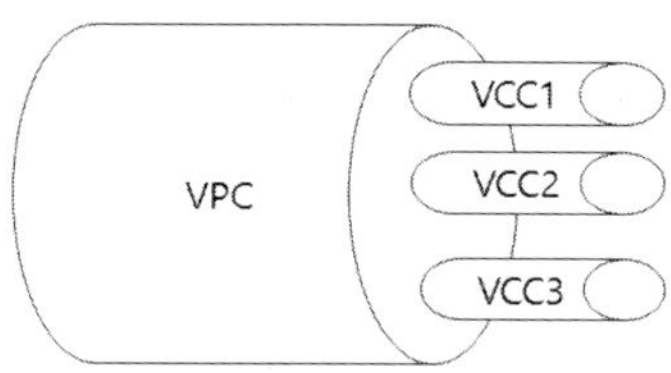

그림 12.9 VPC/VCC

ATM에서의 가상 회선을 식별하기 위해서는 **VPI(Virtual Path Identifier)**와 **VCI(Virtual Channel Identifier)**를 이용한다. VPI는 유일한 VPC를 식별하고 VCI는 유일한 VCC를 식별하는데 이용된다. 이 두 가지 식별자(VPI, VCI)가 합쳐서 유일한 가상 회선을 식별한다. 다음 그림 12.10은 VPI/VCI 할당 예를 나타낸 것이다.

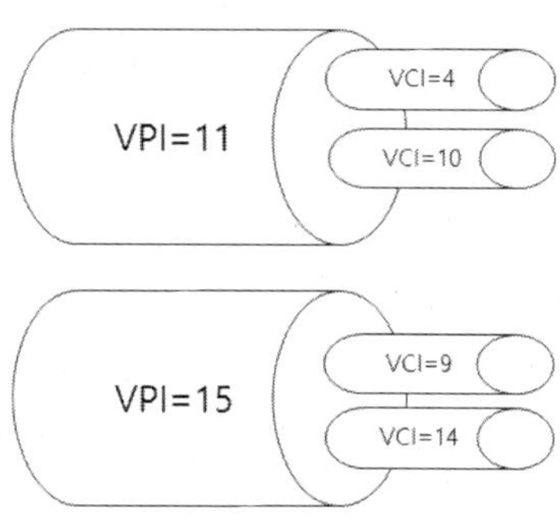

그림 12.10 VPI/VCI 할당 예

셀에서 주소를 헤더에 포함시킬 때 VPI/VCI 값을 이용한다. VPI/VCI 값은 교환 노드에서 교환 노드까지 또는 종단 노드에서 교환기까지의 가상 연결을 지정한다. 교환기에서 교환이 이루어지면 교환 테이블에 따라 셀의 목적지 주소는 새로운 VPI/VCI 값으로 바뀐다. 다음 표 12.1은 ATM 교환기의 교환 테이블의 예를 보여준다.

표 12.1 ATM 교환 테이블

입력			출력		
인터페이스	VPI	VCI	인터페이스	VPI	VCI
2	12	5	3	25	12
...	...	...	...	...	...

앞의 교환 테이블에 따라 교환기의 2번 인터페이스로 들어온 셀의 목적지 주소가 (VPI=12, VCI=5)이면 3번 인터페이스로 나가면서 목적지 주소가 (VPI=25, VCI=12)로 바뀐다. 이와 같은 교환 테이블의 값은 연결 설정 과정에서 만들어지며 데이터 전송이 모두 끝나고 연결이 해제될 때 표에서 사라진다.

ATM 네트워크에서 데이터 전송이 이루어질 때 종단 노드와 교환 노드의 계층구조는 다음 그림 12.11과 같다.

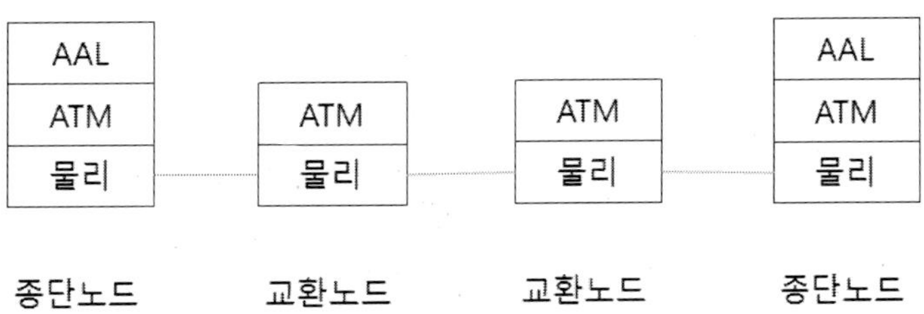

그림 12.11 ATM 네트워크의 계층구조

종단 노드에서는 응용 데이터들이 ATM 망으로 적응하기 위해서 셀로 변경이 이루어져야 한다. 이를 위해서 AAL 계층 기능이 요구된다. 중계 역할을 하는 교환 노드에서는 단지 물리 계층과 ATM 계층만 있으면 교환이 이루어질 수 있다.

03 | 물리 계층

ATM은 일반적으로 광대역 통신망에서 사용되기 때문에 광섬유를 기반으로 하는 SONET/SDH가 사용되지만, 이더넷이나 다른 LAN 프로토콜도 사용될 수 있다.

04 | ATM 계층

AAL 계층으로부터 48바이트의 데이터를 받아서 5바이트의 헤더를 추가하여 셀로 완성한다. 헤더의 형식은 다음 그림 12.12와 같다.

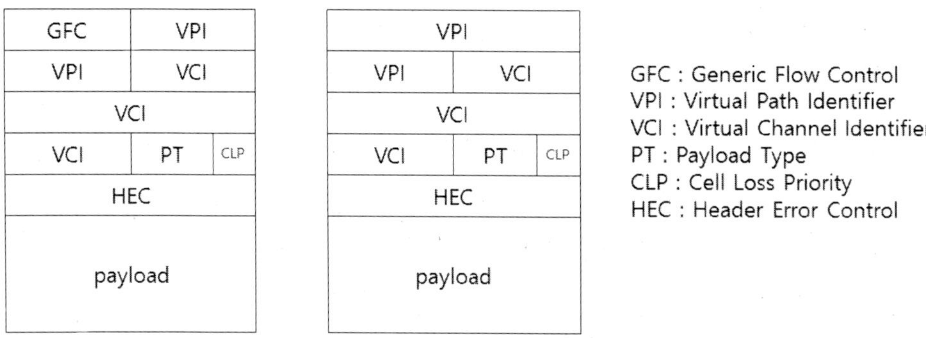

a) UNI 셀 b) NNI 셀

그림 12.12 ATM 셀 헤더구조

- GFC(Generic Flow Control) : 4비트 크기로 UNI에서 흐름 제어를 제공한다.
- VPI(Virtual Path Identifier) : 가상 경로 식별자이다. UNI(User Network Interface)에서는 8비트, NNI(Network Node Interface)에서는 12비트 크기이다.
- VCI(Virtual Channel Identifier) : 16비트 크기의 가상 채널 식별자이다.
- PT(Payload Type) : 첫 번째 비트는 사용자 데이터인지 관리 정보인지를 나타낸다. 나머지 두 비트는 첫 번째 비트에 연관된 값을 갖는다. 3비트 크기를 갖는다.
- CLP(Cell Loss Priority) : 1비트가 0비트보다 우선순위가 더 높다. 혼잡이 발생했을 때 우선순위가 높은 셀은 유지되고 낮은 셀은 우선적으로 패기 된다.
- HEC(Header Error Control) : 헤더의 앞 4바이트에 대하여 단일비트 오류 정정과 다중비트 오류 검출을 위한 CRC 데이터이다. 16비트 크기이다.

05 | AAL

ATM 적응 계층은 기존의 네트워크 프로토콜이 ATM 네트워크 위에서 동작할 수 있도록 지원한다. 송신 측 종단 노드에서 상위 프로토콜 패킷은 AAL에서 셀로 바뀌게 된다. 수신 측 종단 노드에서는 수신된 셀들을 조립하여 원래 상위 프로토콜 패킷으로 바꾸어야 한다.

1) 서비스 유형

ATM은 다양한 트래픽 특성을 갖는 응용을 지원하기 위해서 다음과 같이 5가지 서비스 유형을 정의하였다.

- **고정 비트율**(CBR : Constant Bit Rate) **서비스** : 일정한 전송률을 갖는 서비스를 의미한다. 실시간 음성과 실시간 비디오 서비스에서 사용되는 것으로 전송지연이 최소이고 전송은 실시간으로 이루어져야 한다.
- **실시간 가변 비트율**(rt-VBR : real time - Variable Bit Rate) **서비스** : 엄격한 지연과 지연 변동을 요구하며 전송률은 가변적이다. 압축된 음성이나 비디오, 데이터 등의 전송을 의미하며 설정된 파라미터 안에서 가변 비트율로 처리되어야 한다.
- **비실시간 가변 비트율**(nrt-VBR : non real time - Variable Bit Rate) **서비스** : 실시간 가변 비트율 서비스와 유사하지만 지연 변동에 대한 한계 값이 없다. X.25, TCP 서비스가 이에 해당한다.
- ABR(Available Bit Rate) **서비스** : 사용자에게 최소한의 용량을 보장하는 서비스이다. 셀 손실을 최소화하며 최소 전송률 이상으로 데이터를 전달한다.
- UBR(Unspecified Bit Rate) **서비스** : 서비스에 대한 전송률 보장이 없고, 필요에 따라 셀은 언제든지 폐기될 수 있다. 데이터그램 서비스가 이 범주에 해당한다.

이상의 서비스를 지원하기 위해서 AAL은 AAL 1, AAL 2, AAL 3, AAL 4, AAL 5 등의 범주로 나누었다. 이후 계속된 연구 결과에 따라 AAL 3과 AAL 4는 거의 유사한 기능으로 판단되어 한 범주로 합치게 되었다. 또한 각 AAL 계층들은 **수렴**(Convergence) **부 계층**과 **분할 및 재조립**(SAR : Segmentation and reassembly) **부 계층**으로 나뉜다. 이를 그림으로 나타내면 다음 12.13과 같다.

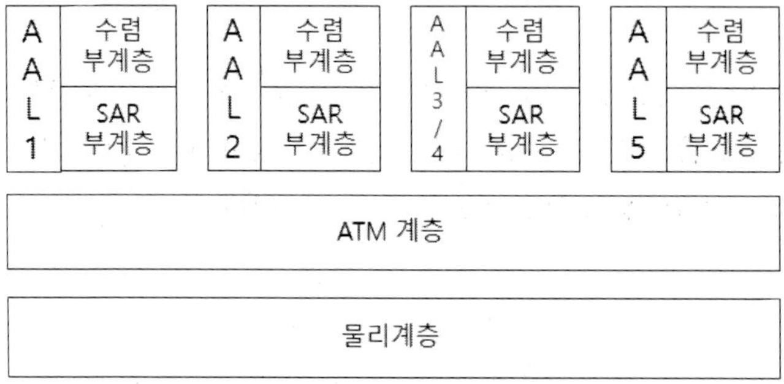

그림 12.13 AAL 계층구조

2) AAL1

비디오와 음성 등의 고정 비트율 정보를 전달한다. 이를 이용하여 음성 채널이나 디지털 전화망 서비스를 ATM에서 제공할 수 있다. 수렴 부 계층에서는 데이터를 47바이트로 나누고 이를 SAR 부 계층으로 전달한다. 그러면 SAR 부 계층에서는 1바이트의 헤더를 붙여서 48바이트로 만들어 ATM 계층의 페이로드(payload)를 완성한다.

3) AAL2

낮은 비트율이나 작은 프레임 트래픽을 위해 사용된다. 전송률이 낮은 실시간 음성 서비스를 전송할 수 있다.

4) AAL3/4

연결형 데이터나 비연결형 데이터 서비스를 위해서 사용된다. 가상 회선을 이용하는 패킷 전송(TCP와 X.25)을 지원할 수 있다. 큰 사용자 데이터는 수렴 부 계층에서 44바이트의 정수배가 되도록 패딩이 채워지고, SAR 부 계층에서 헤더 2바이트와 트레일러 2바이트가 첨부되어 48바이트의 ATM 계층의 페이로드가 완성된다.

5) AAL5

순서 제어나 오류 제어를 하지 않고 단순히 데이터를 전달하는 응용을 지원하며 부가적인 처리는 상위 계층에게 미룬다. 데이터그램 서비스가 이에 해당한다. AAL3/4에서와 유사하게 큰 사용자 데이터는 수렴 부 계층에서 48바이트의 정수배가 되도록 패딩이 붙고, SAR 부 계층에서 48바이트의 ATM 계층 페이로드로 나뉜다.

예제 12.5 가상 회선 서비스를 제공하는 X.25가 ATM 프로토콜을 이용한다고 가정할 때 사용하게 되는 AAL 범주는 무엇인가?

풀이 AAL 3/4

예제 12.6 ATM AAL 계층에서 흐름 제어나 오류 제어를 하지 않고 단순한 데이터 전달 서비스를 지원하는 AAL 범주는 무엇인가?

풀이 AAL5

12 연습문제

1. 다음은 WAN에 대한 설명이다. 잘못된 것은 무엇인가?

① 일반적으로 LAN에 비해서 지연이 크다.
② 네트워크의 범위는 한 나라를 포함할 수 있는 정도이다.
③ ATM 교환 기술도 WAN에서 사용된다.
④ 일반적으로 사설 네트워크에서 사용된다.

2. 다음 중에서 WAN 프로토콜이 아닌 것은 무엇인가?

① X.25 ② 프레임 릴레이 ③ ATM ④ CSMA/CD

3. 다음 중에서 가상 회선 서비스를 제공하는 패킷 교환 프로토콜은 무엇인가?

① X.25 ② X.21 ③ HDLC ④ IP

4. 다음 중에서 X.25에 대한 잘못된 설명은 무엇인가?

① X.25는 3 계층으로 이루어진다.
② X.25는 가상 회선 서비스를 제공한다.
③ X.25는 데이터그램 방식으로 전달한다.
④ 물리 계층 프로토콜은 X.21이다.

5. 프레임 릴레이가 기본적으로 고려하는 전송률은 다음 중에서 무엇인가?

① 64Kbps ② 256Kbps ③ 1.5 Mbps ④ 155Mbps

6. 프레임 릴레이에 대한 설명이다. 잘못된 것은 무엇인가?

① X.25보다는 더 높은 전송률을 지원하도록 설계되었다.
② 모든 링크마다 흐름 제어와 오류 제어를 하지는 않는다.
③ 고정된 크기의 패킷을 이용하여 오버헤드를 줄였다.
④ 물리 계층과 데이터 링크 계층으로 구성된다.

7. 프레임 릴레이에서 흐름 제어를 위한 응답은 어느 노드에서 처리하는가?

① 송신 노드 ② 중계 노드
③ 최종 수신 노드 ④ 모든 노드

8. ATM 셀의 크기는 몇 옥텟(바이트) 인가?

① 45 ② 48 ③ 51 ④ 53

9. ATM 계층 중에서 사용자 데이터를 셀 크기로 분할하고 재조립을 수행하는 계층은 다음 중 무엇인가?

① 물리 계층 ② ATM 계층 ③ AAL 계층 ④ 응용 계층

10. ATM에서 동일 종단 노드 사이의 VCC(Virtual Channel Connection) 들로 묶어놓은 다발을 무엇이라고 하는가?

① JVM ② VPC ③ AAL ④ VCI

11. ATM 셀 헤더에서 오류 검출과 정정을 위해서 사용되는 필드는 다음 중 무엇인가?

① GFC ② CLP ③ HEC ④ VCI

12. ATM에 대한 설명이다. 올바르지 않은 것은 다음 중 무엇인가?

① 셀이라는 고정된 작은 패킷을 전달한다.
② 모든 링크마다 흐름 제어와 오류 제어를 하지는 않는다.
③ 가상 회선 방식의 패킷 교환이라 할 수 있다.
④ 물리 계층과 ATM 계층으로 이루어져 있다.

13. ATM 계층 중에서 종단 노드에는 있지만, 교환 노드에는 없는 계층은 다음 중 무엇인가?

① 물리 계층 ② ATM 계층 ③ AAL 계층 ④ 정답 없음

14. ATM에서 전화망 서비스를 제공한다면 이에 맞는 AAL 범주는 무엇인가?

① AAL1 ② AAL2 ③ AAL3/4 ④ AAL5

15. ATM에서 IP 패킷을 전달한다면 이에 맞는 AAL 범주는 무엇인가?

① AAL1 ② AAL2 ③ AAL3/4 ④ AAL5

16. ATM에서 고려한 서비스 범주 중에서 전송률에 대한 보장이 없는 것은 무엇인가?

① CBR 서비스 ② VBR 서비스
③ UBR 서비스 ④ ABR 서비스

17. ATM에서 최소한의 전송률을 보장받지만 네트워크 상황에 따라 언제든지 셀이 폐기될 수 있는 서비스는 다음 중 무엇인가?

① CBR 서비스 ② VBR 서비스
③ UBR 서비스 ④ ABR 서비스

18. 다음 중에서 프레임 릴레이와 비교할 때 ATM의 차이점은 무엇인가?

① 고정된 작은 패킷을 전달한다.
② 링크마다 흐름 제어와 오류 제어를 하지 않는다.
③ 가상 회선 방식의 패킷 교환이라 할 수 있다.
④ X.25 보다 높은 전송률을 지원한다.

19. 다음 WAN 기술 중에서 멀티미디어 통신에 가장 적합한 것은 무엇인가?

① X.25 ② 프레임 릴레이
③ ATM ④ HDLC

20. ATM 프로토콜이 멀티미디어 통신 서비스에 적합한 이유를 설명하라.

Chapter 13

SONET/SDH

Chapter 13

SONET/SDH

SONET(Synchronous Optical NETwork)과 SDH(Synchronous Digital Hierarchy)는 모두 광섬유 상에서 레이저(laser) 같은 고집중 광선을 쏘임으로써 광 신호를 전송하는 방식으로, 광통신 기술을 이용하여 다중화된 디지털 비트 스트림을 전송한다. 광섬유뿐만 아니라 낮은 전송률 데이터는 전기 인터페이스를 이용하여 전달될 수도 있다. 특히 SONET/SDH는 동기식 방식으로 네트워크에서 신호를 전달하는데, 이전의 디지털 프로토콜인 DS-1, DS-3 등의 신호를 포함한 다양한 소스로부터의 신호를 다중화할 수 있다. 특히 ATM이나 **B-ISDN(Broadband- ISDN)**과 같은 광대역 통신을 위한 전송도 가능하다. 그러므로 SONET/SDH는 하나의 프로토콜이라기보다는 다양한 프로토콜을 담을 수 있는 다중화 시스템으로 이해할 수 있다.

SDH와 SONET는 오늘날 널리 사용되는데, SONET은 미국을 중심으로 하는 북미에서 주로 사용되고, SDH는 유럽을 포함한 그 외의 국가에서 사용된다. SDH 표준은 ITU 표준문서 G.707, G.783, G.784, G.803 등에서 제정되었고, SONET 표준은 ANSI(American National Standards Institute) 표준 T1.105에서 51.840 Mbps 이상의 범위에서 전송 형식과 전송률의 집합을 정의한다.

SONET에서는 **STS(Synchronous Transport Signal)**라는 계층구조를 정하였다. 각 STS 급을 전송을 위한 물리 링크를 **광 캐리어(OC : Optical Carrier)**라 한다. 흔히 사용되는 광 캐리어는 OC-1, OC-3, OC-12, OC-48 등이다. OC-1의 경우 51.840Mbps의 전송률을 제공함으로써 44.376Mbps 전송률의 T3 회선을 지원하도록 하였다. STS-3급은 STS-1의 3배의 전송률을 가지며, STS-12는 STS-1의 12배의 전송률을 제공함으로써 더 높은 수준의 다중화를 구현한다.

13.1 SONET의 물리적 구성

다음 그림 13.1에서 SONET 시스템을 개념적으로 단순화시켜서 나타내었다.

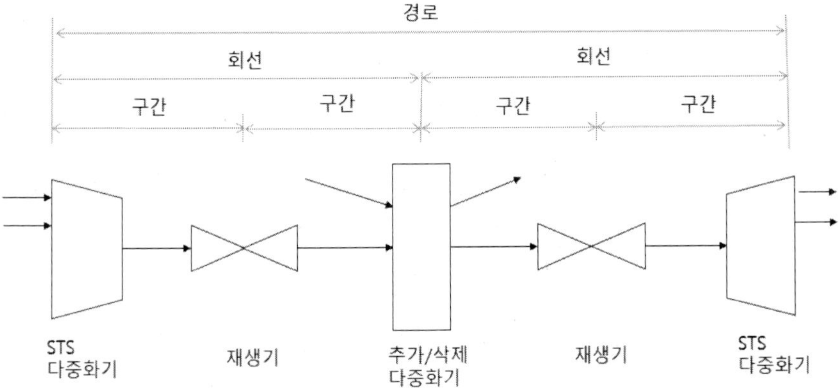

그림 13.1 SONET 시스템 구성

그림에서 볼 수 있는 것처럼 STS **다중화기**(mutiplexer), **재생기**(regenerator), **추가/삭제 다중화기**(add/drop multiplexer) 등의 3가지 장치의 연결로 구성된다. STS 다중화기는 전기 신호를 광신호로 바꾸는 역할과 들어온 신호를 다중화하는 역할을 한다. 이를 통해서 들어오는 여러 신호들이 하나의 광 신호로 다중화된다. 다중화된 광 신호는 재생기로 전달된다. 재생기는 수신된 광신호를 다시 재생하는 리피터 역할을 한다. 그리고 필요에 따라 헤더 정보를 새롭게 수정한다. 추가삭제 다중화기는 다른 발신지로부터 들어온 신호를 한 경로에 추가하거나 요구된 신호를 경로로부터 삭제할 수 있다. 그리고 다중화된 신호들의 경로를 변경할 수 있다.

한편 SONET 연결은 **구간**(section), **회선**(line), **경로**(path) 등의 3 계층이 있다. 구간은 다중화기와 재생기, 다중화기와 다중화기, 재생기와 재생기를 연결하는 광 링크이다. 회선은 다중기와 다중기 사이로 네트워크의 한 부분이 된다. 경로는 종단의 역할을 하는 두 STS 다중화기 사이의 범위를 의미한다.

예제 13.1 SONET의 구조에서 종단 STS(Synchronous Transport Signal) 다중화기 사이의 네트워크 부분을 무엇이라고 하는가?

풀이 경로(path)

13.2 SONET 계층구조

SONET은 광학 계층(photonic layer), 구간 계층(section layer), 회선 계층(line layer), 경로 계층(path layer) 등의 4 계층으로 구성된다. 이 계층은 OSI 계층과 비교하면 광학 계층은 물리 계층에 나머지 계층은 데이터 링크 계층에 대응된다고 볼 수 있다. 다음 그림 13.2는 SONET의 계층구조를 나타낸 것이다.

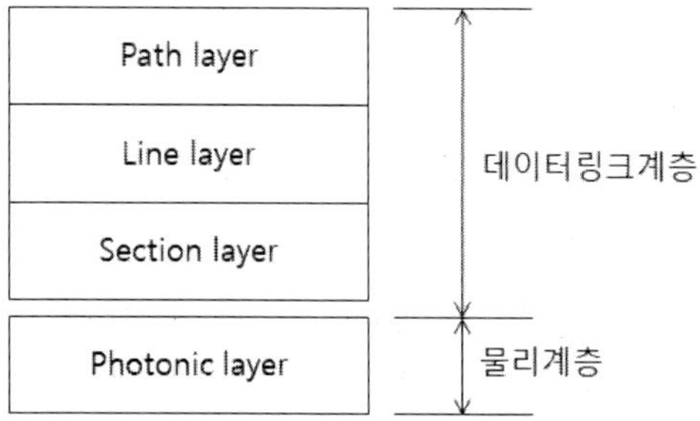

그림 13.2 SONET의 계층구조

- **광학 계층** : 광섬유 채널과 다중화에 대한 물리적 규격을 포함한다. 신호는 NRZ 부호화를 이용하는데, 빛이 있으면 1로 빛이 없으면 0으로 인식한다.
- **구간 계층** : 구간 상에서 물리적 신호를 전달하는 계층이다. 구간 계층 헤더는 이 계층에서 이용한다.
- **회선 계층** : 물리적인 회선 상에서의 신호 전달을 담당하는 계층이다. 회선 계층 헤더는 이 계층에서 이용한다.
- **경로 계층** : 종단 발신지에서 종단 목적지까지의 신호 전달을 담당한다. 발신지에서는 다수의 전기적인 신호가 광 신호의 다중화 프레임으로 변환된다. 목적지에서는 수신된 프레임을 다시 원래의 다수의 전기 신호로 변환한다. 경로 계층 헤더는 이 계층에서 사용한다.

종단 장치에 해당하는 STS 다중화기는 경로 계층 기능을 이용한다. 그리고 다중화기 사이에서는 회선 계층 기능을 이용한다. 다중화기와 다중화기 또는 다중화기와 재생기 사이의 구간에서는 구간 계층 기능이 사용된다. 그리고 모든 물리적인 링크에서는 광학 계층이 존재한다. 따라서 STS 다중화기에서는 광학 계층, 구간 계층, 회선 계층, 경로 계층이 모두 필요하고, 추가/삭제 다중화기에서는 광학 계층, 구간 계층, 회선 계층이 요구되며, 재생기에서는 광학 계층과 구간 계층 기능만이 필요하다. 이를 그림으로 나타내면 다음 그림 13.3과 같다.

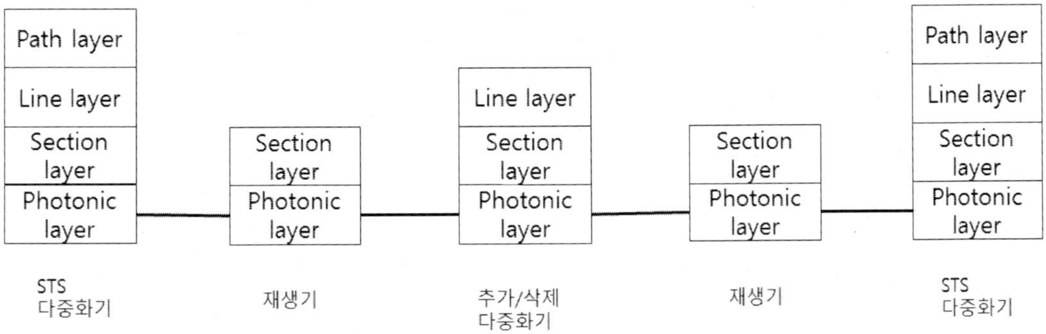

그림 13.3 SONET 장치와 계층

예제 13.2 SONET에서 추가/삭제 다중화기의 프로토콜 계층은 무엇인가?

풀이 추가/삭제 다중화기에서는 회선(line)과 회선을 연결하는 역할을 하므로 회선 계층, 구간 계층, 광학 계층 등 3개의 계층으로 이루어진다.

13.3 SONET 프레임 형식

일반적인 데이터 링크 프로토콜에서 프레임은 헤더와 사용자 데이터 그리고 CRC 같은 트레일러로 이루어지지만, SONET은 헤더(오버헤드)가 사용자 데이터(페이로드) 이전에 전송되지 않고, 사용자 데이터 사이사이에 끼어들어가는 방식을 취한다. 즉, 오버 헤드 부분이 전송되고 난 후 사용자 데이터가 오고, 다시 오버 헤드 부분이 오고 다음 다시 사용자 데이터가 오고, 이런 방식으로 전체 프레임이 전송될 때까지 반복한다. 각 프레임은 810 옥텟(octet)으로 구성된다. 이는 9개의 행으로 구성되고 각 행은 90옥텟 크기를 갖는다. 이를 그림으로 나타내면 다음 그림 13.4와 같다.

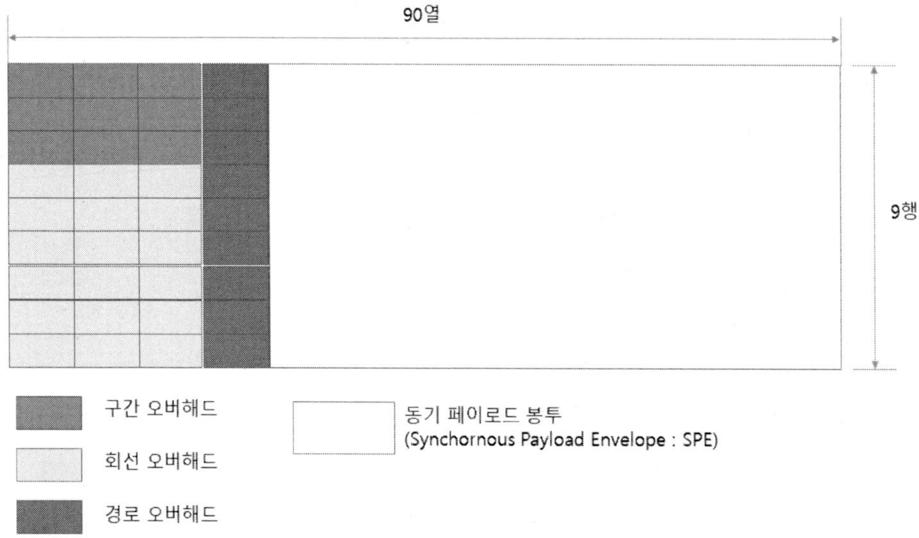

그림 13.4 STS-1 프레임

STS-1 프레임이 전달되는데 걸리는 시간은 125 ㎲이고, 초당 8000번 전송되므로 810*8*8000 = 51.840 Mbps의 전송률을 갖는다. 이 속도는 음성 채널(64Kbps) 672개를 나를 수 있는 DS-3 채널과 등가의 대역폭이다. **동기 페이로드 봉투**(Synchronous Payload Envelope : SPE) 영역은 일반 사용자 데이터가 포함되는 부분이지만 첫 번째 행은 경로 오버헤드로 사용된다.

예제 13.3 STS-1 전송에서 페이로드 부분의 전송률은 얼마인지 계산하시오.

풀이 페이로드 부분의 크기는 한 프레임 당 86*9 = 774 옥텟이고 125μs 내에 전송되므로 전송률은 774*8/125*1000000 = 49.536Mbps이다.

SDH에서 프레임 기본 단위는 155.520 Mbps 전송 속도의 **STM-1(Synchronous Transport Module, level 1)**이다. SONET은 이 기본 단위를 STS-3(Synchronous Transport Signal 3)라 한다. STS-3 신호는 3개의 다중화 된 STS-1 신호로 구성된다. STS-3는 OC-3 신호 상에서 전달될 수 있다.

STS-3/STM-1 프레임은 2,430 옥텟 크기를 갖는다. STS-3/STM-1은 STS-1에 비해서 3배 더 빠르게 동작한다. 즉 9 옥텟이 전달되고 난 후 261 옥텟의 페이로드가 전달된다. 이와 같은 방식이 9번 반복되면서 총 2,430 옥텟이 125㎲ 동안에 전송된다. STM1/STS-3은 9 행과 270 열로 이루어진 블록으로 나타낼 수 있다. 다음 그림 13.5는 STS-n의 프레임을 나타낸 것이다.

그림 13.5 STS-n 프레임 형식

오버헤드나 페이로드의 내부 구조는 SONET과 SDH 사이에 약간의 차이가 있다. 그러나 표준은 매우 비슷하기 때문에 두 표준 간에 상호작용은 매우 용이하다. 다음 그림 13.6은 53옥텟크기의 ATM 셀 전송을 위해서 STS-3이 이용될 경우 사용자 데이터 영역에 ATM 셀이 포함되는 예를 보여준다.

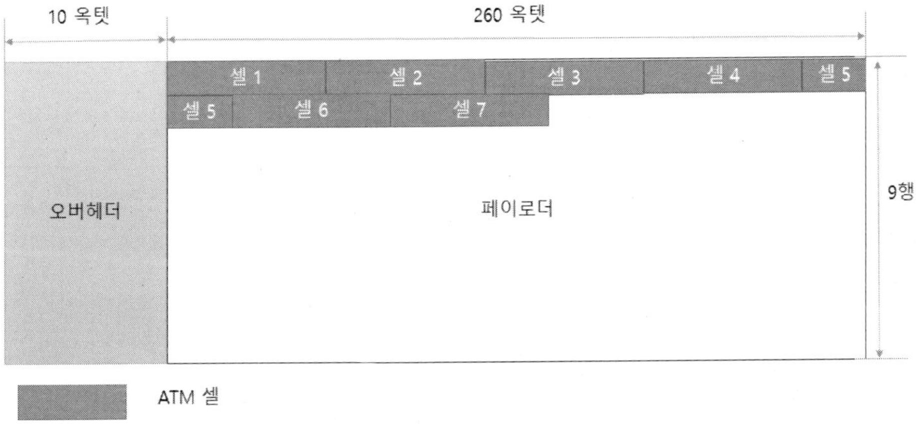

그림 13.6 STS-3를 이용한 ATM 셀 전송

그림 13.6에서 경로 오버해드 줄이 오버헤더에 포함되므로 오버헤더의 줄 수는 3*3+1=10이 되고, 페이로더의 줄 수는 87*3-1=260이다. 그러므로 STS-3 프레임의 페이로드 영역의 크기는 260*9=2340 옥텟이므로 약 44개의 ATM 셀을 전달할 수 있다.

예제 13.4 만약 STS-1에서 ATM 셀을 전송한다고 가정할 때 한 프레임에 몇 개의 ATM 셀이 포함될 수 있는지 계산하시오.

풀이 STS-1의 페이로드크기는 86*9 = 774 옥텟이다. 774/53 = 14.6이므로 14개의 ATM 셀을 전달할 수 있다.

■ 경로 가상 봉투(path virtual envelope)

종단에서 종단으로 전달되는 데이터는 경로 데이터라 하는데, 페이로드 오버헤드(POH)와 페이로드 사용자 데이터 등 두 부분으로 구성된다. 페이로드 오버헤드 9옥텟은 종단-대-종단 신호 방식과 오류 측정에 사용된다. 그리고 페이로드 사용자 데이터는 STS-1에서는 774 옥텟이고, STS-3에서는 2340 옥텟이다.

STS-1에서 페이로드는 동기 페이로드 봉투(Synchronous Payload Envelope : SPE)로 불린다. 이는 18 스터핑 바이트와 STS-1 756 옥텟의 페이로드로 구성된다. STS-1 페이로드는 44.736Mbps 전송률을 갖는 DS3 프레임을 전달하기 위해서 설계되었다. DS3가 SONET 네트워크에 들어오면 경로 오버헤드가 첨가된다.

■ 가상 종속 그룹

STS-1 페이로드는 12열씩 묶어서 총 7개의 가상 종속 그룹(Virtual Tributary Groups : VTGs)으로 나눌 수 있다. 한 가상 종속 그룹이 가질 수 있는 크기는 12*9 = 108 옥텟이고, 초당 8000 프레임이 전송되므로 전송률은 108*8000=6.912Mbps가 된다. 이 전송률을 이용하면 1.544Mbps의 T1을 전달할 수 있는 VT1.5 신호 4개를 포함할 수 있다. 또한 한 가상 종속 그룹은 E1 신호를 전달할 수 있는 VT2 신호 3개로 나뉠 수도 있다. 현재 4가지의 가상 종속(VT)이 있는데 수용할 수 있는 신호들은 다음과 같다.

- VT1.5 : DS1(1.544Mbps) 페이로드의 3열을 묶어서 구성된다.
- VT2 : 페이로드의 4개 열로 구성된다. E1 인터페이스(2.048Mbps) 수용가능하다.
- VT3 : DS1C(3.152Mbps) 페이로드의 6열을 묶어서 구성된다.
- VT6 : DS2(6.312Mbps) 페이로드의 12열을 묶어서 구성된다.

예제 13.5 STS-1 프레임 내에서 VT2는 4개 열을 묶어서 구성된다. 이때 한 VT2 신호를 위한 전송률은 얼마인지 계산하시오.

풀이 4*9*8*8000 = 2.304Mbps

가상 종속이 프레임에 포함될 때는 열 단위로 위치하게 된다. 따라서 그림으로 나타내면 다음 그림 13.7과 같다.

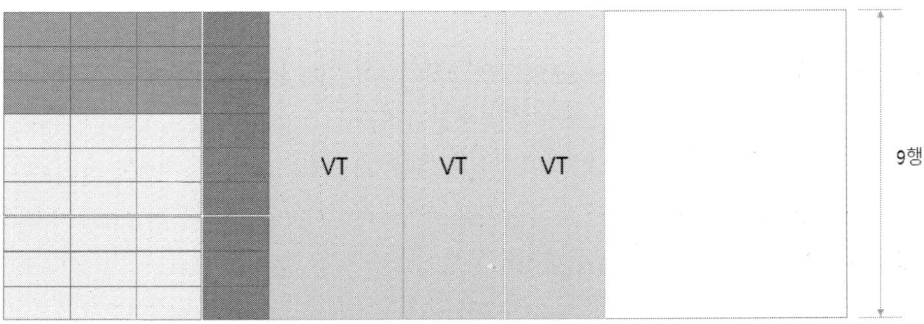

그림 13.7 STS-1 프레임 내에서 가상종속(VT) 들의 영역

VT1.5는 SDH의 VC(Virtual Container)-11과 VT2는 VC-12와 동등하다.

OC-3는 155.52 Mbps로 동작한다. 이 신호는 3개의 STS-1 신호의 바이트들이 서로 섞이면서 STS-3 프레임을 형성한다. 이와 같이 보다 낮은 속도의 회선들이 다중화 되어 더 높은 속도의 회선이 생성된다. 예를 들어 4개의 STS-3는 다중화 되어 OC-12(STM-4)를 형성할 수 있다. 흔히 사용되는 가장 높은 전송률은 38.5 Gbps로 동작하는 OC-768(STM-256)이다. 다수의 SONET 신호들은 다중 파장 분할 다중화에 의하여 한 쌍의 광섬유 상에서 전송될 수 있다. 다음 표 13.1은 SONET/SDH 광전송 계층의 대역폭을 나타낸 것이다.

표 13.1 SONET/SDH 명칭과 대역폭

SONET 광 캐리어 계층	SONET 계층	SDH 계층	페이로드 대역폭(kbit/s)	회선 전송률(kbit/s)
OC-1	STS-1	STM-0	50,112	51,840
OC-3	STS-3	STM-1	150,336	155,520
OC-12	STS-12	STM-4	601,344	622,080

OC-24	STS-24	-	1,202,688	1,244,160
OC-48	STS-48	STM-16	2,405,376	2,488,320
OC-192	STS-192	STM-64	9,621,504	9,953,280
OC-768	STS-768	STM-256	38,486,016	39,813,120

13.4 SDH 프레임 형식

SDH의 기본 계층인 **STM-1(Synchoronous Transport Module level 1)** 프레임의 전체적인 구조는 SONET의 STS-3과 유사하다. 다만 오버헤드 부분과 데이터를 포함하는 방식의 세부적인 면에서 다소간의 차이점이 있다. 첫 번째 3행과 9열은 **재생기 구간 오버헤드(Regenerator Section OverHead : RSOH)**를 포함하고, 마지막 5행과 9열은 **다중화 구간 오버헤드(Multiplex Section OverHead : MSOH)**를 갖는다. 앞에서 4번째 열은 포인터들을 갖는다. 다음 그림 13.8은 STM-1 프레임 형식을 나타낸 것이다.

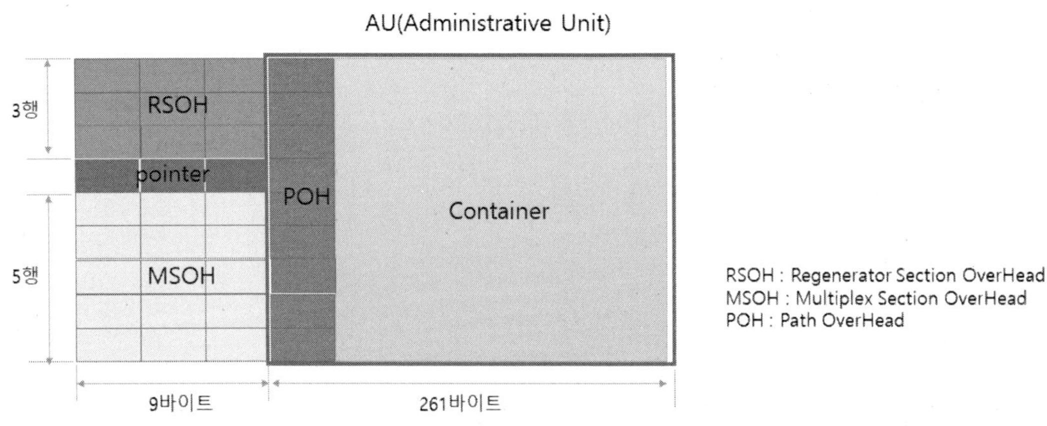

그림 13.8 STM-1 프레임 형식

재생기 구간 오버헤드(RSOH)는 터미널 장치로부터 요구된 정보를 포함하며 크기는 27 옥텟이다. 다중화 구간 오버헤드(MSOH)라 불리는 회선 오버헤드는 45 옥텟 크기로 오류 수정과 자동 보호 스위칭 메시지에 대한 정보를 포함한다. 오류 수정은 STM-16 이상에서 포함된다. **관리유닛(Administrative Units : AU) 포인터**는 페이로드의 J1 위치(가상 컨테이너의 첫 번째 바이트)를 가

리킨다. 포인터(H1, H2, H3 바이트들)는 페이로드 내에서 포함되는 하위단계의 관리유닛(AU)을 식별한다. 그러므로 OC-3 회선은 오버헤드를 제외하고 150.336Mbps로 페이로드를 전달할 수 있다.

관리 유닛은 페이로드 내에 포함되며 포인터들에 의하여 식별된다. 또한 한 개 이상의 가상 컨테이너(VC)가 관리 유닛 내에 존재한다. 가상 컨테이너들은 경로 오버헤드와 가상 컨테이너 페이로드를 포함한다. 가상 컨테이너 페이로드는 하위 가상 컨테이너들을 나르는 역할을 한다.

STM-1 신호의 구간 오버헤드(SOH)는 광범위한 관리 기능을 위해서 전송 시스템으로부터 온 정보를 포함한다. 전송 품질, 실패검출, 알림관리, 데이터 통신 채널, 서비스 채널 등이 관리 기능에 포함된다.

13 연습문제

1. 다음 SONET 계층 중에서 T3 인터페이스를 수용하기 적절한 것은 무엇인가?
   ① STS-1 ② STS-3 ③ STS-12 ④ STS-24

2. 광신호 다중화 프로토콜인 SDH에서 STM-1에 대응되는 SONET 계층은 무엇인가?
   ① STS-1 ② STS-3 ③ STS-12 ④ STS-24

3. 다음 중에서 SONET/SDH에 대한 설명으로 알맞지 않은 것은 무엇인가?
   ① 광신호 전송을 이용한 신호 다중화 프로토콜이다.
   ② SONET/SDH를 이용하여 ATM 같은 다양한 프로토콜을 지원할 수 있다.
   ③ SDH는 국제 표준화 기구인 ITU-T 표준이다.
   ④ SONET 프로토콜은 광학 계층, 구간 계층, 회선 계층 등 3 계층으로 이루어진다.

4. SONET 네트워크에서 종단 다중화기와 종단 다중화기 사이의 범위를 무엇이라고 하는가?
   ① 경로(path) ② 회선(line) ③ 구간(section) ④ 버스(bus)

5. STM-1 프레임에서 종단 시스템으로부터 들어온 사용자 데이터들이 포함되어 있는 영역은 무엇인가?
   ① RSOH ② MSOH
   ③ pointer ④ VC(Virtual Container)

6. 현재 SDH 표준에서 가장 높은 계층의 전송률은 얼마인가?
   ① 약 5Gbps ② 약 10Gbps ③ 약 20Gbps ④ 약 40Gbps

7. SDH 프로토콜을 이용하여 IP 패킷을 전달할 수 있을 것인가에 대하여 논하라.

Chapter 14

다양한 무선 네트워크

Chapter 14

다양한 무선 네트워크

최근 들어 노트북이나 스마트 폰 등을 이용한 이동 인터넷 서비스가 보편화되면서 무선 통신 기술이 빠르게 확산되고 있으며, 무선 이동 통신망이 날로 중요해지고 있다. 본 장에서는 이러한 경향을 고려하여 10장에서 다룬 무선 랜(Wireless LAN)을 제외한 WiMAX, 셀룰러 네트워크, 블루투스, 지그비 등의 우리 주변에서 접할 수 있는 무선 네트워크에 대하여 살펴본다.

14.1 WiMAX

최근 들어 휴대가 간편하고 이동 중에 사용이 용이한 이유로 유선전화 서비스 대신 휴대폰을 이용한 무선전화 서비스 사용이 일반화되었다. 그리고 스마트 폰을 이용하여 음성 통신뿐만 아니라 인터넷 접속을 이용하는 사용자도 함께 증가하고 있다. 실제로 스마트폰에 가입하는 경우 음성 서비스보다는 인터넷 사용을 위한 데이터 서비스를 더 중시하는 경향이 있다. 무선 WAN 기술은 이러한 이동 인터넷 서비스를 위하여 설계되었다.

무선 WAN의 표준을 위하여 IEEE 802.16에서 WiMAX(Worldwide Interoperability for Microwave Access)를 제정하였다. 2002년 광대역 무선 시스템에 대한 표준이 시작되었다. 무선 LAN의 표준인 IEEE 802.11에서는 가입자와 기지국 사이의 거리가 비교적 가까운데 비해, 802.16은 가입자와 기지국 사이의 거리가 45km나 된다. 또한 전송 속도도 WiMAX 2.0에서 최대 365Mbps까지 가능하다. 고정식 WiMAX를 위한 IEEE 802.16a 표준과 이동식 WiMAX를 위한 IEEE 802.16e 표준이 제정되었다. 고정식은 사용자 호스트가 고정되어 있는 경우를 의미하며 2~11GHz 주파수 대역을 이용한다. 전송 속도는 75Mbps이며 평탄한 지역에서는 45Km 도심에서는 2Km까지 통신이 가능하다. 이동식인 IEEE 802.16e는 가입자가 이동하며 통신하는 경우에 대한 표준이며 60Km/h 속도에서 15Mbps의 전송이 가능하다.

국내에서 개발된 Wibro(Wireless broadband Internet)도 2005년 12월 IEEE로부터 이동식 WiMAX

IEEE 802.16e로 표준을 승인받았다. 와이브로(Wibro)는 2.3GHz 주파수 대역을 이용하며 OFDM 변조 방식을 이용한다. 최대 전송 거리는 1Km이며 120Km/h 속도로 이동 중에도 가입자당 최대 25Mbps 전송 속도(평균 5~6Mbps)로 통신이 가능하다.

그러나 최근 들어 4G LTE의 보급에 따라 와이브로는 상용화에서 상대적으로 열세에 놓여 있는 상황에 있다. 국내에서 개발된 기술임에도 불구하고 국내 통신업체들이 대부분 4G LTE를 이용한 사업을 추진하고 있으며, 와이브로 서비스는 축소되고 있다.

예제 14.1 무선 WAN 기술인 WiMAX가 상용화에 어려움을 겪고 있는 이유는 무엇인가?

풀이 무선 셀룰러 네트워크 기술의 4G LTE가 사용자들에게 크게 호응되면서 다른 기술들이 상대적으로 약화되고 있다.

국제 표준화 기구인 ITU에서는 4세대 이동 통신의 표준으로 LTE advanced와 WiMAX advanced을 모두 승인하였다. WiMAX는 미국에서 주로 연구 개발되고 있으며, LTE 기술은 유럽을 중심으로 발전하고 있다. LTE와 WiMAX 기술이 계속 발전할 것으로 예상됨에 따라 2020년쯤에 구현될 5 세대 이동 통신에서도 두 기술은 계속 경쟁하게 될 것이다.

01 | WiMAX 계층구조

다음 그림 14.1은 WiMAX의 계층구조를 보여준다. 계층은 데이터 링크 계층과 물리 계층으로 나뉘고, 데이터 링크 계층은 다시 서비스 특정 수렴 부 계층(service specific convergence sublayer), MAC 부 계층(MAC sublayer), 보안 부 계층(security sublayer) 등 3개의 부 계층으로, 물리 계층은 전송 수렴 부 계층(transmission convergence sublayer), 물리 매체 종속 부 계층(physical medium dependent sublayer) 등 2개의 부 계층으로 나뉜다.

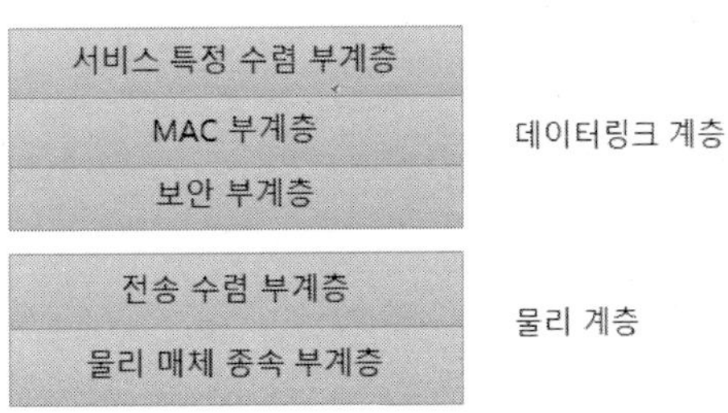

그림 14.1 IEEE 802.16 계층구조

1) 서비스 특정 수렴 부 계층

연결지향 서비스를 제공하기 위해 만들어진 데이터 링크 제어 부 계층이다.

2) MAC 부 계층

같은 시간 슬롯을 가진 접속 식별자를 이용하여 사용자 호스트와 기지국 사이에 패킷들이 전송된다. 기지국과 가입자 모두 먼저 슬롯을 예약해서 데이터를 전달한다. MAC 부 계층에서 정의되는 프레임 구조는 일반 프레임과 제어 프레임 등 2가지가 있다. 일반 프레임은 페이로드(사용자 데이터)를 전달하기 위한 것이고, 제어 프레임은 연결 설정을 위한 프레임이다. WiMAX의 프레임 형식은 다음 그림과 같다.

1	0	타입	Bytes needed	길이	연결식별자	헤더CRC

a) 제어 프레임

0	EC	타입		CI	EK		길이	연결식별자	헤더CRC	페이로드	CRC

b) 일반 프레임

그림 14.2 WiMAX MAC 프레임 형식

■ 프레임 구조

- **프레임 식별자** : 1비트 크기로 0이면 일반 프레임, 1이면 제어 프레임을 나타낸다.
- EC(Encryption Control) : 1비트 크기로 암호화가 필요한지 아닌지를 나타내는 비트이다. 1이면 보안 부 계층에서 암호화되어야 한다.
- 타입(Type) : 일반 프레임에서 페이로드의 타입을 나타내는 6비트 필드이다.
- CI(Checksum ID) : 1비트 크기로 프레임 체크섬이 필요한지 아닌지를 나타낸다. 순방향 오류 정정을 이용하는 경우에는 체크섬이 필요 없다.
- EK(Encryption Key) : 2비트 크기로 암호화에서 필요한 4가지 키 중에 한 개를 나타내기 위해서 사용한다.
- 길이(Length) : 11비트 크기로 프레임 전체의 길이를 나타낸다.
- Bytes needed : 16비트 크기로 물리 계층에 할당된 슬롯이 요구하는 바이트 수를 나타낸다.

- 연결 식별자(Connection ID) : 16비트 크기로 접속 식별을 위한 필드이다.
- 헤더 CRC : 8비트 크기로 헤더 부분에 대한 CRC 필드이다. 제수는 x^8+x^2+x+1이다.
- 페이로드 : 사용자 특정 수렴 부 계층으로부터 전송이 요구된 사용자 데이터 부분이다. 최대 2038바이트까지 가능하다.
- CRC : 프레임 전체에 대한 오류 검출 코드로 이더넷과 같다.

프레임 내에서 송신자와 수신자를 나타내는 주소가 존재하지 않고, 연결이 완료된 후로는 연결 식별자를 이용하여 전달한다. 가입자 호스트와 기지국은 48비트 크기의 MAC 주소를 갖는다. 이 MAC 주소는 연결 설정 과정에서 연결 식별자(connection ID)로 대응된다.

3) 보안 부 계층

암호화를 이용한 보안 기능을 제공하는 계층이다.

4) 전송 수렴 부 계층

시분할 다중화의 변형인 TDD(Time Division Duplex)를 이용한다. 데이터 링크 계층의 프레임은 물리 계층의 부 프레임에 대응되는 여러 개의 슬롯에 캡슐화된다.

5) 물리 매체 종속 부 계층

이 계층에서는 사용 주파수 대역과 변조 방식 등을 규정한다. 초기에는 10-66GHz 대역과 QPSK, QAM-16, QAM-64를 정의하였고, 후에 802.16d를 위하여 2-11GHz 대역과 직교 주파수 분할 다중화(OFDM)가 추가되었고, 802.16e를 정의하면서 확장된 직교 주파수 분할 다중화(SOFDM : Scalable OFDM)를 추가하였다.

14.2 셀룰러 네트워크

01 | 셀룰러 시스템

이동 스테이션(MS : Mobile Station)들은 **기지국**(BS : Base Station)과 무선 송수신을 하는데, 한 기지국이 송수신 가능한 영역을 **셀**(cell)이라 한다. 각 기지국들은 **이동 교환 센터**(MSC : Mobile

Switching Center)에 의하여 제어된다. 이동 교환 센터는 전화 서비스 요구에 대한 연결과 정보 기록, 과금 등을 처리한다. 셀의 크기는 수 km에서 십수 km 정도이다. 셀의 크기는 요구되는 트래픽 양과 관계되는데, 사용자가 과밀한 지역은 셀 크기가 작고, 그렇지 않은 지역은 상대적으로 셀이 크다. 사용자가 과밀하면 그만큼 통신 서비스를 위한 주파수 대역폭이 더 많이 필요하기 때문이다. 다음 그림 14.3은 셀룰러 시스템을 나타낸 것이다.

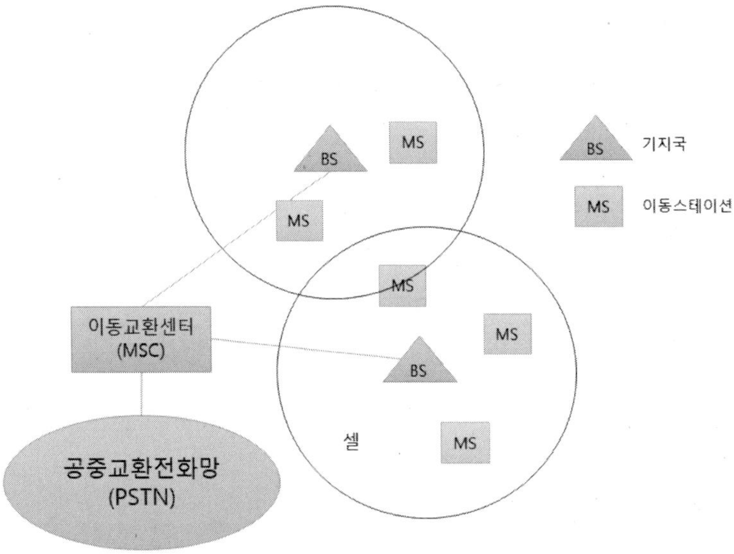

그림 14.3 셀룰러 시스템

02 | 주파수 재사용

셀은 이웃한 셀과 신호 간섭이 발생할 수 있다. 따라서 이웃한 셀은 동일한 주파수를 공유할 수 없다. 하지만 신호 간섭이 발생하지 않을 정도로 떨어져 있는 셀들은 동일한 주파수를 동시에 사용해도 문제가 발생하지 않기 때문에 주파수 재사용이 가능하다. 주파수는 한정되어 있으므로 재사용률을 높일수록 더 효율적이다. 다음 그림 14.4는 주파수 재사용의 한 예를 보여준다.

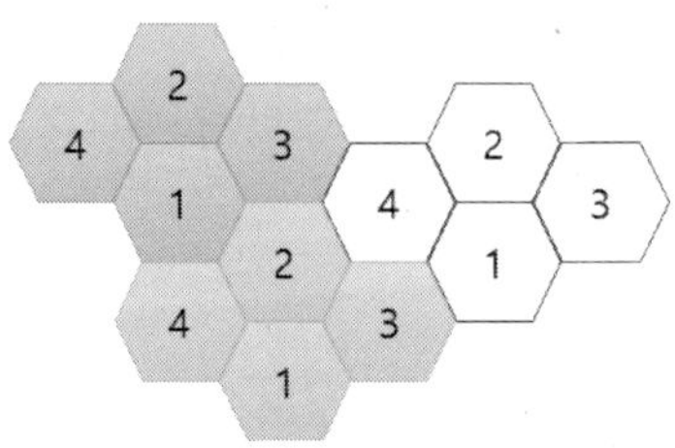

그림 14.4 주파수 재사용 예

그림에서 동일 번호로 표기된 셀들은 일정 거리를 유지함으로써 신호 간섭을 피하여 동일 주파수를 재사용할 수 있음을 알 수 있다.

예제 14.2 주파수 재사용은 셀룰러 네트워크뿐만 아니라 다른 무선 네트워크에서도 고려될 수 있는가?

풀이 무선 통신에서 신호의 송수신 가능 범위는 한정적이다. 따라는 송수신 가능 범위를 벗어난 영역에서는 동일한 주파수 대역을 다시 사용할 수 있기 때문에 모든 무선 통신에서 고려된다.

03 | 호 처리 과정

① 한 셀 내에 위치한 가입자가 다이얼링을 하면 그 번호가 해당 셀의 기지국을 거쳐서 이동 교환 센터로 간다.

② 이동 교환 센터(MSC)에서는 이 정보를 공중 전화망에 보내어 음성채널 연결을 위한 호 처리(callprocessing)를 수행한다.

③ 수신자가 전화를 받으면 공중전화망 음성 채널 연결은 완료되고, MSC와 기지국에서 채널이 할당되면 통신이 시작된다. 수신자가 이동 호스트 사용자인 경우에는 이동 교환 센터(MSC)로 수신 번호가 전달되고, MSC에서 해당되는 수신자의 위치를 찾기 위해서 연결되어 있는 모든 셀로 검색하는데, 이를 **페이징(paging)**이라 한다. 해당 수신 호스트를 페이징을 통하여 찾은 다음 벨 신호를 전송한다.

04 | 핸드오프

한 셀 내에서 통화중인 사용자가 이동하여 다른 셀로 들어갈 때 현재 사용 중인 음성 채널을 새로운 채널로 대체해야 한다. 이를 **핸드오프(handoff)**라 한다. 이때 이전에 사용 중이던 채널을 끊고 난 후 새로운 채널을 연결하는 방식을 **하드 핸드오프(hard handoff)**라 하는데, 끊김이 있는 거친 방법이다. 이에 반해 이전 채널을 끊지 않고 새로운 채널을 연결하여 동시에 전송이 이루어지는 핸드오프를 **소프트 핸드오프(soft handoff)**라 한다. 다음 그림 14.5는 핸드오프 상황을 나타낸 것이다.

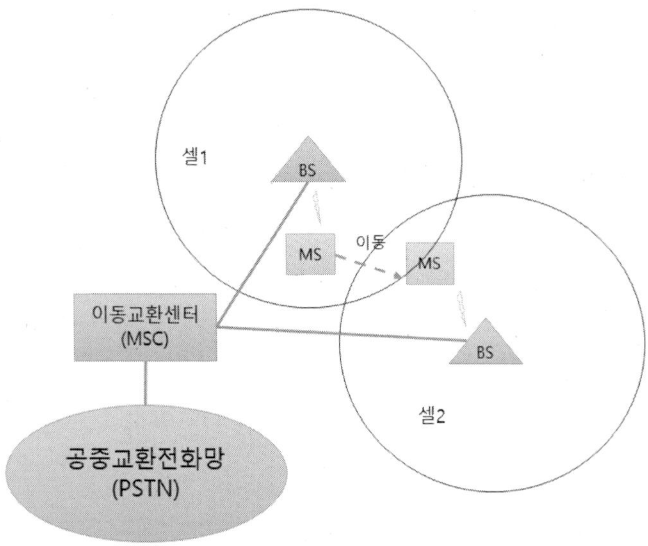

그림 14.5 핸드오프 발생 상황

셀1에서 셀2로 이동 스테이션이 이동하면, 이동 교환 센터로부터 기지국을 거쳐서 이동 스테이션까지의 채널이 셀1에서 셀2로 바뀌어야 한다.

05 | 3세대와 4세대 이동 통신

오늘날 우리가 주로 사용하고 있는 스마트 폰은 3세대(3rd generation)와 4세대(4th generation) 이동 통신 기술을 이용한다. 1세대 이동 통신은 FDMA(Frequency Division Multiple Access) 기술을 이용하여 이동 음성 서비스를 제공하는 셀룰러 통신망이었다. 2세대 이동 통신에서는 음성 서비스와 단문 메시지 서비스를 제공하였고, 무선 채널의 다중화를 위해서 GSM(Global Systems for Mobile Communications)의 TDMA와 IS-95(Interim Standard 95)의 CDMA 기술이 본격적으로 이용되기 시작하였다.

3세대 이동 통신부터 음성과 데이터 서비스를 제공할 수 있게 되었다. 3세대 표준의 중요한 점은 음성과 데이터 모두가 IP 패킷을 통해서 전달된다는 점이다. 국제 표준화 기구 ITU에서 IMT-2000(Internet Mobile Telecommunication for year 2000)을 고려하면서 3세대 이동 통신이 시작되었다. 이름에서 알 수 있듯이 이는 2000년을 위한 인터넷 이동 통신 서비스를 시작함을 의미하는 것이다. 3세대 이동 통신에서는 북미와 유럽 모두 다중화를 위해서 CDMA가 주로 사용되었다.

전송 속도는 이동하는 차량에서 144kbps, 걷는 경우는 384kbps, 정지 상태에서는 2Mbps의 전송 속도를 제공한다. 2GHz 주파수 대역을 사용하며 2MHz의 대역폭을 제공한다. 그리고 인터넷 접속을 제공한다.

4세대 이동 통신은 2011년에 시작되었으며 당시의 전송 속도는 75Mbps이었다. 그러나 LTE(Long Term Evolution) 기술이 계속 향상됨에 따라 현재는 이동하는 차량에서 100Mbps 전송률이 가능하고, 정지 시에는 1Gbps 전송률을 제공한다. LTE라는 명칭은 3세대 이동 통신 기술인 유럽의 표준인 GSM(Global Systems for Mobile Communications)의 HSPA(High Speed Packet Access)로부터의 기술 진화를 의미한다. 다른 셀로 이동할 때 소프트 핸드오프를 하며, 글로벌 로밍(roaming) 서비스를 제공한다. LTE의 변조 방식으로 64-QAM이 제안되었다. 고속 전송을 위해서 안테나는 MIMO(Multiple Input Multiple Output)와 MU-MIMO(Multiple User MIMO) 안테나 시스템이 제안되었다.

06 | 5G 이동 통신

국제 표준화 기구 ITU는 2015년 10월 전파 통신 총회를 열고, 5G의 공식 기술 명칭을 'IMT (International Mobile Telecommunication)-2020'으로 정했다. 5G는 5세대 이동 통신(5th generation mobile communications)의 약자다. 과거 2000년대 상용화한 3G 통신 방식인 'IMT-2000'을 계승해서 2020년 상용화를 목표로 삼는 모바일 국제 표준이다.

5G는 28GHz의 초고대역 주파수를 사용하며, 5G는 최대 전송 속도가 20Gbps, 최저 전송 속도는 100Mbps이다. 또한 1㎢ 반경 안의 100만개 기기에 사물인터넷(IoT) 서비스를 제공할 수 있고, 시속 500㎞ 고속열차에서도 자유로운 통신이 가능해야 한다. 이와 같은 전송 속도는 현재 이동 통신 속도인 300Mbps에 비해 70배 이상이고, 일반 LTE에 비해선 280배 빠른 수준이며. 1GB 영화 한 편을 10초 안에 다운로드할 수 있는 속도이다.

14.3 블루투스

블루투스(Bluetooth)는 스웨덴의 에릭슨(Ericsson) 사에서 시작된 무선 통신 방식으로, 스칸디나비아 지역을 통일했던 덴마크 왕 블라탄드(Harald Blaatand)의 이름에서 유래하였다. 블라탄드가 영어로 bluetooth로 번역된 것이다. 수 미터 정도의 가까운 거리에 위치한 장치들 사이의 연결을 위해서 사용되는 무선 LAN의 일종이다. 흔히 컴퓨터와 마우스, 프린터, 스피커, 오디오 헤드셋 등의 장치를 연결할 때 많이 사용되고 있다. 이외에도 집안에서 여러 가지 가전제품에 붙어 있는 센서들을 무선으로 연결할 때도 사용된다. 블루투스는 IEEE 802.15.1 표준 위원회에서 다루고 있는데, 방이나 연구실 정도의 규모에서 동작하는 **무선 개인 통신망**(WPAN : Wireless Personal Area Network)으로 정의한다.

01 | 네트워크 구조

블루투스 망은 **피코넷**(piconet)이라고 불리는데, 하나의 주국(primary)이 존재하며 7개까지의 종국(secondary)과 연결되며 구성된다. 한 종국은 다시 다른 피코넷의 주국이 될 수 있는데, 이 구조는 두 개의 피코넷이 겹치는 형태가 된다. 이와 같은 형태를 **스케터넷**(scatternet)이라 한다. 다음 그림 14.6은 블루투스의 망구조인 피코넷과 스케터넷을 나타낸 것이다.

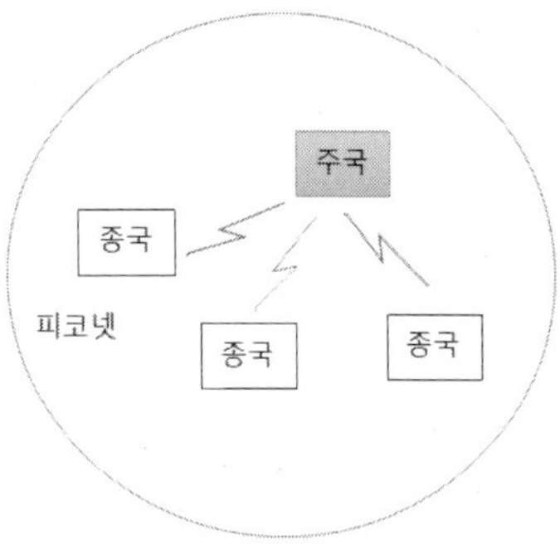

a) 피코넷

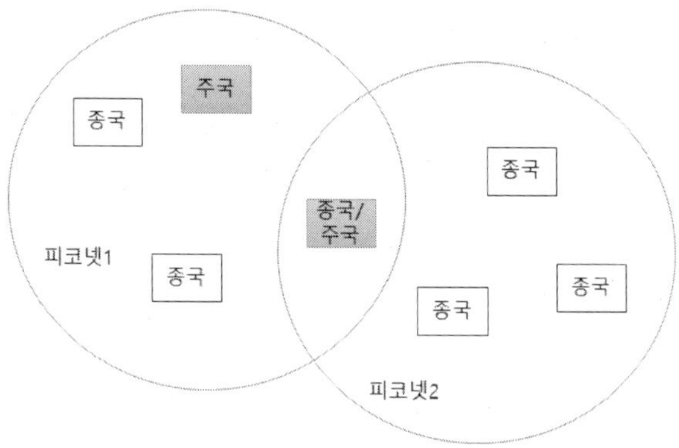

b) 스케터넷

그림 14.6 블루투스 망 구조

한 피코넷에서 종국들은 주국의 폴링에 따라서 송수신을 할 수 있다. 주국의 제어가 없이 종국들 사이의 통신은 발생하지 않는다.

블루투스 장치들은 2.4GHz 주파수 대역을 이용하며 전송률은 1Mbps를 갖는다. 주파수 대역이 와이파이(WiFi) 등이 사용하는 2.4GHz ISM 대역을 이용하는 통신 서비스와 겹치기 때문에 다른 신호와 충돌 가능성 높다는 단점이 있다. 주파수 간섭을 최소화하기 위해서 2402~2480MHz 주파수대역에서 79개 채널을 이용한다.

02 | 블루투스 프로토콜 계층구조

블루투스는 개략적으로 다음 그림 14.7과 같은 계층구조를 갖는다.

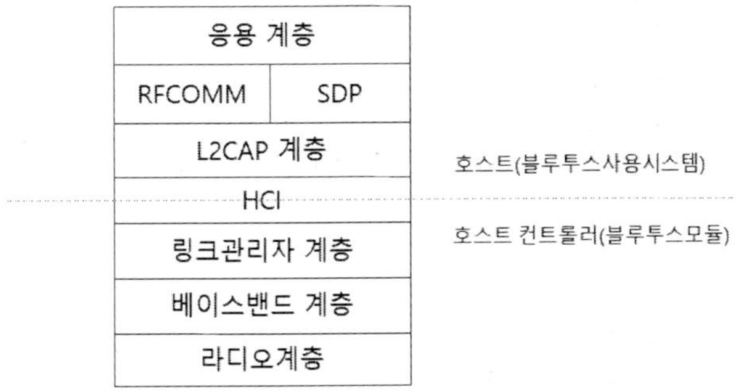

그림 14.7 블루투스 프로토콜 계층구조

1) RFCOMM/SDP 계층

RFCOMM(RF communication)은 L2CAP 계층상에서 가상의 직렬포트를 제공한다. SDP(Service Discovery Protocol)는 블루투스 디바이스에서 사용 가능한 서비스를 알 수 있게 해주는 기능이다.

2) HCI

HCI(Host Controller Interface) 계층은 호스트와 호스트 컨트롤러 사이의 인터페이스를 담당한다. 호스트 컨트롤러는 블루투스 모듈을 의미하며 호스트는 블루투스를 사용하는 시스템을 말한다. HCI는 블루투스 모듈이 다양한 시스템과 연결될 수 있게 하기 위한 표준 인터페이스를 담당한다.

3) L2CAP

L2CAP(Logical Link Control and Adaptation Protocol) 계층은 일반 LAN 프로토콜의 LLC 부 계층에 대응되는 계층이며, 데이터 패킷의 형식은 다음과 같다. 2바이트의 길이(length) 필드, 2바이트의 채널 식별자(channel ID) 필드 그리고 65535바이트까지의 데이터 필드로 이루어진다. 다음 그림 14.8이 L2CAP의 패킷 형식을 나타내었다.

길이 (2바이트)	채널 식별자 (2바이트)	데이터와 제어정보 (최대 65535바이트)

그림 14.8 L2CAP 패킷 형식

L2CAP는 다중화, 분할과 재조립, 서비스 품질 관리 등의 기능을 한다.

4) 링크 관리자(Link Manager) 계층

두 장치 사이에 무선 채널을 이용하여 링크를 설정, 관리, 해제하는 기능을 담당한다. 링크는 비동기 비연결형(ACL : Asynchronous Connectionless), 동기 연결형(SCO : Synchronous Connection-oriented), 스트림(stream) 링크 등이 될 수 있다. 동기 연결형 링크는 오류가 없는 전송보다 지연을 피하는 것이 더 중요할 때 사용하며, 이와 반대로 비동기 비연결형은 지연을 피하는 것보다 오류가 없는 전송이 더 중요할 때 사용한다. 스트림 링크는 연속적으로 방송 데이터를 전달하기 위해서 사용된다.

5) 베이스밴드 계층

베이스밴드(baseband) 계층은 LAN 프로토콜의 MAC 계층과 유사하다. 주국과 종국은 타임슬롯을 이용하여 TDMA 방식으로 통신한다. 타임슬롯은 625μs이다. 전송은 주국과 종국 사이에서만 있으며, 종국 간에는 전송이 없다.

주국과 종국은 반이중 방식의 전송을 한다. 주국과 종국이 번갈아가며 전송하면 주국은 0, 2, 4, 6 타임슬롯을 사용하고, 종국은 1, 3, 5, 7 타임슬롯을 사용하게 된다. 이와 같은 방식을 TDD-TDMA (Time Division Duplex TDMA)라 한다. 종국이 2개 이상일 경우에는 주국에서 매번 다음 타임슬롯을 사용할 종국을 지정한다.
베이스밴드 계층에서 사용하는 프레임 형식은 다음 그림 14.9와 같다.

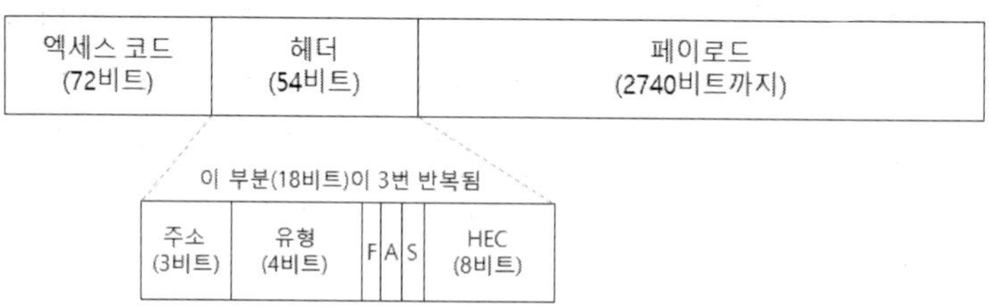

그림 14.9 베이스밴드 계층의 프레임 형식

- 액세스 코드(access code) : 동기 비트와 주국 식별자를 포함한다.
- 헤더(header)
  - 주소 : 7개의 종국을 식별하기 위한 주소이다. 0이면 브로드캐스팅 주소이다.
  - 유형 : 데이터 유형을 의미한다.
  - F : 1이면 더 이상 프레임 수신이 불가함을 나타낸다.
  - A : 0과 1이 반복되는 정지대기 ARQ의 응답으로 사용된다.

- S : 정지대기 ARQ의 순서 번호로 0과 1이 반복된다.
- HEC : 헤더 오류 검출과 수정을 위한 8비트 필드이다. 헤더에는 18비트의 동일한 정보가 반복되는데, 3번 모두 동일한 값이면 오류가 없다고 판단하고, 다를 경우에는 오류가 발생하였으므로 2번 같은 값이 맞는 것으로 판단하여 오류를 수정한다. 이와 같은 방법으로 헤더를 위한 순방향 오류 정정(forward error correction)을 수행한다.

• 페이로드 : 상위 계층으로부터 전달되는 데이터와 제어 정보가 포함된다. 데이터가 1 타임슬롯 프레임이면 240비트, 3 타임슬롯 프레임이면 1490비트, 5 타임슬롯 프레임이면 2740비트가 된다.

6) 라디오 계층

이 계층은 일종의 물리 계층이다. 전송 용량은 1Mbps로 10m 범위에서 전송한다. 총 79개의 채널로 나뉘어진 2.4GHz 대역을 사용하는데, 한 채널 당 1MHz 씩 대응된다. 다른 네트워크의 간섭을 피하기 위해서 주파수도약 확산대역(FHSS)을 이용하는데 초당 1600번의 도약(hopping)이 일어난다. 각 주파수에서 머무는 시간은 1/1600 = 625μs이다.

03 | 블루투스 4.0와 5.0

2010년에 발표된 블루투스 버전 4.0에서는 통신 거리가 최대 100m, 최고 전송 속도가 24Mbps이다. 또한 네트워크를 형성하는데 10초 정도가 소요되도록 하였다. 통신 도중에 거리가 멀어짐에 따라 연결이 끊겼을 경우 다시 거리가 가까워지면 재 연결이 자동으로 이루어지도록 하였고, LTE 무선 장치와의 간섭을 최소화하였다.

2017년에 발표된 5.0 버전에서는 통신 거리가 최대 400m에 저전력 상황에서도 40m를 지원한다. 전송속도도 저전력에서 1Mbps이던 것을 2Mbps로 향상시켰다. 이와 같은 통신 거리와 전송 속도 측면에서의 개선은 보다 많은 기기들을 연결함으로써 사물 인터넷 환경에서 강점을 가질 것으로 판단된다.

14.4 지그비

WPAN(Wireless Personal Area Network)의 표준 중에서 저비용, 저전력(low power)의 특징을 갖는 무선 네트워크 표준으로 **지그비(ZigBee)**가 있다. 지그비는 저전력이기 때문에 한 번의 배터리 탑

재에 의해서 수년간의 사용이 가능하다. 저전력의 한계 때문에 통신이 가능한 거리는 약 10~100m 정도의 단거리 응용을 고려한다. 피어투피어 메쉬 네트워크를 이용함으로써 신뢰성을 확보하고 보다 넓은 영역을 커버한다. 지그비라는 명칭은 지그재그(zig-zag)와 벌(bee)의 합성어로 벌들이 지그재그로 날아다니며 서로 간에 통신함을 상징하는 용어이다. 이 프로토콜은 2003년에 IEEE 802.15.4 표준으로 채택되었고 2004년에 지그비 1.0이 승인되었다.

지그비의 주파수는 유럽에서는 868MHz, 미국에서는 915MHz, 전 세계적으로는 2.4GHz를 사용한다. 2.4GHz에서는 250Kbps, 915MHz에서는 40Kbps, 868MHz에서는 20Kbps의 데이터 전송 속도가 가능하다. 무선 LAN이나 블루투스와는 다른 특성, 즉 아주 낮은 전력 소모와 저렴한 가격이라는 장점으로 인해 홈 네트워크나 센서 네트워크 환경에 적용 가능한 기술로 인정받고 있다.

예제 14.3 지그비 기술의 특징에 대해서 간단히 기술하라.

풀이 저전력, 저비용, 초단거리 무선 통신 기술로 피어투피어 메쉬 네트워크의 애드혹(ad-hoc) 네트워크를 구성하여 통신한다. 이러한 특징으로 인해 센서 네트워크의 대표적인 프로토콜로 인정받고 있다.

다음 그림 14.10은 지금까지 언급되었던 무선 LAN, 무선 WAN, 무선 PAN 네트워크 기술들의 특성을 비교하여 나타낸 것이다.

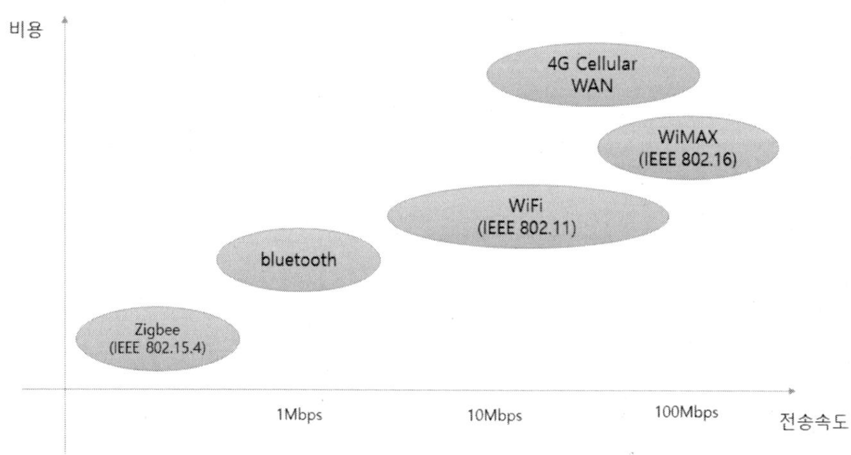

그림 14.10 무선 네트워크 특성 비교

01 | 지그비 네트워크 토폴로지

IEEE 802.15.4 표준에서 고려하는 네트워크의 토폴로지는 다음 그림 14.11과 같이 성(star)형이나 피어투피어 연결(peer-to-peer connection)이다. 피어투피어 연결은 각 노드가 범위 내에 있는 다른 모든 노드들과 연결하는 메쉬(mesh) 형이다.

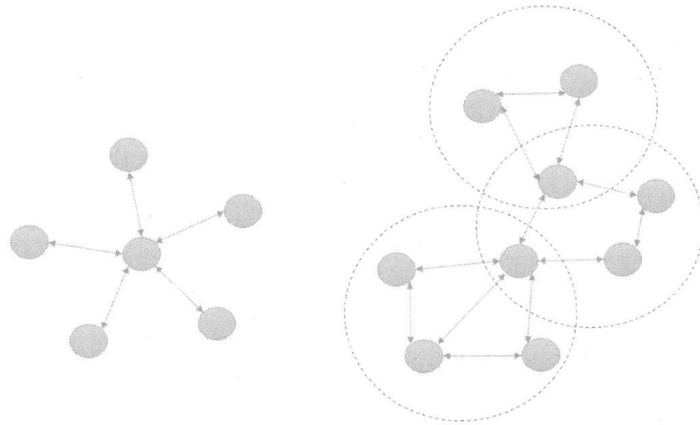

a) 성형　　　　　　b) 피어투피어 형

그림 14.11 지그비 네트워크의 형태

성형에서 각 노드들과 송수신을 하는 중앙 노드를 **코디네이터**(coordinator)라 한다. 코디네이터는 성형 네트워크의 기능과 관리를 책임진다. 피어투피어 형에서는 각 노드가 통신 가능한 범위 내의 모든 노드들과 송수신을 한다.

02 | IEEE 802.15.4 계층구조

IEEE 802.15.4 표준에서 다루는 부분은 물리 계층과 매체 접근 제어(MAC) 계층으로 구성된다. 다음 그림 14.12가 IEEE 802.15.4 계층구조를 나타낸 것이다.

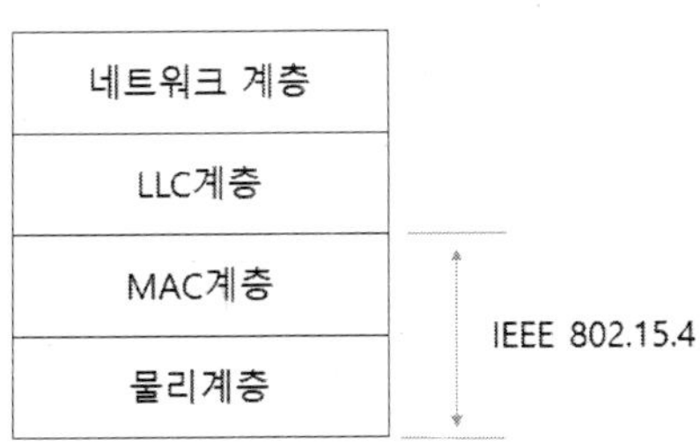

그림 14.12 IEEE 802.15.4 계층구조

IEEE 802.15.4에서는 물리 계층과 MAC 계층에 대한 표준을 제정하며 네트워크 계층 프로토콜은 산업체 표준이다.

03 | MAC 프레임의 형식

MAC 프레임의 형식은 다음 그림 14.13과 같이 프레임 제어 필드, 주소 정보 필드, 페이로드 필드, 오류 검출 코드(FCS) 필드로 구성된다.

2바이트	3바이트	0-20바이트	가변적	2바이트
프레임제어	순서번호	주소정보	페이로드	FCS

그림 14.13 MAC 프레임 형식

각 필드의 의미는 다음과 같다.

- **프레임 제어(frame control)** : 전송되는 프레임의 형태를 나타내며, 주소 필드 형식을 규정한다. MAC 프레임은 비컨(beacon) 프레임, 데이터 프레임, 확인 프레임, MAC 명령 프레임 등 4가지가 있다. 4가지의 MAC 프레임 중에서 데이터 프레임과 비컨 프레임은 상위 계층에 전달되고, 확인 프레임과 MAC 명령 프레임은 MAC 계층의 제어를 위해 사용된다.
- **주소 정보(address information)** : 프레임 제어 정보에 따라 주소 형식이 정해진다. 코디네이터로부터 할당받는 16비트 주소가 될 수도 있고, 64비트의 고정 주소를 사용할 수도 있다. 경우에 따라서는 다른 PAN과의 데이터 전송을 위한 16비트 크기의 PAN ID를 포함할 수 있다. 즉, 목적지 PAN ID(16비트), 목적지 주소(16비트 또는 64비트), 근원지 PAN ID(16비트), 근원지 주소(16비트 또는 64비트) 등으로 구성된다.
- **페이로드(payload)** : 가변적인 길이의 사용자 데이터 부분이다.
- **순서 번호(sequence number)** : 프레임의 순서 번호를 나타낸다. 흐름 제어와 오류 제어에 사용된다.
- **오류 검출 코드(frame check sequence)** : 프레임에 대한 오류 검출에 사용된다. CRC-16 방식을 이용한다.

프레임 제어 필드의 내부 형식은 다음 그림 14.14와 같다.

3비트	1비트	1비트	1비트	1비트	2비트	2비트	2비트	2비트
프레임 타입	보안 가능	프레임 펜딩	ACK 요구	인트라 PAN	예약	근원지주소모드	예약	목적지주소모드

그림 14.14 프레임 제어 필드의 형식

각 필드의 의미는 다음과 같다.

- 프레임 타입(frame type) : 3비트로 4가지 프레임 종류인 비컨 프레임, 데이터 프레임, 확인 프레임, MAC 명령 프레임 중에 하나로 정의된다.
- 보안 가능(security enabled) : 보안 기능을 사용할 것인지 알리는 필드이다.
- 프레임 펜딩(frame Pending) : 송신 노드가 수신 노드에게 전달할 프레임이 있음을 나타낸다.
- ACK 요구(ACK request) : 프레임 전달 후 ACK 요구에 대한 필드이다.
- 근원지와 목적지 주소 모드(source/destination addressing mode) : 3가지 종류가 있다. 첫 번째는 PAN 코디네이터로부터 주소를 받지 못해 주소가 없는 경우, 두 번째는 16비트 주소를 사용하는 경우, 세 번째는 64비트 주소를 사용하는 경우이다.

04 | 매체 접근 제어

매체 접근 제어(MAC) 방식은 무선 LAN에서 사용하는 CSMA/CA를 기반으로 한다. 무선 LAN의 AP 역할을 지그비에서는 코디네이터가 담당한다. 코디네이터에 의한 폴링을 이용하여 경쟁 없는 전송이 가능하다. 코디네이터가 없는 경우에는 CSMA/CA에 의한 경쟁 기반의 매체 접근 제어가 이루어진다.

05 | 물리 계층

물리 계층에서 사용하는 주파수는 2.4GHz 대역과 868/915MHz 등 2가지 대역을 이용한다. 전 세계적으로 허가 없이 사용할 수 있는 ISM 대역인 2.4GHz 주파수에서는 250Kbps 전송 속도의 16개의 채널을 이용하며, 미국에서는 915MHz에서 40Kbps 전송 속도의 10개의 채널을 이용한다. 그리고 유럽에서는 868MHz 주파수에서 20Kbps 전송 속도의 1개의 채널을 이용한다. 다중화 방식으로는 DSSS (Direct Sequence Spread Spectrum)을 이용하며, 2.4GHz에서는 OPSK(Octal PSK) 변조 방식을 사용한다.

14 연습문제

1. 국내에서 개발하여 무선 WAN 세계 표준으로 승인된 프로토콜은 다음 중 무엇인가?

① 블루투스　② WiFi　③ Wibro　④ ZigBee

2. 와이브로는 다음 중 어느 프로토콜의 한 종류로 IEEE에서 인정되었는가?

① 블루투스　② WiFi　③ WiMAX　④ ZigBee

3. 가까이 있는 센서로부터 무선으로 저속의 단순한 데이터를 수신하기에 적합한 프로토콜은 다음 중 무엇인가?

① 블루투스　② WiFi　③ WCDMA　④ ZigBee

4. 거실 내에서 오디오로부터 음악 데이터를 무선 스피커로 전송하려고 할 때 흔히 사용되는 프로토콜은 다음 중 무엇인가?

① 블루투스　② WiFi　③ WCDMA　④ ZigBee

5. 다음 중에서 블루투스 모듈에 포함되는 계층이 아닌 것은 무엇인가?

① 라디오 계층　② 베이스밴드 계층
③ 링크관리자 계층　④ L2CAP

6. 다음 중 WPAN 프로토콜인 것은 무엇인가?

① 블루투스　② WiFi　③ WCDMA　④ CSMA/CD

7. 블루투스에서 1개의 주국과 다수의 종국으로 이루어지는 네트워크를 무엇이라고 부르는가?

① 피코넷　② 스케터넷　③ 이더넷　④ 애드혹(ad-hoc)

8. 블루투스의 라디오 계층에서 다른 신호의 간섭을 피하기 위해 사용하는 다중화 방식은 무엇인가?

① FHSS　② DSSS　③ TDM　④ FDM

9. 다음 중 지그비(Zigbee) 기술의 특징이 아닌 것은 무엇인가?

① 저전력 ② 저비용 ③ 초단거리 통신 ④ 고속 통신

10. 다음 중에서 4세대 이동 통신망의 상징적인 기술은 무엇인가?

① LTE ② CDMA ③ 저전력 ④ 저비용

11. 다음 중에서 4세대 이동 통신망의 최대 전송 속도는 무엇인가?

① 1Mbps ② 10Mbps ③ 100Mbps ④ 1Gbps

12. 셀룰러 네트워크에서 이동 인터넷 기술이 시작된 것은 다음 중 무엇인가?

① 1세대 ② 2세대 ③ 3세대 ④ 4세대

13. 다음 중 5세대 이동 통신에서 사용하게 될 것으로 예상되는 주파수는 무엇인가?

① 1GHz ② 2.4GHz ③ 5GHz ④ 28GHz

14. 국내에서 개발된 와이브로 기술의 현황에 대해서 알아보자.

15. 4G 셀룰러 무선망과 WiFi 무선 LAN의 차이점이 무엇인지 설명하라.

16. 예상되는 5G 이동 통신의 특징에 대해서 알아보자.

17. 블루투스를 센서 네트워크 프로토콜로 사용될 경우 단점은 무엇인가?

M·E·M·O

Chapter 15

IP

Chapter 15

IP

오늘날 우리가 사용하고 있는 인터넷(Internet)의 근간이 되는 프로토콜을 흔히 TCP/IP라고 부른다. 이 호칭은 단지 **TCP(Transmission Control Protocol)**와 **IP(Internet Protocol)** 두 프로토콜을 지칭하는 것이 아니고, 인터넷 기능을 가능하게 하는 프로토콜 그룹을 통칭하는 것으로 그 중에 대표적인 프로토콜인 TCP와 IP의 이름을 내세운 것이다. 본 장에서는 인터넷을 위한 전체적인 프로토콜 구성과 자율 시스템, 그리고 가장 핵심이 되는 IP에 대해서 소개한다. 또한 관련 프로토콜인 ARP, ICMP, DHCP 등에 대하여도 다룬다.

15.1 인터넷 프로토콜 구조

TCP/IP 프로토콜이 사용자에게 제공하는 서비스는 네트워크 내에서 독립적으로 동작하는 두 프로세스 사이에 신뢰성 있는 메시지 전달이다. 두 프로세스는 네트워크 내에 포함된 임의의 두 호스트 상에서 실행되고 있다. 이를 그림으로 나타내면 다음 그림 15.1과 같다.

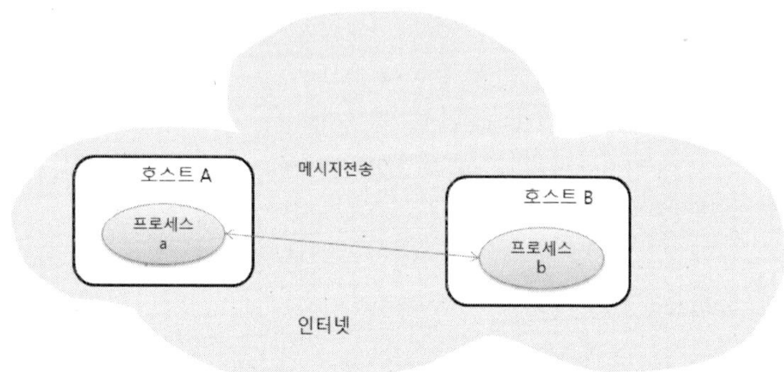

그림 15.1 프로세스 사이의 메시지 전송

그러므로 그림 15.1에서 TCP/IP를 이용하여 메시지를 서로 주고받는 두 호스트가 TCP/IP의 사용자이다. 그리고 TCP/IP가 이용하는 서비스는 인터넷을 구성하고 있는 각 서브 네트워크의 통신 기능이라고 볼 수 있다. 이러한 관점에서 TCP/IP 프로토콜 계층구조라고 하는 인터넷 프로토콜의 구조는 다음 그림 15.2와 같은 계층적인 구성을 갖는다.

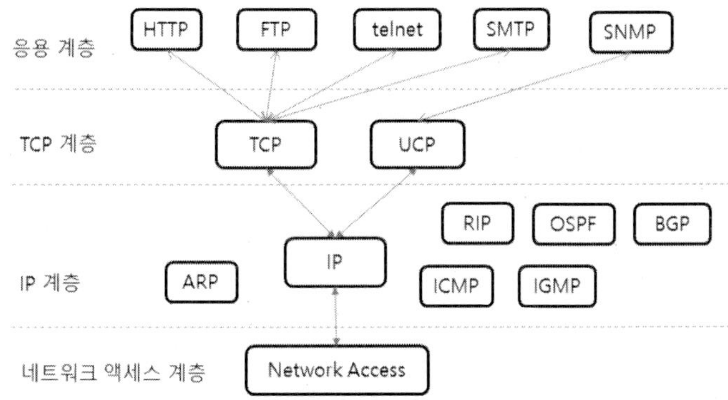

그림 15.2 인터넷 프로토콜 구조

TCP와 IP 계층을 중심으로 TCP 사용자 계층인 응용 계층이 있고, IP 계층이 이용하는 네트워크 기능을 제공하는 **네트워크 액세스**(network access) **계층**이 가장 아래에 위치한다. 네트워크 액세스 계층은 독립적으로 운영되는 네트워크의 기능을 담당하는 계층으로 OSI 7 계층구조에 비교해 보면 물리 계층과 데이터 링크 계층 그리고 네트워크 계층의 기능을 모두 포함하는 부분으로 이해할 수 있다. 인터넷이 구축되어 있는 망이 LAN일 경우에는 LAN 프로토콜 계층구조가 네트워크 액세스 계층에 대응되고, WAN일 경우에는 ATM이나 X.25와 같은 WAN 프로토콜이 네트워크 액세스 계층일 수 있다.

IP 계층에는 패킷 전달을 담당하는 IP 프로토콜 이외에 IP 프로토콜이 적절히 동작하도록 도와주는 관련 프로토콜들이 함께 존재한다. 호스트의 물리 주소와 IP 주소의 대응 관계를 알아내기 위해서 필요한 ARP(Address Resolution Protocol), IP 프로토콜이 정상적으로 목적지에 패킷을 전달할 수 없는 경우에 관련 정보를 송신자에게 알려주기 위해서 사용되는 ICMP(Internet Control Management Protocol), 그룹 통신을 지원하기 위한 그룹 멤버쉽 관리 프로토콜인 IGMP(Internet Group Management Protocol)가 있다. 그리고 IP의 목적지 주소를 고려하여 패킷을 전달해야 할 다음 라우터(next router)를 결정하기 위해서 경로배정 테이블(routing table)을 생성, 관리해야 한다. 이를 위해서 각 라우터는 경로배정 알고리즘(routing algorithm)을 이용하여 경로배정 테이블을 작성하거나 갱신해야 한다. 경로배정 알고리즘이 정상적으로 처리되기 위해서는 네트워크의 망 상태 정보를 모아야 하는데 이를 위해서 경로배정 프로토콜인 RIP(Routing Information Protocol), OSPF(Open Shortest Path First), BGP(Border Gateway Protocol) 등이 필요하다.

TCP 계층에는 연결지향 서비스(connection-oriented service)를 제공하는 TCP 프로토콜 이외에 비연결 서비스(connectionless service)를 제공하는 **UDP(User Datagram Protocol)**가 존재한다. 응용 프로토콜의 특성에 따라 큰 데이터를 신뢰성 있게 전달할 때에는 TCP를 사용하고, 신뢰성보다는 작은 메시지를 적은 비용으로 빠르게 전달할 때에는 UDP를 사용한다.

응용 계층 프로토콜은 TCP나 UDP 프로토콜을 이용하는 이용자 프로토콜들이 위치하는데, 새로운 응용 서비스가 생성될 때마다 이에 필요한 응용 프로토콜이 새롭게 포함될 수 있다.

15.2 자율 시스템과 경로배정

01 | 인터넷의 구성

인터넷의 구성은 다음 그림 15.3과 같이 다수의 네트워크 들이 모여서 더 큰 네트워크를 형성하는 구조로 이루어진다.

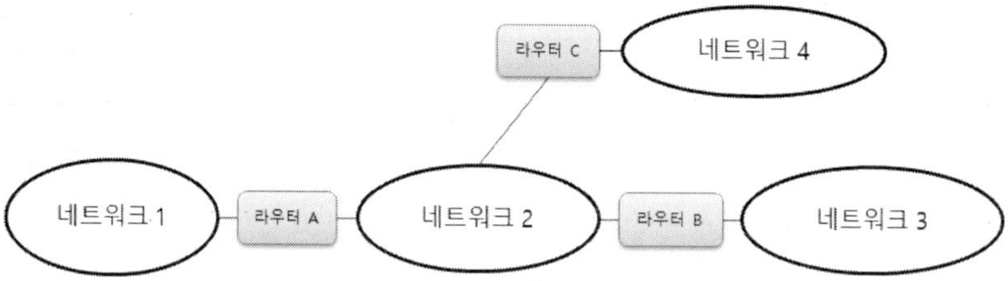

그림 15.3 인터넷 구성

그림 15.3은 단순히 4개의 네트워크를 포함하는 예를 나타내었지만, 실제 인터넷은 전 세계의 네트워크들을 연결하는 규모이기 때문에 무수히 많은 네트워크로 이루어진다. 이때 각 네트워크를 인터넷의 서브 네트워크(sub-network)라고도 생각할 수 있다. 그리고 서브 네트워크들을 연결하는 것이 라우터(게이트웨이)이다. 각 서브 네트워크 내에서의 메시지 전달은 각 서브 네트워크의 프로토콜을 이용하여 이루어지는데, 만약 메시지 전달이 서로 다른 서브 네트워크에 포함된 호스트 사이에서 발생할 때는 서브 네트워크의 프로토콜이 이 기능을 제공할 수 없다. 각 서브 네트워크는 서로 독립적으로 설치, 운영되고, 서로 다른 프로토콜을 사용하기 때문이다. 따라서 인터넷에서 패킷 전송을 위해서는 인터넷에 포함된 모든 서브 네트워크들이 공통으로 사용하는 인터네트워킹(internetworking)을 위한 네트워크 프로토콜이 요구된다. 이 기능을 담당하는 것이 IP 프로토콜이다.

그림 15.3의 네트워크 1, 2, 3, 4가 각각 이더넷, ATM, 이더넷, WiFi 프로토콜을 사용한다고 가정하자. 또한 이더넷 망의 한 호스트 a가 WiFi 네트워크의 한 호스트 b에게 패킷을 전달한다고 가정하자. 그러면 이 패킷은 이더넷을 거쳐서 라우터 1을 통과하여 다음 네트워크인 ATM을 통과하고 라우터 3을 거친 후, WiFi의 호스트 b에게 전달될 것이다. 그러면 이더넷에서는 이더넷 프로토콜을 사용하여 라우터 1까지 전달되고, 라우터1에서 라우터 3까지는 ATM 프로토콜을 이용하며, 마지막 라우터 3에서 호스트 b까지는 WiFi 프로토콜을 이용한다. 이때 라우터 1과 라우터 3에서 서로 다른 네트워크들 사이의 연결이 이루어지고 IP 프로토콜에 의하여 다음 가야할 라우터로 전달된다. 즉, 라우터들로 이루어진 네트워크 상에서 경로배정이 이루어진다. 다음 그림 15.4가 이 관계를 보여준다.

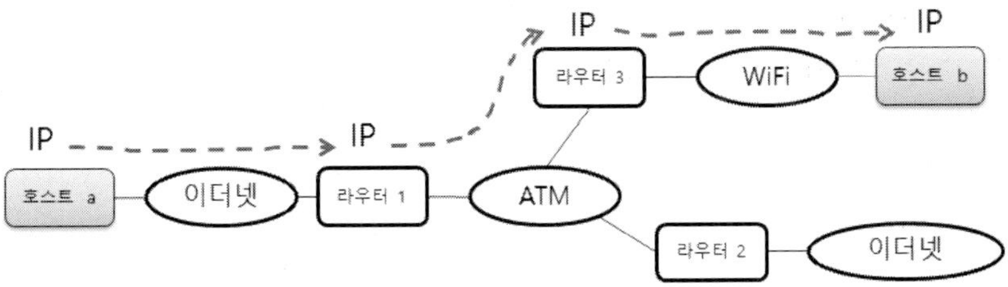

그림 15.4 인터넷에서 IP의 역할

그림 15.4에서 보는 바와 같이 IP 프로토콜은 근원지와 목적지, 그리고 경로의 중간에서 경로결정에 참여하는 라우터에서 동작함을 알 수 있다. IP 계층에서 경로배정을 고려할 때는 각 서브 네트워크 내의 경로는 고려 대상이 아니다. 그러므로 IP 계층이 경로배정을 할 때 라우터와 라우터 사이의 서브 네트워크는 한 링크로 단순화되며 근원지에서 라우터 또는 라우터에서 목적지로의 연결도 한 링크로 모델링될 수 있다. 결과적으로 다음 그림 15.5와 같은 모양으로 처리된다.

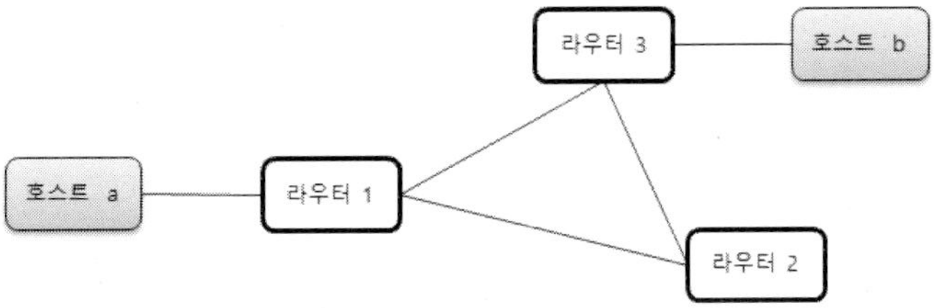

그림 15.5 IP 계층에서 고려하는 망 구조

02 | 자율 시스템

인터넷의 규모는 전 세계를 포함하는 것임으로 포함되는 네트워크의 개수는 너무 많고, 따라서 전체 인터넷을 하나의 네트워크로 생각해서 최선의 경로를 찾는다는 것은 현실적으로 불가능하다. 따라서 전체 인터넷을 경로배정이 가능한 다수의 네트워크의 집합들로 나누어 생각할 수 있다. 경로배정이 가능한 네트워크의 집합을 **자율 시스템**(Autonomous System : AS)이라 한다.

자율 시스템은 동일한 경로배정 프로토콜을 이용하는 라우터들의 집합으로 정의할 수 있다. 즉, 경로배정을 위해서 라우터들 사이에 경로배정 정보를 서로 교환하는데, 동일한 프로토콜을 사용해야만 하기 때문이다. 그리고 그 규모가 경로배정 알고리즘을 처리하기에 적절한 규모이어야 한다. 이때 자율 시스템 내부의 라우터들이 사용하는 경로배정 프로토콜을 **내부 라우터 프로토콜**(Interior Gateway Protocol)이라 한다. 그리고 자율 시스템들 사이에 경로배정 정보를 서로 교환할 때 사용하는 프로토콜을 **외부 라우터 프로토콜**(Exterior Gateway Protocol)이라 한다. 이러한 인터넷 구조를 그림으로 나타내면 다음 그림 15.6과 같다.

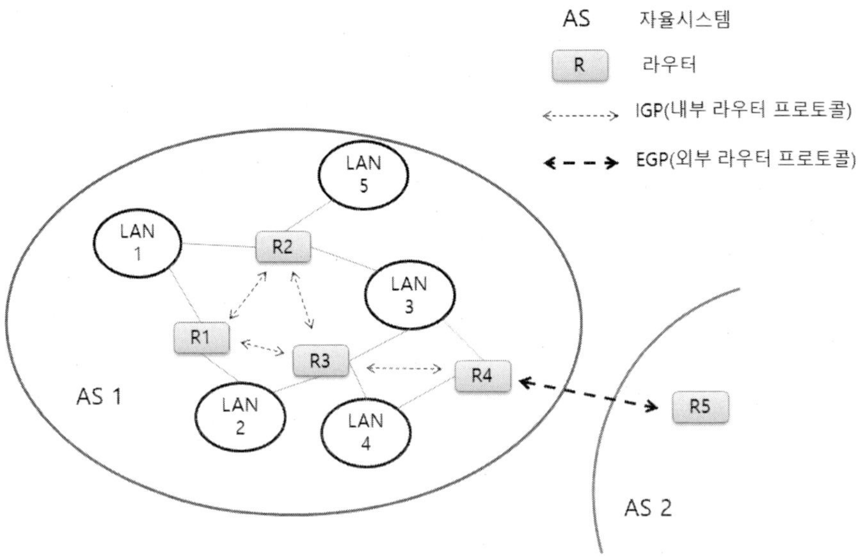

그림 15.6 자율 시스템

내부 라우터 프로토콜(IGP)는 한 자율 시스템 내에서 라우터들 사이의 최단 경로를 찾기 위한 경로배정 프로토콜이다. 외부 라우터 프로토콜(EGP)은 자율 시스템들 사이에서 각 자율 시스템이 가지고 있는 자신의 최단 경로 정보를 퍼트리기 위해서 사용하는 경로배정 프로토콜이다. 내부 라우터 프로토콜로는 RIP, OSPF 등이 많이 사용되며, 외부 라우터 프로토콜로는 BGP가 주로 사용되고 있다.

하나의 자율 시스템은 여러 개의 네트워크로 이루어지지만, 전 세계를 대상으로 한 인터넷 관점에서는 작은 하나의 네트워크 집합일 뿐이다. 일반적으로 ISP(Internet Service Provider)가 서비스하는 한 네트워크는 하나의 자율 시스템이다. 이러한 ISP의 자율 시스템이 모여서 높은 계층의 자율 시스템에게 연결된다. 즉 자율 시스템들도 계층구조를 이루면서 구성된다. 각 자율 시스템들은 자신 내부의 경로배정 정보만을 관리하며, 외부의 경로배정 정보는 보다 높은 계층의 자율 시스템에 의존하게 된다. 우리나라에서는 한국전산원의 인터넷 교환기(Internet eXchange)에 비영리기관의 자율 시스템들이 접속되며, 나머지 영리기관 자율 시스템은 한국통신, 데이콤 등의 인터넷 교환기에 연결되어 사용된다. 대형 ISP들로 이루어지는 최상위 계층의 자율 시스템들은 인터넷 백본망으로 연결된다.

자율 시스템은 16비트의 AS 번호로 정해지고, 공중(public) AS 번호는 전 세계적으로 유일한 식별자로 사용된다. 사설(private) AS 번호는 공중 AS 들과 연결되어 사용되지 않고, ISP 내부적으로만 사용되는 AS를 식별할 때 사용한다.

03 | 경로배정

라우터가 패킷을 수신하면 패킷의 목적지 IP 주소를 고려하여 패킷이 전달되어야 할 다음 라우터(next hop)를 찾는다. 이때 사용하는 것이 경로배정 테이블(routing table)이다. 단순한 경로배정 테이블의 형태는 다음 표와 같다.

표 15.1 경로배정 테이블

목적지 망 주소	다음 라우터	인터페이스
202.31.233.0	204.16.33.9	e1
...	...	...

위의 표에서 목적지의 주소에 서브넷 마스킹(subnet masking)을 하면 목적지 망 주소를 얻는다. 그 목적지 망 주소에 도달하기 위해서 다음에 방문해야 할 라우터가 테이블에 나타나 있다. 다음 라우터로 전달하기 위해서 사용하는 라우터의 인터페이스도 함께 테이블에 나타나 있다. 경로배정 테이블의 상세한 모습은 라우터 시스템마다 조금씩 다르다.

앞에서 살펴본 경로배정 테이블의 정보는 네트워크의 상태가 변함에 따라 계속적으로 갱신되어야 한다. 이를 위해서 라우터는 경로배정 프로토콜로부터 얻은 정보들을 이용하여 경로배정 알고리즘을 처리한다. 많이 사용되는 경로배정 알고리즘은 벨만포드(Bellman-Ford) 알고리즘에 기반을 둔 **거리 벡터**(distance vector) **경로배정 알고리즘**과 다익스트라(Dijkstra) 알고리즘을 이용하는 **링크 상태**(link state) **경로배정 알고리즘**이 있다.

1) 거리 벡터 경로배정 알고리즘

이 방식은 라우터가 주기적으로 이웃한 라우터들과 각자의 거리 벡터 정보를 서로 교환한다. 여기서 말하는 거리 벡터는 자율 시스템 내에 존재하는 다른 네트워크까지의 거리 값들로 이루어진 정보를 의미한다. 예를 들어서 다음 그림 15.7과 같은 자율 시스템이 있다고 가정하자.

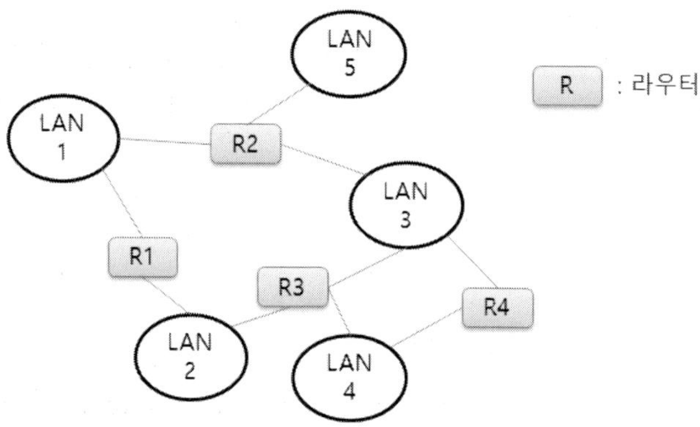

그림 15.7 자율 시스템의 예

자율 시스템에서 라우터 R1을 기준으로 해서, 각 네트워크 LAN1, LAN2, LAN3, LAN4, LAN5까지의 거리정보를 홉(hop) 수로 생각해보면 다음과 같다.

LAN1과 LAN2는 R1에 직접 연결된 네트워크이기 때문에 1 홉으로 도달할 수 있다. 그리고 LAN3, LAN4, LAN5는 라우터 R2, R3를 한번 거쳐서 연결되어 있으므로 2 홉의 거리를 두고 있음을 알 수 있다. 이와 같은 거리 정보를 벡터 형태로 나타내면, 거리 벡터는 [1, 1, 2, 2, 2]가 된다.

예제 15.1 그림 15.7의 자율 시스템에서 라우터 R2를 기준으로 거리 벡터를 구하여라. 거리는 홉(hop) 수를 이용한다.

풀이 라우터 R2에 바로 연결된 네트워크는 LAN1, LAN3, LAN5 이므로 이들까지의 거리는 1 홉이다. 그리고 LAN2, LAN4는 라우터 R1, R3, R4 등을 거쳐서 연결되므로 거리는 2 홉이 된다. 따라서 LAN1, LAN2, LAN3, LAN4, LAN5에 대한 거리 값을 벡터 형태로 나타내면 [1, 2, 1, 2, 1]이다.

초기에는 교환된 경로배정 정보가 없기 때문에 각 라우터는 네트워크에 대한 거리벡터 정보가 없다. 그러나 자율 시스템이 운영되기 시작하면 각 라우터는 자신과 직접 연결된 네트워크를 알기 때문에 이 정보를 이웃 라우터와 교환하여 점차적으로 거리 벡터 값을 갱신하게 된다. 예를 들어서 앞의 그림 15.7의 망을 대상으로 생각해보자. 우선 R1은 초기에 알 수 있는 경로배정 정보는 자신과 바로 연결된 네트워크가 LAN1, LAN2 임을 알 수 있다. 따라서 이를 거리 벡터로 나타내면 [1, 1, -, -, -]이다. 이 정보를 이웃한 라우터인 R2와 R3에게 전달한다. R2는 초기에는 자신과 바로 연결된 네트워크가 LAN1, LAN3, LAN5 임을 알기 때문에 거리 벡터는 [1, -, 1, -, 1]이다. 이제 R1로부터 전달된 거리 벡터 [1, 1, -, -, -]을 수신하면, 자신이 몰랐던 LAN2까지의 거리를 R1을 거치면 2홉(R2-R1-LAN2 이므로)으로 도달할 수 있다는 사실을 알게 된다. 이에 따라 거리 벡터는 [1, 2, 1, -, 1]로 갱신된다. 이와 같은 방법으로 모든 라우터는 주기적으로 거리 벡터 값을 주고받으면서 이를 갱신한다. 시간이 흐름에 따라 자율 시스템 내의 모든 라우터의 거리 벡터 값은 최소 거리 벡터 값으로 점점 수렴하게 될 것이다.

거리 벡터가 갱신되는데 사용되는 거리 계산 방식은 다음과 같다.

$$D_{ij}(t) = \min_k (d_{ik} + D_{kj}(t-1))$$

이 식에서 $D_{ij}(t)$는 t 시간에 새로 계산되는 i에서 j로의 거리 값을 나타내며 $D_{kj}(t-1)$는 이전에 알고 있던 k에서 j까지의 거리 값이다. 그리고 d_{ik}는 i에서 k로의 인접한 라우터 사이의 거리이다.

예를 들어서 R1에서 LAN5로 가는 최단 거리를 찾는다고 가정하자. 라우터2는 LAN5가 자신과 직접 연결되어 있음을 알고 있다. 따라서 라우터2는 LAN5까지의 거리가 1홉임을 안다. 이 정보를 이웃 라우터인 R1에게 알린다. 그러면 R1에서는 LAN5까지의 경로 R1-R2-LAN5의 거리가 $D_{15}(t) = d_{12} + D_{25}(t-1) = 1 + 1 = 2$ 임을 알게 된다. 또 다른 R1-R3-R2-LAN5 경로로의 거리도 구할 수 있다. 이 경로 값은 R2가 R3에게 LAN5까지의 거리가 1홉임을 알린다. 그러면 R3은 LAN5까지의 거리가 2임을 알게 되고, 이를 다시 R1에게 알린다. R1은 $D_{15}(t) = d_{13} + D_{35}(t-1) = 1 + 2 = 3$ 임을 알게 된다. 이 두 경로 중에서 거리 값이 작은 R1-R2-LAN5 경로가 선택된다.

예제 15.2 라우터 R1은 이웃 라우터 R2와 R3로부터 LAN1, LAN2, LAN3, LAN4, LAN5에 대한 거리 벡터로 각각 [-, 1, -. 1, 2], [-, -, 1, 1, 1]을 받았다. 이를 참조하여 갱신되는 R1의 거리 벡터는 무엇인가? 단, R1은 LAN1, LAN2, LAN3에 직접 연결되어 있다.

풀이 LAN1, LAN2, LAN3은 직접 연결되어 있으므로 최단 거리가 1홉이다. LAN4까지의 거리는 R2가 알려준 거리 D_{24} = 1에 d_{12} = 1을 더하면 경로 R1-R2-LAN4의 거리 D_{14} = 2가 된다. 또 R3이 알려준 거리 D_{34} = 1에 d_{13} = 1을 더하면 경로 R1-R3-LAN4의 거리 D_{14} = 2가 된다. 두 경로는 모두 같은 거리 값을 가지므로 아무거나 선택해도 무방하다. 동일한 방법으로 LAN5까지의 거리는 R2가 알려준 거리 값 2보다는 R3이 알려준 거리 값 1이 더 작기 때문에 최종 선택은 R1-R3-LAN5 경로가 선택되고 최단 거리는 2가 된다. 따라서 R2의 거리 백터는 [1, 1, 1, 2, 2]이다.

■ RIP

거리 벡터 경로배정 알고리즘을 위해서 사용되는 경로배정 프로토콜로는 **RIP(Routing Information Protocol)**이 있다. 이 프로토콜은 초기에 많이 사용되었으나 자율 시스템의 규모가 커짐에 따라 점차 OSPF로 대체되었다. 라우터간 거리의 척도로 홉(hop) 수를 이용하며, 이웃 라우터 사이의 정보교환은 30초 주기로 이루어진다. 그렇기 때문에 네트워크의 변화가 자율 시스템 전체에 알려지기 까지 상당한 시간이 필요하다. 예를 들어 거리 벡터의 변화가 라우터 10개를 거쳐서 알려진다면 평균적으로 150 초가 소요된다.

2) 링크 상태 경로배정 알고리즘

링크 상태 경로배정 알고리즘은 각 라우터가 자신과 직접 연결된 링크의 상태 값(예 : 지연(delay))을 자율 시스템에 포함된 모든 라우터에게 방송한다. 그러면 모든 라우터는 수신되는 방송 메시지를 통해서 현재 자율 시스템의 물리적인 연결 정보(망 토폴로지)와 각 링크의 상태 값을 알게 된다. 각 라우터는 이 정보를 바탕으로 자신을 근원지로 정하고 다익스트라(Dijkstra) 알고리즘을 이용하여 자율 시스템 내에 존재하는 모든 서브 네트워크로의 최단 경로를 얻는다. 얻어진 최단 경로를 기반으로 경로배정 테이블을 완성한다. 다음 그림 15.8은 자율 시스템 내에서 각 라우터의 지연 정보를 고려한 링크 상태의 예를 보여준다.

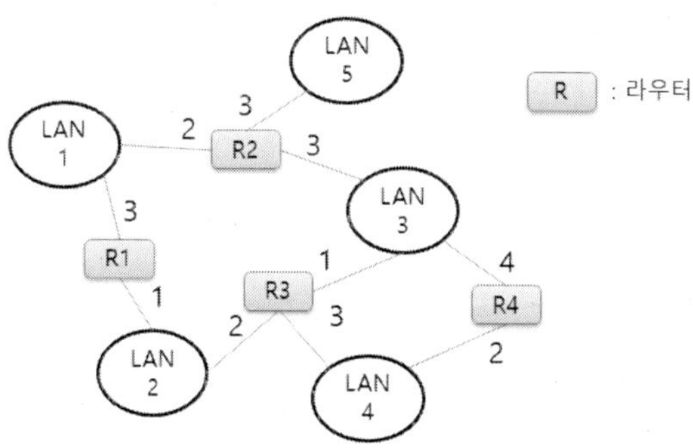

그림 15.8 링크 상태를 고려한 자율 시스템 예

라우터 R1을 기준으로 LAN1과의 연결에 명기된 3은 R1에서 LAN1로 나갈 때 발생하는 지연 값이며, R1에서 LAN2로 나갈 때의 지연 값은 1임을 나타낸 것이다. 한 라우터를 통과할 때마다 나가는 쪽에 명기된 지연 값만큼의 비용이 고려되어야 한다. R1에서 LAN2를 거쳐서 R3를 통과한 후 LAN3에 전달된다고 하면 총 비용은 R1에서 나갈 때 1과 R3에서 나갈 때 1로 총 2가 된다. 이 예에서 링크 상태 경로배정 알고리즘에 의하여 최소 비용 경로를 찾는 과정을 살펴보자.

[단계1] 우선 루트 노드로 R1을 정한다. 초기에 알고리즘이 관리하는 T 집합에는 루트 노드인 R1 밖에는 원소가 없다. 그리고 나머지 네트워크 중에서 T 집합에 이웃한 네트워크까지의 비용을 계산한다. 이웃하지 않은 네트워크는 고려 대상이 아니다. 앞의 예에서 라우터 R1로부터 직접 연결된 네트워크는 비용이 3인 LAN1과 비용이 1인 LAN2가 있다.

[단계2] T 집합에 포함된 네트워크로부터 가장 가까운 네트워크를 T 집합에 포함시킨다. T 집합에 포함될 때 고려된 네트워크까지의 경로가 최단 경로가 되고, 그 때의 비용(지연)이 최소 비용이 된다. T 집합에 모든 네트워크가 다 포함되면 알고리즘은 종료된다. 만약 그렇지 않으면 단계3으로 간다. 이 예에서는 LAN2는 LAN1보다 비용이 적기 때문에 선택된다. 따라서 LAN2로의 최단 경로는 R1-LAN2로 총 비용은 1이 된다.

[단계3] 변경된 집합 T로부터 나머지 네트워크까지의 경로 비용을 새로 갱신한다. 그 다음 단계2로 간다. 앞의 예에서는 새로 추가된 LAN2에 의하여 이웃한 네트워크인 LAN3과 LAN4까지의 경로 비용을 계산할 수 있다. LAN3은 LAN2로부터 R3을 거쳐서 도달할 수 있는데, R3을 통과하면서 비용 1이 추가된다. LAN4는 마찬가지로 LAN2에서 R3을 거쳐서 도달할 수 있고, R3을 통과하면서 비용이 3추가된다. 결과적으로 집합 T로부터 도달할 수 있는 네트워크는 R1-LAN1(비용 3), R1-LAN2-R3-LAN3(비용 2), R1-LAN2-R3-LAN4(비용 4) 등 3가지이다. 이 후엔 다시 단계2로 간다.

앞의 단계 1, 2, 3을 그림으로 나타내면 다음 그림 15.9 a), b), c)와 같다. 이 후에 단계 2와 3을 반복하면서 T 집합에 네트워크를 하나씩 추가되어는 과정을 그림 15.9에 모두 나타내었다. c)에서 LAN3가 T 집합에 추가되면서 최단 경로는 R1-LAN2-R3-LAN3이 되고 총 비용은 2가 된다. d)에서는 LAN1이 추가되고 최단 경로는 R1-LAN1이고 최소 비용은 3이다.

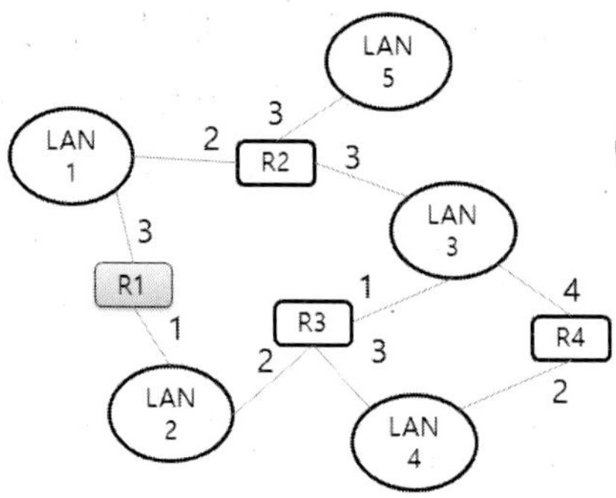

a) T = { R1 }

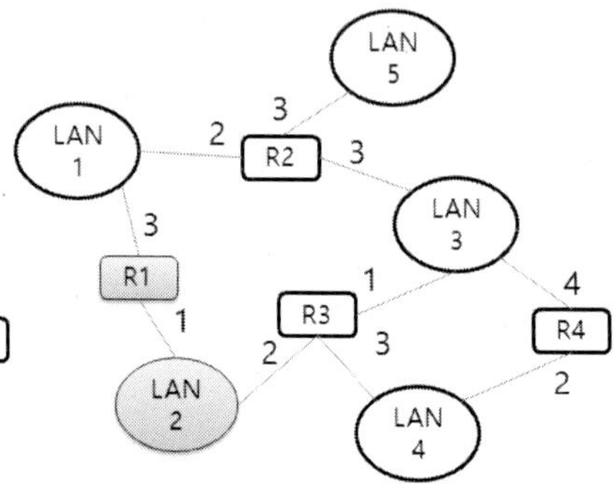

b) T = { R1, LAN2 }

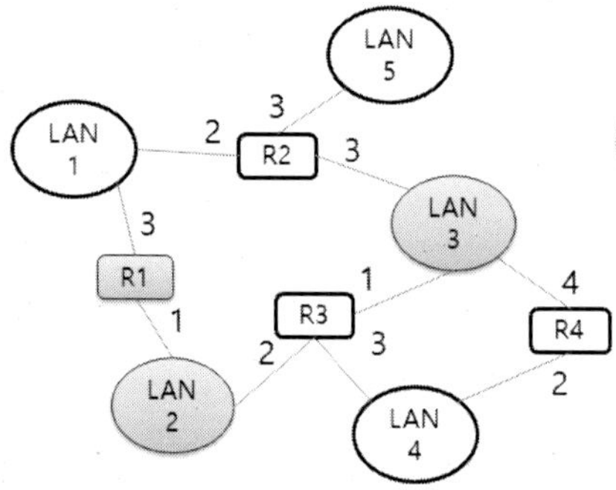

c) T = { R1, LAN2, LAN3 }

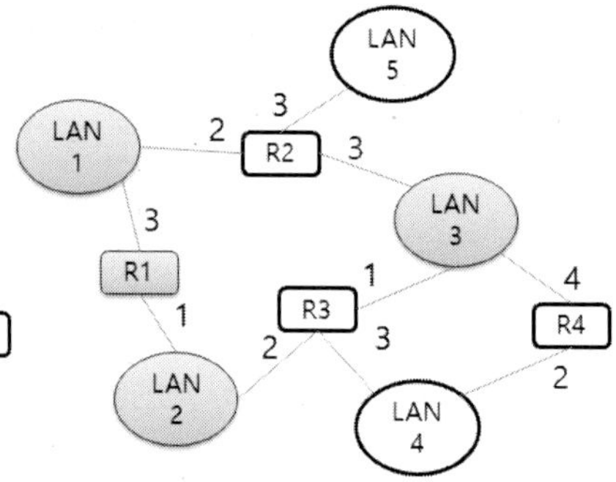

d) T = { R1, LAN1, LAN2, LAN3 }

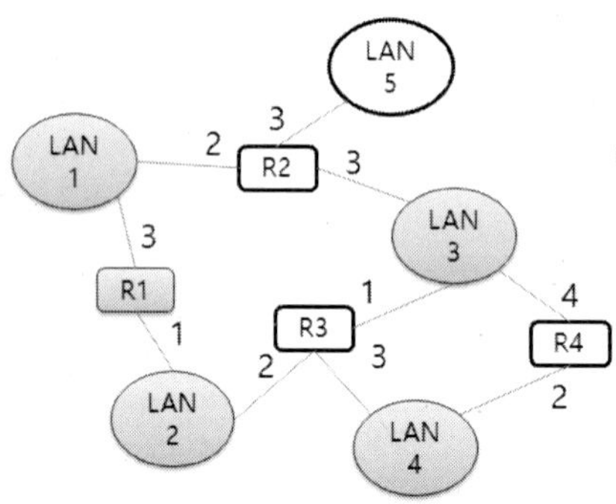

e) T = { R1,LAN1, LAN2, LAN3, LAN4 }

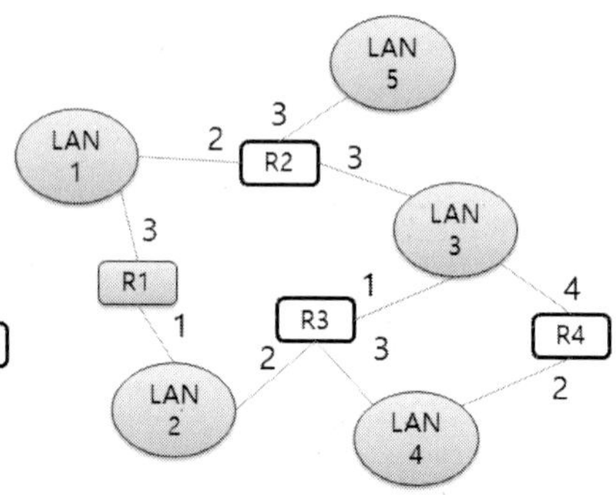

f) T = { R1, LAN1, LAN2, LAN3, LAN4, LAN5 }

그림 15.9 링크 상태 라우팅 알고리즘의 처리 예

그림 15.9 e)에서 LAN4가 T 집합에 추가되고 최단 경로는 R1-LAN2-R3-LAN4, 최소 비용은 4가 된다. 마지막으로 15.9 f)에서 LAN5가 추가되고 최단 경로는 R1-LAN2-R3-LAN3-R2-LAN5이고

최소 비용은 5가 된다. 이로써 모든 네트워크가 T 집합에 포함되고 알고리즘은 종료된다.

예제 15.3 다음과 같은 자율 시스템에서 R1을 근원지로 했을 때 링크 상태 경로배정 알고리즘을 이용하여 각 네트워크까지의 최단 경로와 최소 비용을 구하라.

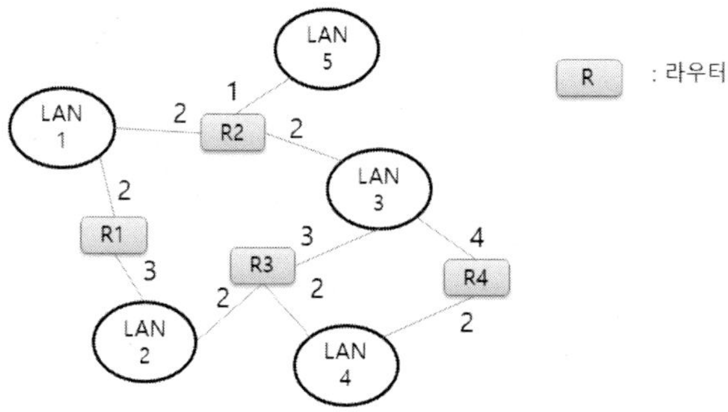

그림 15.10 예제 15.3 자율 시스템

풀이

LAN1 : 최단 경로 R1-LAN1 최소 비용 2
LAN2 : 최단 경로 R1-LAN2 최소 비용 3
LAN3 : 최단 경로 R1-LAN1-R2-LAN3 최소 비용 4
LAN4 : 최단 경로 R1-LAN2-R3-LAN4 최소 비용 5
LAN5 : 최단 경로 R1-LAN1-R2-LAN5 최소 비용 3

■ OSPF

링크 상태 경로배정 알고리즘을 위해서 사용하는 대표적인 내부 라우터 프로토콜로는 **OSPF(Open Shortest Path First)**가 있다. OSPF는 가장 많이 사용되는 내부 라우터 프로토콜이다. OSPF에서는 링크 상에서의 지연 값을 링크 비용으로 이용한다. 각 라우터는 자신이 수집한 링크 상태 정보를 자율 시스템 내의 모든 라우터에게 알리는데, 이 정보를 **LSA(Link State Advertisements)**라 한다. 또 각 라우터에서 수집된 전체 자율 시스템의 정보를 **LSDB(Link state Database)**라 한다. 이때 모든 라우터에 정보를 알리기 위해서 플러딩(flooding) 방식을 이용한다.

OSPF는 이웃 라우터와 이웃 관계를 맺기 위해서 **Hello** 패킷을 이용하고 이웃 관계를 유지하기 위해서 주기적으로 Hello 패킷을 전달한다. 이웃 관계가 설정된 뒤에는 **Database Description** 패킷을 교환하여 경로배정 정보에 대하여 동기화를 이룬다. 이웃 라우터에게 경로배정 정보를 요청할 때에는 **Link State Request** 패킷을 이용하며, LSA를 전달할 때에는 **Link State Update** 패킷을 이용한다. Link State Update 패킷을 이용해서 30분 간격으로 주기적으로 LSA를 플러딩하며, 변경 사항이 있을 때 이를 즉시 알리기도 한다. 끝으로 수신에 대한 확인을 위해서 **Link State Acknowledge** 패킷을 사용한다. 표 15.2는 OSPF 메시지를 정리한 것이다.

표 15.2 OSPF 메시지

메시지	기능
Hello	라우터 사이에 이웃 관계를 맺고 유지하기 위한 메시지
Database Description	링크 상태 정보 동기화를 위한 메시지
Link State Request	링크 상태 정보 요구를 위한 메시지
Link State Update	링크 상태 정보를 전달하기 위한 메시지
Link State Acknowledge	수신 응답을 위한 메시지

3) BGP

RIP, OSPF 등의 내부 라우터 프로토콜과 관련 경로배정 알고리즘에 의하여 자율 시스템 내의 최단 경로배정이 가능함을 알아보았다. 그러나 자율 시스템 내의 경로배정만으로 수많은 자율 시스템으로 이루어진 인터넷 경로배정이 가능한 것은 아니다. 각 자율 시스템의 경로배정 정보를 인터넷에 존재하는 다른 자율 시스템들과 서로 공유함으로써 비로소 인터넷에서의 경로배정이 가능해진다.

BGP(Border Gateway Protocol)는 자율 시스템 사이에 경로배정 정보를 교환하기 위해서 사용하는 **외부 라우터 프로토콜**(Exterior Gateway Protocol)이다. 자율 시스템 내에서 경로배정을 위해서 사용되는 내부 라우터 프로토콜은 최단 경로를 찾기 위해 사용되지만, 외부 라우터 프로토콜은 목적지 네트워크의 도달 가능 유무에 관심을 둔다. 인터넷의 규모가 너무 커서 수많은 자율 시스템으로 구성되는 네트워크에서 최단 경로를 찾는다는 것이 어렵기 때문이다. BGP에서는 **경로벡터 경로배정**(path vector routing)을 이용하는데, 라우터 사이에 도달 가능한 네트워크 정보를 서로 교환한다.

BGP를 사용하는 라우터들은 우선 **Open** 메시지를 주고받음으로써 이웃 관계를 맺는다. 이웃 관계가 성립된 라우터들은 서로 **Update** 메시지를 통해서 경로배정 정보를 주고받는데, 경로배정 정보에 변화가 있을 때만 Update 메시지를 전달한다. 전달된 경로배정 정보에 의해서 자신의 경로배정 테이블을 갱신할 것인지는 더 좋은 경로를 찾았거나 새로운 경로 정보의 유무가 결정한다. 만약 경로배정 테이블 갱신이 이루어졌다면 갱신된 정보는 이웃 관계의 라우터에게 전달된다. 갱신이 필요하지 않을 경우에는 수신된 Update의 경로배정 정보는 폐기된다. 계속적인 이웃 관계를 유지하기 위해서

Keepalive 메시지를 교환하며, 오류가 발생하면 **Notification** 메시지를 보내서 알린다. 다음 표 15.3은 이상의 BGP 메시지를 정리한 것이다.

표 15.3 BGP 메시지

메시지	기능
Open	라우터 사이에 이웃 관계를 맺기 위한 메시지
Keepalive	이웃 관계를 유지하기 위한 메시지
Update	경로배정 정보 전달을 위한 메시지
Notification	비정상 상황을 알리기 위한 메시지

BGP 라우터는 다른 AS에 속한 BGP 라우터로부터 경로배정 정보를 수신하면, 새로운 목적지 네트워크에 대한 정보인 경우 자신의 경로배정 테이블에 등록하고, 새로운 경로 정보를 다른 이웃 BGP 라우터에게 방송한다. 방송을 수신한 이웃 BGP 라우터도 필요하면 자신의 경로배정 테이블을 갱신하고 이웃 BGP 라우터에게 방송한다. 다음 그림 15.11은 이와 같은 과정이 연쇄적으로 이루어지는 것을 보여준다.

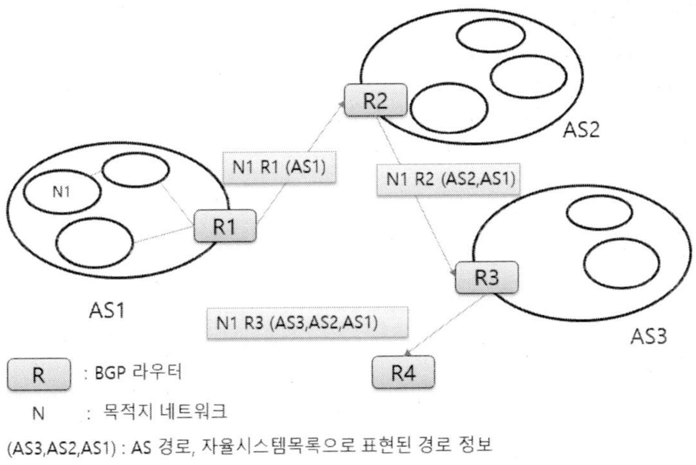

그림 15.11 BGP 경로배정 정보 전달의 예

BGP 경로배정 테이블은 목적지 네트워크에 대한 다음 라우터와 경로 정보로 이루어진다. 경로 정보란 거쳐 가야할 자율 시스템 목록으로 나타난다. 다음 표 15.4가 BGP 경로배정 테이블의 형태를 보여준다.

표 15.4 BGP 경로배정 테이블

목적지 네트워크	다음 라우터	경로
N1	R1	AS11, AS14, AS22
N2	R13	AS60, AS23, AS08, AS51
N3	R34	AS41, AS36, AS18, AS72, AS21

동일한 목적지 네트워크에 대한 경로배정 정보를 두 라우터로부터 받게 되면, 수신된 두 경로배정 정보 중에서 더 유리한 경로배정 정보를 이용하여 경로배정 테이블을 갱신한다. 어떤 경로가 더 좋은 것인가는 라우터의 경로배정 정책에 의해서 결정된다.

예제 15.4 AS3에 포함된 R4 라우터가 목적지 네트워크 N11에 대한 경로 정보(AS12, AS20, AS31)를 R12로부터 수신하였다. 표 15.4 경로배정 테이블에 N11에 대한 경로배정 정보를 등록하라. 또 이 정보를 AS44에 있는 이웃 관계 라우터 R21에게 전달한다고 가정할 때 전달되는 경로 정보는 무엇인가?

풀이

목적지 네트워크	다음 라우터	경로
N1	R1	AS11, AS14, AS22
N2	R13	AS60, AS23, AS08, AS51
N3	R34	AS41, AS36, AS18, AS72, AS21
N11	R12	AS12, AS20, AS31

AS3에 있는 R4를 통해서 목적지 네트워크 N11로 도달할 수 있다는 의미에서 N11, R4, (AS3, AS12, AS20, AS31) 경로 정보를 R21에게 Update 메시지를 이용하여 전달한다.

15.3 IPv4

인터넷에서 패킷 전달을 담당하는 네트워크 프로토콜은 IP(Internet Protocol)이다. 본 절에서는 주로 사용되고 있는 버전4 IP(IPv4)에 대해서 다룬다. 흔히 IP라고 하면 버전4 IP를 의미한다. 다음 절에서 비연결 서비스를 하는 IPv4의 다음 버전인 IPv6에 대해서 다루도록 한다.

01 | IP 서비스

IP는 목적지 호스트까지 데이터그램 방식으로 패킷을 전달한다. 데이터그램 방식은 비연결 서비스이므로 각 패킷들은 서로 다른 경로를 통해서 목적지에 도착할 수 있고, 결과적으로 수신 패킷의 순서는 송신 패킷 순서와 다를 수 있다.

IP는 전송되는 데이터그램의 사용자 데이터에 대하여 오류 제어를 제공하지 않는다. 헤더 부분에 대해서는 1의 보수합 방식으로 오류 검출을 수행한다. 만약 오류가 발생하면 그 패킷은 폐기되고, 오류 수정에 대한 처리는 하지 않는다. 따라서 송신자는 패킷이 폐기되어도 이를 알 수 없다. IP 사용자가 신뢰성 있는 데이터 전송을 위해서는 자신이 신뢰성 문제를 직접 해결해야 한다. IP를 이용하는 전송 계층 프로토콜인 TCP는 신뢰성을 확보하기 위해서 스스로가 오류 제어와 흐름 제어를 처리한다. 그러므로 만약 신뢰성 있는 데이터 전송 서비스를 이용하고 싶다면 TCP 기능을 이용해야 한다.

IP는 통신 서비스의 품질(Quality of Service)을 보장하지 않는다. 데이터의 전송률이나 지연, 오류율 등에 대한 최소한의 품질 보장을 하지 않고, 네트워크의 상황에 따라 가능한 서비스를 제공하는 **최선의 노력**(Best Effort) 서비스를 한다.

02 | IP 데이터그램 형식

IP 데이터그램은 헤더 부분과 사용자 데이터 부분으로 구성되는데 헤더 부분은 기본 20바이트 크기에 옵션(Option) 부분이 더해질 수 있고, 최대 60바이트까지 확장 가능하다. 다음 그림 15.12는 IP 데이터그램의 헤더 형식을 나타낸 것이다.

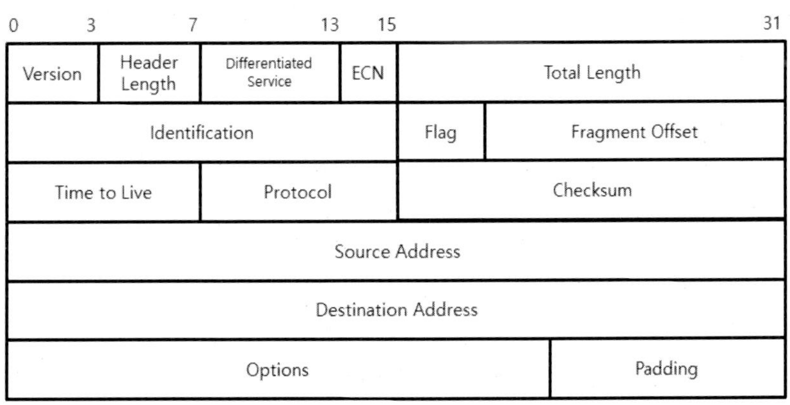

그림 15.12 IP 데이터그램의 헤더 형식

헤더의 각 필드에 대한 설명은 다음과 같다.

- 버전(Version) : IP 프로토콜의 버전을 나타낸다. 흔히 사용되는 것으로는 4, 6 등이 있다.
- 헤더 길이(Header Length) : 헤더의 전체길이를 나타낸다. 32비트의 정수배의 값으로 표현한다. 길이는 최소 5(20바이트)에서 15(60바이트)이다.
- 차등 서비스(Differentiated Service) : 6비트 길이의 필드로 트래픽의 서비스 등급을 나타낸다. 같은 서비스 등급에 대해서 라우터는 동일한 트래픽 처리를 하게 된다.
- ECN(Explicit Congestion Notification) : 2비트 필드로 혼잡 제어를 위해서 사용된다. 00이면 혼잡 제어를 하지 않음을 나타낸다. 01이나 10은 사용자인 TCP가 혼잡 제어를 지원함을 나타낸다. 11이면 라우터가 혼잡이 발생했음을 나타낸다. 혼잡 제어는 TCP가 하기 때문에 라우터는 단지 혼잡이 발생했음을 표시하여 수신측 TCP에게 알리는 역할을 한다.
- 전체 길이(Total Length) : 데이터그램의 전체 길이를 바이트 단위로 나타낸다. 필드는 16비트이므로 최대 65535를 가질 수 있지만, 실제로는 데이터 링크에서 전송하는 크기에 의하여 제한된다. 보통 이더넷에서는 프레임의 크기가 최대 1500바이트까지 전송 가능하다.
- 식별자(Identification) : 패킷을 구별하기 위한 번호로 16비트 길이다. 송신 측에서 패킷을 전송할 때 정해진다. 일련의 순서 번호처럼 패킷들에게 차례로 부여된다.
- 플래그(Flag) : 플래그 필드는 3비트인데, 첫 번째 비트는 사용되지 않으며 두 번째 비트는 DF(Don't Fragment) 플래그이고 세 번째 비트는 MF(More Fragment) 플래그로 사용된다. 이 플래그들은 패킷이 더 작은 패킷으로 전달 되어야하는 네트워크를 통과할 때 요구되는 패킷 분할과 재조립(Fragmentation and Reassembly)에 사용된다.
- 분할 옵셋(Fragmentation Offset) : 패킷이 분할될 때 원 패킷에서 차지하는 부분의 위치를 나타내는 값을 분할 옵셋이라 한다. 13비트 필드이다.
- 수명(Time to Live) : 패킷이 네트워크에 존재할 수 있는 수명을 나타낸다. 이 값이 필요한 이유는 패킷이 목적지를 찾지 못하고 네트워크 내에서 떠돌아다니면 트래픽만 증가하고 네트워크 자원을 소모하게 되므로 이를 방지하기 위해서 수명을 지정한다. 일반적으로 홉수(hop count)를 이용한다. 패킷이 라우터를 통과할 때마다 홉수는 하나씩 감소하고, 0이 되면 라우터가 이를 제거한다.
- 프로토콜(Protocol) : IP 프로토콜을 사용하는 전송 계층 프로토콜을 나타낸다. TCP(6)나 UDP(17) 등이 될 수 있다. ICMP(1)도 IP 프로토콜을 이용하여 전달된다.

- 체크섬(Checksum) : 16비트 필드로 헤더 부분에 대한 오류를 검출하기 위해서 사용한다. 오류 검출 방법은 1의 보수합 방법을 사용하며 오류가 검출되면 헤더 정보에 오류가 발생한 것이므로 정상적인 전송이 불가능하다고 판단하고 패킷을 폐기한다. 초기 체크섬 값은 0이며 16비트 단위로 헤더의 모든 부분을 1의 보수합으로 계산한 후 결과는 체크섬 필드에 추가한다.
- 근원지 주소(Source Address) : 32비트 크기의 송신 호스트 IP 주소이다.
- 목적지 주소(Destination Address) : 32비트 크기의 수신 호스트 IP 주소이다.
- 옵션(Options) : 경로 기록, 타임 스템프 등이 포함되는데 네트워크 시험이나 디버깅 등을 위한 ICMP 메시지에서 사용된다.
- 패딩(Padding) : 헤더의 크기가 32비트의 정수배가 되도록 하기 위해서 무의미한 비트를 채우는데 이를 패딩이라 한다.

03 | 분할과 재조립

인터넷을 구성하고 있는 많은 네트워크들은 다양한 네트워크 프로토콜을 사용하고 있다. 각 네트워크들은 서로 다른 최대 전송 데이터 크기를 갖기 때문에 IP 데이터그램이 전송 도중에 특정 네트워크를 통과하기 위해서 크기를 줄여야하는 경우가 발생한다. 이때 패킷의 **분할**(Fragmentation)이 발생한다. 패킷이 분할되면 어느 지점에서는 다시 **재조립**(Reassembly)이 이루어져서 원래 패킷으로 되돌려야 한다. 일반적으로 한번 분할된 패킷은 최종 수신 호스트에 도달할 때까지 재조립을 하지 않는다. 이전에 재조립을 하면 다시 분할해야 할 경우가 발생하기 때문이다.

다음 그림 15.13은 한 패킷이 3개의 패킷으로 나뉘는 모습을 나타내었다.

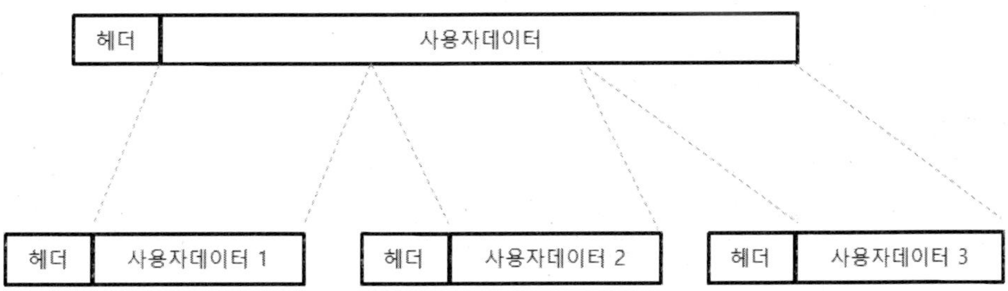

그림 15.13 패킷의 분할

그림 15.13처럼 패킷이 분할될 때는 사용자 데이터 부분이 여러 개로 나뉘고 각 패킷에 대한 헤더는

따로 만들어진다. 이때 패킷의 헤더에 있는 식별자(Identification) 값은 모두 동일한 값을 갖는다. 재조립을 할 때 식별자를 참조하여 동일한 식별자를 갖는 패킷은 하나로 재조립된다.

분할 옵셋(Fragmentation Offset)은 각 패킷이 원 패킷에서 차지하는 위치 값을 나타내는데, 첫 번째 패킷은 원 패킷의 맨 앞에 위치하므로 0 값을 갖는다. 두 번째 패킷은 첫 번째 패킷의 사용자 데이터 크기만큼 뒤에 위치하므로 그 위치 값을 갖는다. 예를 들어서 첫 번째 패킷의 사용자 데이터 크기가 400바이트였다면 옵셋 값은 400이 아니고 8의 정수배 값으로 나타낸다. 따라서 50(50 * 8 = 400 이므로)이 된다.

MF(More Fragment) 비트는 뒤에 따라오는 분할된 패킷이 더 있는가를 나타낸다. 그림 15.13처럼 3개로 분할될 경우에는 첫 번째와 두 번째 패킷은 바로 뒤에 연관된 분할 패킷들이 따라오므로 모두 1로 지정되며, 세 번째 패킷은 마지막 분할 패킷이므로 0으로 정해진다.

예제 15.5 전송 중인 IP 데이터그램의 크기가 헤더 20바이트를 포함해서 2000바이트라고 한다. 만약 최대 전송 데이터의 크기가 헤더 20바이트를 포함하여 800바이트인 네트워크를 통과해야 한다면 분할되는 패킷의 크기와 분할 옵셋 값은 어떻게 되는가?

풀이 분할 옵셋은 8바이트의 정수배가 되어야 한다. 따라서 통과하는 네트워크 내에서의 패킷의 사용자 데이터 부분 크기는 800 - 20 = 780 = 8*97 + 4가 된다. 따라서 한 패킷의 최대 사용자 데이터 크기는 8*97=776이 된다. 첫 번째 패킷의 분할 옵셋은 0이고, 두 번째 패킷의 분할 옵셋은 97(776바이트) 이며, 세 번째 패킷의 분할 옵셋은 97+97=194(1552바이트)이다. 첫 번째와 두 번째 패킷의 사용자 데이터 크기는 776이 되고 헤더가 20바이트이므로 패킷의 크기는 796이고, 마지막 패킷의 사용자 데이터의 길이는 1980 - 2*776 = 428바이트이므로 헤더 20바이트를 포함한 패킷의 크기는 448이다.

04 | IP 주소

IP 주소는 32비트에 의하여 표현된다. 일반적으로 마침표에 의하여 분리되는 십진수 4자리 표현을 사용한다. 예를 들면 202.31.233.5 와 같은 형식이다. 각 십진수는 8비트의 값을 나타낸 것이다. 초기 IP 주소 체계는 클래스에 의해서 분류하는 방식을 사용하였다. 네트워크의 규모에 따라 A, B, C 클래스로 나누어서 주소를 할당하는 방식이다. 멀티캐스팅을 위해서 사용하는 클래스는 D이다. 다음 그림 15.14는 IP 주소의 클래스를 나타낸 것이다.

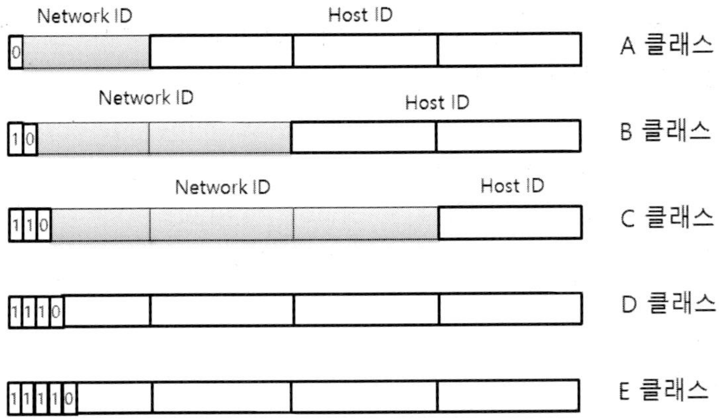

그림 15.14 클래스에 따른 IP 주소 형식

A 클래스는 앞의 8비트를 네트워크 식별자(Network Identifier)로 사용하고, 나머지 24비트를 네트워크에 포함되는 호스트 식별자(Host Identifier)로 사용한다. 따라서 A 클래스 네트워크에는 총 2^{24}개의 호스트 주소가 가능하다. 이중에서 모든 비트가 1인 브로드캐스트 주소와 0인 네트워크 주소는 일반 호스트를 위해서 사용될 수 없다. 그러므로 $2^{24} - 2$개의 호스트가 가능하다.

B 클래스는 앞의 16비트를 네트워크 식별자(Network Identifier)로 사용하고, 나머지 16비트를 네트워크에 포함되는 호스트 식별자(Host Identifier)로 사용한다. 따라서 B 클래스 네트워크에는 총 2^{16}개의 호스트 주소가 가능하다. 이중에서 모든 비트가 1인 브로드캐스트 주소와 0인 네트워크 주소는 일반 호스트를 위해서 사용될 수 없다. 그러므로 $2^{16} - 2$개의 호스트가 가능하다.

C 클래스는 앞의 24비트를 네트워크 식별자(Network Identifier)로 사용하고, 나머지 8비트를 네트워크에 포함되는 호스트 식별자(Host Identifier)로 사용한다. C 클래스 네트워크에는 총 2^8개의 호스트 주소가 가능하다. 이중에서 모든 비트가 1인 브로드캐스트 주소와 0인 네트워크 주소는 일반 호스트를 위해서 사용될 수 없다. 결과적으로 $2^8 - 2$개의 호스트가 가능하다.

D 클래스는 그룹 통신을 위한 멀티캐스트 주소로 사용된다. 그리고 E 클래스는 시험 목적으로 정해진 클래스이다.

예제 15.6 IP 주소 클래스 중에서 가장 호스트를 많이 포함할 수 있는 클래스는 무엇이며 포함될 수 있는 호스트 개수는 몇 개인가?

풀이 A 클래스, 총 2^{24} - 2개의 호스트가 가능하다.

예제 15.7 C 클래스 IP 주소가 가질 수 있는 가장 왼쪽 십진수 자리 값의 범위를 계산하라.

풀이 가장 왼쪽의 십진수 자리 값은 110*****로 표현된다. 따라서 가장 작은 값은 11000000이며 가장 큰 값은 11011111이다. 십진수로 나타내면 192에서 223까지이다.

05 | 옵션

헤더에 포함될 수 있는 옵션으로는 경로 기록이나 근원지 경로, 타임 스탬프 등이 있다. 경로 기록이란 패킷이 통과하는 라우터의 주소를 기록하는 기능을 의미한다. 근원지에서는 빈 경로 정보를 가지고 출발하지만, 하나의 라우터를 거쳐갈 때마다 주소가 하나씩 추가된다.

근원지 경로는 근원지에서 패킷이 거쳐 가야할 라우터의 주소 목록을 미리 준비하여 패킷의 헤더에 포함시켜서 전달하는 것을 의미한다. 이를 위해서는 근원지에서 패킷의 경로를 미리 알아야 한다. 이와 같은 방법을 **근원지 경로배정**(source routing)이라 한다.

타임 스탬프(time stamp)는 시간 정보를 얻기 위해서 사용한다. 한 호스트에서 이웃 호스트까지의 지연 시간을 측정하기 위해서 사용될 수 있다. 타임 스탬프에 해당 호스트의 시간 정보를 저장한다. 송신측 타임 스탬프 값과 수신측 타임 스탬프 값의 차이를 이용하여 전송으로 인해 발생하는 지연을 계산할 수 있다.

06 | 서브넷팅

IP 주소 체계로부터 할당된 A, B, C 클래스의 네트워크가 회사나 조직에서 사용될 때 하나의 네트워크로 사용될 수 있지만, 경우에 따라서는 보다 작은 여러 개의 네트워크로 나뉘어서 사용될 수 있다. 이와 같이 하나의 네트워크를 작은 여러 개의 네트워크로 나누어 운영하는 것을 **서브넷팅**(subnetting)이라 한다. 다음 그림 15.15는 서브넷의 한 예를 나타낸 것이다.

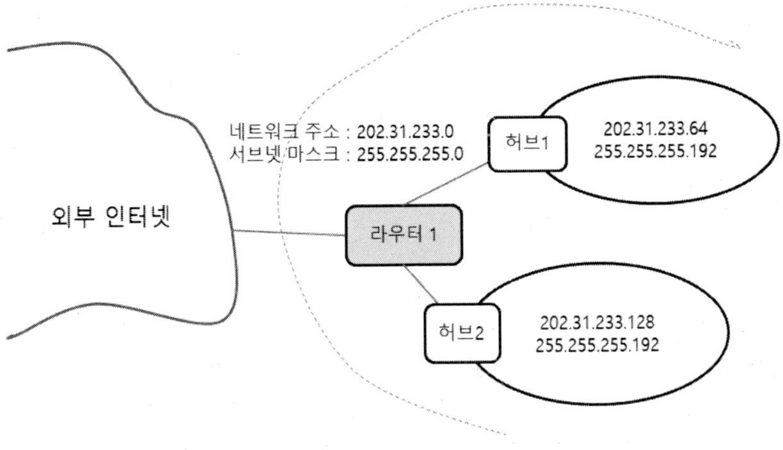

그림 15.15 C 클래스 망에서 서브넷 구성 예

그림 15.15에서 하나의 라우터가 관리하는 C 클래스 네트워크의 주소는 202.31.233.0이고 기본 **서브넷 마스크(subnet mask)**는 255.255.255.0이다. 서브넷 마스크는 주소 내에서 네트워크 주소를 얻기 위해서 비트 AND 연산에 사용되는 비트열을 의미한다. 비트열의 값은 네트워크 식별 부분은 1비트로 호스트 식별 부분은 0비트로 채우면 된다. 즉, C 클래스의 기본 서브넷 마스크는 네트워크 식별 부분이 왼쪽 3바이트이므로 255.255.255.0(11111111.11111111.11111111.00000000)이다. 같은 원리로 B 클래스는 255.255.0.0, A 클래스는 255.0.0.0을 기본 서브넷 마스크로 사용한다. 서브넷 마스크는 임의의 호스트 주소에 대하여 비트 AND 연산을 한 결과 값으로 그 호스트가 포함된 네트워크 주소를 찾는데 사용된다.

202.31.233.0 네트워크를 두 개의 서브넷으로 나누기 위해서 서브넷 마스크는 네트워크 ID 부분에 2비트를 더 사용해야 한다. 즉 서브넷마스크를 255.255.255.192(11111111.11111111.11111111.11000000)로 해야 한다. 그래야만 202.31.233.64 네트워크와 202.31.233.128 네트워크를 구분할 수 있기 때문이다. 예를 들어 목적지 주소로 202.31.233.129 값을 갖는 데이터그램이 외부로부터 라우터로 수신되었다면 202.31.233.129 와 255.255.255.192를 비트 AND 연산하여 네트워크 주소 202.31.233.128을 얻게 되고 라우터는 해당하는 네트워크의 라우터로 데이터그램을 전달할 수 있다.

앞의 예에서 두 서브넷을 위해서 1비트만 서브넷 마스크에 추가하는 것으로는 문제를 해결할 수 없다. 그 이유는 추가된 비트열의 값이 모두 0(네트워크 주소)이나 1(브로드캐스티 주소)로 구성된 값은 사용될 수 없기 때문이다. 따라서 서브넷 마스크에 2비트를 추가해야만 한다. 00, 11은 사용할 수 없고 01, 10을 각 서브넷 주소로 지정할 수 있다.

예제 15.8 주소가 202.31.232.0인 C 클래스 네트워크가 있다. 서브넷 기법을 이용하여 4개의 서브넷을 구성하려고 할 때 각 서브넷 주소와 서브넷 마스크를 구하라. 또 각 서브넷이 포함할 수 있는 호스트의 개수를 구하라.

풀이 4개의 서브넷을 구성하기 위해서는 서브넷 식별을 위해서 네트워크 ID 부분이 3비트 더 필요하다. 따라서 서브넷마스크는 255.255.255.224가 된다. 그리고 각 서브넷 주소는 202.31.232.32(00100000), 202.31.232.64(01000000), 202.31.232.96(01100000), 202.31.232.128 (10000000), 202.31.232.260(10100000), 202,31,232.192 (11000000) 중에서 4개를 골라서 사용하면 된다. 그리고 각 서브넷에서는 호스트 식별을 위한 비트가 5개 이므로 $2^5-2 = 32-2 = 30$개 호스트가 포함될 수 있다.

예제 15.8에서 보면 각 서브넷에 30개 호스트가 수용가능하고 총 6개의 서브넷이 가능하므로, 모두 30*6=180개의 호스트가 수용될 수 있다. 원래 C 클래스에서는 256-2=254개의 호스트를 수용할 수 있는데 비해서 상당히 많은 주소가 낭비됨을 알 수 있다. 따라서 클래스가 있는 인터넷 주소 체계에서 서브넷 사용은 다수의 독립적인 서브넷 구축의 장점이 있지만 주소 낭비가 생긴다는 점을 주의해야 한다.

07 | 수퍼넷팅

앞 절에서 다루었던 서브넷팅의 반대 개념이 **수퍼네팅**(supernetting)이다. 수퍼넷팅은 여러 개의 네트워크를 합쳐서 하나의 네트워크로 주소를 할당하는 방법을 의미한다. 예를 들어서 C 클래스 네트워크가 202.31.12.0, 202.31.13.0, 202.31.14.0, 202.31.15.0 등 총 4개가 있을 때, 이를 하나의 네트워크로 합쳐서 주소를 할당할 수 있다. 네트워크를 식별하는 주소 영역에서 4개의 네트워크가 공통의 값을 갖는 부분만을 네트워크 식별을 위한 서브넷 마스크로 정한다. 네트워크 주소 중에서 3번째 주소 필드의 값인 12, 13, 14, 15를 이진수로 나타내면 다음과 같다.

12 : 00001100, 13 : 00001101, 14 : 00001110, 15 : 00001111

주소 중에서 공통 부분은 000011**이 되며, 서브넷 마스크의 3번째 필드는 11111100으로 252가 된다. 4개의 네트워크를 하나의 네트워크로 합하면 결과적으로 네트워크 주소는 202.31.12.0이 되고, 서브넷 마스크는 255.255.252.0이 된다. 이것을 **슬래쉬 표기법**으로 나타내면 202.31.252.0/22이다.

슬래쉬 표기법에서는 네트워크 식별자 부분의 비트 개수를 슬래쉬(/) 이후의 숫자로 나타낸다. 수퍼넷팅된 네트워크 내에는 $2^{10}-2$개의 호스트가 포함될 수 있다. 이 예에 대한 네트워크를 그림으로 나타낸 것이 다음 그림 15.16이다.

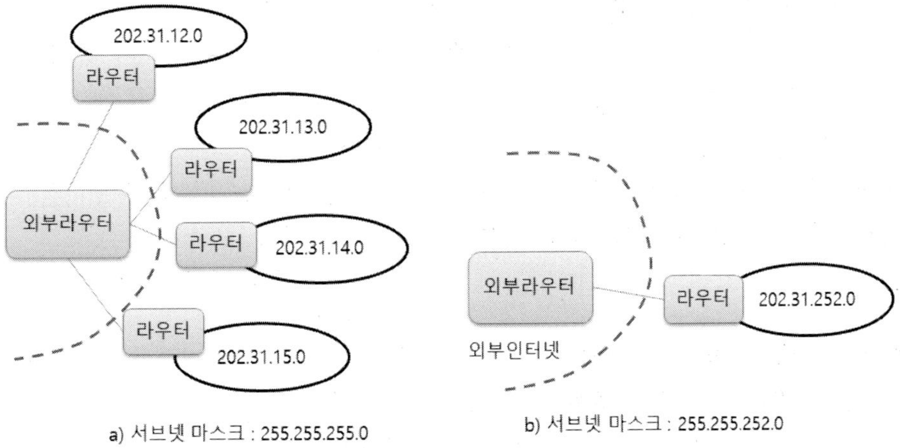

그림 15.16 수퍼넷팅의 예

수퍼네팅을 할 경우에는 외부 인터넷에서 식별해야 할 네트워크의 수가 줄어들기 때문에 경로배정 테이블의 개체 수가 줄어들게 된다. 결과적으로 경로배정을 보다 용이하게 한다. 또한 수퍼넷팅으로 커진 네트워크는 보다 많은 호스트를 포함할 수 있고, 작은 다수의 네트워크로 나눔으로써 생기는 주소 낭비를 피할 수 있다.

08 | CIDR

CIDR(Classless Inter-Domain Routing)이란 클래스 없이 네트워크 주소를 할당하고, 이를 기준으로 경로배정하는 방식이다. 클래스로 네트워크를 나누는 경우에는 한 조직에서 할당된 주소를 모두 사용하지 않는 경우, 남아 있는 주소를 다른 조직에게 양보할 수 없기 때문에 주소 낭비가 심해진다. CIDR을 이용하면 네트워크의 규모를 자유롭게 정해서 할당할 수 있기 때문에 클래스가 있는 주소 지정 방식에 비해 주소의 낭비를 줄일 수 있는 장점이 있다.

클래스가 없는 주소 지정은 임의의 길이의 네트워크 식별자 부분과 호스트 식별자 부분으로 주소를 구성한다. 클래스가 없기 때문에 네트워크 식별자 부분의 크기는 임의로 정해서 할당할 수 있고 슬래쉬 표기법으로 나타낸다. 아래에 클래스 없는 주소 지정 표기의 예를 나타내었다.

① 201.35.17.88/26의 서브넷 마스크는 255.255.255.192이다.
② 15.33.60.45/9의 서브넷 마스크는 255.128.0.0이다.

클래스 없는 주소 지정 방법을 이용하여 서브넷팅을 하는 방식을 보자. 어느 조직에서 202.31.233.0/24 주소를 할당 받았고 가정하자. 이 주소는 호스트를 254개 포함할 수 있는 크기인 C 클래스 네트워크와 같은 규모이다. 이 주소를 이용하여 100개의 호스트가 필요한 부서와 50개의 호스트를 접속해야 하는 부서, 그리고 30개의 호스트를 접속해야 하는 부서에게 각각 할당하려고 한다. 클래스가 있는 경우는 같은 크기의 서브넷으로 나누어야 하기 때문에 앞의 주소를 가지고 3개의 서브넷으로 할당이 불가능하다. 그러나 클래스가 없는 경우는 다음과 같이 서로 다른 크기의 네트워크로 분할할 수 있다.

202.31.233.0/25 : 126개의 호스트를 접속할 수 있는 네트워크 주소
202.31.233.128/26 : 62개의 호스트를 접속할 수 있는 네트워크 주소
202.31.233.192/27 : 30개의 호스트를 접속할 수 있는 네트워크 주소
그리고 남은 부분의 네트워크 주소는 202.31.233.224/27(30개 호스트 접속 가능)이다.

예제 15.9 202.31.233.240/28 네트워크에서 접속할 수 있는 호스트 개수는 몇 개인가?

풀이 호스트 주소를 위한 비트 개수는 32-28 = 4비트이다. 따라서 2^4 = 16개의 주소가 가능하다. 이중에서 네트워크 주소와 방송 주소 2개를 제외하면 14개의 호스트를 접속할 수 있다.

15.4 ICMP

IP에 의하여 데이터그램이 전달되는 도중에 문제점이 발생하여 더 이상 목적지에 도달할 수 없는 상황이 되면 라우터는 패킷을 폐기하게 되는데, 이때 발생한 문제점을 송신자에게 피드백하기 위해서 사용하는 프로토콜이 ICMP(Internet Control Message Protocol)이다. ICMP 메시지는 2가지 종류로 나눌 수 있는데, 하나는 오류 알림이고 다른 하나는 질의 메시지이다. 다음 표 15.5에 ICMP의 주요 메시지를 나타내었다.

표 15.5 ICMP의 주요 메시지

타입	메시지 이름	의미	종류
3	Destination unreachable	수신측에 패킷이 전달될 수 없음	오류 알림
4	Source quench	혼잡 발생으로 패킷이 폐기됨을 알림	오류 알림
11	Time exceeded	수명이 다해 폐기됨을 알림	오류 알림
12	Parameter problem	패킷 헤더에 문제 발생	오류 알림
8/0	Echo request/reply	메시지를 되돌려 보낼 것을 요구/응답	질의 메시지
13/14	Time stamp request/reply	패킷의 왕복 시간 측정을 위해 시간 정보 요청/응답	질의 메시지

ICMP 메시지는 IP 서비스를 이용하여 근원지에게 전송된다. ICMP 메시지 형식은 일반 패킷과 마찬가지로 헤더와 사용자 데이터 부분으로 구성되는데, 사용자 데이터 부분에는 문제가 발생한 패킷의 헤더 부분과 데이터의 앞 8바이트로 구성된다. 다음 그림 15.17이 ICMP 메시지 형식을 보여준다.

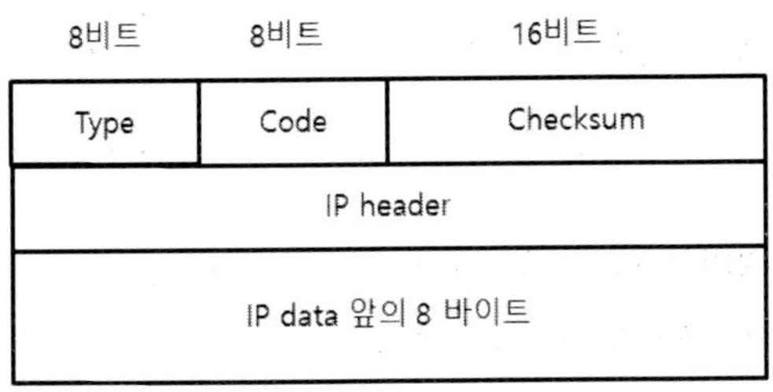

그림 15.17 ICMP의 메시지 형식

타입(Type) 필드에는 ICMP 메시지의 유형이 기입되고, 코드(Code) 필드는 메시지의 매개 변수를 위해 사용된다. IP 데이터의 앞부분을 포함하는 것은 전송 계층 프로토콜의 헤더 부분을 포함시켜서 관련된 정보를 얻을 수 있게 하기 위함이다.

다음 그림 15.18은 ICMP 메시지가 IP 데이터그램에 의해 전달될 때의 캡슐화 형태를 나타낸 것이다.

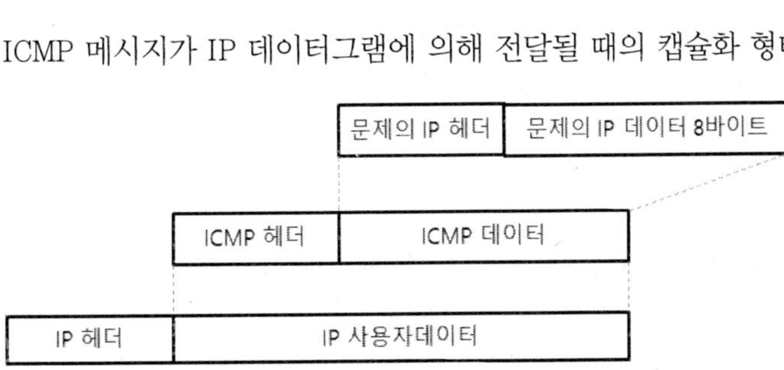

그림 15.18 ICMP 메시지를 전달하는 IP 데이터그램

15.5 ARP

IP 프로토콜은 라우터의 관점에서 처리하는 네트워크와 네트워크 사이의 상호작용을 위한 프로토콜이다. IP 데이터그램이 네트워크 내부를 통과할 때에는 각 네트워크 자체의 프로토콜에 의하여 패킷이 전달된다. 이때 사용되는 주소는 IP 주소가 아니고 네트워크 자체의 경로배정을 위한 주소를 사용한다. LAN의 경우는 MAC 주소를 이용하여 송신자와 수신자를 식별하게 된다. 다른 네트워크에서는 그 네트워크 프로토콜에서 규정하는 주소 체계를 갖는다. IP 주소를 **논리 주소(logical address)**라고 하는데 반해 이러한 주소를 **물리 주소(physical address)**라 한다.

LAN의 경우 물리 주소는 **NIC(Network Interface Card)**에 물리적으로 설정되어 있어서 임의로 변경할 수 없다. IP 데이터그램이 LAN을 통과해야 할 때에 필수적으로 해당 호스트의 물리 주소를 알아야만 LAN 프로토콜을 이용하여 데이터그램을 전달할 수 있다. 따라서 IP 주소에 대응되는 호스트의 물리 주소를 얻을 필요가 있는데, 이때 사용하는 프로토콜이 **ARP(Address Resolution Protocol)**이다.

호스트가 같은 네트워크에 위치한 다른 호스트의 물리 주소를 얻고자 할 때 ARP request 메시지를 방송한다. 이 메시지에는 송신 호스트의 논리 주소와 물리 주소, 그리고 수신 호스트의 논리 주소가 포함되어 있다. 방송 메시지를 받은 수신 호스트는 자신의 물리 주소를 포함한 ARP response 메시지로 응답한다. 송신 호스트는 응답 메시지로부터 수신 호스트의 물리 주소를 얻게 된다.

ARP와는 반대로 물리 주소를 가지고 해당하는 호스트의 논리 주소를 얻을 때 사용하는 프로토콜은 RARP(Reverse ARP)라 한다. 잘 사용되지는 않지만 논리 주소를 저장할 하드디스크 같은 보조기억장치가 없는 시스템에서는 전원이 꺼지면 논리 주소를 기억할 수 없기 때문에, 전원이 들어와서 시스템이 부팅될 때마다 NIC에 있는 물리 주소를 이용하여 자신의 논리 주소를 얻어야 한다. 이때 RARP를 사용할 수 있다.

15.6 DHCP

네트워크에 접속되는 각 호스트에 하나의 IP 주소를 수동으로 지정할 수 있지만, 할당할 수 있는 주소보다 더 많은 호스트가 접속되는 경우에는 각 호스트에 고정적인 IP 주소 할당이 불가능하다. 이런 경우에는 현재 인터넷 서비스를 사용하는 호스트에게만 IP 주소를 할당해주고, 사용이 끝난 호스트의 주소는 회수하는 방식으로 주소를 관리할 수 있다. 이렇게 하면 동시에 모든 호스트가 다 인터넷을 사용하는 경우는 드물기 때문에 적은 주소를 가지고 많은 호스트에게 주소 할당을 할 수 있는 방안이 된다.

DHCP(Dynamic Host Configuration Protocol) 서버를 이용한 자동 주소 지정 방법에서 DHCP 서버는 가용한 IP 주소를 가지고 있다가 클라이언트로부터 주소 요구(DHCPdiscovery)가 방송되면, 가용한 IP 주소 중에서 하나의 주소를 DHCPoffer 메시지를 통해서 할당해준다. 두개 이상의 서버로부터 응답이 있을 수 있으므로 클라이언트는 이중에서 자신이 원하는 IP 주소를 지정하여 DHCPrequest를 방송한다. 해당 주소를 제공하는 서버가 이에 대한 응답으로 DHCPpack 메시지로 응답한다. 이때 할당되는 IP 주소의 가용 시간이 주어진다. 가용 시간이 종료되면 더 이상 사용할 수 없기 때문에 연장을 하고 싶은 클라이언트는 다시 DHCPrequest를 전달해야 한다. DHCP 절차를 그림으로 나타내면 다음 그림 15.19와 같다.

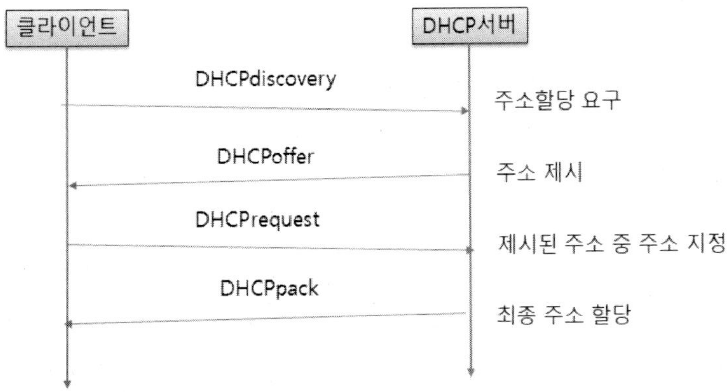

그림 15.19 DHCP 주소 할당 절차

15.7 IPv6

인터넷 서비스의 급속한 팽창으로 인하여 IP 버전 4 프로토콜의 32비트의 주소 체계는 한계를 맞게 되었다. 이미 주소는 할당되어 포화 상태가 되었고, 최근 들어 보편화되고 있는 모바일 통신 환경과 보안 등에서도 보다 개선된 기능이 요구되었다. 이에 따라 새롭게 출현한 프로토콜이 IPv6(IP

version 6)이다. 현재 인터넷에서는 기존의 IPv4와 함께 IPv6도 함께 사용 중에 있다.
네트워크 기술은 새로운 기술이 등장했다고 해서 곧바로 새로운 기술로 전체 네트워크를 갱신할 수 없는 것이 현실이다. 따라서 오랜 기간 동안 서서히 새로운 기술로 네트워크가 바뀌어 가는데, 이를 네트워크가 진화한다고 한다. 네트워크가 진화하는 과정에서 필연적으로 기존 기술과 신기술이 공존하게 되고, 그 결과 확장되는 네트워크는 두 기술이 서로 연동할 수 있도록 해야 한다.

01 | IPv6의 특징

• 주소 확장

무엇보다 IP 주소의 확장이 가장 큰 특징이라 할 수 있다. 기존 32비트의 주소 체계는 128비트의 주소 체계로 바뀌었다. 기존 인터넷에서는 한 호스트가 한 주소를 갖는 것이 일반적인데 반해 미래에는 한 호스트에 다수의 인터페이스가 있고, 각각의 인터페이스에게 독립적인 주소를 할당하는 상황을 고려하여 천문학적인 크기의 주소 체계를 갖도록 하였다.

• 헤더 형식의 변화

헤더를 처리하는 오버헤드를 최소화하기 위해서 기존 헤더 구성을 단순화하고 다양한 옵션 헤더를 갖도록 구조화하였다. 헤더 형식이 변함에 따라 기존 IP와의 호환성은 없으며, 버전 4와 버전 6 사이의 연동을 고려한 새로운 라우터들이 요구되고 있다.

• 자동 주소 할당

기존 IP에서는 수동적인 할당이나 DHCP를 이용한 자동 할당을 하는 것에 비해, IPv6는 기본적으로 주소 자동 할당을 고려한다. 이와 같은 기능은 호스트의 많은 인터페이스가 네트워크에서 인식되어야 하는 상황에서 필수적이며, 이동 통신 환경에서 호스트가 이동함에 따라 네트워크가 바뀌게 되고 필연적으로 새로운 주소를 할당해야 한다. 이를 위해서 호스트 주소 결정은 전부 자동화되었다.

• 실시간 데이터 전송

스트림 데이터 처리를 위한 흐름(flow)이라는 개념을 도입하였다. 흐름은 동일한 서비스 특징을 갖는 패킷들의 집합으로 볼 수 있다. 송신 측에서 수신 측까지 한 흐름을 전달하는 모든 라우터들은 동일한 서비스 품질(quality of service)을 위해 같은 방식의 처리를 하게 된다.

• 보안강화

인터넷이 확대되어감에 따라 상거래를 위한 데이터나 개인 정보 등을 고려한 보안 기능이 더욱 요구되고 있다. 이러한 요구를 충족하기 위해서 IPv6는 암호화나 인증 기능을 기본적으로 고려한다.

02 | IPv6 주소 체계

1) 주소 표현

주소는 16진수 4자리로 표현되는 단위를 8개 합쳐서 이루어지는데 각 단위들 사이는 콜론(:)으로 구분한다. 예를 들면 00FF:1010:1230:0000:0000:FF00:FF00:0001과 같은 형식으로 표현된다. 주소의 자리수가 많기 때문에 이를 축약시키기 위해서 4지리 숫자로 이루어진 단위에서 왼쪽 0은 생략될 수 있다. 또한 한 주소에서 한번은 연속적인 0들을 연속 두 개의 콜론(::)으로 나타낼 수 있다. 그리고 주소에서 네트워크를 식별하기 위해서 사용되는 부분은 프리픽스(prefix)를 사용하여 나타낸다. 그 방식은 주소 뒤에 /비트개수 형식으로 나타낸다. 예를 들어서 주소의 맨 앞 64비트를 주소 식별자로 사용한다면 /64가 된다.

예제 15.10 다음의 IPv6 주소에 대하여 0 축약을 하라.

0100:000F:0000:0000:0000:00FF:FF00:110F

풀이 100:F::FF:FF00:110F

2) 애니캐스팅

기존 IPv4의 유니캐스팅(unicasting)과 멀티캐스팅(multicasting), 브로드캐스팅(broadcasting)에 **애니캐스팅(anycasting)**이 추가되었다. 애니캐스팅은 멀티캐스팅과 유사하나 멀티캐스팅은 그룹 통신에서 한 멤버가 다른 모든 멤버들에게 동일한 메시지를 전달하는 방식이지만, 애니캐스팅은 그룹 멤버 중에 한 멤버에게만 전달하는 방식이다. 예를 들어 한 호스트에 포함되는 다수의 인터페이스가 각각 다른 주소를 가지고 있을 때 이 호스트에 메시지를 전달하기 위해서는 이 중에 한 인터페이스에게만 전달하면 되는 경우에 사용될 수 있다.

3) 주소 분배

다음 표 15.6은 IPv6의 주소 할당과 관련 프리픽스(prefix)를 나타내었다.

표 15.6 IPv6의 주소 할당

주소 할당	프리픽스(prefix)
예약	0000 0000
NSAP를 위한 예약	0000 0001
IPX를 위한 예약	0000 0010
집약가능 글로벌 유니캐스트 주소	001
링크 로컬 유니캐스트 주소	1111 1110 10
사이트 로컬 유니캐스트 주소	1111 1110 11
멀티캐스트 주소	1111 1111

• 집약가능 글로벌 유니캐스트 주소

집약가능 글로벌 유니캐스트 주소(aggregatable global unicast address)는 글로벌 유니캐스트 주소로 공중 토폴로지(public topology), 사이트 토폴로지(site topology), 인터페이스 식별자 등의 3 부분으로 구성된다. 공중 토폴로지는 ISP를 나타내고, 사이트 토폴로지는 조직의 사이트 내의 서브넷을 나타내며, 인터페이스 식별자는 인터페이스를 식별하는데 사용된다. 다음 그림 15.20은 집약가능 글로벌 유니캐스트 주소의 구조를 나타내었다.

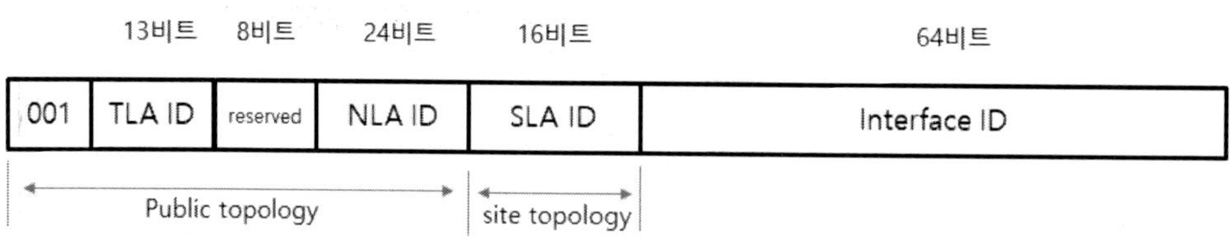

그림 15.20 집약가능 글로벌 유니캐스트 주소

공중 토폴로지 부분은 다시 TLA(Top Level Aggregator) ID와 NLA(Next Level Aggregator) ID 부분으로 나누어 2 단계 계층구조로 되어 있다. ISP(Internet Service Provider)에 대응시키면 TLA ID에는 대형 ISP들이, NLA ID에는 대형 ISP에 속한 고객 사이트나 소형 ISP 들이 대응될 수 있다. SLA ID는 각 기관에서 관리하는 서브넷 ID 값들이 대응될 수 있다.

• 서브넷 라우터 애니캐스트 주소

다음 그림 15.21과 같이 서브넷을 식별하는 n비트가 앞에 오고, 나머지 비트는 모두 0이다. 서브넷을 식별하여 그 중 한 인터페이스에게 전달한다.

n 비트	128-n 비트
Subnet Prefix	0000 ...0000

그림 15.21 서브넷 라우터 애니캐스트 주소

- 멀티캐스트 주소

다음 그림 15.22에 멀티캐스트 주소의 형식을 나타내었다. 플래그 중에서 마지막 한 비트만 사용하는데 공인 유무를 나타낸다. 범위(scope)는 멀티캐스팅이 어느 범위의 네트워크까지 전달되어야 하는지를 나타낸다.

8비트	4비트	4비트	112비트
1111 1111	flag	Scope	Group ID

그림 15.22 멀티캐스트 주소

- 링크 로컬 유니캐스트 주소

링크는 사이트 내에 포함되는 물리적인 링크의 의미로, 링크 로컬 주소는 동일한 링크 상에서 사용될 수 있는 주소로 해당 패킷은 외부로는 전달되지 않는다. 주소 형식은 다음 그림 15.23과 같다.

10비트	54비트	64비트
1111 1110 10	0000...0000	Interface ID

그림 15.23 링크 로컬 유니캐스트 주소

- 사이트 로컬 유니캐스트 주소

외부 인터넷과는 독립적인 기관의 사이트에서 내부 목적에 따라 사용되는 주소이다. 사이트로컬 주소의 패킷은 외부로 전달되지 않는다. 주소 형식은 다음 그림 15.24와 같다.

10비트	38비트	16비트	64비트
1111 1110 11	0000...0000	Subnet ID	Interface ID

그림 15.24 사이트 로컬 유니캐스트 주소

• 특수 목적 주소

0000 0000 프리픽스를 갖는 주소 영역은 예약된 영역으로 자신의 주소에 대한 질의 주소(0:0:0:0:0:0:0:0 또는 ::), 루프백 주소(0:0:0:0:0:0:0:1 또는 ::1)가 포함된다. 또한 IPv4와의 연동을 고려한 IPv4 호환 주소와 IPv4 대응(mapping) 주소가 있다. IPv4 호환 주소는 IPv6 호스트에서 출발한 메시지가 IPv4 네트워크를 통과하는 경우 사용된다. IPv4 대응 주소는 버전 6 호스트가 버전 4 전용 호스트와 서로 메시지를 교환할 때 사용한다. 다음 그림 15.25는 IPv4와의 연동을 위한 주소를 나타내었다.

그림 15.25 IPv4와의 연동을 위한 주소

4) 주소 자동 지정

주소 자동 지정을 위해서 **DHCP(Dynamic Host Configuration Protocol)**를 이용하는 방법과 DHCP없이 호스트의 MAC 주소를 기반으로 링크 로컬 주소를 이용하는 비상태 유지(stateless) 방법이 있다. 링크 로컬 주소는 그 링크 내에서만 유효한 주소인데, 호스트가 링크에 접속할 때 48비트 MAC 주소의 중간(24비트와 24비트 사이)에 16비트(0xFFFE)를 추가하여 64비트 인터페이스 ID를 생성하고, 로컬 링크의 주소에 이를 포함시켜서 주소 지정을 한다. 해당 링크에 접속되어 있는 동안만 유효하다. 이를 그림으로 나타내면 다음 그림 15.26과 같다.

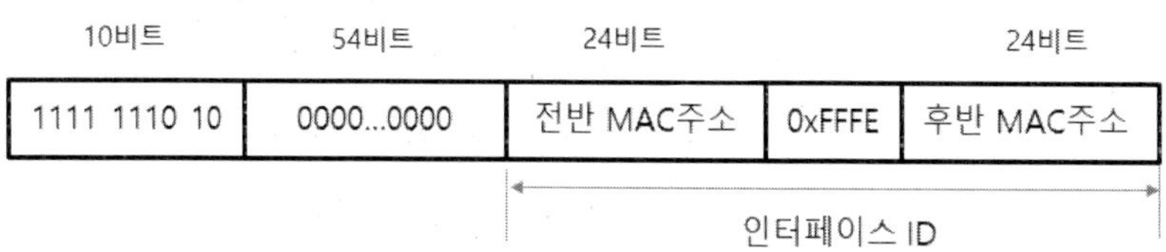

그림 15.26 비상태 유지 자동 주소 지정

03 | 헤더 형식

IPv6의 헤더는 기본 헤더와 옵션 헤더로 구성되는데, 기본 헤더는 다음 그림 15.27과 같다.

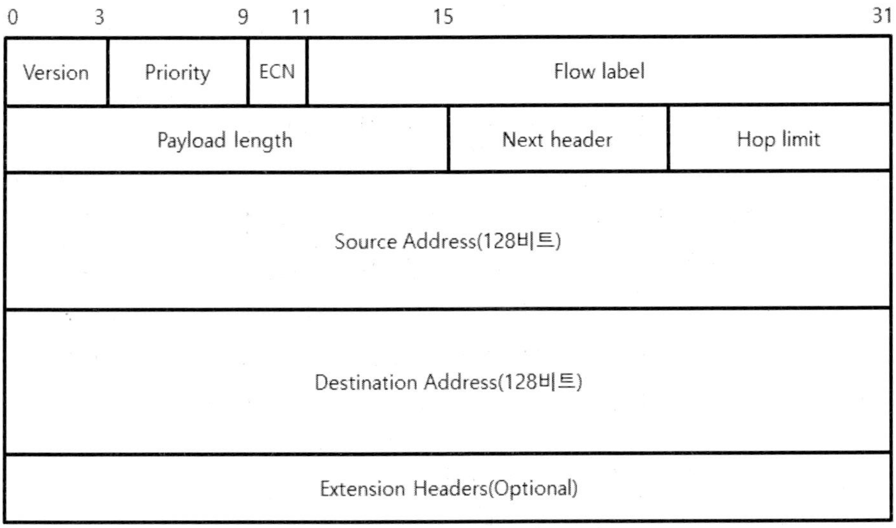

그림 15.27 IPv6 헤더 구조

헤더의 각 필드의 역할은 다음과 같다.

- 버전(version) : IP 프로토콜의 버전을 나타낸다.
- 차등 서비스(Differentiated Service) : 6비트 크기로 트래픽의 등급을 나타낸다.
- ECN(Explicit Congestion Notification) : 2비트 크기로 혼잡제어 가능여부와 혼잡 발생을 알리기 위해서 사용한다. (자세한 내용은 IPv4 헤더 참조)
- 흐름 레이블(flow label) : 흐름은 한 서비스를 위한 스트림(stream)을 식별하는데 사용된다. 동일한 흐름에 대해서는 각 라우터에서 동일한 처리가 이루어진다.
- 사용자 데이터 길이(payload length) : 사용자 데이터의 크기를 바이트 단위로 나타낸다.
- 다음 헤더(next header) : 다음에 오는 헤더의 종류를 나타낸다. 확장 헤더가 있을 경우에는 첫 번째 확장 헤더를 나타낸다. 만약 확장 헤더가 없는 경우에는 TCP나 UDP 헤더가 된다.
- 홉 제한(hop limit) : 이 값은 송신 측에서 전송될 때 정해지며 데이터그램의 수명으로 작용한다. 홉 제한은 네트워크에서 통과하는 라우터의 최대 개수를 의미한다. 각 라우터를 거쳐 전달될 때

마다 1씩 감소되며, 0이 되면 라우터에서 폐기된다.

- **근원지 주소(source address)와 목적지 주소(destination address)** : 송신 호스트와 수신 호스트에 대한 주소로 길이는 각각 128비트이다.

■ 확장 헤더의 구조

확장 헤더는 홉바이홉 옵션, 라우팅 옵션, 분할 옵션, 인증 옵션, 암호화된 보안 페이로드 옵션, 목적지 옵션 등 여섯 가지가 있다. 옵션이 붙는 순서는 앞에서 나열한 순서와 동일한데 일반적으로 각 라우터마다 처리되어야 하는 옵션이 앞에 붙고, 뒤로 갈수록 처리 빈도가 낮은 옵션이다. 각 옵션은 다음 헤더(next header), 헤더 길이, 옵션 데이터 부분으로 구성된다. 다음 헤더는 다음에 추가되는 헤더의 종류를 나타낸다. 헤더의 길이는 자신의 헤더길이 정보이며, 그 다음은 관련 데이터가 온다. 그림으로 나타내면 다음 그림 15.28과 같다. 이때 추가되는 마지막 확장 헤더는 다음 헤더 필드의 값이 TCP를 나타내는 6이 되며 마지막임을 알린다.

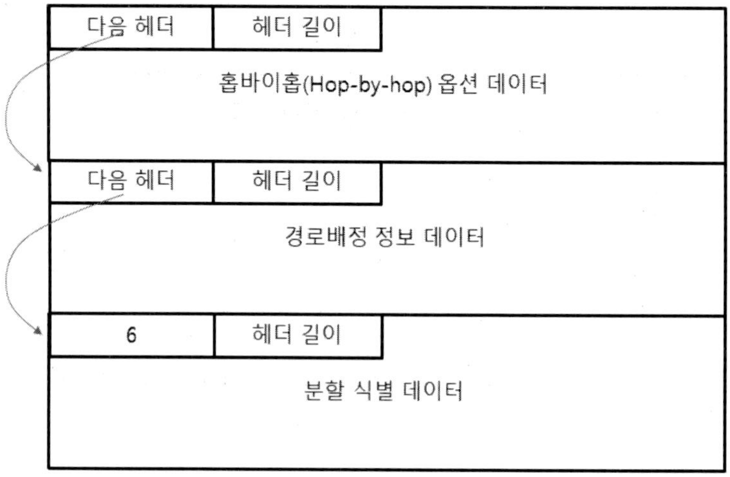

그림 15.28 확장 헤더의 구조

홉바이홉 옵션 헤더는 각 라우터마다 처리되어야 하는 옵션 헤더로 라우터 경고(routing alert), 점보 페이로드(jumbo payload) 옵션 정보 등이 포함된다.

경로배정 헤더는 근원지 경로배정의 정보를 포함한다. 방문해야 할 라우터의 리스트 정보로 이루어지며 라우터를 방문하고 나면, 해당 라우터 정보는 삭제된다.

IPv4와는 달리 IPv6의 분할은 송신 측에서 데이터그램이 전달될 경로 상에서 가장 작은 패킷을 전달하는 네트워크의 패킷 크기를 알아내어, 이 값에 따라 분할이 이루어진다. 재결합은 최종 목적지에서 처리된다. 분할에 해당하는 정보는 분할 헤더에 포함된다.

보안(security)에 관련된 인증(authentication)과 암호화(encryption)에 대한 정보는 인증 헤더와 암호화 페이로드 헤더에 포함되어서 전달된다. 여기서 사용되는 프로토콜은 기존에 IPv4 환경에서 사용하던 IPsec과 동일하다.

목적지 옵션 헤더는 확장 헤더 중에서 가장 마지막에 추가되는 부분으로 최종 수신 측에 도착해서 한번 처리되는 옵션 데이터들을 포함한다. 중간 라우터에서는 이 헤더에 접근하지 않는다.

15 연습문제

1. 다음 인터넷 관련 프로토콜 중에서 네트워크 계층 기능에 해당하는 것은?
   ① IP ② TCP ③ UDP ④ HTTP

2. 라우터에 의하여 처리되는 프로토콜은 다음 중 무엇인가?
   ① IP ② TCP ③ UDP ④ HTTP

3. 다음 중에서 링크상태 경로배정 알고리즘을 지원하는 경로배정 프로토콜은 무엇인가?
   ① OSPF ② RIP ③ BGP ④ EGP

4. 다음 중 외부 라우터 프로토콜은 무엇인가?
   ① OSPF ② RIP ③ BGP ④ EGP

5. 다음 중 벨만포드 알고리즘에 기반한 내부 라우터 프로토콜은 무엇인가?
   ① OSPF ② RIP ③ BGP ④ EGP

6. IP 주소에 대응되는 호스트의 물리 주소(MAC 주소)를 얻기 위해서 사용되는 프로토콜은 무엇인가?
   ① OSPF ② RIP ③ BGP ④ ARP

7. 다음 중 IP 자동 주소 지정을 위해서 사용되는 프로토콜은 무엇인가?
   ① OSPF ② RIP ③ DHCP ④ ARP

8. OSPF 경로배정 프로토콜에 대한 설명이다. 잘못된 것은 무엇인가?
   ① 주로 작은 규모의 자율 시스템에서 사용된다.
   ② 링크 상태 경로배정 알고리즘을 지원한다.
   ③ 다익스트라 알고리즘에 기반 한 경로배정 프로토콜이다.
   ④ 최근에 가장 많이 이용되고 있는 내부 라우터 프로토콜이다.

9. BGP 프로토콜에 대한 설명이다. 옳은 것은 무엇인가?

① 자율 시스템 내부에서 사용되는 경로배정 프로토콜이다.
② 링크 상태 라우팅 알고리즘을 이용한다.
③ 최단 경로보단 네트워크 도달 가능성을 고려한 프로토콜이다.
④ 최근 들어 많은 RIP를 대체하였다.

10. 다음은 자율 시스템에 대한 설명이다. 잘못된 것은 무엇인가?

① 자율 시스템은 동일한 경로배정 프로토콜을 이용하는 라우터들의 집합이다.
② 자율 시스템은 규모에 제한이 없다.
③ 자율 시스템 사이에도 경로배정 프로토콜이 필요하다.
④ 자율 시스템 식별자로는 16비트 크기의 숫자를 이용한다.

11. 다음 IP 주소 중에서 B 클래스에 해당하는 것은 무엇인가?

① 202.31.222.7 ② 130.13.5.8
③ 80.56.12.5 ④ 225.12.3.5

12. 다음 클래스 중에서 멀티캐스팅을 위해서 사용되는 주소는 무엇인가?

① A 클래스 ② B 클래스 ③ C 클래스 ④ D 클래스

13. 다음 중에서 C 클래스 네트워크의 서브넷 마스크는 무엇인가?

① 255.255.0.0 ② 255.0.0.0
③ 255.255.255.0 ④ 255.255.255.224

14. B 클래스 네트워크가 포함할 수 있는 호스트의 개수는 몇 개인가?

① 65534 ② 254 ③ 1024 ④ 512

15. C 클래스 네트워크에서 내부적으로 2개의 서브넷을 구성하려고 한다. 이때 알맞은 서브넷 마스크는 다음 중 무엇인가?

① 255.255.255.0 ② 255.255.255.128
③ 255.255.255.192 ④ 255.255.255.224

16. 클래스 없이 IP 주소를 지정하는 방법은 다음 중 무엇인가?

① CIDR ② VLSM
③ supernetting ④ subnetting

17. TCP/IP 계층구조에서 IP에게 서비스를 제공하는 계층은 무엇인가?

① 응용 계층 ② 전송 계층
③ 네트워크 액세스 계층 ④ 물리 계층

18. IP 프로토콜에 대한 설명이다. 잘못된 것은 무엇인가?

① 신뢰성 있는 메시지 전송을 보장한다.
② TCP 에게 서비스를 제공하는 역할을 한다.
③ 데이터그램 서비스를 제공한다.
④ 대역폭 같은 통신 서비스의 품질을 보장하지 않는다.

19. IP 데이터그램이 정상적으로 목적지까지 전달되지 못할 때 송신자에게 정보 피드백을 위해서 사용되는 프로토콜은 무엇인가?

① ARP ② ICMP
③ IGMP ④ RIP

20. IP 주소에 대응되는 호스트의 물리 주소를 얻을 때 사용되는 프로토콜은 다음 중 무엇인가?

① ARP ② ICMP
③ IGMP ④ RIP

21. IP 프로토콜의 헤더 필드 중에서 데이터 그램의 수명 값을 나타내는 필드는 ?

① checksum ② TTL
③ ECN ④ fragment offset

22. 다음 IP 프로토콜의 헤더 필드 중 분할과 재조립에 관계없는 것은 무엇인가?

① more flag ② total length
③ ECN ④ fragment offset

23. 다음 IP 프로토콜의 헤더 필드 중 혼잡이 발생했음을 알리기 위해서 사용되는 것은 무엇인가?

① more flag ② total length
③ ECN ④ fragment offset

24. IP 프로토콜의 체크섬(checksum)에 대한 설명이다. 잘못된 것은 무엇인가?

① 1의 보수합 방식을 이용한다.
② 헤더와 사용자 데이터에 대해서 처리한다.
③ 오류가 검출되면 데이터그램을 폐기한다.
④ 16비트 크기의 체크섬을 계산한다.

25. IPv6에서 주소의 크기는 몇 비트인가?

① 32비트 ② 64비트
③ 128비트 ④ 256비트

26. IPv6에서 주소 할당의 대상은 다음 중 무엇인가?

① 호스트 ② 인터페이스
③ 사이트 ④ 링크

27. IPv6의 특징을 기술한 것이다. 잘못된 것은 무엇인가?

① IPv4에 비해 주소 영역이 확장되었다.
② 주소 자동 지정 기능을 수행한다.
③ 인증과 암호화 기능을 이용한 보안을 강화하였다.
④ 오류 제어 기능을 추가하였다.

28. IPv6의 확장 헤더가 아닌 것은 다음 중 무엇인가?

① 홉바이홉(hop-by-hop) 옵션 헤더
② 라우팅 정보 헤더
③ 목적지 옵션 헤더
④ 오류 제어 헤더

29. IPv6의 확장 헤더 중에서 순서상 가장 뒤에 추가되는 것은 다음 중 무엇인가?

① 홉바이홉(hop-by-hop) 옵션 헤더
② 라우팅 정보 헤더
③ 목적지 옵션 헤더
④ 인증 옵션 헤더

30. IPv6의 홉 제한(hop limit) 필드 값의 의미는 무엇인가?

① 수명 ② 최단 경로
③ 지연 ④ 우선순위

31. IPv6에서 DHCP를 이용하지 않고 주소를 자동 지정하는 방법에 대하여 설명하라.

32. IPv4와 IPv6의 연동 방법에 대하여 조사해 보자.

33. 무선 이동 통신망에서 수신자의 IP 주소를 얻는 방법에 대하여 알아보자.

Chapter 16

TCP

Chapter 16

TCP

인터넷에서 OSI 7 계층구조의 전송 계층(transport layer)의 역할을 하는 계층이 TCP 계층이다. 본 장에서는 TCP 계층에 존재하는 전송 프로토콜인 **TCP(Transmission Control Protocol)**와 **UDP (User Datagram Protocol)** 프로토콜과 TCP 응용 프로토콜인 **HTTP(Hyper Text Transfer Protocol)**에 대해서 살펴본다.

16.1 TCP 서비스

TCP(Transmission Control Protocol)는 인터넷상에서 한 프로세스에서 다른 프로세스로의 신뢰성 있는 메시지 전송 서비스를 제공한다. 이를 위해서 프로세스에서 다른 프로세스 사이에 논리적인 양방향 연결을 설정하고, 연결 상에서 오류 제어와 흐름 제어를 수행한다. 즉 가상 회선과 유사한 연결 지향 서비스를 제공한다.

TCP가 전달하는 데이터의 크기에는 제한이 없다. 따라서 데이터의 크기가 매우 클 경우에는 TCP에서는 이를 버퍼에 저장한 후, 자신이 전달하기에 적절한 크기의 조각(segment)으로 나누어서 이를 TCP 메시지 형식으로 캡슐화한 후에 IP에게 전달을 요구하게 된다. 따라서 송신 측의 TCP 계층에서 메시지에 대한 분할이 일어나고, 수신 측에서 원 메시지로의 재조립이 이루어진다. 경우에 따라서 송신 측에서 전송을 요구한 메시지가 작을 경우에 TCP는 적절한 크기의 메시지가 될 때까지 응용 계층으로부터 더 많은 메시지가 수신되기를 기다리기도 한다.

TCP에서는 부가적인 기능으로 버퍼에 있는 데이터를 즉시 전달할 것을 요구하는 밀어내기(push) 기능과 긴급 데이터 알리기 기능을 제공한다.

16.2 TCP PDU 형식

TCP 계층에서 약속된 메시지 형식인 PDU(Protocol Data Unit)를 **세그먼트(segment)**라 한다. 다음 그림 16.1은 TCP 계층에서 사용되는 헤더 형식을 나타낸 것이다. TCP 헤더의 각 필드의 의미는 다음과 같다.

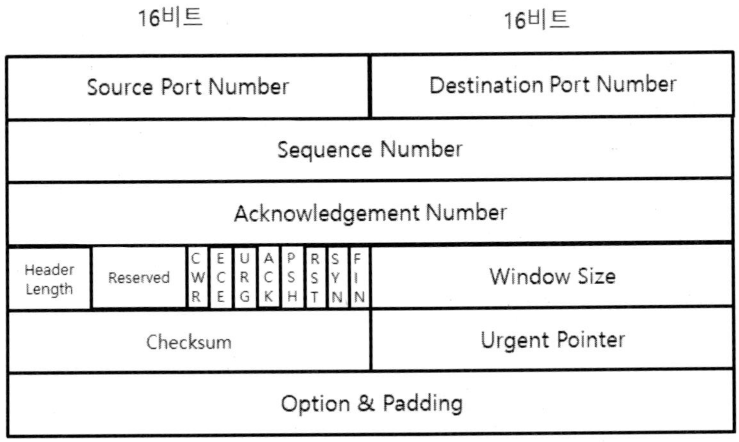

그림 16.1 TCP 헤더의 형식

- **포트 번호**(Port Number) : TCP 계층에서 사용하는 주소이다. 포트 번호는 16비트 크기로 TCP 서비스를 이용하는 응용 프로세스와의 대응 관계를 나타낸다. 다수의 응용 프로세스가 동시에 TCP를 이용하기 때문에 송신 측과 수신 측 모두에서 TCP 사용자를 식별할 수 있는 포트 번호를 이용한다.
- **순서 번호**(Sequence Number) : 전송되는 데이터의 각 바이트에 32비트 크기의 순서 번호가 붙는다. 만약 세그먼트의 데이터가 0에서 999바이트까지 총 1000바이트로 이루어졌다면, 이 세그먼트에 대한 순서 번호는 0이 된다. 그리고 그 다음 세그먼트의 순서 번호는 1000이 된다. 첫 번째 세그먼트의 순서 번호는 TCP 연결 설정 때에 임의(random)의 순서 번호가 붙는다.
- **확인 응답 번호**(Acknowledgement Number) : 수신 측에서 수신한 세그먼트의 마지막 바이트의 순서 번호보다 1 큰 번호로 확인 응답을 한다. 이것은 다음에 수신을 기대하는 바이트의 순서 번호이다.

- **제어 플래그** : 각 1비트로 이루어진 플래그 8개로 구성된다.
  - Congestion Window Reduced(CWR) 비트는 송신 측에서 혼잡 윈도우 크기를 줄였음을 나타낸다.
  - ECE(ECN Echo) 비트는 혼잡이 발생했음을 알리는 ECN(Explicit Congestion Notification)을 송신 측에 알리기 위한 비트이다.
  - Urgent(URG) 플래그는 긴급 데이터가 있음을 나타낸다.
  - ACK 비트는 확인 응답이 있음을 나타낸다.
  - Push(PSH) 비트는 버퍼 내에 있는 데이터를 밀어냄을 나타내는 비트이다.
  - Reset(RST) 비트는 TCP 통신의 논리가 깨져서 더 이상 계속할 수 없을 때 연결을 다시 설정하도록 요구하는 비트이다.
  - SYN 비트는 TCP 연결 설정 요구를 나타내는 비트이다.
  - FIN 비트는 TCP 연결 해제를 요구하는 비트이다.
- **윈도우 크기(Window Size)** : 슬라이딩 윈도우에서 수신 측에서 수신할 수 있는 윈도우 크기를 나타낸다.
- **체크섬(Checksum)** : 오류 검출을 위한 16비트 체크섬으로 세그먼트 전체에 대한 1의 보수합 방식을 이용한다.
- **긴급 포인터(Urgent Pointer)** : 긴급 데이터가 포함되는 경우, 긴급 데이터의 마지막 바이트를 가리키는 16비트 값이다. 긴급 데이터는 사용자 데이터 부분의 앞에 위치하며, 그 다음 바이트부터는 일반 데이터가 된다.

16.3 TCP 연결 설정과 해제

01 | TCP 연결 설정

데이터 전송을 하기 이전에 TCP는 두 프로세스 사이의 논리적인 연결을 설정한다. TCP 연결은 양방향 전송을 위한 것으로 **3단계 핸드쉐이킹(3-Way Handshaking)**을 통해서 이루어진다. 연결 요구와 이에 대한 응답 과정을 3단계에 걸쳐서 처리하는 이유는 연결 요구와 응답 메시지가 전송 도중 유실되거나 지연이 생기게 되면 차후에 발생하는 연결 요구나 응답 메시지와 중복이 발생하여 잘못된 연결이 설정될 가능성이 있기 때문이다. 또한 보안 측면에서의 공격에 따른 연결 가로채기 등의 가능성이 존재한다. 이와 같은 문제점들을 회피하기 위해서 보다 엄격한 협상 과정인 3단계 핸드쉐이킹을 수행한다. 다음 그림 16.2는 3단계 핸드쉐이킹 과정을 나타낸 것이다.

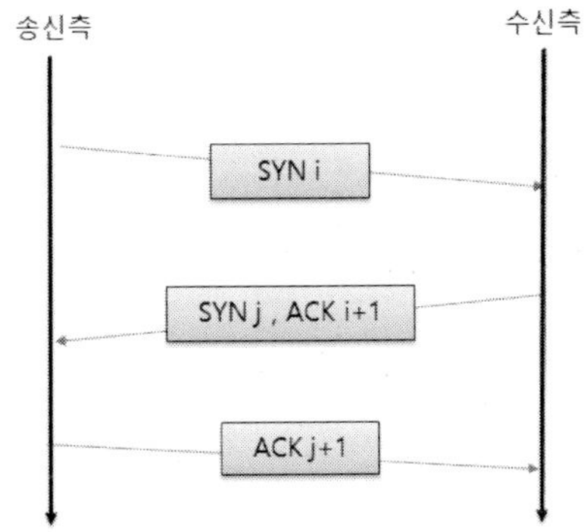

그림 16.2 3단계 핸드쉐이킹

3단계 핸드쉐이킹에서는 연결 설정을 위해 SYN 메시지를 서로 주고받는다. 이때 SYN 메시지에 임의의 순서 번호를 함께 보내게 되는데, 이 순서 번호는 연결이 완성된 후 메시지 전송이 시작될 때 사용된다. 메시지 전송은 양방향으로 이루어지므로 양 방향에서 독립적으로 임의의 순서 번호를 설정하여 사용한다. 송신 측에서 보낸 SYN 메시지를 수신하면 수신 측에서는 이에 대한 응답으로 순서 번호를 1 증가시켜서 ACK 메시지를 보낸다. 이때 자신의 연결 요구를 위한 SYN 메시지를 함께 보낸다. 임의의 순서 번호를 사용하는 이유는 연결 요청이 다른 연결요청과 겹치는 현상을 막는 효과를 얻을 수 있을 뿐만 아니라, 보안 공격자들의 연결 가로채기 공격을 어렵게 하는 효과도 있다.

TCP 서비스는 클라이언트(client)/서버(server) 모델에 의하여 동작하도록 설계되었다. TCP 연결을 시도할 때 클라이언트 쪽과 서버 쪽의 동작이 다른데, 서버는 클라이언트 쪽의 연결 시도를 기다리는 수동적 열기(passive open)를 한다. 반대로 클라이언트 쪽에서는 능동적 열기(active open)를 시도하여 먼저 SYN 메시지를 전달한다. 서버의 수동적 열기란 열기를 수행하지만 SYN 메시지를 전달하지 않고, SYN 메시지가 오기를 기다리는 상태의 열기를 의미한다. 이 경우 클라이언트로부터 SYN 메시지가 수신되면, 이에 호응하여 ACK와 함께 SYN 메시지를 전달한다. 마지막으로 클라이언트 쪽에서는 서버 쪽에서 보낸 SYN 메시지에 ACK로 응답함으로써 연결이 완성된다. 만약 클라이언트 쪽에서 능동적 열기로 SYN 메시지를 전달하여도 서버 쪽에서 수동적 열기를 한 상태가 아니면 SYN 메시지에 대한 호응이 없기 때문에 열기에 실패한다. 따라서 클라이언트의 능동적 열기 이전에 서버 쪽의 수동적 열기가 우선 되어야 TCP 연결이 성공한다. 다음 그림 16.3은 클라이언트/서버 모델에서의 연결 과정을 나타낸 것이다.

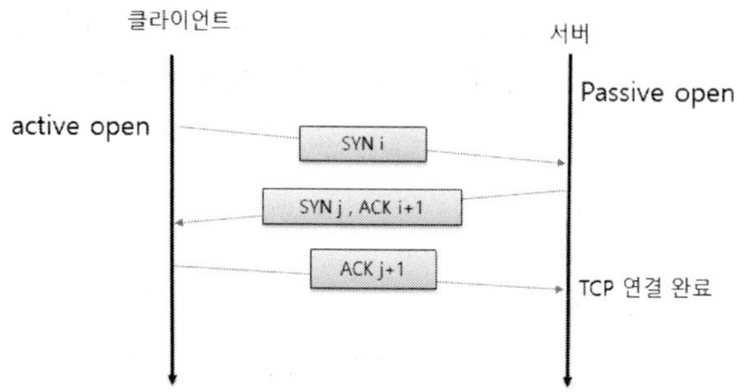

그림 16.3 클라이언트/서버 모델에서의 TCP 연결

02 | TCP 연결 해제

TCP 연결 설정과 유사하게 TCP 연결 해제도 양방향으로 이루어진다. 연결 해제 요구 메시지로는 FIN 메시지를 이용한다. 연결 설정 경우와 유사하게 FIN 메시지에는 순서 번호가 함께 전달된다. FIN 메지시를 수신하면 응답을 위해서 ACK 메시지를 전달한다. 이때 FIN 메시지의 순서 번호보다 1 증가된 순서 번호를 ACK에 함께 전달해야 한다. 이와 같은 핸드쉐이킹이 양방향 모두에서 독립적으로 발생한다. 한쪽의 메시지 전달이 끝났다고 해서 다른 방향의 메시지 전송이 같이 끝나야 하는 것이 아니고, 각 방향마다 독립적인 연결 해제 요구와 응답이 있어야 한다. 이 과정을 그림으로 나타내면 다음 그림 16.4와 같다.

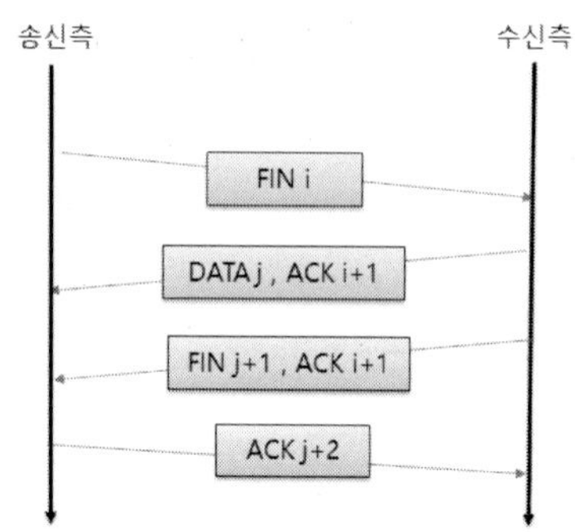

그림 16.4 TCP 연결 해제 과정

16.4 TCP 메시지 전달 과정

TCP는 신뢰성 있는 데이터 전송을 위해서 흐름 제어와 오류 제어를 해야 한다. TCP에서는 슬라이딩

윈도우(sliding window) 흐름 제어와 N-후퇴(go-back-N) ARQ 오류 제어를 이용한다. 이 방식에 대한 자세한 내용은 10장. 데이터 링크 제어 부분을 참조하기 바란다. HDLC에서는 순서 번호를 프레임의 순서 번호를 이용하는데 비해 TCP에서는 데이터의 바이트 당 순서 번호를 이용한다는 점이 다르다. 그리고 고정된 윈도우 크기를 이용하지 않고, 수신 측에서 자신의 수신 버퍼 등의 상태를 고려하여 가변적인 윈도우 크기를 송신자에게 알려준다. 이것을 **크래딧**(credit)이라 한다. 만약 윈도우 크기를 0으로 하면 송신자는 더 이상 데이터를 보낼 수가 없다. 이 경우에는 수신자가 다시 적절한 윈도우 크기(window size)를 정해줄 때까지 데이터 전송을 멈추고 기다려야 한다.

수신된 데이터에 대한 응답은 ACK 메시지를 보냄으로써 이루어지는데 세그먼트를 받을 때마다 응답을 하는 것이 아니고, 여러 번의 세그먼트를 받고 난 후에 최종 세그먼트에 대한 한번의 ACK를 보내는 누적된 응답 방식을 이용한다. 수신된 세그먼트에서 오류가 검출되면 부정 응답을 보내지 않는다. 그러면 송신 측에서 보낸 세그먼트에 대한 응답을 기다리다가 응답에 대한 타임아웃 발생하게 되고, 이에 따라 자동 재전송을 한다. 이를 위해서 송신 측에서는 전송되는 각 세그먼트마다 타임아웃(time-out) 측정을 위한 타이머(timer)를 설정해야 한다. 그리고 오류가 검출되지 않더라도 응답이 제때에 오지 않으면 타임아웃에 의한 자동 재전송이 이루어진다. 따라서 타임아웃 시간 값이 너무 작으면 약간의 전송 지연만으로도 자동 재전송이 발생할 수 있다. 그러므로 타임아웃 값을 적절하게 정하는 것이 중요하다. 일반적으로 타임아웃 값은 송신 측에서 수신 측으로 데이터를 보내고 이에 대한 응답을 받는데 걸리는 왕복 시간(round trip time)보다 약간 크게 설정된다. 다음 그림 16.5는 세그먼트 전송 도중 오류 검출이 있는 경우에 처리 과정을 나타낸 것이다.

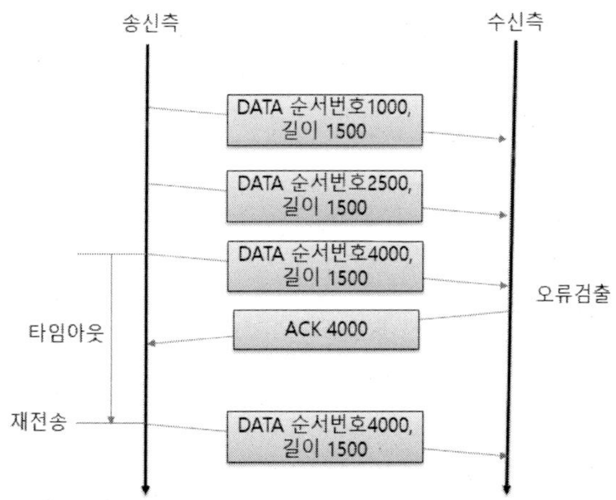

그림 16.5 오류 검출에 따른 재전송 과정

TCP가 이용하는 IP는 데이터그램의 전송 순서를 보장하지 않는다. 따라서 수신 측에서 수신되는 TCP 세그먼트의 순서도 송신 측의 순서와 다를 수 있다. 세그먼트 헤더에 순서 번호가 있기 때문에 순서가 잘못된 것을 인식할 수 있으며, 만약 일찍 도착한 세그먼트는 수신 후에 저장하고 있다가 앞서 출발한 세그먼트가 도착하여 순서가 보정되면 정상적으로 처리되고 송신 측에서의 재전송이 필요 없다. 그러나 재전송 타임아웃 이전에 ACK가 송신 측에 도착해야 하므로 순서보정이 늦어지면 재전송이 발생하고, 중복 전송된 데이터는 폐기된다.

예제 16.1 첫 번째 순서 번호가 5000이라 가정하고, TCP에서 세그먼트의 크기를 1000바이트로 전달한다고 가정한다. 이때 전달해야 할 데이터가 3000바이트라면 각 세그먼트의 순서 번호는 어떻게 되는가? 또 세 번째 세그먼트가 전송 중 오류가 발생했다면 수신 측에서의 확인 응답의 순서 번호는 어떻게 되는가?

풀이 각각 1000바이트 씩 분할되어 전달된다면 첫 번째 세그먼트 순서 번호는 5000, 두 번째 세그먼트 순서 번호는 6000, 세 번째 세그먼트의 순서 번호는 7000이 될 것이다. 세 번째 세그먼트가 전송 중 오류가 발생하면 수신 측에서는 정상적으로 수신한 마지막 세그먼트인 두 번째 세그먼트에 대한 ACK를 송신 측에 전달하는데 순서 번호는 7000이 된다.

예제 16.2 TCP는 자체적으로 세그먼트의 순서 번호를 이용하여 순서를 바로잡을 수 있다. 그럼에도 불구하고 IP 데이터그램의 순서가 잘못됨으로써 TCP에서 세그먼트의 재전송이 발생할 수 있는가?

풀이 순서 번호를 이용하여 세그먼트의 순서를 바로 잡을 수 있지만 처리를 위해 시간이 경과함에 따라 송신 측에서는 메시지에 대한 재전송 타임아웃에 따라 재전송이 발생할 수 있다.

16.5 혼잡 제어

혼잡 제어(congestion control)는 네트워크 상에 트래픽의 증가로 인하여 패킷이 라우터에서 전송 처리를 기다리는 시간이 길어짐으로써 발생한다. 지연이 커지면 네트워크의 경로배정 기능에 의하여 보다 지연이 적은 경로로 데이터 전송 경로가 우회하게 된다. 혼잡이 네트워크의 한 부분에서 국지적으로 발생하면 그 부분의 라우터를 우회하는 경로배정으로 해결될 수 있다.

그러나 트래픽의 증가가 꾸준히 발생하게 되면 혼잡의 영향이 국지적인 현상에서 점차 네트워크 전체적인 현상으로 퍼지게 되고, 경로배정 기능으로는 해결이 불가능하게 된다. 따라서 혼잡 발생이 감지되면 혼잡 정도가 심해지기 이전에 적절한 대응이 필요하다. 혼잡을 해결할 수 있는 기본적인 방법은 라우터에서 혼잡이 감지되면 이 상황을 송신 측에 알려서, 데이터 전송 시도를 줄이거나 막는 것이다.

TCP에서는 윈도우 크기를 이용한 흐름 제어 이외에 혼잡 윈도우(congestion window)라고 하는 기능을 추가적으로 이용한다. 흐름 제어를 위한 윈도우 크기와 혼잡 윈도우 크기 중에서 더 작은 것을 참조하여 데이터를 전송한다. 데이터가 재전송되면 이 원인을 혼잡으로 판단하고 송신 측에서는 혼잡 윈도우를 줄여서 데이터 전송을 감소시키는 방법을 이용한다.

초기에 혼잡 윈도우의 크기는 최대 세그먼트 크기로 설정한다. 혼잡 윈도우의 크기가 임계 값(최대 윈도우크기의 1/2)에 도달하기 이전까지는 전송에 성공한 세그먼트의 개수가 증가함에 따라 2배씩 증가한다. 그 후 혼잡 윈도우의 크기가 임계 값에 도달하면 세그먼트의 전송 성공 회수에 따라 1씩 선형적으로 증가한다. 그러나 재전송 타임아웃이 발생하면 이것을 혼잡이 발생한 것으로 판단하여 혼잡 윈도우의 임계 값을 현재 혼잡 윈도우의 절반으로 줄이고 혼잡 윈도우는 초기 값으로 되돌아간다. 따라서 임계 값까지는 지수적(exponentially)으로 빠르게 혼잡 윈도우가 증가하다가 임계 값에 도달한 후에는 1씩 서서히 증가시킨다. 도중에 혼잡에 의한 재전송이 발생했다고 판단되면 급격하게 윈도우 크기를 줄임으로써 송신 측의 데이터 전송 양을 감소시켜 혼잡을 피한다. 혼잡 윈도우 크기의 변화를 그림으로 나타내면 다음 그림 16.6과 같다.

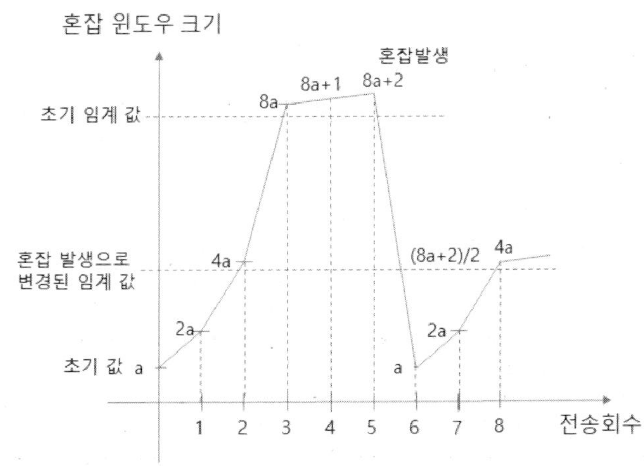

그림 16.6 혼잡 윈도우의 변화

이해를 돕기 위해서 최대 세그먼트 크기가 2^{10}(1024)이라고 단순화시켜서 생각해보면 초기 혼잡 윈도우는 2^{10}이다. 이후 세그먼트 한 개를 성공적으로 전달하면, 그 크기가 2^{11}로 2배 증가한다. 다음 세그먼트 전송에 성공하면 2^{12}로 증가될 것이다. 이와 같이 빠른 증가를 하여 임계 값(2^{31})에 도달하면 매 세그먼트 전송 성공에 1씩 증가시켜서 매우 느리게 증가되도록 한다.

예제 16.3 최대 세그먼트 크기가 1500바이트이고 임계 값이 2^{31}이면, 혼잡 윈도우의 크기가 임계 값에 도달하기 위해서는 연속적으로 몇 번의 전송 성공이 필요한가?

풀이 세그먼트 전송이 성공함에 따라 혼잡 윈도우는 1500, 3000, 6000, 12000, 24000, … 증가할 것이다. 따라서 $1500 * 2^n > 2^{31}$을 만족하는 최소 정수 n을 구한다. n은 22이다.

예제 16.4 흐름 제어와 혼잡 제어의 차이점에 대하여 논하라.

풀이 흐름 제어는 송신 호스트와 수신 호스트 사이의 데이터 송신 속도와 수신 속도를 조절하는 기능이다. 이에 반해서 혼잡 제어는 단지 두 호스트 사이의 문제가 아닌, 네트워크를 이용하는 모든 호스트들이 전달하는 총 데이터 전송률이 네트워크의 전송 용량을 넘어설 때 발생하는 현상을 제어하는 것이다.

16.6 UDP

TCP가 사용자들에게 연결지향 서비스를 제공하는데 비해 UDP(User Datagram Protocol)는 인터넷에서 사용자들에게 비연결(connectionless) 서비스를 제공한다. 이 서비스는 신뢰적이지 않고, 중복 전송도 제어하지 않는다. 그러나 프로토콜이 매우 단순하여 처리하기 쉽고, 응답 속도가 빠르다.

다음 그림 16.7은 UDP의 헤더 형식을 나타낸 것이다.

16비트	16비트
Source Port Number	Destination Port Number
Length	Checksum

그림 16.7 UDP 헤더

UDP 헤더는 매우 단순하다. 송수신 측의 프로세스 식별을 위한 포트 번호 필드와 전체 세그먼트의 길이를 나타내는 길이 필드, 그리고 세그먼트를 위한 체크섬 필드가 전부이다. UDP 체크섬은 TCP와 동일한 방식을 이용하는데, 이마저도 선택 사항이다. 또한 체크섬을 이용한다고 해도 오류가 검출되었을 때 오류 정정을 위한 기능은 하지 않고 단순히 해당 세그먼트를 폐기한다. 따라서 송신 측에서 세그먼트가 정상적으로 수신되었는가는 알 수 없다.

예제 16.5 UDP는 IP 프로토콜이 제공하는 데이터그램 전달 서비스에 부가적으로 어떤 기능을 제공하는가?

풀이 헤더를 보면 포트 번호를 이용하여 송신, 수신 사용자들과의 대응 관계를 관리함을 알 수 있다. 또한 체크섬 기능을 이용하여 오류가 검출된 데이터에 대하여 데이터를 폐기하는 기능을 제공한다. 즉, 잘못된 데이터는 수신 측 사용자에게 전달되지 않는다.

예제 16.6 UDP는 사용자에게 데이터그램 서비스를 제공한다. 그리고 확인 응답이 없기 때문에 데이터그램 수신을 확인할 수 없다. 즉 신뢰성을 보장하지 않는다. 이와 같은 기능을 이용하는 응용은 어떠한 것이 있을 수 있는가?

풀이 간헐적으로 발생하나는 오류에 의한 데이터 폐기가 문제가 되지 않는 응용에서 사용 가능하다. 예를 들면 주기적으로 데이터를 빈번히 수집하는 경우 현재 전달되는 데이터가 누락되더라도 다음 차례의 전송에서 데이터를 수집하면 되는 경우가 이에 해당된다. 또는 주기적으로 자주 전달되는 광고 서비스 등에서도 사용될 수 있다.

16.7 HTTP

본 절에서는 TCP를 이용하는 응용 프로토콜의 한 예로 **HTTP(Hyper Text Transfer Protocol)**에 대해서 알아본다. 이름에서 알 수 있듯이 HTTP는 **하이퍼 텍스트(hyper text)**를 전달하기 위한 프로토콜이다. 이 프로토콜은 오늘날 인터넷에서 가장 대표적인 서비스라 할 수 있는 **웹(World Wide Web : WWW)** 서비스를 지원하는 응용 프로토콜이다.

01 | 웹 서비스

웹(WWW) 서비스는 오늘날 인터넷 응용 서비스 중에서 가장 많이 사용되고 있는 기능 중에 하나이다. 사용자들은 웹 클라이언트(client)인 웹 브라우저(browser) 프로그램을 이용하여 원하는 정보를 제공하는 웹 서버에 접속하여 웹 문서를 검색한다. 이때에 웹 문서들은 하이퍼 텍스트 구조로 되어 있다.

1) URL

원하는 정보를 얻기 위해서는 정보를 가지고 있는 문서의 주소를 알아야 한다. 웹 서비스에서는 자원의 주소를 **URL(Uniform Resource Locator)**이라 한다. URL의 형식은 다음과 같다.

접속프로토콜://서버의 도메인이름:포트번호/경로이름/문서이름

예를 들어서 URL이 http://www.jeonju.ac.kr이라고 하면, 접속프로토콜은 http, 서버의 도메인 이름은 www.jeonju.ac.kr, 경로이름과 문서이름은 생략되었다. 경로이름과 문서이름이 생략되면 미리 정해놓은 홈페이지 문서가 선택된다.

2) 도메인 이름

서버의 도메인 이름(domain name)은 내부적으로는 해당 서버의 IP 주소로 변환되어 처리된다. 웹 서버의 IP 주소를 알고 있다면, 도메인 이름 대신 IP 주소를 직접 URL에 기입하여도 서비스를 사용할 수 있다. 그러나 IP 주소는 십진수로 표현되고, 사람이 의미를 이해하기 쉬운 방식이 아니다. 따라서 사람에게 친숙한 방식인 의미를 나타내는 도메인 이름을 사용한다.

도메인 이름은 점(.)으로 구분되는 각 도메인(영역)의 이름이 합쳐서 이루어진다. www.jj.ac.kr에서 kr은 우리나라(Korea)를 의미하는 도메인, ac는 교육망(academy)을 나타내는 도메인, jj는 전주대학교를 나타내는 도메인, 마지막으로 www은 웹 서버를 나타내는 호스트 이름이다. 풀어서 다시 설명하면 대한민국의 교육망에 포함되어 있는 전주대학교 영역 내에서의 웹 서버를 의미한다. 이와 같이 도메인은 뒤에서부터 앞으로 범위가 점점 더 작아지는 순서로 나타낸다. 전 세계를 대상으로 하는 도메인은 가장 상위에 루트(root) 영역이 있고, 그 아래에 다음 크기의 도메인들이 붙는 트리(tree) 구조로 구성된다. 그림 16.8이 도메인의 트리구조를 보여준다.

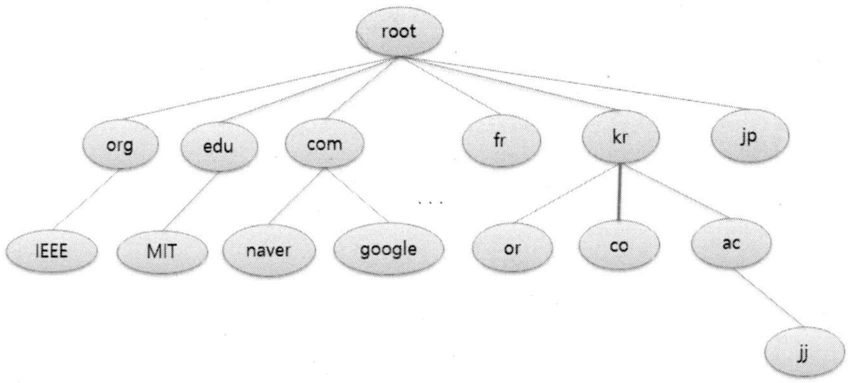

그림 16.8 도메인 트리 구조

사람이 입력한 도메인 이름에 대한 IP 주소의 대응 관계는 DNS(Domain Name System)에 의하여 구축, 관리된다. DNS 서버는 클라이언트로부터 도메인 이름을 전달받아서 대응되는 IP 주소로 응답한다. DNS 서버는 이를 위해서 도메인 이름과 IP 주소의 대응 정보를 데이터베이스에 가지고 있다. 사용자가 웹 브라우저에서 URL 주소를 가지고 서비스를 요청하면, HTTP에 의하여 TCP 연결이 요청될 때는 변환된 IP 주소가 사용된다. 이 과정을 그림으로 나타내면 다음 그림 16.9와 같다.

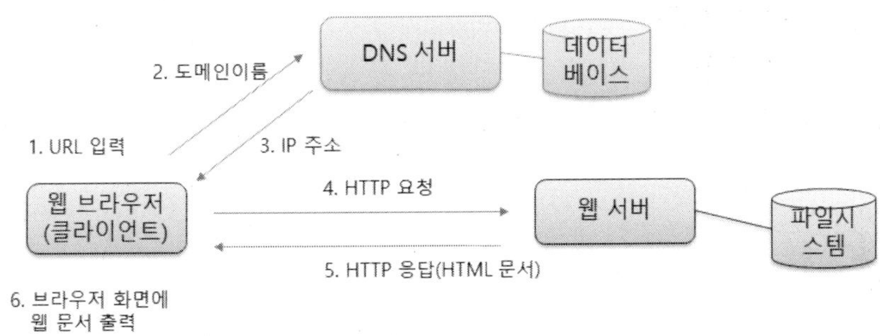

그림 16.9 웹 서비스 처리 과정

3) 하이퍼 텍스트

하이퍼 텍스트(hyper text)란 일반 문서(text)들 사이에 연관성을 고려하여 연관성이 있는 문서들을 하이퍼 링크(hyper link)로 연결하여 구성한 문서의 집합을 의미한다. 다음 그림 16.10은 하이퍼 텍스트를 개념적으로 단순화시켜서 나타낸 것이다. 각 문서의 내용에 관련된 다른 문서들을 해당되는 키워드에 대응시켜서 논리적인 연결을 한 것이다. 이와 같이 한 문서를 참조하다가 관련된 다른 문서를 빠르게 찾아서 참조할 수 있도록 구조화한 것이다. 각 문서들은 인터넷에서 서로 다른 호스트에 위치할 수 있다. 따라서 전 세계에 흩어져 있는 관련 문서들을 논리적인 링크를 이용하여 연결하고, 이를 통해서 관련된 문서들을 빠르게 검색 및 참조할 수 있도록 만들어 놓은 문서 구조를 하이퍼 텍스트라 할 수 있다. 다음 그림 16.10은 하이퍼 텍스트의 문서 구조를 나타낸 것이다.

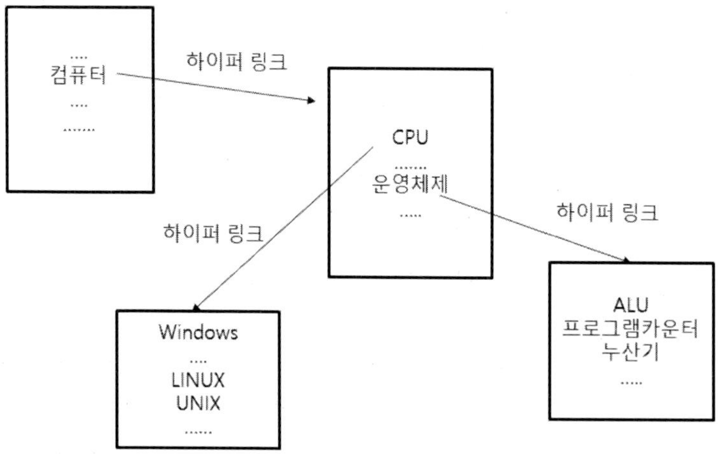

그림 16.10 하이퍼 텍스트의 개념적 구조

하이퍼 텍스트를 나타내는 문법이 **HTML(Hyper Text Markup Language)**이다. 웹 서비스에서 마이크로소프트의 인터넷 익스플로러(Internet Explorer)나 구글의 크롬(Chrome) 등의 웹 브라우저(web browser) 화면에 나타나는 문서들을 기술할 때 사용하는 문법이다. 자세한 설명은 이 책의 범위를 벗어나므로 생략한다. 아래 그림 16.11에 HTML 문서의 간단한 예를 나타내었다.

```
<html>
<head>
<title>HTML의 예</title>
</head>
<body>
<h1>하이퍼 링크 문법</h1>
<A HREF="http://www.jeonju.ac.kr">전주대</A>
</body>
</html>
```

그림 16.11 HTML 문서의 예

02 | HTTP 절차

HTTP 프로토콜의 절차는 클라이언트에서 웹 문서에 대한 요청(request)을 서버에게 보내면 서버는 이에 대한 응답(reply)을 수행하는 요청과 응답의 단순한 절차에 의하여 동작한다. 요청이 발생하면 먼저 클라이언트에서 TCP 연결을 설정하고 이를 통해서 신뢰성 있는 웹 문서 요청을 보내면, 이에 대한 응답으로 서버는 요구된 웹 문서를 자신의 시스템으로부터 찾아서 전달한다. 이 과정을 그림으로 나타내면 다음 그림 16.12와 같다.

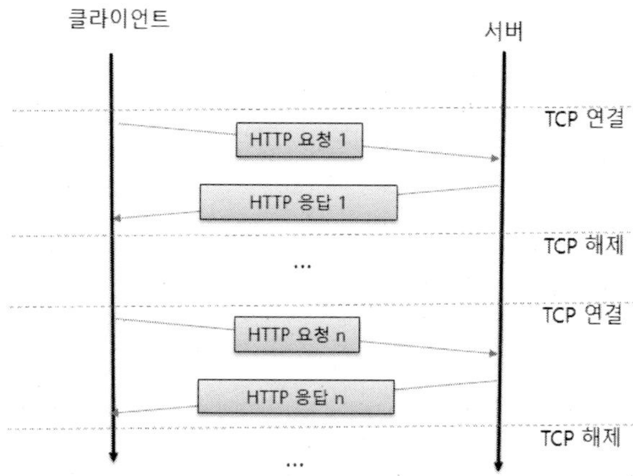

그림 16.12 HTTP 동작 과정

HTTP에서의 TCP 연결이 지속적이지 않을 경우(non-persistent)에는 요청과 응답을 하나의 독립된 단위로 처리한다. 따라서 다음 요청과 응답과의 관계는 고려하지 않는다. 매번 요청과 응답이 처리되고 나면 TCP 연결은 해제되며, 다음 요청이 있을 때 다시 TCP 연결이 수행된다. 그러나 지속적인 TCP 연결을 이용할 경우에는 한번의 TCP 연결을 이용하여 다수의 요청과 응답을 수행할 수 있다. HTTP를 위해서 웹 서버는 80번 포트 번호를 이용하여 수동적 연결(passive open)을 한 상태에서 클라이언트의 요청을 기다린다.

03 | HTTP 메시지 형식

HTTP에서 사용하는 메시지 종류는 GET, HEAD, POST, PUT, DELETE 등의 다양한 메소드(method)에 대한 요청 메시지와 이에 대한 응답 메시지가 있다. 요청 메시지는 요청 라인(request line), 헤더(header), 몸체(body)로 구성되고, 응답 메시지는 상태 라인(status line), 헤더, 몸체로 구성된다. 그리고 ASCII 코드로 부호화된 일반 텍스트 문서와 유사한 내용으로 표현된다. 각 줄은

CR, LF 코드를 포함한다.

요청 메시지의 요청 라인은 요청 메소드, URL(Uniform Resource Locater), HTTP 버전 등의 정보를 포함한다. 요청 라인의 한 줄 형식은 다음과 같다.

메소드 〈빈칸〉 URL 〈빈칸〉 HTTP 버전 〈CR〉〈RF〉

응답 메시지의 상태 라인은 HTTP 버전, 상태 코드, 상태 설명 부분으로 이루어진다. 상태 라인의 한 줄 형식은 다음과 같다.

HTTP 버전 〈빈칸〉 상태 코드 〈빈칸〉 원인 설명 〈CR〉〈LF〉

요청 메시지와 응답 메시지를 그림으로 나타내면 다음 그림 16.13과 같다.

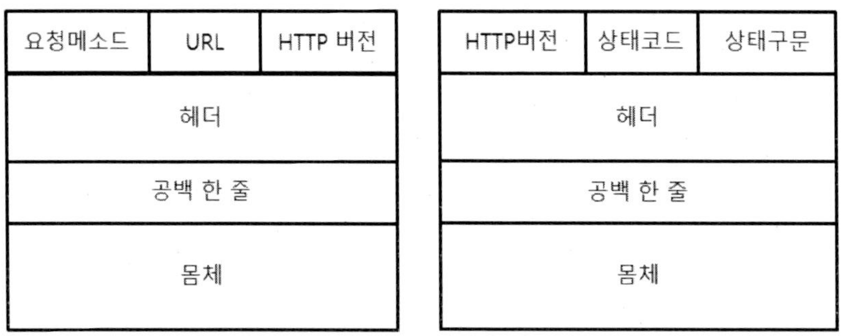

a) 요청메시지 형식 b) 응답메시지 형식

그림 16.13 HTTP 메시지 형식

주요 요청 메소드의 기능은 다음과 같다.

- GET : 클라이언트가 웹 서버에게 웹 문서를 요청할 때 이용한다.
- HEAD : 클라이언트가 웹 서버에게 문서 자체보다는 관련된 정보를 요청할 때 사용한다.
- POST : 클라이언트가 웹 서버에게 데이터를 전달할 때 사용한다. 예를 들어 게시판에 글을 올리는 경우처럼 웹 페이지에 단어나 글들을 기입하여 서버에 보낼 때 사용한다.
- PUT : 클라이언트가 서버에게 문서를 저장하거나 새로 갱신할 때 사용한다.
- DELETE : 서버에게 URL에 해당하는 자원을 삭제하도록 요청한다.

응답 메시지의 상태 라인에서 사용되는 상태 코드는 세 자리 숫자로 이루어진다. 1** 숫자는 정보 전달을 위한 것이고, 2**은 요청이 성공적으로 처리되었음을 알린다. 3**은 다른 URL로의 재접속을 나타낸다. 4**은 클라이언트의 오류 정보를 나타내고, 5**은 서버의 오류 정보를 의미한다.

예를 들어 GET 요청 메소드가 성공적으로 처리되면 "HTTP/1.1 200 OK"와 같은 상태 라인을 갖는 응답 메시지가 수신된다. 서버가 요청을 처리할 수 없게 만드는 오류를 만났을 때는 "HTTP/1.1 500 Internal Server Error", 요청 문법에 잘못이 있을 때는 "HTTP/1.1 400 Bad Request", 금지된 요청인 경우에는 "HTTP/1.1 403 Forbidden", 요청 문서를 찾을 수 없을 때는 "HTTP/1.1 404 Not Found" 등이 흔히 볼 수 있는 응답이다.

16 연습문제

1. 다음 중에서 연결지향 서비스 전송 계층 프로토콜은 무엇인가?

① IP ② TCP ③ UDP ④ HTTP

2. 다음 중에서 송신 프로세스와 수신 프로세스 사이의 데이터그램 전송을 수행하는 프로토콜은?

① IP ② TCP ③ UDP ④ HTTP

3. 다음 중에서 TCP를 사용하는 프로토콜이 아닌 것은 무엇인가?

① FTP ② telnet ③ HTTP ④ ICMP

4. 다음 중 TCP가 연결 설정할 때 사용하는 방법은 무엇인가?

① 2-way handshaking ② 3-way handshaking
③ 4-way handshaking ④ handshaking

5. TCP가 연결을 설정할 때 주고받는 메시지는 다음 중 무엇인가?

① URG ② PSH ③ SYN ④ FIN

6. TCP가 연결을 해제할 때 주고받는 메시지는 다음 중 무엇인가?

① URG ② PSH ③ SYN ④ FIN

7. 송신 측 TCP 사용자가 현재 TCP 버퍼에 있는 데이터를 즉시 수신 측에 보내라는 요청이 있을 때 설정되는 비트는 무엇인가?

① URG ② PSH ③ SYN ④ FIN

8. TCP가 흐름 제어로 사용하는 방식은 다음 중 무엇인가?

① 정지대기 흐름 제어 ② 슬라이딩 윈도우 흐름 제어
③ On/Off 흐름 제어 ④ polling

9. TCP가 오류 제어로 사용하는 방식은 다음 중 무엇인가?

① N-후퇴 ARQ
② 정지대기 ARQ
③ 선택적 재전송
④ 순방향 오류 정정(FEC)

10. 혼잡 제어에 대한 설명이다. 잘못된 것은 무엇인가?

① 부분적인 혼잡 제어는 경로배정으로 해결될 수 있다.
② 혼잡이 발생하면 라우터에서 버퍼 오버플로우가 발생한다.
③ 라우터는 혼잡이 발생하면 ECN 필드를 이용하여 수신 측에 알린다.
④ 흐름 제어를 통해서 혼잡을 해결할 수 있다.

11. TCP에 대한 설명이다. 올바른 것은 무엇인가?

① TCP는 IP 서비스를 이용하는 사용자이다.
② TCP는 IP의 데이터그램 순서 보장 기능을 이용한다.
③ TCP는 오류 검출을 위하여 CRC 방식을 사용한다.
④ TCP는 신뢰성 있는 데이터그램 서비스를 제공한다.

12. TCP 헤더에서 혼잡이 발생했음을 송신 측에 알리기 위해서 사용하는 비트는 다음 중 무엇인가?

① CWR(Congestion Window Reduced)
② ECE(Explicit Congestion Notification Echo)
③ URG(Urgent)
④ PSH(Push)

13. TCP 헤더에서 수신 측의 버퍼를 고려하여 결정되는 것은 다음 중 무엇인가?

① Urgent Pointer
② Acknowledgement Number
③ Window Size
④ Sequence Number

14. UDP에 대한 설명이다. 잘못된 것은 무엇인가?

① UDP는 IP 서비스를 이용하는 사용자이다.

② UDP는 오류를 검출하고, 오류가 발생하면 재전송을 요구한다.

③ UDP는 데이터그램 서비스를 제공한다.

④ UDP는 응용 프로토콜과의 대응 관계를 위한 주소로 포트 번호를 사용한다.

15. 다음 중 HTTP 프로토콜의 요청 메소드가 아닌 것은?

① GET ② POST

③ PUSH ④ HEAD

16. HTTP에 대한 설명이다. 잘못된 것은?

① 하이퍼 텍스트 전달을 위한 프로토콜이다.

② TCP 서비스를 이용한다.

③ 웹 서비스를 위해서 요청과 응답 절차를 수행한다.

④ HTML 문법은 HTTP의 일부분이다.

17. 다음 중 웹 서비스에서 다루는 문서를 기술하는 문법은 무엇인가?

① HTTP ② CGI

③ SSL ④ HTML

18. 웹 서비스에서 사용하는 주소는 다음 중 무엇인가?

① URL ② 포트 번호

③ 이메일 주소 ④ MAC 주소

19. 웹 서비스에서 도메인 주소를 IP 주소로 변환하기 위해서 사용하는 것은 다음 중 무엇인가?

① SMTP ② DNS 서버

③ 루트 디렉토리 ④ CGI

20. HTTP 요청 메시지를 구성하는 부분이 아닌 것은 다음 중 무엇인가?

① 요청 라인 ② 헤더
③ 몸체(body) ④ 추신

21. HTTP 응답 메시지를 구성하는 부분이 아닌 것은 다음 중 무엇인가?

① 상태 라인 ② 헤더
③ 몸체(body) ④ 오류 코드

22. TCP와 UDP 전송 계층 프로토콜의 장단점을 서로 비교하라.

23. UDP를 이용하는 응용 프로토콜을 조사해 보자.

24. 통신 응용 프로그램을 만들 때, TCP나 UDP 기능을 이용하는 방법에 대하여 알아보자.

25. 국가 도메인 이름 kr의 하위 계층에 있는 도메인 이름에 대하여 조사해 보자.

Chapter 01 데이터 통신 개요

1.③ 2.② 3.① 4.③ 5.③ 6.② 7.① 8.③ 9.④ 10.② 11.② 12.① 13.① 14.②

Chapter 02 데이터 통신망 구조

1.② 2.② 3.③ 4.② 5.② 6.③ 7.① 8.④ 9.④ 10.② 11.② 12.③ 13.③

Chapter 03 프로토콜의 계층구조

1.② 2.② 3.④ 4.① 5.② 6.③ 7.④ 8.④ 9.① 10.② 11.① 12.② 13.④ 14.② 15.②
16.④ 17.④ 18.④ 19.③ 20.④

Chapter 04 신호

1.④ 2.① 3.② 4.④ 5.③ 6.③ 7.② 8.① 9.② 10.③ 11.③ 12.① 13.③ 14.③ 15.③
16.②

Chapter 05 신호 변환

1.④ 2.② 3.④ 4.③ 5.② 6.① 7.① 8.③ 9.② 10.③ 11.① 12.① 13.② 14.③ 15.①
16.④ 17.④ 18.③ 19.① 20.④ 21.③

Chapter 06 전송 매체

1.① 2.④ 3.② 4.② 5.③ 6.③ 7.③ 8.④ 9.④ 10.① 11.④ 12.① 13.③

Chapter 07 다중화

1.③ 2.① 3.② 4.④ 5.① 6.① 7.② 8.③ 9.① 10.① 11.④ 12.③ 13.④ 14.② 15.④
16.③ 17.① 18.③

Chapter 08 물리 인터페이스

1.② 2.① 3.① 4.④ 5.③ 6.① 7.② 8.① 9.④ 10.② 11.④ 12.④

Chapter 09 오류 검출과 정정

1.④ **2.**② **3.**② **4.**② **5.**④ **6.**③ **7.**②

Chapter 10 데이터 링크 제어

1.① **2.**② **3.**③ **4.**① **5.**③ **6.**① **7.**③ **8.**① **9.**④ **10.**④ **11.**② **12.**③ **13.**④ **14.**④ **15.**①
16.③ **17.**③ **18.**④ **19.**③ **20.**① **21.**① **22.**① **23.**③ **24.**④ **25.**④ **26.**② **27.**①

Chapter 11 LAN

1.③ **2.**② **3.**① **4.**④ **5.**① **6.**④ **7.**② **8.**① **9.**③ **10.**② **11.**④ **12.**① **13.**② **14.**② **15.**①
16.② **17.**④ **18.**① **19.**③ **20.**① **21.**② **22.**④ **23.**① **24.**② **25.**③ **26.**④ **27.**③ **28.**④ **29.**④

Chapter 12 WAN

1.④ **2.**④ **3.**① **4.**③ **5.**③ **6.**③ **7.**③ **8.**④ **9.**③ **10.**② **11.**③ **12.**④ **13.**③ **14.**① **15.**④
16.③ **17.**④ **18.**① **19.**③

Chapter 13 SONET/SDH

1.① **2.**② **3.**④ **4.**④ **5.**④ **6.**④

Chapter 14 다양한 무선 네트워크

1.③ **2.**③ **3.**④ **4.**① **5.**④ **6.**① **7.**① **8.**① **9.**④ **10.**① **11.**④ **12.**③ **13.**④

Chapter 15 IP

1.① **2.**① **3.**① **4.**③ **5.**② **6.**② **7.**③ **8.**① **9.**③ **10.**② **11.**② **12.**④ **13.**③ **14.**① **15.**③
16.① **17.**③ **18.**① **19.**② **20.**① **21.**② **22.**③ **23.**③ **24.**② **25.**③ **26.**② **27.**④ **28.**④ **29.**③ **30.**①

Chapter 16 TCP

1.② **2.**① **3.**④ **4.**② **5.**③ **6.**④ **7.**② **8.**② **9.**① **10.**④ **11.**① **12.**② **13.**③ **14.**② **15.**③
16.④ **17.**④ **18.**① **19.**② **20.**④ **21.**④

참고문헌

[1] Andrew S, Tanenbaum, Computer Networks, 4th Edition, Prentice-Hall, 2003.

[2] Behrouz A. Forouzan 지음 이재광, 김종규, 박동선, 홍충선 공역, 데이터통신과 네트워킹 5판, McGraw-Hill Korea, 2013.

[3] Behrouz A. Forouzan, TCP/IP Protocol Suite (4th Edition), McGraw-Hill Korea, 2010.

[4] Fred Halsall, Data Communications, Computer Networks and Open Systems (4th Edition) Addison-Wesley, 1996.

[5] William Stallings 지음 김치하, 한기준 옮김, "데이터통신 및 컴퓨터통신 8판" Prentice Hall, 2007

[6] William Stallings, Wireless Communications & Networking(2nd Edition), Prentice Hall, 2005

[7] 강문식, New 데이터통신과 네트워킹", 한빛아카데미, 2014.

[8] 박기현, "쉽게 배우는 데이터통신과 컴퓨터네트워크 개정판, 한빛아카데미 2016.

[9] 안순신, 김은기, 정보통신 네트워크, 이한출판사, 1998.

[10] 이재광 편저, 데이터 통신, McGraw-Hill Education, 2016.

[11] 정진욱, 한정수, 데이터 통신 개정판, 생능출판, 2014.

[12] 진혜진, 네트워크 개론, 한빛미디어, 2007.

[13] 차동완, 정용주, 윤문길, 인터넷 정보기술, 홍릉과학출판사, 2004.6

[14] Naagesh S. Bhat, "Design and Implementation of IEEE 802.15.4 Mac Protocol on FPGA," Innovative Conference on Embedded Systems, Mobile Communication and Commputing(CEMC2) 2011

[15] IDG Report IT World 편집부, 4G LTE의 이해, 2012. 2.

[16] 고영조, 방승찬, 5G 무선 기술, TTA Journal Vol 152 pp.40-45, 2014. 3.

[17] 김문종외 3인, 5G 이동통신기술 발전 방향, 정보와통신 열린강좌 한국통신학회 2015. 9.

[18] 방승찬, 이동통신의 발전 및 핵심기술, 정보와통신 열린강좌 별책1호 한국통신학회 2015. 9.

[19] Wikipedia 백과 (http://en.wikipedia.org/wiki/Wikipedia:About/)

[20] 정보통신용어사전 - 네이버 지식백과 (http://terms.naver.com/list.nhn?cid=42347&categoryId=42347)

[21] 한국인터넷 진흥원 (http://kisa.or.kr)

[22] 한국 정보통신 기술협회 정보통신 용어사전 (http://word.tta.or.kr/index.jsp)

약어정리

Chapter 01 데이터 통신 개요

ANSI (American National Standards Institute)
ARPANET (Advanced Research Project Agency NETwork)
CSMA/CD (Carrier Sense Multiple Access/Collision Detection)
GUI (Graphical User Interface)
IAB (Internet Architecture Board)
IETF (Internet Engineering Task Force)
IoT (Internet of Things)
IRTF (Internet Research Task Force)
ISO (International Standards Organization)
ISOC (Internet Society)
ITU (International Telecommunications Union)
ITU-R (ITU - Radio Standardization Sector)
ITU-T (ITU - Telecommunication Standardization Sector)
IEEE (Institute of Electrical and Electronics Engineers)
KICS (Korean Information and Communication Standard)
KS (Korean Standard)
LAN (Local Area Network)
LLC (Logical Link Control)
MAN (Metropolitan Area Network)
RFC (Request For Comments)
PAN (Personal Area Network)
PPP (Point-to-Point Protocol)
TTA (Telecommunication and Information Technology Association)
WAN (Wide Area Network)

Chapter 02 데이터 통신망 구조

BGP (Border Gateway Protocol)
ISDN (Integrated Service Digital Network)
MAC (Medium Access Control)
OSPF (Open Shortest Path First)
USB (Universal Serial Bus)

Chapter 03 프로토콜의 계층구조

FTP (File Transfer Protocol)
HTTP (Hyper Text Transfer Protocol)
IP (Internet Protocol)
NFS (Network File System)
OSI (Open System Interconnection)
PDU (Protocol Data Unit)
POP3 (Post Office Protocol 3)
SMTP (Simple Mail Transfer Protocol)
SNA (System Network Architecture)
SNMP (Simple Network Management Protocol)
TCP (Transmission Control Protocol)

Chapter 04 신호

bps (bits per seconds)
dB (Decibel)
EHF (Extremely High Frequency)
HF (High Frequency)
LF (Low Frequency)
MF (Middle Frequency)
SHF (Super High Frequency)
SNR (Signal to Noise Ratio)
UHF (Ultra High Frequency)
VHF (Very High Frequency)
VLF (Very Low Frequency)

Chapter 05 신호 변환

AM (Amplitude Modulation)
AMI (Alternate Mark Inversion)
ASK (Amplitude Shift Keying)
BASK (Binary Amplitude Shift Keying)
BPF (Band Pass Filter)
B8ZS (Bipolar 8-Zero Substitution)
CSU (Channel Service Unit)
DCE (Data Circuit-terminating Equipment)
DM (Delta Modulation)
DSU (Data Service Unit)
DTE (Data Terminal Equipment)
FM (Frequency Modulation)
FSK (Frequency Shift Keying)
HDB3 (High Density Bipolar 3)
LPF (Low Pass Filter)
NRZ (Non-Return to Zero)
NRZ-L (Non-Return to Zero - Level)

NRZ-I (Non-Return to Zero - Invert)
PCM (Pulse Code Modulation)
PM (Phase Modulation)
PSK (Phase Shift Keying)
QAM (Quadrature Amplitude Modulation)
QPSK (Quadrature Phase Shift Keying)
RZ (Return to Zero)

Chapter 06 전송 매체

EHF (Extremely High Frequency)
FTP (Foil Screened Twist Pair Cable)
GEO (Geostationary Earth Orbit)
HF (High Frequency)
ILD (Injection Laser Diode)
ISM (Industrial Scientific and Medical Band)
LED (Light Emitting Diode)
LF (Low Frequency)
MF (Middle Frequency)
RG (Radio Government)
RJ-45 (Registered Jack - 45)
SHF (Super High Frequency)
STP (Shielded Twisted Pair)
VHF (Very High Frequency)
VLF (Very Low Frequency)
UHF (Ultra High Frequency)
UTP (Unshielded Twisted Pair)

Chapter 07 다중화

ADSL (Asymmetric Digital Subscriber Line)
BPF (Band Pass Filter)
CDM (Code Division Multiplexing)
DSSS (Direct Sequence Spread Spectrum)
DWDM (Dense Wavelangth Division Multiplexing)
FDM (Frequency Division Multiplexing)
FHSS (Frequency Hopping Spread Spectrum)
OFDM (Orthogonal Frequency Division Multiplexing)
TDM (Time Division Multiplexing)
WDM (Wavelength Division Multiplexing)

Chapter 08 물리 인터페이스

CTS (Clear to Send)
DCE (Data Circuit-terminating Equipment)
DTE (Data Terminal Equipment)
NRZ-I (Non Return to Zero -Invert)
OTG (On-The-Go)
RTS (Request to Send)
RX (Received data)
TX (Transmitted data)
USB (Universal Serial Bus)

Chapter 09 오류 검출과 정정

CRC (Cyclic Redundency Check)
FEC (Forward Error Correction)

Chapter 10 데이터 링크 제어

ABM (Asynchronous Balanced Mode)
ACK (ACKnowledgement)
ARM (Asynchronous Response Mode)
ARQ (Auto Retransmission Request)
BSC (Binary Synchronous Control)
CHAP (Challenge Handshake Authentication Protocol)
DISC (Disconnect)
DM (Disconnect Mode)
FCS (Frame Check Sequence)
FRMR (Frame Reject)
HDLC (High-level Data Link Control)
LAPB (Link Access Procedure, Balanced)
LAPD (Link Access Procedure for D channel)
LCP (Link Control Protocol)
NACK (Negative ACKnowledgement)
NCP (Network Control Protocol)
NRM (Normal Response Mode)
PAP (Password Authentication Protocol)
PPP (Point-to-Point Protocol)
RD (Request Disconnect)
REJ (REJect)
RNR (Receive Not Ready)

RR (Receive Ready)
RSET (Reset)
SABM (Set Asynchronus Balanced Mode)
SABME (Set Asynchronus Balanced Mode Extended)
SARM (Set Asynchronous Response Mode)
SARME (Set Asynchronous Response Mode Extended)
SDLC (Synchoronous Data Link Control)
SNRM (Set Normal Response Mode)
SNRME (Set Normal Response Mode Extended)
SREJ (Selective REJect)
UA (Unnumbered Acknowledgement)
UI (Unnumbered Information)
UP (Unnumbered Poll)

Chapter 11 LAN

AP (Access Point)
BSS (Basic Service Set)
CSMA/CD (Carrier Sense Mutiple Access/Collision Detection)
CSMA/CA (Carrier Sense Multiple Access/Collision Avoidance)
CTS (Clear To Send)
DA (Destination Address)
DCF (Distributed Coordination Function)
DS (Distributed System)
DSAP (Destination Service Access Point)
DIFS (DCF Inter Frame Space)
ESS (Extended Service Set)
FCS (Frame Check Sequence)
IFS (Inter Frame Space)
LAN (Local Area Network)
LLC (Logical Link Control)
MAC (Medium Access Control)
MIMO (Multiple Input Mutiple Output)
MU-MIMO (Multiple User - Multiple Input Mutiple Output)
NAV (Network Allocation Vector)
NIC (Network Interface Card)
OFDM (Orthogonal Frequency Division Multiplexing)
PCF (Point Cooprdination Function)
PIFS (PCF Inter Frame Space)
RTS (Request To Send)
SA (Source Address)
SFD (Start Frame Delimiter)
SIFS (Shortest Inter Frame Space)
SSAP (Source Service Access Point)
10GbE (10Gbits Ethernet)
WiFi (Wireless Fidelity)
WEP (Wired equivalent privacy)

Chapter 12 WAN

AAL (ATM adaptation Layer)
ABM (Asynchronous Balanced Mode)
ABR (Available Bit Rate)
ATM (Asynchronous Transfer Mode)
CBR (Constant Bit Rate)
CLP (Cell Loss Priority)
DCE (Data Circuit-terminating Equipment)
DLCI (Data Link Connection Identifier)
DTE (Data Terminal Equipment)
GFC (Generic Flow Control)
HEC (Header Error Control)
LAP-B (link Access Procedure-Balanced)
LCN (Logical Channel Number)
nrt-VBR (non real time - Variable Bit Rate)
PLP (Packet Layer Protocol)
PT (Payload Type)
rt-VBR (real time - Variable Bit Rate)
SAR (Segmentation and reassembly)
VCC (Virtual Channel Connection)
VCI (Virtual Channel Identifier)
VPC (Virtual Path Connection)
VPI (Virtual Path Identifier)
UBR (Unspecified Bit Rate)

Chapter 13 SONET/SDH

ANSI (American National Standards Institute)
AU (Administrative Unit)
B-ISDN (Broadband - ISDN)
MSOH (Multiplex Section OverHead)
OC (Optical Carrier)
RSOH (Regenerator Section OverHead)

SDH (Synchronous Digital Hierarchy)
SOH (Section OverHead)
SONET (Synchronous Optical NETwork)
SPE (Synchronous Payload Envelope)
STM (Synchronous Transport Module)
STS (Synchronuous Transport Signal)
VC (Virtual Container)
VT (Virtual Tributary)
VTG (Virtual Tributary Group)

Chapter 14 다양한 무선 네트워크

ACL (Asynchronous Connectionless)
BS (Base Station)
CI (Checksum ID)
DSSS (Direct Sequence Spread Spectrum)
EC (Encrytion Control)
EK (Encryption Key)
GSM (Global Systems for Mobile Communications)
HCI (Host Controller Interface)
HSPA (High Speed Packet Access)
IMT-2000 (Internet Mobile Telecommunication for year 2000)
LTE (Long Term Evolution)
L2CAP (Logical Link Control and Adaptation Protocol)
MIMO (Multiple Input Multiple Output)
MU-MIMO (Multiple User - Multiple Input Multiple Output)
MS (Mobile Station)
MSC (Mobile Switching Center)
OFDM (Orthogonal Frequency Division Multiplexing)
OPSK (Octal PSK)
RFCOMM (Radio Frequency Communication)
SCO (Synchronous Connection-oriented)
SOFDM (Scalable Orthogonal Frequency Division Multiplexing)
TDD (Time Division Duplex)
TDD-TDMA (Time Division Duplex - TDMA)
Wibro (Wireless broadband Internet)
WiMAX (Worldwide Interoperability for Microwave Access)
WPAN (Wireless Personal Area Network)
4G LTE (4th Generation Long Term Evolution)

Chapter 15 IP

ARP (Address Resolution Protocol)
AS (Autonomous System)
BGP (Border Gateway Protocol)
CIDR (Classless Inter-Domain Routing)
DF (Don't Fragment)
DHCP (Dynamic Host Configuration Protocol)
ECN (Explicit Congestion Notification)
EGP (Exterior Gateway Protocol)
ICMP (Internet Control
IGMP (Internet Group Management Protocol)
IGP (Interior Gateway Protocol)
IP (Internet Protocol)
IPv6 (IP version 6)
ISP (Internet Service Provider)
LSA (Link State Advertisement)
LSDB (Link state Database)
MF (More Fragment)
NLA (Next Level Aggregator)
OSPF (Open Shortest Path First)
RARP (Reverse ARP)
RIP (Routing Information Protocol)
TCP (Transmission Control Protocol)
Protocol)
TLA (Top Level Aggregator)
UDP (User Datagram Protocol)

Chapter 16 TCP

CWR (Congestion Window Reduced)
DNS (Domain Name System)
ECN (Explicit Congestion Notification)
ECE (ECN Echo)
HTML (Hyper Text Markup Language)
HTTP (Hyper Text Transfer Protocol)
TCP (Transmission Control Protocol)
UDP (User Datagram Protocol)
URL (Uniform Resource Locator)
WWW (World Wide Web)

index